全国地层多重划分对比研究

（61）

陕西省岩石地层

主　编：马润华
编　者：伊鹍英　王振东　姚恒兴
史秉德　杨应章　郭洪祥
技术指导：乔　信　陈如意

中国地质大学出版社

内 容 简 介

本书依照现代地层学理论，在对陕西省地层进行多重划分对比研究的基础上编写而成。全书共分六章，其中除重点叙述岩石地层单位的命名、定义、沿革、划分对比标准、延伸范围、与相邻地层的关系之外，还对现有的生物地层单位、年代地层单位、地层格架、沉积物分布特征等做了介绍或专题性探讨。它是一本内容丰富、资料翔实、科学性强、实用意义较大的区域性地层专著，可供广大地质工作者、科研人员和大专院校师生参考。

图书在版编目(CIP)数据

陕西省岩石地层/马润华主编．—武汉：中国地质大学出版社，1998.2 (2014.5 重印)
(全国地层多重划分对比研究：61)
ISBN 978-7-5625-1270-7

Ⅰ．陕…
Ⅱ．马…
Ⅲ．地层学—陕西省
Ⅳ．P535.241

中国版本图书馆 CIP 数据核字(2008)第 164018 号

陕西省岩石地层 马润华 主 编

责任编辑：刘粤湘 社外编辑：宋长起 陈 榕 责任校对：杨 霖

出版发行：中国地质大学出版社(武汉市洪山区鲁磨路 388 号) 邮编：430074
电话：(027)67883511 传真：67883580 **E-mail**：cbb @ cug. edu. cn
经 销：全国新华书店 **http**：//www. cugp. cn

开本：787 毫米×1092 毫米 1/16 字数：483 千字 印张：18.875 插页 1
版次：1998 年 2 月第 1 版 印次：2014 年 5 月第 3 次印刷
印刷：武汉教文印刷厂 印数：1101—1600 册

ISBN 978-7-5625-1270-7 定价：65.50 元

序

100多年来，地层学始终是地质学的重要基础学科的支柱，甚至还可以说是基础中的基础，它为近代地质学的建立和发展发挥了十分重要的作用。随着板块构造学说的提出和发展，地质科学正经历着一场深刻的变革，古老的地层学和其他分支学科一样还面临着满足社会不断进步与发展的物质需要和解决人类的重大环境问题等双重任务的挑战。为了迎接这一挑战，依靠现代科技进步及各学科之间相互渗透，地层学的研究范围将不断扩大，研究途径更为宽广，研究方法日趋多样化，并萌发出许多新的思路和学术思想，产生出许多分支学科，如生态地层学、磁性地层学、地震地层学、化学地层学、定量地层学、事件地层学、气候地层学、构造地层学和月球地层学等等，它们的综合又导致了“综合地层学”和“全球地层学”概念的提出。所有这一切，标志着地层学研究向高度综合化方向发展。

我国的地层学和与其密切相关的古生物学早在本世纪前期的创立阶段，就涌现出一批杰出的地层古生物学家和先驱，他们的研究成果奠定了我国地层学的基础。但是大规模的进展，还是从1949年以后，尤其是随着全国中小比例尺区域地质调查的有计划开展，以及若干重大科学计划的执行而发展起来的。正像我国著名的地质学家尹赞勋先生在第一届全国地层会议上所讲：“区域地质调查成果的最大受益者就是地层古生物学。”1959年召开的中国第一届全国地层会议，总结了建国十年来所获的新资料，制定了中国第一份地层规范（草案），标志着我国地层学和地层工作进入了一个新的阶段。过了20年，地层学在国内的发展经历了几乎十年停滞以后，于1979年召开了中国第二届全国地层会议，会议在某种程度上吸收学习了国际地层学研究的新成果，还讨论制定了《中国地层指南及中国地层指南说明书》，为推动地层学在中国的发展，缩小同国际地层学研究水平的差距奠定了良好基础。这次会议以后所进行的一系列工作，包括应用地层单位的多重性概念所进行的地层划分对比研究、区域地层格架及地层模型的研究，现代地层学与沉积学相结合所进行的盆地分析以及1∶5万区域地质填图方法的改进与完善等，都成为我国地层学进一步发展的强大推动力。为此，地质矿产部组织了一项“全国地层多重划分对比研究（清理）”的系统工程，在30个省、直辖市、自治区（含台湾省，不含上海市）范围内，自下而上由省（市、区）、大区和全国设立三个层次的课题，在现代地层学和沉积学理论指导下，对以往所建立的地层单位进行研究（清理），追溯地层单位创名的沿革，重新厘定单位含义、层型类型与特征、区域延伸与对比，消除同物异名，查清同名异物，在大范围内建立若干断代岩石地层单位的时空格架、编制符合现代地层学含义的新一代区域地层序列表，并与地层多重划分对比研究工作同步开展了省（市、区）和全国两级地层数据库的研建，对巩固地层多重划分对比研究（清理）成果，为地层学的科学化、系统化和现代化发展打下了良好基础。这项研究工作在部、省（市、区）各级领导的支持关怀下，全体研究人员经过5年的艰苦努力已圆满地完成了任务，高兴地看到许多成果已陆续要出版了。这项工作涉及的范围之广、参加的单位及人员之多、文件的时间跨度之长，以及现代科学理论与计算机技术的应用等各方面，都可以说是在我国地层学工作不断发展中具有里程碑意义的。这项研究中不同层次成果的出版问世，不仅对区域地质调查、地质图件的编测、区域矿产普查与勘查、地质科研和教学等方面都具有现实的指导作用和实用价值，而且对我国地层学的发展和科学化、系统化将起到积极的促进作用。

首次组织实施这样一项规模空前的全国性的研究工作，尽管全体参与人员付出了极大的辛勤劳动，全国项目办和各大区办进行了大量卓有成效和细致的组织协调工作，取得了巨大的成绩，但由于种种原因，难免会有疏漏甚至失误之处。即使这样，该系列研究是认识地层学真理长河中的一个相对真理的阶段，其成果仍不失其宝贵的科学意义和巨大的实用价值。我相信经过广大地质工作者的使用与检验，在修订再版时，其内容将会更加完美。在此祝贺这一系列地层研究成果的公开出版，它必将发挥出巨大社会经济效益，为地质科学的发展做出新的贡献。

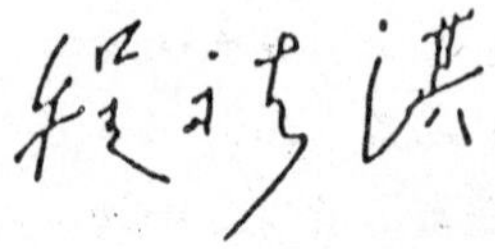

前　言

地层学在地质科学中是一门奠基性的基础学科，是基础地质的基础。自从19世纪初由W史密斯奠定的基本原理和方法以来的一个半世纪中，地层学是地质科学中最活跃的一个分支学科，对现代地质学的建立和发展产生了深刻的影响，作出了不可磨灭的贡献，特别是在20世纪60年代由于板块构造学说兴起引发的一场“地学革命”，其表现更为显著。随着板块构造学的确立，沉积学和古生态学的发展，地球历史和生物演化中的灾变论思想的复兴和地质事件概念的建立，使地层学的分支学科，如时间地层学、生态地层学、地震地层学、同位素地层学、气候地层学、磁性地层学、定量地层学和构造地层学等像雨后春笋般地蓬勃发展，这种情况必然对地层学、生物地层和沉积地层等的传统理论认识和方法提出了严峻的挑战。经过20年的论战，充分体现当代国际地质科学先进思想的《国际地层指南》(英文版)于1976年见诸于世，之后在不到20年的时间里又于1979、1987、1993年连续三次进行了修改补充，陆续补充了《磁性地层极性单位》、《不整合界限地层单位》，以及把岩浆岩与变质岩等作为广义地层学范畴纳入地层指南而又补充编写了《火成岩和变质岩岩体的地层划分与命名》等内容。

国际地层学上述重大变革，对我国地学界产生了强烈冲击，十年动乱形成的政治禁锢被打开，迎来了科学的春天，先进的科学思潮像潮水般涌来，于是在1979年第二届全国地层会议上通过并于1981年公开出版了《中国地层指南及中国地层指南说明书》，其中阐述了地层多重划分概念。于1983年按地层多重划分概念和岩石地层单位填图在安徽区调队进行了首次试点。1985年《贵州省区域地质志》中地层部分吸取了地层多重划分概念进行撰写。1986年地质矿产部设立了“七五”重点科技攻关项目——“1：5万区调中填图方法研究项目”，把以岩石地层单位填图，多重地层划分对比，识别基本地层层序等现代地层学和现代沉积学相结合的内容列为沉积岩区区调填图方法研究课题，从此拉开了新一轮1：5万区调填图的序幕，由试点的贵州、安徽和陕西三省逐步推向全国。

1：5万区调填图方法研究试点中遇到的最大问题是如何按照现代地层学的理论和方法来对待与处理按传统理论和方法所建立的地层单位？如果维持长期沿用的按传统理论建立的地层单位，虽然很省事，但是又如何体现现代地层学和现代沉积学相结合的理论与方法呢？这样就谈不上紧跟世界潮流，迎接这一场由板块构造学说兴起所带来的“地学革命”。如果要坚持这一技术领域的革命性变革，就要下决心花费很大力气克服人力、财力和技术性等方面的重重困难，对长期沿用的不规范化的地层单位进行彻底的清理。经过反复研究比较，我们认识到科学技术的变革也和社会经济改革的潮流一样是不可逆转的，只有坚持改革才能前进，不进则退，否则就将被历史所淘汰，别无选择。在这一关键时刻，地质矿产部和原地矿部直管局领导作出了正确决策，从1991年开始，从地勘经费中设立一项重大基础地质研究项目——全国地层多重划分对比研究项目，简称全国地层清理项目，开始了一场地层学改革的系统工程，在全国范围内由下而上地按照现代地层学的理论和方法对原有的地层单位重新明确其定义、划分对比标准、延伸范围及各类地层单位的相互关系，与此同时研建全国地层数据库，巩固地层清理成果，推动我国地层学研究和地层单位管理的规范化和现代化，指导当前和今后一个时期1∶5万、1∶25万等区调填图等，提高我国地层学研究水平。1991年地质矿产部原直管局将地层清理作为部指令性任务以地直发(1991)005号文和1992年以地直发(1992)014号文下发了《地矿部全国地层多重划分对比（清理）研究项目第一次工作会议纪要》，明确了各省（市、自治区）地质矿产局（厅）清理研究任务，并于1993年2月补办了专项地勘科技项目合同（编号直科专92-1），并明确这一任务分别设立部、大区和省（市、自治区）三级领导小组，实行三级管理。

部级成立全国项目领导小组

组长	李廷栋	地质矿产部副总工程师
副组长	叶天竺	地质矿产部原直管局副局长
	赵　逊	中国地质科学院副院长

成立全国地层清理项目办公室，受领导小组委托对全国地层清理工作进行技术业务指导和协调以及经常性业务组织管理工作，并设立在中国地质科学院区域地质调查处（简称区调处）。

项目办公室主任	陈克强	区调处处长，教授级高级工程师
副主任	高振家	区调处总工，教授级高级工程师
	简人初	区调处高级工程师
专家	张守信	中国科学院地质研究所研究员
	魏家庸	贵州省地质矿产局区调院教授级高级工程师
成员	姜　义	区调处工程师
	李　忠	会计师
	周统顺	中国地质科学院地质研究所研究员

大区一级成立大区领导小组，由大区内各省（市、自治区）局级领导成员和地科院沈阳、天津、西安、宜昌、成都、南京六个地质矿产研究所各推荐一名专家组成。领导小组对本大区地层清理工作进行组织、指导、协调、仲裁并承担研究的职责。下设大区办公室，负责大区地层清理的技术业务指导和经常性业务技术管理工作。在全国项目办直接领导下，成立全国地层数据库研建小组，由福建区调队和部区调处承担，负责全国和省（市、自治区）二级地层数据库软件开发研制。

各省（市、自治区）成立省级领导小组，以省（市、自治区）局总工或副总工为组长，有区调主管及有关处室负责人组成，在专业区调队（所、院）等单位成立地层清理小组，具体负责地层清理工作，同时成立省级地层数据库录入小组，按照全国地层数据库研建小组研制的软件及时将本省清理的成果进行数据录入，并检验软件运行情况，及时反馈意见，不断改进和优化软件。在全国地层清理的三个级次的项目中，省级项目是基础，因此要求各省（市、自治区）地层清理工作必须实行室内清理与野外核查相结合，清理工作与区调填图相结合，清理与研究相结合，地层清理与地层数据库建立相结合，“生产”单位与科研教学单位相结合，并强调地层清理人员要用现代地层学和现代沉积学的理论武装起来，彻底打破传统观点，统一标准内容，严格要求，高标准地完成这一历史使命。实践的结果，凡是按上述五个相结合去做的效果都比较好，不仅出了好成果，而且通过地层清理培养锻炼了一支科学技术队伍，从总体上把我国区调水平提高到一个新台阶。

三年多以来，参加全国地层清理工作的人员总数达400多人，总计查阅文献约24 000份，野外核查剖面约16 472.6 km，新测剖面70余条约300 km，清理原有地层单位有12 880个，通过清查保留的地层单位约4721个（还有省与省之间重复的），占总数36.6%，建议停止使用或废弃的单位有8159个（为同物异名或非岩石地层单位等），占总数63.4%，清查中通过实测剖面新建地层单位134个。与此同时研制了地层单位的查询、检索、命名和研究对比功能的数据库，通过各省（市、自治区）数据录入小组将12 880个地层单位（每个单位5张数据卡片）和10 000多条各类层型剖面全部录入，首次建立起全国30个（不含上海市）省（市、自治区）基础地层数据库，为全国地层数据库全面建成奠定了坚实的基础。从1994年7月—11月，分七个片对30个省（市、自治区）地层清理成果报告及数据库的数据录入进行了评审验收，到1994年底可以说基本上完成了省一级地层清理任务。1995—1996年将全面完成大区和总项目的清理研究任务。由此可见，这次全国地层清理工作无论是参加人数之多，涉及面之广，新方法新技术的应用以及理论指导的高度和研究的深度都可以堪称中国地层学研究的第三个里程碑。这一系统工程所完成的成果，不仅是这次直接参加清理的400多人的成果，而且亦应该归功于全国地层工作者、区域地质调查者、地层学科研与教学人员以及为地层工作做过贡献的普查勘探人员。全国地层清理成果的公开出版，必将对提高我国地层学研究水平，统一岩石地层划分和命名指导区调填图，加强地层单位的管理以及地质勘察和科研教学等方面发挥重要的作用。

鉴于本次地层清理工作和地层数据库的研建是过去从未进行过的一项研究性很强的系统工程，涉及的范围很广，时间跨度长达100多年，参加该项工作的人员多达300～400人，由于时间短，经费有限，人员水平不一，文献资料掌握程度等种种主客观原因，尽管所有人员都尽了最大努力，但是在本书中少数地层单位的名称、出处、命名人和命名时间等不可避免地存在一些问题。本书中地层单位名称出现的“岩群”、“岩组”等名词，是根据1990年公开出版的程裕淇主编的《中国地质图（1：500万）及说明书》所阐述的定义。为了考虑不同观点的读者使用，本书对有“岩群”、“岩组”的地层单位，均暂以（岩）群、（岩）组处理。如鞍山（岩）群、迁西（岩）群。总之，本书中存在的错漏及不足之处，衷心地欢迎广大读者提出宝贵意见，以便今后不断改正和补充。

在30个省（市、自治区）地层清理系统成果即将公开出版之际，我代表全国地层清理项目办公室向参加30个省（市、自治区）地层清理、数据库研建和数据录入的同志所付出的辛勤劳动表示衷心的感谢和亲切的慰问。在全国地层清理项目立项过程中，原直管局王新华、黄崇轲副局长给予了大力支持，原直管局局长兼财务司司长现地矿部副部长陈洲其在项目论证会上作了立项论证报告，在人、财、物方面给予过很大支持；全国地层委员会副主任程裕淇院士一直对地层清理工作给予极大的关心和支持，并在立项论证会上作了重要讲话；中国地质大学教授、全国地层委员会地层分类命名小组组长王鸿祯院士是本项目的顾问，在地层清理的指导思想、方法步骤及许多重大技术问题上给予了具体的指导和帮助；中国地质大学教授杨遵仪院士对这项工作热情关心并给以指导；中国地质科学院院长、部总工程师陈毓川研究员参加了第三次全国地层清理工作会议并作了重要指示与鼓励性讲话；部科技司姜作勤高工，计算中心邬宽廉、陈传霖，信息院赵精满，地科院刘心铸等专家对地层数据库设计进行评审，为研建地层数据库提出许多有意义的建议。中国科学院地质研究所，南京古生物研究所，中国地质科学院地质研究所，天津、沈阳、南京、宜昌、成都和西安地质矿产研究所，南京大学，西北大学，中国地质大学，长春地质学院，西安地质学院等单位的知名专家、教授和学者，各省（市、自治区）地矿局领导、总工程师、区调主管、质量检查员和区调队、地研所、综合大队等单位的区域地质学家共600余人次参加了各省（市、自治区）地层清理研究成果和六个大区区域地层成果报告的评审和鉴定验收，给予了友善的帮助；各省（市、自治区）地矿局（厅）、区调队（所、院）等各级领导给予地层清理工作在人、财、物方面的大力支持。可以肯定，没有以上各有关单位和部门的领导和众多的专家教授对地层清理工作多方面的关心和支持，这项工作是难以完成的。在30个省（市、自治区）地层清理成果评审过程中一直到成果出版之前，中国地质大学出版社，特别是以褚松和副社长和刘粤湘编辑为组长的全国地层多重划分对比研究报告编辑出版组为本套书编辑出版付出了极大的辛苦劳动，使这一套系统成果能够如此快地、规范化地出版了！在全国项目办设在区调处的几年中，除了参加项目办的成员外，区调处的陈兆棉、其和日格、田玉莹、魏书章、刘凤仁多次承担地层清理会议的会务工作，赵洪伟和于庆文同志除了承担会议事务还为会议打印文稿，于庆文同志还协助绘制地层区划图及文稿复印等工作。

在此，向上面提到的单位和所有同志一并表示我们最诚挚的谢意，并希望继续得到他们的关心和支持。

全国地层清理项目办公室（陈克强执笔）

目　录

第一章
绪　论

一、目的与任务

陕西省岩石地层对比研究是“全国地层多重划分对比研究”项目（直科92-01号专项）的组成部分之一。开展该项目的主要目的在于通过较少的野外调研，将以往地层资料中的地层单位按照地层多重划分理论对比研究成为具有明确定义、划分对比标准、延伸范围和清楚的上、下关系的各类地层单位，进而达到消除混乱、提高地层划分对比的科学性，并及时指导1∶5万区调填图和中、小比例尺的地质编图，使我国区调填图和地层研究尽快跨入国际先进行列。

本项目由陕西省地质矿产局（以下简称陕西地矿局）主管，陕西省区域地质调查队（以下简称陕西区调队）承担，自1992年4月开始实施，6月提交设计书。依据设计，本次对比研究的范围仅包括太古宙至第三纪地层，第四纪地层由于未固结成岩和研究程度极不均衡，暂不做对比研究。另外本次对比研究以岩石地层单位为主，生物地层单位的对比研究仅在有条件的地区进行，至于年代地层的对比研究，只能通过生物地层对比，初步探讨有关“系”、“阶”的划分问题。野外调研与核查重点放在分布面积大、研究程度尚有一定差距的秦岭地区，其次为渭河以北的中生代陆相地层。而扬子地台区，除对个别影响较大的地层进行了核查外，由于分布有限，而且研究程度相对较高，不再安排野外工作。在地层数据库研建方面，主要是在全国项目办公室地层数据库研建组提供计算机程序的基础上，建立起陕西省的地层数据库、图形库和文献库，一般不做软件方面的研究。

在两年多的工作中共搜集资料786份，查阅论文、专著等1 118篇（或本），编制（实测）剖面卡片914个，最终选用剖面769条，对前人已用的500个地层单位进行了认真分析和研究，其中重点检查54个，选用（正式岩石地层单位）223个，停用272个。进行野外路线检查39条，长287 km，完成1∶2 000实测剖面6条（8.6 km）、1∶5 000实测剖面3条（51 km）、野外剖面核查32条（约150 km）。填写岩石地层单位微机录入卡片223个，编制各类图表78份，对比研究生物带、生物组合带、生物群（落）等242个，选用116个，对比研究年代地层系级界线6条、阶级界线7条。1994年10月提交项目研究报告。

1994年11月由全国地层多重划分对比研究项目西北大区领导小组、全国项目办公室有关人员、西北地区各省(区)地质矿产局联合对《陕西省地层多重划分对比研究报告》进行了评审。评审委员有：乔僖高级工程师（主任)、周统顺研究员（副主任)、张二朋研究员（副主任)、高振家研究员、简人初研究员、张守信研究员、赖才根研究员、沈光隆教授、张淮吉教授、张栓厚高级工程师、王武原高级工程师、陈榕高级工程师、李超岭工程师、姜义工程师、裴梅芳高级工程师、杨智溥高级工程师。评审委员会认为：本书指导思想正确、概念清晰、资料翔实、内容丰富，科学性和实用性较强，并首次建立了全省性的地层数据库、图形库和文献库，是地层研究的突出成果，达到了优秀等级。

本书是在上述报告的基础上，经马润华、伊鹍英、郭洪祥补充、修改、加工而成。书中前言由本项目的全国项目办公室统一编写；第一章绪论、第三章的震旦纪和寒武纪、第六章结语由马润华编写；第二章和第三章中的安康—略阳以北的志留纪由王振东编写；第三章的奥陶纪由杨应章编写；第四章的泥盆纪由郭洪祥编写；第四章的石炭纪、二叠纪及第三章的安康—略阳以南的志留纪、附录Ⅱ、Ⅲ由伊鹍英编写；第五章的三叠纪、第三纪由姚恒兴编写；第五章的侏罗纪、白垩纪由史秉德编写；附录Ⅰ由张林、温军会编写；全书由马润华统纂定稿。书中插图由陕西区调队出版分队清绘。

本项目在实施过程中，自始至终是在全国项目办领导小组、西北大区、华北大区、中南大区、西南大区、陕西省地矿局项目领导小组的主持、指导下进行的，并得到了省内地质、冶金、煤炭、石油、院校、科研等单位和有关省（区）地层对比研究组的大力支持和帮助，在此谨向他们致以衷心感谢！

二、地层概况

陕西省地层发育齐全（见表1-1)，沉积物类型复杂，古生物门类繁多，沉积矿产丰富，为地层的研究提供了极为有利的条件，是解决国内乃至全球地层对比问题的重要地区之一。

陕西省地层在区域上三分性极为明显。秦岭以北属稳定的华北地台，秦岭以南是著名的扬子地台，沉积物均以稳定型为主。两地台之间的广大秦岭地区（陆间区域）称活动的地槽区，区内地层以活动类型居多。三叠纪以后陕西各地虽然全部上升成陆，但是上述三分特点依然存在，主要表现在南、北两地台发育大型内陆盆地，秦岭地区以小型断陷盆地为主。

在地层形成的时间上，陕西地层所反映的阶段性极为清楚，大体可分5个阶段：(1) 太古宙—早元古代。以发育混合岩、片麻岩、绿岩建造和陆壳初期增生的前陆盆地沉积（如铁铜沟组）为特征。(2) 中元古代—晚元古代早期。在区域上沉积开始分异，不同地区形成了性质不同、岩性有别，并各具特色的地壳早期沉积。在华北地台，除早期在南部边缘发育裂谷型火山岩之外，其后均为稳定的盖层沉积，地层由下部的陆源碎屑岩向中、上部逐渐过渡为碳酸盐岩，这一大套地层以华山南侧的小秦岭地区最为典型，其特点是地层连续、发育完整、界线清楚、厚度巨大、化石丰富，并可逐层与天津市蓟县同期剖面对比。扬子地区此时尚处在活动的大陆边缘区，沉积物仍为塑性的基底类型，并具有明显的浅变质（或中、深变质）现象。秦岭地区在山阳-凤镇-核桃坝断裂以南，主要由基性、中基性（局部夹酸性）火山岩、火山碎屑岩组成；在其以北，则为变质程度中、深，厚度巨大，层序凌乱的岛弧类型沉积。(3) 晚元古代晚期—志留纪。该阶段是本省地层的重要形成时期，其地层类型之多，层序之完整，生物群纵、横向分异之特征等，可构成中国此期地层之缩影。如华北地台，除早期受全球晚元古代最晚期的冰期影响而形成冰碛或海、湖相冰水沉积之外，其后几乎全由海相地层所组成。地层以发育碳酸盐岩为主体，在其南部边缘的底部含磷或夹磷块岩，顶部以沉积中、晚奥陶世地层并含有大西洋型或东南型动物群有别于华北腹地，而完好的深水碳酸盐岩剖面、斜坡冲积扇和自东而西火山碎屑岩逐渐增多等特点实属华北所罕见，上述事实为探讨华北地台南部大陆边缘的属性提供了重要线索。志留纪华北地台上升成陆，遭受剥蚀。扬子地区此时开始形成早期盖层沉积，以沉积物纵向变化迅速、区域差异明显、生物门类极为丰富为特征。震旦纪早期沉积虽然可与典型地区——鄂西三峡相对比，但火山岩碎屑明显增多，且厚度巨大，碎屑成熟度低等陆台边缘沉积特点较为突出。寒武纪伴随早期的全球性缺氧事件，沉积了一套暗色或黑色的碎屑岩地层；其后处在地台西部的沉积物以碎屑岩为主，而东部碎屑岩、碳酸盐岩兼而有之，且以后者为主，西部生物群为亲滇东型，东部为亲峡东型。奥陶纪和志留纪以发育碎屑岩为主，以繁衍混合相或笔石页岩相生物群落为特征。秦岭地区南部构成扬子地台的被动大陆边缘；北部仍为华北地台的被动大陆边缘，前者以发育活动类型或半活动类型的大陆斜坡和裂陷盆地沉积为主体；后者以岛弧沉积发育贯彻始终，生物群分布不均匀，生物类型以大西洋型或江南型为主体。(4) 泥盆纪—中三叠世（或三叠纪）。伴随古特提斯海的关闭，联合古陆最终解体，全省自南而北，由海相到陆相，最后全部拼合为一个统一的大陆。但其早、中期地层仍然继承着早古生代特点，即区域性分异依然明显，其中华北地台范围急剧扩大，早古生代尚属于这个陆台边缘的秦岭北部已经上升为陆，只是在最南部边缘地带增生出海相泥盆纪的前陆盆地沉积，其他地区几乎全为陆相碎屑岩地层。扬子地台的区域性分异仍然明显，但地层纵向上的变化已经不如早古生代迅速，地层主要由碳酸盐岩组成，惟后期抬升，接受陆相含煤地层的沉积。这个地台北部的边缘地带——南秦岭南部地区，此时的沉积特点除厚度大、碎屑岩较有增加外，主要以发育稳定类型—半稳定类型沉积为主，但是后期在其中部又一次出现活动类型的复理石或类复理石地层，但很快就结束了地槽生涯，抬升成陆。(5) 侏罗纪以后。此期陕西地层全由陆相沉积组成，但区域上的三分性依然存在，如华北地台和扬子地台以发育大型内陆盆地沉积为主，地层厚度变化大，分布形态比较简单，层序相对稳定，而秦岭地区则以断陷带内分布的小型盆地为主体，沉积物主要为粗碎屑，而且组分复杂，厚度变化大，其形态往往受控于断裂构造的发育程度。

三、研究简史

陕西省对于矿产资源的开采与利用早在先秦时代已有记载（见《山海经》、《禹贡》），至明清两代先后在《汉书》、《太平广记》、《梦溪笔谈》、《老学庵笔记》、《新增格古要论》、《涌幢小品》以及历代有关的县志中多有论述。但是对于地质领域中的基础性调研仅有百余年之历史，其间大体可分为 4 个阶段：

（一）早期路线探索阶段（1866—1920）

这一阶段来陕考察的地质学家，最早的是德国人李希霍芬（F V Richthofen，1866—1870），1915 年出版《China》（四卷集）。其后有匈牙利人洛采和斯欣义（L loczy、Szecheyi，1877—1880），俄国人奥勃鲁契夫（B A Обручев，1893—1894），美国人维里士、白维德和沙根特（B Willis、E Blackwelder、R H Sargent，1903），Ad Brongniart（1875），A Stener（1895），Martelli、Allesandro（1901），G Pellizari（1913），C D Wallcott（1905），日本人大冢（Otsuda，1910），美国人马栋臣和王国栋（F G Clapp、M L Fuller，1907），日本人佐藤弥市郎（Yaichiro Sato，1907），G Kobayashi（1916）等先后在陕西进行考察，其中奥勃鲁契夫提出的黄土风成说至今影响颇大。维里士等建立的“甘峪湾片岩”、“黑水系”、“汉江系”、“鸡心岭灰岩”和“石泉砂岩”等地层单位，一直在地质界流传，而且有的仍在使用；马栋臣、王国栋在陕北和陇东确立的环河层、华池砂岩、洛河砂岩、宜君砾岩等自创建后就被使用。这一阶段总的特点是工作不多，不系统，对于地层的时代及对比等推测较多，依据较少，故谬误多有出现，但其成果不能不说对于陕西的地质研究起到了启蒙作用，有的仍有参考价值。

（二）局部调查阶段（1921—1949）

这一时期有成效的地质工作几乎都是我国早期地质学家进行的，他们在陕西各地进行调查，所著报告、专著、论文等颇多，其中在陕北有王竹泉、潘钟祥（1923、1932）经数次调查研究之后所著的《陕北地层》、《太原榆林幅1：100万地质图及说明书》、《陕北油田地质》、《陕北中生代植物化石》等，这些成果不但为陕北晚古生代和中生代地层的划分、对比奠定了基础，同时在古生物、煤、石油、油页岩和古地理环境方面都取得了重要资料。赵亚曾、黄汲清（1929）在陕南经过多条横穿秦岭的路线调查之后，著有《秦岭山及四川之地质研究》一书、分幅地质图16幅和1：100万地质总图一幅，这一成果不但首次建立了秦巴地区的地层系统，而且展现了秦岭、巴山地质与构造概貌，给后人在该区进行地质调查打下了较好的基础。此外，赵国宾（1928），何春荪、张尔道（1948），田在艺（1948）在渭北陇县—韩城一带的地质调查；张伯声（1939—1940）、卢衍豪（1941—1943）、杜恒俭（1948）、黄懿（1948）等在汉中地区对于古生代及其以前的地层的研究；德日进（Teilhard de Chardin Pierre）、杨钟健、裴文中、卞美年、米泰恒、李悦言等（1929、1930、1933、1936、1938、1941）对陕北、关中西部、汉中西部和豫陕交界地区新生代地层和古生物的研究；林文英（1935）、叶连俊、关士聪（1943）对于凤县、略阳一带地层及构造的研究；侯德封、王现衍（1938），杨敬之、谷德振（1943）在汉中南部直至川北旺苍、南江、广元一带的米仓山区和龙门山区北段进行了较全面地调查研究；李捷、朱森（1928）在陕西东南部的山阳漫川、白河以及湖北西、北部的调查研究；杨敬之（1944），曹国权、萧安源（1945）在大巴山区对古生代地层的研究；袁复礼（1925）在邻近陕西的六盘山区所进行的研究等，不但多有建树，且为后人留下了极为重要的研究成果，也为后期对陕西的全面调查研究提供了重要的参考资料。

（三）全面调查阶段（1950—1979）

建国初期随着国家经济建设事业的蓬勃发展和对矿产资源的迫切需求，国务院先后组织地质、冶金、煤炭、石油、化工、建材部门以及有关大学和研究单位等在全国各地进行了艰苦的开拓，使地质工作获得了空前的大发展。在陕西这一时期不但发现和探明了众多矿产地，而且在基础地质研究方面积累了大量的实际资料并解决了一些地层问题。在地层的研究方面大致可以归纳如下：

1. 地层工作

（1）建立了全省各个地质时代的地层系统，并且着重研究了一些较为完好的剖面。如小秦岭地区的前寒武纪地层，大巴山区的早古生代地层，东秦岭南部的寒武纪、志留纪地层，秦岭地区的泥盆纪、石炭纪、二叠纪、三叠纪地层，陕北地区的中生代地层，渭河流域的新生代地层等，在多数区域均初步建立了典型剖面。有的还可以进入全国的典型行列，如渭河两侧的新生界、陕北地区的中生界、镇安西口地区的二叠系、紫阳南部的志留系、米仓山区的二叠系等，对解决我国乃至世界上重大地层问题起着不可忽视的作用。

（2）系统地汇集了陕西的地层资料，编辑、出版了在国内较有影响的专著，开展了全省或地区性的地层总结工作，一些悬而未决的地层问题初步得到了解决。如“秦岭岩群”、“刘岭群”、“碧口岩群”、“宽坪岩群”，原“陶湾群”、“洞河群”，原“西乡群”、“三花石群”等等。对于许多重要的矿产掌握了较为准确的层位，为后期的找矿提供了依据和线索。如寒武系底部的含矿层，震旦系的锰、磷层位，泥盆系的汞、硫和多金属矿层，渭北地区上古生界和中生界的煤、石油、铝土矿、油页岩及全省性具开采价值的地下水层位等等，均获得较为系统的资料。

(3) 引入了一些新学科、新理论和新的研究方法，如岩相古地理研究，同位素地质学的研究，地球化学或化学地层学的研究，古地磁的应用，古气候学，微体古生物学，层控、时控矿床学和板块理论等，使地层的研究向着深层次发展，同时也开拓了地层研究的广度，使普查找矿的“靶区”更加集中，为国民经济建设提供了重要的后备资源。

2. 地层古生物的研究

(1) 对化石经过大量而系统地采集和鉴定，除将已有属、种加以研究外，还建立了许多新属、种和更高的分类单位。所采标本无论在数量、质量上都大大超过以往的工作，特别是在一些无人涉足的秦岭腹地均有较为丰富生物群落被发现。而有关古生物的研究，尤其是生物带、生物组合的建立使省内地层单位的影响开始步出省外，乃至国外。另外在古生态、古地理以及系统分类等方面都有长足进展，使陕西省相当一部分生物地层剖面，成为国内重要的研究地区之一。

(2) 开展了多门类和从老至新的生物地层学研究，以往无人问津的前寒武纪地层，亦开始从生物地层学方面去探讨。在古脊椎、古人类学的研究方面步入了国内先进行列，同时增加了诸如叠层石、微古植物、孢粉、高肌虫、昆虫、几丁虫、牙形石等方面的研究，使地层的对比可从较多方面同时进行，推动了地层研究向着更高层次发展。

(3) 编辑出版了一些古生物研究成果。到目前为止所出版的全国性古生物图册均有陕西的标本被列入，而且随着时间的发展，这方面的内容也在不断地增多，另外还专门出版了如《秦岭化石手册》、《陕甘宁古生物图册》和相当一批附有古生物描述方面的地层专著，这些不但反映了陕西的古生物全貌，而且也促进了地层研究的发展，并为地层研究成果增添了充分的证据。

3. 在区域地质调查方面

正规的区域地质调查（以下简称区调）在陕西省自 1956 年开始。此项工作由东向西逐渐推进，到 70 年代末期已完成了全省的 1∶20 万基岩地质调查，并出版了 1∶20 万地质图和矿产图等 35 幅，占全省面积的 66.8%。这一成果不但为陕西提供了 700 余处矿床、矿点和重要找矿区等，而且也全面地提高了地层的研究程度，为各时代地层的总结和提高奠定了坚实的基础。80 年代以后陕西省又有 5 幅 1∶20 万地质图进行了修编或修测，其成果全面系统地反映了当前的研究水平，受到了广泛的好评。省内 1∶5 万区调开始于 60 年代初期，而大规模进行此项工作则是在 70 年代及其以后进行的。这一工作除在矿产方面研究较深入外，在地层方面的重点是解决老大难问题，如地层的准确层序、时代、变质地层的原始面貌和后期的变形、变质、构造期次等等，特别是小范围内的剖面测制、地层对比等研究程度较高。本次对比研究，其相当一批成果就是在 1∶5 万区调成果中获得的。

在上述调查工作的基础上编制了《1∶50 万东秦岭地质图》(1969)、《1∶50 万西秦岭地质图》(1973)、《1∶50 万陕西省地质图》(1979)。此外，地质部第三石油普查勘探大队（以下简称第三石油普查队）(1966) 还编制了《鄂尔多斯图集》以及相应的报告或说明书等。这些成果除全面论述岩石、构造和矿产分布规律之外，相当一部分篇幅是地层。陕西地层系统的建立、地层区的划分、地层在区域上的展布情况等资料大多来源于上述成果，是地层总结和地层研究对比的最基础性资料。

（四）总结提高阶段（1979年以后）

伴随第二届全国地层会议的召开，陕西地层研究进入了一个新的领域。这一时期出版了《西北地区区域地层表·陕西省分册》，对省内各时代地层进行了总结（断代总结），编写了《西北地区古生物图册·陕甘宁分册》、《陕甘宁盆地中生代地层古生物》、《陕西省区域地质志》等大型专著。在专题研究方面也向着更高的层次发展，先后开展了小秦岭地区震旦亚界、秦巴泥盆系、“三群”（北秦岭变质地层）专题研究；特别是1984年以来，由国内重点院校、科研单位和有关地质队等进行的“秦巴地区重大基础地质问题和主要矿产成矿规律研究”项目（简称“秦巴项目”）研究中，除对下古生界、泥盆系、三叠系等进行研究之外，还重点对秦岭的老大难地层（秦岭群、宽坪群、陶湾群、碧口群、洞河群等）进行了深入调研，并取得了丰硕成果，使秦岭—大巴山的研究水平迅速提高，有些还进入了世界先进行列。

这一时期在地层研究中的最重要进展莫过于新理论、新方法、新观点的应用，如岩相古地理相模式的具体应用，变质地层的变形、变质期次和相互叠加等方法的全面推广，同位素地质学在方法和理论方面的改进，板块构造在沉积学方面的渗透等。而地层多重划分方案和统一地层划分方案的争论是这一时期的焦点，为此第二届全国地层会议专门编制了《中国地层指南及中国地层指南说明书》(1981)。80年代初期地质矿产部首先在安徽省使用地层多重划分方法进行填图，出版了我国第一幅1：5万“组图”(地质图)，之后又适时地开展了沉积岩、变质岩、岩浆岩三大岩类填图方法研究，并有所突破，本项目的开展显然是“方法研究”的继续和具体的应用。我们深信通过此次全国性的地层“对比研究”，无疑会使地层多重划分理论在地质领域中得到广泛的应用。

四、综合地层区划

（一）综合地层区划原则

早在本世纪初期我国地质工作者对于地层在区域上的差异性已有认识，而且在30年代李四光在俞建章等协助下按区域编制了地层表。但是，有级别、有明确分区界线的综合地层区划图是黄汲清（1962）的《中国地层区划初步建议》发表之后出现的。这一《建议》不但首次编绘了全国性的地层区划图，而且提出了进行地层区划的四个基本原则和五项准则，为我国地层区划工作奠定了良好基础。1967年陕西省区域地质测量队（以下简称陕西区测队）首先编制了第一幅综合地层区划图——《东秦岭地层区划图》，从而开创了陕西地层区划的先例。10年之后又诞生了第一幅《陕西省综合地层区划图》。由陕西地层表编写组编制的该区划图，不但具体地指出各级地层区划的界线、地层特征和相应的变质程度、构造背景等，而且在我国首次用“活动论”观点重新修订了区划原则，促进了地层区划的发展。王鸿祯（1978）发表了《论中国地层分区》一文，以文中提出的“全球构造的活动论和地史发展的阶段论”为理论基础，指出了进行地层区划的原则和依据，明确了进行地层区划的方向和具体方法，并且提出了中国地层区划的总体方案，是近年来我国地质工作者进行地层区划的重要参考文献。本书参照王鸿祯（1978、1979、1981、1982、1985、1989、1990）提出的以地层的沉积类型、沉积模式和沉积组合、生物区系和海陆分布、古地理轮廓与古构造格局、地质发展阶段性为区划原则，将陕西地层划分为2个地层大区、4个地层区、10个地层分区、20个地层小区（图1-1）。

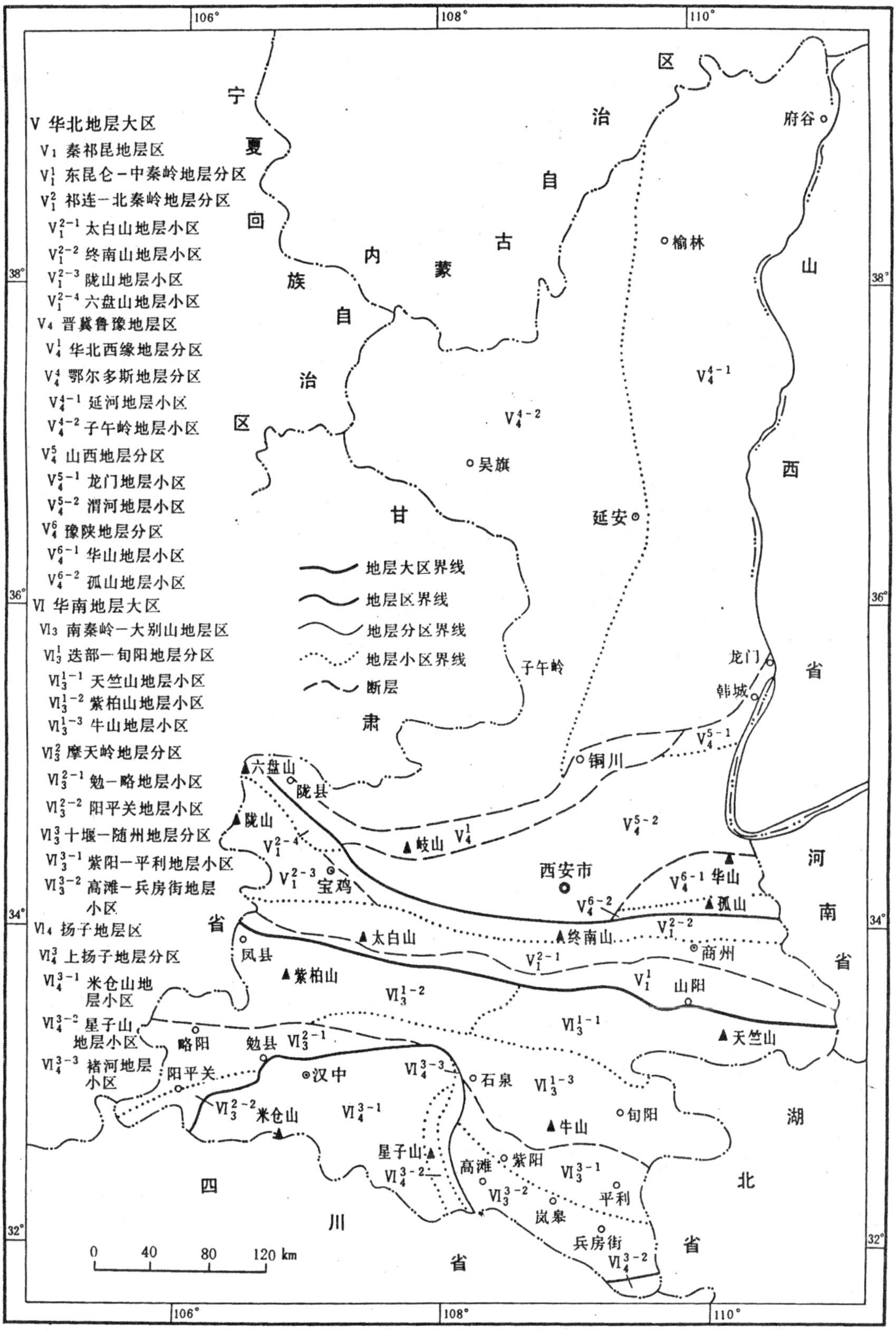

图 1-1 陕西省综合地层区划图

（二）地层区域划分

1. 华北地层大区（Ⅴ）

本省仅包括该大区的南缘部分。南界为山阳-凤镇-核桃坝断裂带。大区内包括稳定的华北地台区和从属于华北地台的褶皱带，以及褶皱带中的陆壳碎块。本大区可进一步划分两个地层区：秦祁昆地层区（$Ⅴ_1$）和晋冀鲁豫地层区（$Ⅴ_4$），现分述如下：

（1）秦祁昆地层区（$Ⅴ_1$）

北隔八渡-虢镇、眉县-户县、铁炉子-三要断裂与晋冀鲁豫地层区（$Ⅴ_4$）为邻；南抵山阳-凤镇-核桃坝断裂与华南地层大区（Ⅵ）相接。包括了秦岭主脊、陇山大部和六盘山的南端。向西延入甘肃省，向东进入河南省。区内以发育早古生代及其以前的海相活动类型沉积为特征，晚古生代开始海水自北而南逐渐退出，形成陆相稳定类型的盖层沉积。生物群落为华北、华南两大区系的生物分子混生，变质程度中—深、构造变动剧烈，素有所谓“秦岭地轴”之称。区内依据沉积环境可进一步划分两个分区：东昆仑-中秦岭地层分区（$Ⅴ_1^1$）和祁连-北秦岭地层分区（$Ⅴ_1^2$）。

①东昆仑-中秦岭地层分区（$Ⅴ_1^1$）

系指秦祁昆地层区内丹凤-唐藏断裂以南的广大区域。区内以发育华北地台向南增生的前陆盆地沉积（刘岭群）为主体，并夹杂着北侧华北陆缘褶皱带向南滑落的碎块（丹凤群）和华南板块率先向北漂移的微型块体（二峪河组等）。

②祁连-北秦岭地层分区（$Ⅴ_1^2$）

系指秦祁昆地层区内丹凤-唐藏断裂以北的广大区域。区内以发育大陆边缘型的岛弧沉积为特色，并夹杂着来自华北地台的陆壳碎块，形成典型的裂陷式或裂谷式地槽褶皱带。分区内依据地层发育特点可进一步划分 4 个地层小区：太白山地层小区（$Ⅴ_1^{2-1}$）、终南山地层小区（$Ⅴ_1^{2-2}$）、陇山地层小区（$Ⅴ_1^{2-3}$）、六盘山地层小区（$Ⅴ_1^{2-4}$）。其中油房沟-纸坊-商州断裂以南的太白山地层小区（$Ⅴ_1^{2-1}$），以发育混合岩化的陆壳残块——秦岭(岩)群最为驰名；上述断裂以北、宝鸡岩体以东的终南山地层小区（$Ⅴ_1^{2-2}$），以发育岛弧型沉积最为突出；宝鸡岩体和桃园-龟川断裂以西的陇山地层小区（$Ⅴ_1^{2-3}$）以岩体星罗棋布、热力变质与区域变质相互叠加（形成片麻岩、混合岩）而区别于终南山地层小区；桃园-龟川断裂以东的六盘山地层小区（$Ⅴ_1^{2-4}$）以发育造山期后的磨拉石沉积（六盘山群）最为引人瞩目。

（2）晋冀鲁豫地层区（$Ⅴ_4$）

系指秦祁昆地层区（$Ⅴ_1$）以北的广大区域。区内太古宙及早元古代地层构成本区地层之基底，中元古代自南部开始接受盖层沉积，并缓慢地向北超覆，至奥陶纪形成了以稳定类型为主体的陆表海或陆缘海沉积。奥陶纪之后全区抬升成陆，经过志留纪—早石炭世的长期风化与剥蚀，至中石炭世开始自东向西逐渐沉积了海陆交替类型和陆相碎屑岩地层。中生代以大型内陆盆地沉积为主体。第四纪风成黄土发育，且厚度巨大，分布广泛。岩浆活动、褶皱、断裂在地层区的边缘——邻近造山带的地区表现明显。

本地层区可进一步划分 4 个地层分区：华北西缘地层分区（$Ⅴ_4^1$）、鄂尔多斯地层分区（$Ⅴ_4^4$）、山西地层分区（$Ⅴ_4^5$）和豫陕地层分区（$Ⅴ_4^6$）。

①华北西缘地层分区（$Ⅴ_4^1$）

北以鄂尔多斯中生代大型内陆盆地的外缘为界；南以汾渭内陆断陷的北缘断裂相隔，被夹持于鄂尔多斯地层分区与山西地层分区之间。本地层分区发育中、晚元古代形成的碎屑岩、碳酸盐岩、冰碛岩地层，以中奥陶世—晚奥陶世形成的过渡类型沉积和早三叠世海相沉积而区别于其他分区，并以强烈的沉降和褶皱过渡于台、槽之间。

②鄂尔多斯地层分区（$Ⅴ_4^4$）

南邻华北西缘地层分区和山西地层分区，向北、东、西延入内蒙古、山西、甘肃、宁夏。区内以发育完好的中生代大型内陆盆地沉积且未经后期剧烈变动而闻名于国内外，也是我国惟一能与国外标准地台比拟的整体性稳定区。分区内依据晚古生代的沉积物性质划分为两个地层小区，即延河地层小区（$Ⅴ_4^{4-1}$）和子午岭地层小区（$Ⅴ_4^{4-2}$），其中横山—黄陵一线以东的延河地层小区（$Ⅴ_4^{4-1}$）晚古生代地层发育海相夹层；以西的子午岭地层小区（$Ⅴ_4^{4-2}$）全系陆相沉积。

③山西地层分区（$Ⅴ_4^5$）

北与华北西缘地层分区（$Ⅴ_4^1$）和鄂尔多斯地层分区（$Ⅴ_4^4$）为邻；南部西段与秦祁昆地层区（$Ⅴ_1$）相接，东段隔罗夫-厚镇断裂与豫陕地层分区（$Ⅴ_4^6$）相连。区内以发育典型的华北型古生代地层和新生代内陆断陷盆地沉积为特征；以地层厚度由北而南的阶梯式增厚过渡于褶皱带与稳定地台（鄂尔多斯）之间。区内以渭河盆地北缘断裂为界可划分为两个地层小区：龙门地层小区（$Ⅴ_4^{5-1}$）和渭河地层小区（$Ⅴ_4^{5-2}$）。前者以发育古生代地层为主，后者以出露巨厚的新生代地层与之区别。

④豫陕地层分区（$Ⅴ_4^6$）

位于山西地层分区（$Ⅴ_4^5$）之南，秦祁昆地层区（$Ⅴ_1$）之北；向西尖灭于蓝田县之南，向东延入河南省崤山、熊耳山区。区内中、晚元古代地层发育完整，古生代地层分布零星。盖层自北而南变质程度逐渐加深；断裂、褶皱自北而南趋于复杂。分区内以石门断裂为界可进一步划分两个地层小区：华山地层小区（$Ⅴ_4^{6-1}$）和孤山地层小区（$Ⅴ_4^{6-2}$）。前者以广布太古宙—元古宙地层而著称；后者以发育半活动类型的陶湾组等而闻名。

2. 华南地层大区（Ⅵ）

位于山阳-凤镇-核桃坝断裂以南的广大区域。在地质历史中它是远隔前印支古海与华北板块遥相对峙的另一个板块。本省仅占据该大区北缘的部分地域。区内包括以上扬子地层分区为核心的稳定地台区和边缘的褶皱带以及推移到褶皱带中的陆壳碎块。依据前述原则可分两个地层区：南秦岭-大别山地层区（$Ⅵ_3$）和扬子地层区（$Ⅵ_4$），现分述如下：

（1）南秦岭-大别山地层区（$Ⅵ_3$）

位于本大区宽川铺-饶峰-麻柳坝-钟宝断裂（或称大巴山断裂）以北的广大区域。北邻华北地层大区（Ⅴ），南接扬子地层区（$Ⅵ_4$），西延至甘肃南部、四川西北部，东延入湖北西北部、河南西南部，其范围包括了几乎大巴山的全部和秦岭南坡的大部。

本地层区以地槽时间长（最晚到中三叠世或晚三叠世）、基底样式多（3～4 基底层）为特征。其中在震旦纪以前形成主动大陆边缘型沉积；震旦纪以后转为被动大陆边缘区系，形成多次由活动类型到稳定（或准稳定）类型的重复、渐变沉积过程。本地层区在省内可划分 3 个地层分区：迭部-旬阳地层分区（$Ⅵ_3^1$）、摩天岭地层分区（$Ⅵ_3^2$）和十堰-随州地层分区（$Ⅵ_3^3$）。现分述如下：

①迭部-旬阳地层分区（$Ⅵ_3^1$）

位于马道断裂带、洋县-饶峰断裂和通过安康的白河断裂以北的广大区域。北邻华北地层大区（Ⅴ）；南接扬子地层区（$Ⅵ_4$）、摩天岭地层分区（$Ⅵ_3^2$）和十堰-随州地层分区（$Ⅵ_3^3$）。区内以广布晚震旦世—古生代的活动类型和准活动类型沉积为特色；以发育三叠纪复理石式沉积最为驰名；生物群落具有明显的扬子区系色彩；构造样式以褶皱、滑脱和韧性剪切带最为壮观。分区内可进一步划分 3 个地层小区，即天竺山地层小区（$Ⅵ_3^{1-1}$）、紫柏山地层小区（$Ⅵ_3^{1-2}$）和牛山地层小区（$Ⅵ_3^{1-3}$）。其中天竺山地层小区以广布早古生代碳酸盐岩最具特色，紫柏山地层小区以发育活动型志留纪沉积区别于前者；牛山地层小区以出露滞流环境下形成的震旦纪—早古生代暗色碎屑岩系最为典型。

②摩天岭地层分区（$Ⅵ_3^2$）

位于本省西南一隅，北接迭部-旬阳地层分区（$Ⅵ_3^1$），南与扬子地层区（$Ⅵ_4$）为邻，向西延入甘肃南部和四川西北部，向东尖灭在洋县以西，素有勉-略三角地区之称。本地层分区的主体部分（甘南—川西北）以发育大面积的晚二叠世—三叠纪复理石沉积为特征，但是陕西仅包括该分区东北边陲，所见地层主要为晋宁运动前形成的海相活动类型沉积和早古生代较深海沉积的黑色碎屑岩地层，另外岩浆活动频繁，区域变质与动力变质交融，以及来自地台区的碳酸盐岩片随处可见，使分区地层变得十分复杂。分区内依据地层属性可进一步划分两个小区：勉-略地层小区（$Ⅵ_3^{2-1}$）和阳平关地层小区（$Ⅵ_3^{2-2}$）。前者以发育线状排列的中、晚元古代火山岩—火山碎屑岩和推覆于其上的震旦纪—古生代碳酸盐岩片为主；后者以发育早古生代滞流沉积与之区别。

③十堰-随州地层分区（$Ⅵ_3^3$）

位于迭部-旬阳地层分区（$Ⅵ_3^1$）之南，饶峰-麻柳坝断裂以东的广大区域。向东延入湖北竹溪一带，向南进入四川城口地区。其范围几乎包括了省内大巴山区的绝大部分地域。分区内的所有地质记录均显示了沉积类型的过渡特征，也就是由地台向地槽的过渡特点，或由稳定类型沉积向活动类型沉积的过渡特点，以及生物群落的混生（扬子型与华北型）特点。分区内依据沉积特点可分两个小区：紫阳-平利地层小区（$Ⅵ_3^{3-1}$）和高滩-兵房街地层小区（$Ⅵ_3^{3-2}$）。前者以发育早古生代的裂陷沉积为特点；后者以地层接近地台盖层与前者区别。

（2）扬子地层区（$Ⅵ_4$）

位于本省南部。北邻南秦岭-大别山地层区，南入四川北部，本省仅据该地层区上扬子地层分区（$Ⅵ_4^3$）的西北一隅。

分区被前人归属于双层基底的准地台区，下层基底是与华北地层大区相似的太古宙—早元古代结晶岩系，上层基底为晋宁运动前形成的活动类型沉积。自震旦纪开始接受盖层沉积，发育了以陆表海、陆缘海向内陆盆地逐渐转化的稳定类型沉积。全区盖层发育完整、厚度巨大、层序清楚、化石丰富，但是由于燕山期后发生褶皱、挤压和向 NE 向突出的弧形构造使本分区乃至相邻地区的原始面貌受到了强烈的破坏与改造。

本地层分区的陕西省部分可进一步划分 3 个地层小区：米仓山地层小区（$Ⅵ_4^{3-1}$）、星子山地层小区（$Ⅵ_4^{3-2}$）和褚河地层小区（$Ⅵ_4^{3-3}$）。其中米仓山地层小区以基层出露完整，寒武纪和奥陶纪地层发育不全，以及缺失泥盆纪—石炭纪地层为特点；星子山地层小区以寒武纪、奥陶纪地层发育完整为特征；褚河地层小区不但以发育晚泥盆世—石炭纪地层而不同于前者，而且晚泥盆世地层超覆在寒武纪地层之上，二叠纪地层发育碳硅质碎屑岩等与省内各地相异。

第二章
前震旦纪

陕西前震旦纪地层分布于陇县—铜川—韩城以南的广大区域，其中除未发现30亿年以前的沉积纪录之外，其他时代地层发育较全（图2-1）。前震旦纪地层是当前国际大陆地质研究的热点，也是研究变质地层的主要对象，但是由于它经历的时间长，并受多期变质、变形的改造和岩浆的多次侵入，加之生物贫乏，尽管对于有些地层单位多次进行研究，但分歧和争论仍然较多。本书依据岩石特点及其所在层位划分为两种类型：其一是以混合岩、片麻岩为主的中深变质地层，这一部分地层构成古老陆块的结晶基底或变质的陆核杂岩；其二是以片岩、板岩、千枚岩等中浅变质岩为主的地层，一般为稳定区的褶皱基底或活动带内的变质地体。前者系省内出露的最古老地层，主要见于华北地层大区的南部和华南地层大区的北侧，地层由混合岩化的片麻岩类、角闪岩类、变粒岩类组成，共生的还有混合花岗岩、云英闪长岩、伟晶岩脉等。变质程度一般为角闪岩相，个别有麻粒岩相和高绿片岩相。常夹磁铁石英岩、磁铁矿，是部分地区贵金属矿产的重要赋存层位。后者一般代表1 800～800 Ma的沉积记录，主要见于前者的一侧或两侧。依据建造特点、岩浆活动及构造环境等可分3种类型：(1) 华北型：分布于晋冀鲁豫地层区，以陆壳为基底，以稳定类型沉积为主，形成于滨、浅海环境，碎屑岩一般成熟度高，变质程度轻微（低绿片岩相），含叠层石等，构成宽缓的侏罗山型褶皱；(2) 秦岭型：分布于秦祁昆地层区和南秦岭-大别山地层区，以发育裂陷海盆及岛弧沉积组合为特征，基底为陆壳或过渡壳，岩石普遍变质并受长期叠加变形改造，近年多被视为移置地体中的变质地体；(3) 扬子型：分布于扬子地层区，基底以陆壳为主，下部主要以准稳定类型的碳酸盐岩、碎屑岩组合为主，上部发育双峰式火山岩-沉积岩系列，其中酸性熔岩多于基性熔岩，偶见叠层石，岩石虽受不同程度的变质、变形，但层序一般清楚，其沉积环境一般被视为活动的大陆边缘。

上述地层的具体划分，详见表1-1。现分述如下：

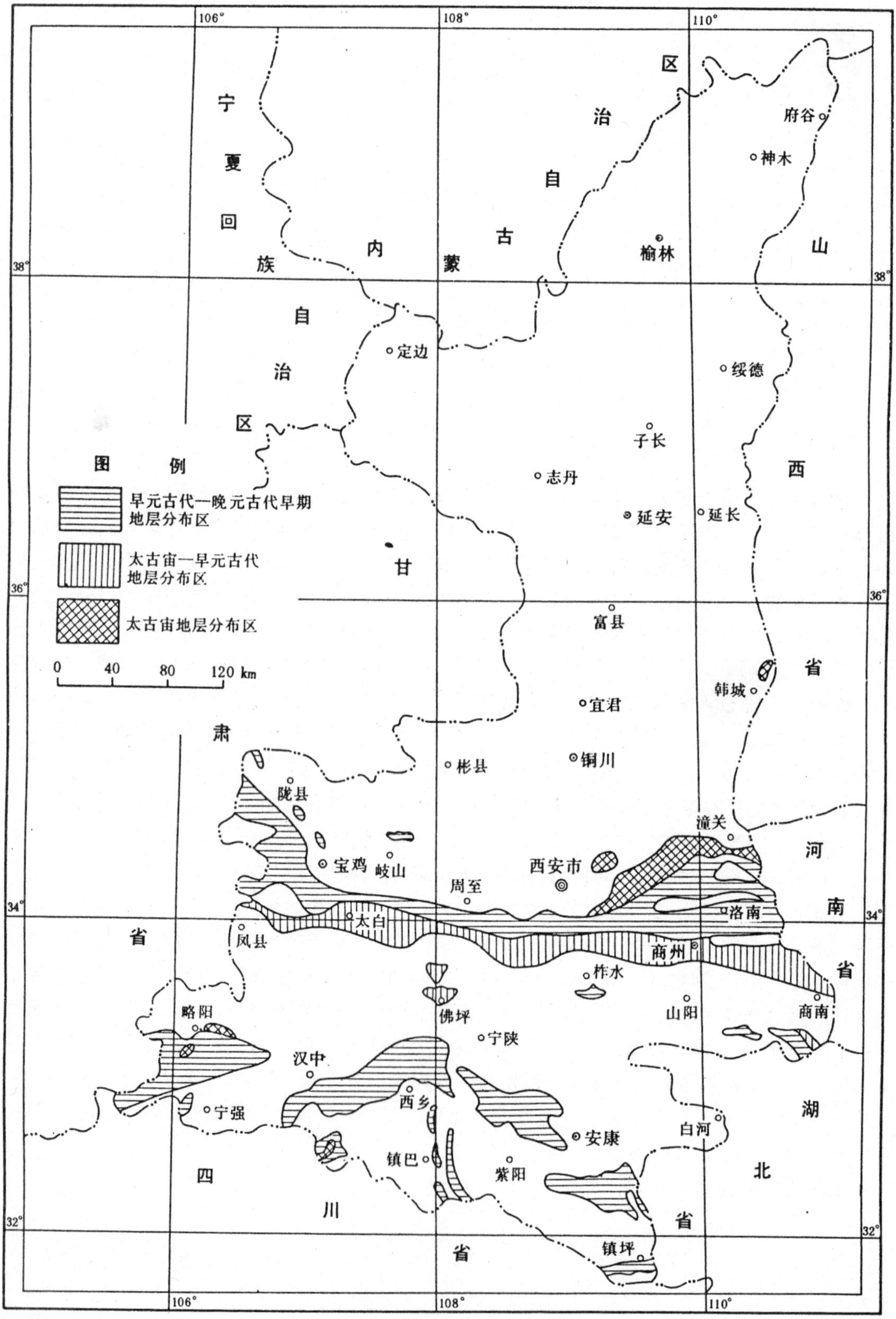

图 2-1 陕西省前震旦纪地层分布图

第一节 岩石地层单位

一、华北地层大区

太华杂岩 Ar*T* **(05-61-0001)**

【创名及原始定义】 阎廉泉(1959)创名于陕西省太华山,原称太华群。原始定义:位于荡泽河群之下,为整合关系。岩性为黑云母斜长片麻岩、黑云母花岗片麻岩、角闪片麻岩、黑云母片麻岩,夹有黑云母片岩、角闪片岩。出露不全。其厚度在1 500米以上。时代为太古代。

【沿革】 1963年王曰伦等改称太华杂岩。1985年阎竹斌由下向上划分为大月坪组、板石山组、洞沟组、三关庙组、秦仓沟组、桃峪组及元古宇秋岔群韩家坪组。1991年张国伟认为太华群为高级片麻岩,部分为TTG岩套(英云闪长岩-奥长花岗岩系列)。1993年陕西地质矿产局第六地质队(以下简称陕西六队)将原划秋岔群韩家坪组改划为变质闪长杂岩①。本次对比研究认为片麻理不等于层理,经检查,原划板石山组标志层长石石英砂岩为均质混合岩。经光谱、人工重砂、岩矿鉴定,厚层石英岩为变质伟晶岩脉中的分异石英核心带②;大面积分布的片麻岩夹斜长角闪岩,原岩性质不明,应为无层无序的变质杂岩,故仍称太华杂岩。以往在"太华群"中建立的组应全部停用。

【现在定义】 岩性以混合岩化黑云(角闪)片麻岩、混合岩、混合片麻岩为主,夹浅粒岩、变粒岩、斜长角闪岩、大理岩、磁铁石英岩、云母石英片岩。变质程度为角闪岩相—麻粒岩相。以变质深与熊耳群、铁铜沟组、高山河群区别,与上覆地层高山河群、熊耳群、铁铜沟组均为不整合关系,下伏地层未出露。

【层型】 创名时未指定正层型,本书指定选层型为"潼关东桐峪剖面"(110°21′15″,24°28′48″),由阎竹斌1985年测制。

【地质特征及区域变化】 东桐峪剖面岩性以混合岩化黑云片麻岩、均质混合岩、混合岩为主,夹斜长角闪岩、变粒岩,含磁铁矿角闪岩、磁铁石英岩等。其中斜长角闪岩主要分布在太华山山脉北麓、大月坪及东桐峪沟口;磁铁石英岩呈小凸镜体状与含磁铁矿斜长角闪岩共生,位于东桐峪口附近。太华杂岩岩石含金丰度较高,是其他地层平均值的5倍。层控矿产有脉金、磁铁矿。变质矿产有晶质石墨、大理岩、蛭石等。潼关片麻岩全岩Rb-Sr等时线年龄值为(2 549±169)Ma(陆岩,1985),河南舞阳太华杂岩中的超基性岩磷灰石U-Th-Pb年龄值为2 580 Ma(河南地质矿产局,1989)。时代暂置太古宙。

分布在临潼、蓝田、华阴、潼关以南的华山山脉。华县南秋岔、华山峪口、东桐峪口及东桐峪垴较多为斜长角闪岩。临潼县附近以混合岩化黑云片麻岩为主。

涑水杂岩 Ar*S* **(05-61-0002)**

【创名及原始定义】 白瑾等(1959)将山西省中条山地区出露的一套深变质岩和强烈混

---

① 陕西省地质矿产局第六地质队,1993,1∶5万厚子镇幅、洛源街幅区调报告(未刊)。
② 王振东,1980,小秦岭太华群几个问题的讨论。秦岭区测,4期。

合岩化的地层创名为涑水杂岩[①]。全国地层委员会（1962）介绍。原始定义：不整合于五台群之下，岩性为变斑状花岗片麻岩、细粒黑云母斜长片麻岩、角闪岩、角闪片麻岩，厚约1 720 m，层位与太古界桑干杂岩相当。

【沿革】 陕西地层表编写组（1983）首先将涑水群一名引入我省韩城地区。孙大中（1993）认为涑水杂岩多为岩浆型侵入体。本次对比研究认为其主要岩性为片麻岩、角闪岩且原岩性质不明，应为无层无序的杂岩，故仍称涑水杂岩。

【现在定义】 不整合在霍山组石英砂岩或中条群之下，岩性主要为混合片麻岩、混合岩化的黑云更长片麻岩、角闪更长片麻岩，夹角闪斜长片麻岩、磁铁石英岩及脉状磁铁矿。花岗岩脉和伟晶岩脉较发育，磁铁矿脉含有氟磷灰石、重稀土和铂族矿物。以发育深变质岩系明显区别于上覆地层。

【层型】 该杂岩主要出露在山西省，命名地亦在山西，因山西地层清理组未对该杂岩进行清理，故层型待今后选定。

【地质特征及区域变化】 仅在韩城禹门口有零星分布。因分布范围小，岩性变化不大。矿产有脉金和铂族元素。山西省烟庄冷水地区变质火山岩 Sm－Nd 等时线年龄值为（2 497±51）Ma，烟庄花岗岩单颗粒锆石 U－Pb 一致曲线年龄值为 2 500 Ma（孙大中等，1993）。时代暂置为太古宙。

铁铜沟组　Pt*t*　（05－61－0046）

【创名及原始定义】 秦岭区域地质测量大队（以下简称秦岭区测队）1958 年在蓝田县坝源铁铜沟创名，陕西地质局区测队 1966 年在《1：20 万渭南幅（Ⅰ－49－ⅩⅣ）地质图说明书》中介绍。原始定义：该组岩性单一，主要由绢云母、白云母石英片岩、片状石英岩组成，有时顶部夹黑云母石英片岩。与下伏太华群呈平行不整合关系，与上覆熊耳群呈角度不整合接触。

【沿革】 阎竹斌（1985）曾将铁铜沟组改置陕西六队创名的秋岔群上部。之后，陕西六队（1993）停用秋岔群，并恢复铁铜沟组的原始定义。本书仍沿用铁铜沟组。

【现在定义】 主要由含砾石英岩、石英岩、白云母石英岩组成，夹绢云石英片岩，局部夹石榴二云石英片岩和大理岩凸镜体。与下伏太华杂岩、上覆熊耳群均为不整合关系。

【层型】 创名人未指定正层型剖面，本书指定选层型为“蓝田县坝源杨家沟铁铜沟剖面”（108°43′10″，34°11′50″），由李钦仲等（1981）测制。

【地质特征及区域变化】 为一套变质碎屑岩。岩性以中厚层状石英岩、含砾石英岩、白云母石英岩为主，夹绢云石英片岩。岩石层面具波痕和板状、波状斜层理，推测为滨海相沉积。因与上覆熊耳群为不整合关系，且熊耳群单锆石 U－Pb 年龄值为（1 826±32）Ma，故将铁铜沟组暂置早元古代。

见于蓝田新店子—洛南黄龙铺一带，另在临潼也有少量出露。上述各地岩性稳定，局部（坝源将军岔）底部有厚 1～2 m 底砾岩，厚度由东向西变大，东部临潼厚 315 m，西部老牛山厚 2 850 m。

秦岭(岩)群　Pt*Q*　（05－61－0005）

【创名及原始定义】 赵亚曾、黄汲清（1931）创名，原称秦岭系，创名地点在宝鸡至户

① 山西省地质局 214 队，1959—1962，晋南中条山区 1：5 万普查资料。

县以南的秦岭（狭义）。原始定义：本系地层大都为花岗片麻岩、云母绿泥片岩及少数大理岩与石英岩。片麻岩与云母片岩相互交错。一部分似泰山系，一部分似五台系，故另立名以区别之，时代为旧寒武前纪。

【沿革】 阎廉泉（1959）建议停用秦岭系，并由下而上划分为太华群、荡泽河群、雁岭沟群和界牌群。黄汲清等（1961）将渭河谷地以南、柞水、商州以北的变质岩统称秦岭系。秦岭区测队（1961）将商州宽坪以北的一套片岩首次创名为宽坪组，以南的片麻岩自下而上称为太华群、下雁岭沟群。陕西区测队 1966 年将宽坪群以南的片麻岩称为秦岭群，该队（1976）又将凤县唐藏含腹足类和海百合茎化石的地层改置草滩沟群。陕西省地矿局第三地质队（1978）（以下简称陕西三队）将凤县、太白地区秦岭群自下而上分为太白组和上店坊组。张秋生等（1980）以户县涝峪剖面为准，将秦岭群由下而上分为黄羊坝组、东流水组、双水磨组，并首次提出在秦岭群南侧存在早古生代蛇绿岩套（后人创名为丹凤群）。游振东、安三元、刘国惠等（1990）将秦岭群按大套岩石组合分为片麻岩、片麻岩夹大理岩和大理岩等三套岩石组合。同年安三元以太白县到红岩河剖面为研究重点，将太白地区秦岭群三套岩石组合分别命名为官山组、过口组、沪家园组。陕西区调队（1992）自下而上划分为张家庄组、太白组、鹦鸽镇组、松树沟组、石岔沟组。其中下部三个组相当原划秦岭群，其余相当丹凤群①。

本次对比研究认为，上述地层为一套非均一性的多期变质变形的复杂地层体，虽然主体部分呈平行并置的凸镜状构造格局（刘国惠、张寿广，1993），但各类岩石组合之间皆以明显的变质构造界面接触，加之多期强烈的构造置换，使其整体层序难以识别，故将其归入层状无序的(岩)群。

【现在定义】 为夹持在北秦岭南缘的一套中深变质的地层组合体。主要由黑云斜长片麻岩、含石榴黑云二长片麻岩、石榴矽线黑云片麻岩、大理岩、含石墨白云石大理岩和角闪岩等组成，并以此种片麻岩-钙硅酸盐岩-石榴矽线黑云片麻岩-含石墨厚层白云石大理岩组合明显地区别于南北两侧的丹凤群、二郎坪群、草滩沟群等。据岩石组合特征可将秦岭(岩)群划分 3 个(岩)组：郭庄(岩)组、雁岭沟(岩)组、上店坊(岩)组，各(岩)组之间或本(岩)群与相邻地层单位之间均呈构造界面接触。

郭庄(岩)组　Ptgẑ　(05－61－0006)

【创名及原始定义】 1981 年河南省区域地质调查队（以下简称河南区调队）在河南省内乡县马山口乡郭庄村创名。原始定义：岩性为混合岩化石榴黑云斜长片麻岩、斜长角闪片麻岩夹透辉斜长角闪片麻岩及白云质大理岩，其中有中酸性岩脉、变辉长岩体侵入，与上覆雁岭沟组呈角度不整合接触，归早元古代。

【沿革】 阎廉泉（1959）创名为荡泽河群、太华群，秦岭区测队（1961）称太华群。安三元（1990）将其创名为官山组、过口组。另外前人亦曾称黄羊坝组（张秋生等，1980）、鹦鸽镇组（陕西区调队，1992）。本书按大套岩石组合，统称郭庄(岩)组。该名为陕西省首次引入（1998）。

【现在定义】 主要为混合岩化石榴黑云斜长片麻岩、斜长角闪片麻岩夹透辉斜长角闪片麻岩及白云质大理岩。在河南省桐柏一带尚夹紫苏辉石岩、透辉斜长片麻岩。以混合质片麻岩的结束和厚层大理岩或含石墨大理岩的出现与雁岭沟(岩)组划界。

---

① 陕西省地质矿产局区域地质调查队，1992．秦岭群同位素数据的辨析和验证研究（未刊）。

【层型】 正层型为河南省内乡县“马山口乡郭庄村剖面”(111°57′，33°15′)，由河南区调队(1981)测制。本省次层型为太白县上白云乡“上白云—秦岭梁剖面”，由肖思云等(1984)测制。

【地质特征及区域变化】 省内岩性以混合岩化黑云片麻岩，条带状、眼球状混合岩、混合片麻岩为主夹浅粒岩、变粒岩、斜长角闪岩、大理岩；沉积变质矿产有矽线石、红柱石，层控矿产为脉金等。

省内分布由凤县唐藏至商南县城，横贯全省，东西两端延出省外，是秦岭(岩)群分布最广的(岩)组。其中斜长角闪岩在商州西部及周至、户县分布较多。时代暂置早元古代。

雁岭沟(岩)组 Pty (05-61-0007)

【创名及原始定义】 阎廉泉（1959）在河南省内乡县雁岭沟创名，原称雁岭沟群。原始定义：上覆为界牌群、下伏为荡泽河群，均为整合关系。岩性为青灰色厚层含石墨大理岩，夹黑云母片麻岩、角闪片岩、钙质页岩、石英岩。厚度为800～1 100 m，时代为太古代。

【沿革】 秦岭区测队（1961）称下雁岭沟群，陕西三队（1978）将其命名太白组，张秋生等（1980）称东流水组，安三元（1990）称沪家园组。张国伟（1991）认为它是下古生界构造岩块(推覆体)，本书称雁岭沟(岩)组。

【现在定义】 岩性为厚层石墨大理岩、大理岩、含石英条带或团块及碳质大理岩，夹薄层石英岩、石榴黑云斜长片麻岩。以白云质石墨大理岩出现为标志，与郭庄(岩)组呈构造接触；以薄层大理岩、石墨片岩结束为标志，与上店坊(岩)组石英片岩分界。

【层型】 创名时未指定正层型，本书指定选层型为“西峡骆驼沟—黄靳雁岭沟剖面”(111°44′，33°23′)，位于河南省西峡县骆驼沟黄靳，由河南省地矿局第四地质矿产调查队(1987)① 测制。

【地质特征及区域变化】 以大套石墨大理岩、白云质大理岩和大理岩为主，夹少量片麻岩、石英岩。矿产有大理岩、白云岩、晶质石墨等。时代置晚太古代—早元古代。

主要出露于凤县唐藏—眉县石头沟一带，在商南县、丹凤县也有零星出露。由东向西，大理岩中石墨含量、镁质含量由多变少，大理岩中斜长角闪岩和片麻岩夹层由少增多。

【其他】 河南区调队（1994）在桐柏地区大理岩中采得放射虫、海百合茎、有孔虫等化石，证明雁岭沟(岩)组部分为移置岩块。陕西省境内雁岭沟(岩)组是否也为移置岩块，秦岭(岩)群是否还要继续解体？仍需进一步研究。时代暂置早元古代。

上店坊(岩)组 Ptŝd (05-61-0008)

【创名及原始定义】 陕西三队（1978）创名于太白县上店坊②，原称上店坊组。本书首次介绍。原始定义：岩性分三部分，下部为矽线石黑云石英片岩、二云斜长石英片岩夹斜长角闪岩、变粒岩；中部为斜长变粒岩、白云质大理岩、斜长角闪岩；上部为二云石英片岩、片麻岩。与下伏雁岭沟组为整合关系，顶部未出露。时代为早元古代。本组以变质深和岩性以云母石英片岩为主与相邻地层区别。

【沿革】 张秋生等（1980）称双水磨组，陕西区调队（1992）曾称张家庄组。本次对比研究认为张家庄组已被杨志超等（1984）用于草滩沟群内的次一级地层单位，故秦岭(岩)群

① 河南省地质矿产局第四地质矿产调查队，1987，1：5万小水、夏馆区域地质调查报告（未刊）。
② 陕西省地质矿产局第三地质队，1978，陕西省凤县唐藏—太白鹦鸽嘴一带1：5万地质报告（未刊）。

中的张家庄组应停用。

【现在定义】 与相邻的雁岭沟(岩)组、草滩沟群均为断层接触。岩性以矽线黑云石英片岩、二云斜长石英片岩、云母石英片岩为主，夹斜长角闪岩、斜长变粒岩、角闪片岩、大理岩等，属角闪岩相。本(岩)组以大套石英片岩出现与雁岭沟(岩)组大理岩分开。

【层型】 创名时未指定正层型，本书指定选层型为“太白县上白云乡上白云上黑湾—秦岭梁剖面”(107°12′48″，33°59′54″)，由肖思云等(1984)测制。

【地质特征及区域变化】 以黑云石英片岩为主，夹少量长石石英片岩、变粒岩、斜长角闪岩和大理岩。矿产有红柱石、矽线石。时代暂置早元古代。

分布于凤县唐藏—眉县石头河一带。在上店坊地区，石英片岩中夹有较多的斜长角闪岩，向东西两侧渐少。

熊耳群　ChX　(05－61－0045)

【创名及原始定义】 秦岭区测队(1958)在1∶20万洛宁幅填图中创名熊耳群，陕西区测队1965年介绍，创名地点在河南省洛宁县熊耳山。原始定义：该群分上、中、下三部分，下熊耳群主要为安山玢岩及杏仁状安山玢岩，其次为玄武玢岩、流纹斑岩和火山碎屑岩；中熊耳群主要为流纹斑岩、石英斑岩及火山碎屑岩；上熊耳群主要为安山玢岩及杏仁状安山玢岩，其次是流纹斑岩、玄武玢岩、火山碎屑岩。与下伏太华群为不整合接触，与上覆震旦系呈平行不整合关系。

【沿革】 1964年河南区域地质测量队(以下简称河南区测队)将河南省济源、垣曲一带相同地层改称为西阳河群，自下而上分为大古石组、许山组、鸡蛋坪组、马家河组。同年创名者将该单位引入陕西省洛南一带。1965年又于马家河组之上建立了龙脖组。之后，河南区调队(1981)将西阳河群改称熊耳群，并停用龙脖组。陕西省地矿局(1989)将熊耳群划分为3个亚群，上、下亚群为中基性火山岩，中亚群为酸性火山岩。本书根据省内熊耳群流纹岩厚度薄、不稳定，且分布于本群之底部，与命名地的熊耳群差异较大，故只能按火山碎屑岩夹层的性质及多少，分为上、下两部分，统归熊耳群。

【现在定义】 在河南境内由下而上分为大古石组、许山组、鸡蛋坪组、马家河组。省内难以划分为相应的组，但可分为上、下两部分，下部为细碧岩夹少许大理岩、流纹岩等，上部以暗绿色细碧岩为主，夹少许细碧质凝灰岩、凝灰砾岩、千枚岩和灰岩等。与下伏铁铜沟组和上覆高山河群呈平行不整合或不整合关系。

【层型】 选层型为河南省“卢氏县焦家印至栾川县的界岭根焦园剖面”(111°10′30″，34°24′30″)，由西北地质局区域地质测量队(1965)测制。省内次层型为“蓝田县坝源乡半截洼—南沟剖面”(109°43′30″，34°9′50″)，由李钦仲等(1981)测制。

【地质特征及区域变化】 坝源半截洼熊耳群分两部分，上部为细碧岩夹凝灰砾岩、大理岩，顶部夹角斑岩，厚1 750.2 m；下部岩性分两段，下段为细碧岩夹黑云斜长片岩、大理岩、流纹岩，厚465.6 m，上段为细碧岩，厚832.2 m。

主要出露于蓝田县新店子—洛南县庙台乡扶庄沟口，向东延入河南省。在陇县、千阳一带也有零星出露。岩性以细碧岩为主夹少量流纹岩、角斑岩、火山碎屑岩。沉积岩夹层在上部和底部较发育，且延伸较稳定；流纹岩、角斑岩夹层变化较大。坝源粗面岩中锆石U－Pb年龄值为1 545 Ma；晋、豫交界酸性火山岩单锆石U－Pb质谱年龄值为(1 826±32) Ma，(1 840±14) Ma(孙大中等，1993)，据上述资料将熊耳群的时代置于中元古代早期。

【其他】 由区域资料分析，熊耳群为三岔裂谷喷发（图 2-2）。东部熊耳群为富钾的流纹岩-安山岩-玄武岩组合（含 MgO、CaO、K_2O 高，氧化指数 1.05），向北分布在山西绛县向南至河南三门峡及汝阳一带，总体近南北方向。西部熊耳群（陕西境内）从陇县—千阳—西安至洛南庙台，呈东西向分布。为富钠的细碧岩-角斑岩（含 Na_2O、Fe_2O_3+FeO 较高，氧化指数 0.68）。三岔裂谷的二个臂中间不相连，因此本省熊耳群岩性有别于河南熊耳山命名的熊耳群。就火山岩地层来说，一般不主张远距离对比，因此今后省内熊耳群是否需要重新划分到组，还有待进一步研究。

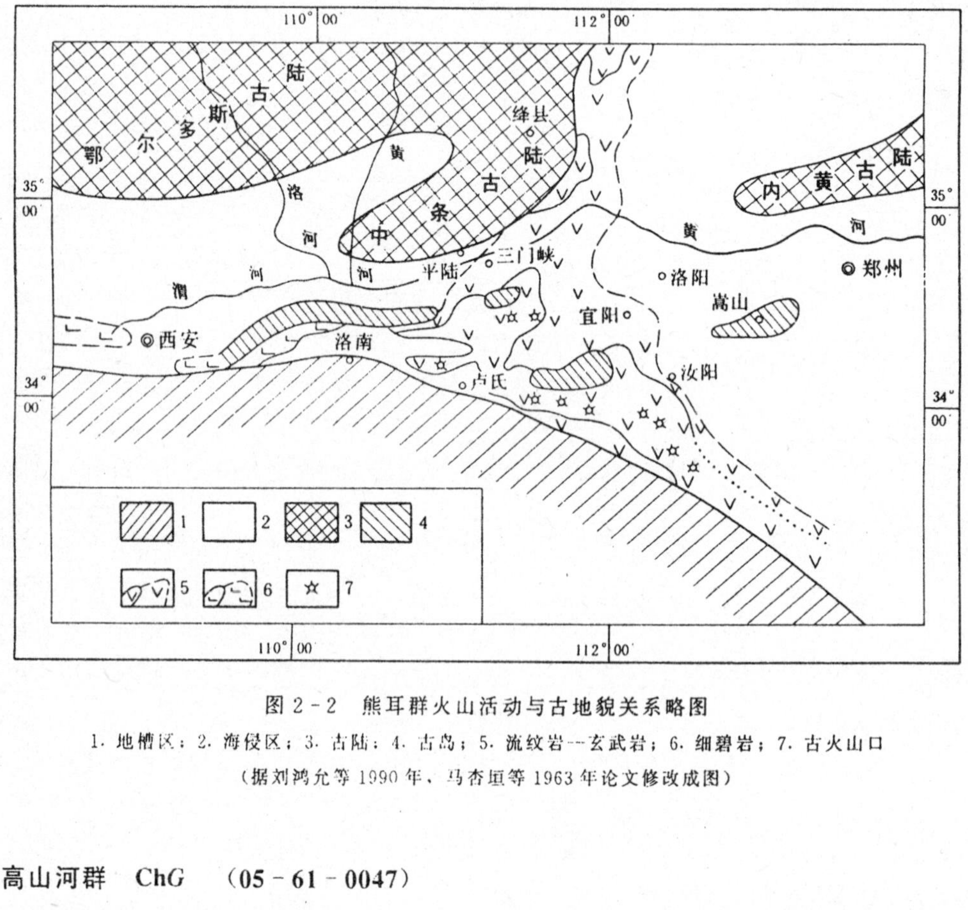

图 2-2 熊耳群火山活动与古地貌关系略图

1. 地槽区；2. 海侵区；3. 古陆；4. 古岛；5. 流纹岩—玄武岩；6. 细碧岩；7. 古火山口

（据刘鸿允等 1990 年、马杏垣等 1963 年论文修改成图）

高山河群 Ch*G* （05-61-0047）

【创名及原始定义】 秦岭区测队（1958）① 创名于洛南县巡检司驾鹿（高山河），原称高山河组，陕西区测队 1965 年介绍。原始定义：下部为砾岩、紫红色含铁石英岩、石英岩及灰色石英砂岩，夹粉砂岩、页岩；中部为灰色、紫色白云石英砂岩夹钙质石英砂岩、粉砂岩、页岩；上部为灰色、灰黄色钙质石英砂岩夹粉砂岩、页岩，局部夹薄层硅质灰岩及砾状灰岩（厚 3.5～5.0 m）。总厚 80～1 230 m。与下伏熊耳群为不整合或平行不整合接触，与上覆龙家园组呈平行不整合关系。

【沿革】 陕西六队（1978）② 将高山河组改称高山河群，并自下而上进一步建立了鳖盖子组、二道河组、陈家涧组。邱树玉等（1982）将上述 3 个组刊出。

① 西北地质局秦岭区域地质测量队，1958，1:20 万 I-49-[XV]（洛南）幅区域地质测量报告。
② 陕西省地质局第六地质队，1978—1979，金堆城—黄龙铺地区区域地质调查报告。

【现在定义】 该群由下向上划分为鳖盖子组、二道河组、陈家涧组。

鳖盖子组 Ch*b* （05－61－0048）

【创名及原始定义】 陕西六队（1978）创名于洛南县黄龙铺乡鳖盖子。邱树玉、刘洪福（1982）介绍。原始定义：以灰色、紫红色石英砂岩为主，夹粉砂质粘板岩、长石石英砂岩。与下伏熊耳群为不整合接触，与上覆二道河组为整合关系。

【沿革】 该组自命名以来，含义无变化。

【现在定义】 以灰色、浅灰色薄—中厚层状石英砂岩、紫红色石英砂岩为主，夹粉砂质板岩、长石石英砂岩和石英杂砂岩。与下伏熊耳群为平行不整合或不整合接触，与上覆二道河组白云岩为整合关系。

【层型】 创名时未指定正层型，选层型为“洛南县黄龙铺乡黄龙铺—西水岔沟口剖面”（110°3′20″，34°19′40″），由李钦仲等（1981）测制。

【地质特征及区域变化】 黄龙铺一带总厚1 898 m，岩性分两部分：下部为石英砂岩与粘土板岩互层；上部为石英砂岩夹少量粘土质板岩。其他地段，底部常有厚0.5～10.0 m的砾岩、含砾砂岩。岩石具交错层理、潮汐层理、波痕、干裂等构造，属滨海—边缘浅滩—潮坪沉积序列。沉积矿产有含钾岩石和硼矿化，产于本组下部粘土质板岩中。含 B_2O_3 0.5%～0.78%。

主要分布于商州大荆—洛南陈耳、唐岭等地，另在陇县、岐山也有少量出露。本组岩性总体以砂岩为主，有较多的泥质板岩夹层。厚度由黄龙铺向东、西两侧变薄（图2－3）。商州麻坪地区为砂岩夹多层板岩，厚300～600 m，洛南石坡地区为由砂岩至板岩形成4个韵律层，厚818 m。时代暂置长城纪。

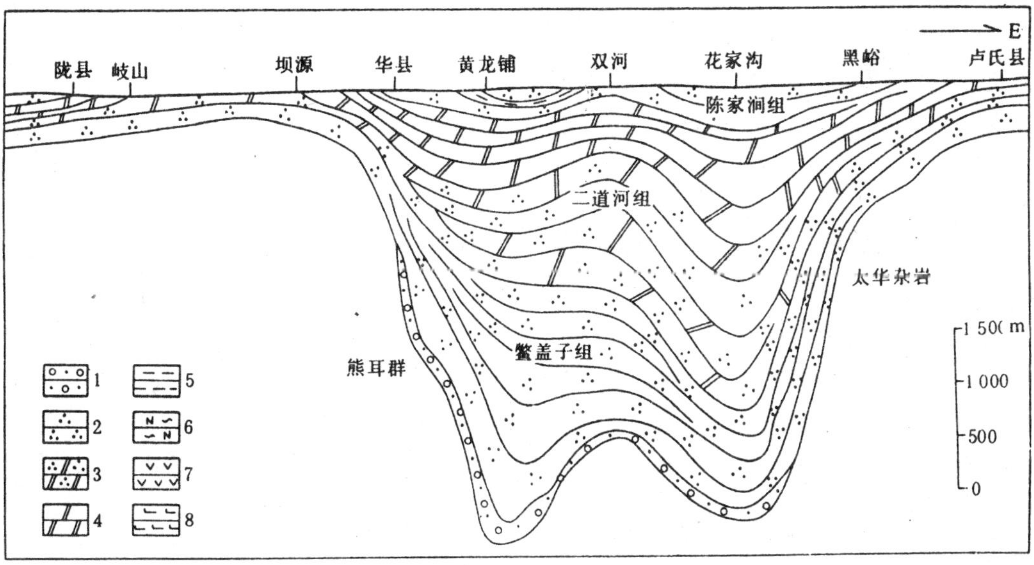

图2－3 陕西省陇县—河南省卢氏一带高山河群横剖面图

1. 砂砾岩；2. 石英砂岩；3. 白云质砂岩；4. 白云岩；5. 粘土质岩；6. 黑云斜长片麻岩；7. 安山岩；8. 细碧岩

二道河组　Che　(05-61-0049)

【创名及原始定义】　陕西六队（1978）创名于洛南黄龙铺乡二道河。邱树玉、刘洪福(1982)介绍。原始定义：下部以石英砂岩、长石石英砂岩为主，上部以白云岩为主。厚1 316 m。与上覆陈家涧组、下伏鳖盖子组均为整合关系。

【沿革】　该组命名以来，名称及含义无变化。

【现在定义】　下部以浅灰色石英砂岩、长石石英砂岩为主，夹白云质砂岩、白云岩、灰绿色粉砂质板岩；上部为浅灰色细—粉晶白云岩、砂质白云岩，夹少许角砾状白云岩，含叠层石。以白云岩出现与下伏鳖盖子组整合分界；与上覆陈家涧组砂岩为整合关系。

【层型】　创名时未指定正层型，选层型为“洛南县黄龙铺乡黄龙铺—西水岔沟口剖面”(110°3′20″，34°19′40″)，由李钦仲等（1981）测制。

【地质特征及区域变化】　在洛南县北部二道河组厚703.4 m。岩性可分三部分：下部为石英砂岩、白云质砂岩、砂质白云岩与板岩互层；中部为长石石英砂岩、石英砂岩夹板岩、砂质白云岩；上部为白云岩，产叠层石。岩石中有人字形交错层理、凸镜状层理、干裂等，属低潮期沉积。沉积矿产主要为赤铁矿，产于本组底部。

分布在陇县、岐山及商州大荆至洛南县陈耳等地，向东延至河南省灵宝、卢氏一带。区域上二分明显，下部为石英砂岩、白云质砂岩夹板岩；上部为砂质白云岩。洛南西峪河最厚，约 2 208 m，向东、西两侧变薄，陈耳和麻坪厚 247～535 m。时代暂置长城纪。

陈家涧组　Chĉ　(05-61-0050)

【创名及原始定义】　陕西六队（1978）在洛南黄龙铺乡陈家涧创名。邱树玉、刘洪福(1982）介绍。原始定义：主要由碎屑岩组成，下部和上部均为灰白色石英砂岩，中部为绿灰色粉砂质板岩夹细粒石英砂岩。与下伏二道河组为整合关系，与上覆龙家园组为平行不整合接触。

【沿革】　该组自创名以来，含义无变化。

【现在定义】　主要由碎屑岩组成。下部为灰白色石英砂岩，紫红色石英杂砂岩；中部为绿灰色砂质板岩夹薄层石英砂岩；上部为灰色石英砂岩。与下伏二道河组白云岩为整合关系；与上覆龙家园组为平行不整合接触。

【层型】　创名时未指定正层型，选层型为“洛南县黄龙铺乡黄龙铺—西水岔沟口剖面”(110°3′20″，34°19′40″)，由李钦仲等（1981）测制。

【地质特征及区域变化】　陈家涧组厚230 m。岩石中可见板状斜层理、凸镜状、脉状层理，有少数干裂和波痕，为低潮坪到高潮坪的沉积序列。沉积矿产为赤铁矿、石英岩矿，分别产于本组之下部和上部。时代暂置长城纪。

分布同二道河组。区域上三分明显，岩性稳定，东延至洛南庙台乡，中部板岩和以上地层被龙家园组超覆。商州麻坪至洛南西峪河出露较全。厚 350～600 m。

官道口群　JxG　(05-61-0055)

【创名及原始定义】　河南区调队（1981）创名于河南省卢氏县官道口。原始定义：包括高山河组、龙家园组、巡检司组、杜关组、冯家湾组，代表华北地台南缘一套碎屑岩-碳酸盐岩建造。该群与下伏熊耳群不整合接触，其上被栾川群整合覆盖，时代归中元古代。

【沿革】 陕西区测队（1965）在《1：20万栾川幅地质图说明书》中由下而上划分为白玉沟群、香子坪组。武铁山（1979）① 将龙家园组、巡检司组、杜关组、冯家湾组统称洛南群。邱树玉、刘洪福（1982）将上述划分方案刊出。陕西区调队（1989）将龙家园组—冯家湾组改称石坡群。本次对比研究考虑高山河组在岩性方面与其上4个组不同，故将高山河组分出，官道口群由下而上分为龙家园组、巡检司组、杜关组、冯家湾组。石坡群、洛南群与官道口群为同物异名。白玉沟群、香子坪组早已无人使用，故停用。

【现在定义】 自下而上，由龙家园组、巡检司组、杜关组、冯家湾组构成。

龙家园组　Jx*l*　（05-61-0051）

【创名及原始定义】 阎廉泉（1959）创名于洛南县龙家园。原始定义：主要由灰色、灰白色硅质条带白云质灰岩、白云质灰岩及灰岩组成，厚400～800米。

【沿革】 西北地质局区测队（1965）将本组与巡检司组一并称白玉沟群。陕西区调队（1981）② 取消原划白玉沟群，恢复二分的巡检司组和龙家园组。蓢万筹、邱树玉（1990a、b）将龙家园组下部含砂砾的紫红色白云岩称为石庄组。本次对比研究认为紫红色白云岩在本省出露不稳定，故未单独建组，仍归龙家园组下部。

【现在定义】 底部为紫红色含赤铁矿或含砾碎屑白云岩，向上为灰白色细—粉晶白云岩，含燧石条带白云岩。含丰富的叠层石，厚776 m。与下伏陈家涧组为平行不整合接触，与上覆巡检司组砂质板岩为整合接触。

【层型】 创名时未指定正层型，现指定选层型为“洛南县黄龙铺乡黄龙铺—西水岔沟口剖面”（110°4′42″，34°18′43″），由李钦仲等（1981）测制。

【地质特征及区域变化】 在洛南县石门镇北侧，本组为含少量燧石条带或条纹的白云岩，由下向上可分4层：第一层为紫红色含砂砾白云岩；第二层为灰色含燧石条带白云岩，以含假裸枝叠层石为特点；第三层为灰色中厚层粉晶白云岩；第四层为含燧石条带白云岩，中部夹乳白色粉晶白云岩（多为白云岩矿），总厚约900 m。岩石中含叠层石、内碎屑、鲕粒等。为滨海或泻湖海湾沉积。

分布于陇县、千阳县、商州大荆至洛南县陈耳一带。本组厚度变化大，黄龙铺—西峪河厚900～1 200 m，向四周厚度递减，河南省卢氏厚300～500 m，底部紫红色白云岩在洛南县黄龙铺至石坡厚50～80 m，向西至商州黑龙口尖灭，向东至洛南县陈耳厚约20 m，河南卢氏县福地厚0.5 m（图2-4）。时代暂置蓟县纪。

巡检司组　Jx*x*　（05-61-0052）

【创名及原始定义】 阎廉泉（1959）创名于洛南县巡检司。原始定义：主要由深灰色、灰色厚层块状燧石条带灰岩、白云质灰岩组成，厚约300～700米。

【沿革】 西北地质局区测队（1965）将分布在洛南县石门镇以南的该组地层划归白玉沟群。

【现在定义】 主要为灰白色细—粉晶白云岩、硅质条纹细晶白云岩，含叠层石。下部夹少许灰绿色粉砂质板岩、泥质白云岩，局部具内碎屑假鲕状或鲕状构造。与下伏龙家园组白云岩为整合关系，与上覆杜关组（底部系砂砾岩、板岩）为平行不整合接触。

---

① 武铁山，1979，豫西型震旦纪地层对比统一划分和时代问题，第二届全国地层会议文件（未刊）。
② 陕西省地质矿产局区域地质调查队，1981，陕西省前寒武系初步总结（未刊）。

【层型】 创名时未指定正层型，现指定选层型为“洛南县黄龙铺—西水岔剖面”（110°4′42″，34°18′43″），由李钦仲等（1981）测制。

【地质特征及区域变化】 本组以发育含大量暗色燧石条带和团块的白云岩为主要特征。黄龙铺—西水岔剖面厚683.9 m，可分三部分：下部为灰色—灰白色白云岩夹粉砂质板岩，底部为板岩，厚约50 m；中部为深灰色厚层燧石条带白云岩，厚约560～600 m；上部为灰白色燧石条带白云岩，厚约40 m。含叠层石、燧石条带及团块、内碎屑等，为宁静的滨海海湾沉积。时代置蓟县纪。

分布范围同龙家园组。横向延伸稳定。岐山厚约1 000 m，商州麻坪到洛南县石坡厚600～700 m，一般地区厚300～500 m（图2-4）。

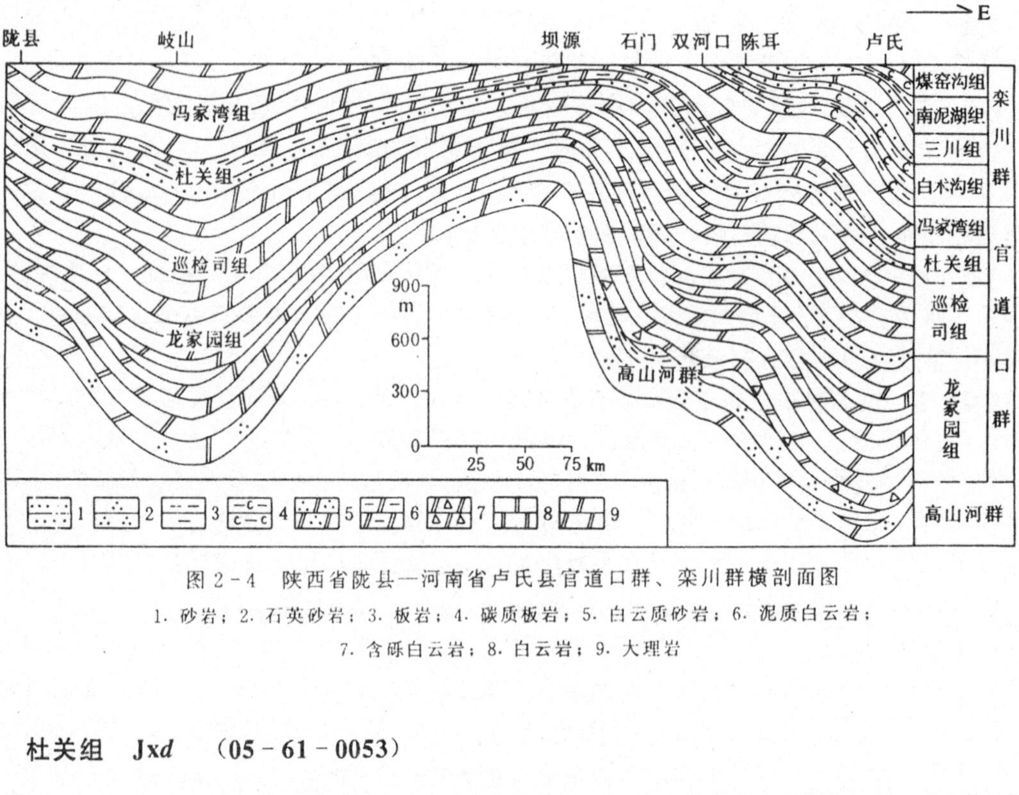

图2-4 陕西省陇县—河南省卢氏县官道口群、栾川群横剖面图

1. 砂岩；2. 石英砂岩；3. 板岩；4. 碳质板岩；5. 白云质砂岩；6. 泥质白云岩；
7. 含砾白云岩；8. 白云岩；9. 大理岩

杜关组 Jx*d* （05-61-0053）

【创名及原始定义】 阎廉泉（1959）创名于河南省卢氏县杜关。原始定义：主要由杂色钙质板状页岩、泥质灰岩及浅黄色微粒灰岩组成。厚40～150 m。

【沿革】 同年创名人将该单位引入陕西。1983年陕西省地层表编写组将洛南县石门镇以南香子坪组中的相同地层归入本组，1989年陕西区调队将该组归入石坡群。

【现在定义】 底部为含砾砂质板岩，向上渐变为灰色、玫瑰色薄层隐晶—细晶白云岩、灰色中厚层状粉晶白云岩，夹燧石条带白云岩、内碎屑白云岩；上部为紫红、浅灰、灰黄色板状粉晶白云岩、泥质隐晶白云岩。与下伏巡检司组为平行不整合接触，与上覆冯家湾组浅灰色厚层白云岩为整合关系。

【层型】 创名时未指定正层型，现指定选层型为“洛南县黄龙铺—西水岔剖面”（110°4′42″，34°18′43″），由李钦仲等（1981）测制。

【地质特征及区域变化】 岩性以灰色白云岩、泥质白云岩为主。可分两部分：下部为灰色中厚层含少量燧石条带粉晶白云岩，底部有厚1～8 m板岩、砂岩，夹米黄色细晶白云岩，局部夹凸镜状角砾状彩色燧石，厚 117 m；上部为灰色，风化后呈米黄色、紫红色泥质白云岩夹白云质板岩，厚 78 m。

分布同龙家园组。岩性横向延伸稳定，由西向东，厚度由大变小，如岐山、陇县厚 320～490 m，商州麻坪—洛南县石坡厚 175～265 m。黄龙铺—西水岔剖面厚 195 m。时代置蓟县纪。

冯家湾组 Jx*f* (05-61-0054)

【创名及原始定义】 阎廉泉（1959）创名于河南省卢氏县杜关乡的冯家湾村。原始定义：主要由藻类灰岩及灰色硅质灰岩组成，厚 30～250 m。

【沿革】 同年创名人将该单位引入陕西。陕西地层表编写组（1983）将洛南县石门以南香子坪组中的相同地层归入本组。1989 年陕西区调队将该组划归石坡群。

【现在定义】 下部为浅灰—灰白色中厚层状微粒白云岩、粉晶白云岩，夹硅质条带白云岩，含柱状叠层石，局部具鲕状构造；上部为浅灰—深灰色中厚层状微—细晶白云岩，夹少量薄层碎屑白云岩、粉砂质板岩。与下伏杜关组紫红色泥质白云岩和上覆白术沟组碳质板岩均为整合关系。

【层型】 创名时未指定正层型，现指定选层型为“洛南县黄龙铺—西水岔剖面”（110°4′42″,34°18′43″），由李钦仲（1981）测制。

【地质特征及区域变化】 岩性以灰色叠层石白云岩、粉晶白云岩为主。洛南黄龙铺—西水岔剖面可分两部分：下部为含柱状叠层石白云岩，厚 55 m；上部为灰色粉晶白云岩，局部含燧石条带及团块，厚 42 m，含叠层石，并具缝合线构造。

分布同龙家园组。岩性横向延伸稳定，但厚度变化较大，上部因受后期剥蚀而变薄或缺失。由西向东，厚 60～110 m。时代置蓟县纪。

栾川群 Qn*L* (05-61-0059)

【创名及原始定义】 河南省地质局地质研究所（以下简称河南地研所）1962 年创名于河南栾川县①。原始定义：分竹园沟组、南泥湖组，归晚震旦世。竹园沟组为硅质灰岩、白云质灰岩、硅质大理岩夹黑色碳质片岩；南泥湖组为灰岩、钙质片岩、含铁石英岩，与下伏河口群月沟组为整合接触，其上被下寒武统大石河群不整合覆盖。

【沿革】 1977 年河南省地质局第三地质队（以下简称河南三队）将前述地层称上栾川群②，由下而上分为白术沟组、三川组、南泥湖组、煤窑沟组、大红口组、鱼库组。河南区调队（1981）将白术沟组、三川组、南泥湖组、煤窑沟组归入栾川群。栾川群一名本书首次引入陕西。

【现在定义】 包括白术沟组、三川组、南泥湖组、煤窑沟组、大红口组、鱼库组。在陕西省内仅出露白术沟组。在洛南县奥峪高疙瘩白术沟组之上出露有厚约 50 m 的灰色中厚层状石英砂岩，岩性似三川组，但因分布面积小，资料少，未单独分出，暂做白术沟组夹层处理。

白术沟组 Qn*b* (05-61-0056)

【创名及原始定义】 河南三队（1977）创名于河南栾川县南部的白术沟。原始定义：主

① 河南省地质局地质研究所，1962，河南地层（未刊）。
② 河南省地质局第三地质队，1977，1∶5 万河南省栾川县南部区调报告（未刊）。

要为碳质千枚岩及长石石英岩，夹少量大理岩。分三个岩性段：下段为碳质绢云母千枚岩、绢云石英片岩与长石石英岩互层；中段由变长石石英砂岩、石英钾长变粒岩、条纹状含碳绢云石英千枚岩组成；上段为黑色碳质千枚岩夹大理岩和少量石英岩。与下伏冯家湾组、上覆三川组皆呈整合接触。

【沿革】 西北冶金地质勘探公司713队、西北大学（1975）① 在洛南将相同地层曾称大庄组。夏正楷（1976）② 又将相同地层改称纸房群。陕西区调队（1981）③ 将纸房群改称石北沟组。本次对比研究认为白术沟组定义与大庄组相同，大庄组为白术沟组的同物异名。石北沟组、纸房群自建立后无人使用，建议停用。

【现在定义】 以碳质绢云千枚岩、碳质千枚岩（或碳质板岩）为主，夹变质石英砂岩、石英岩、钾长变粒岩和少量的大理岩。与下伏冯家湾组白云岩和上覆三川组砂砾岩皆为整合关系，陕西省因缺失栾川群中、上部地层，故本组与上覆罗圈组为平行不整合接触。

【层型】 正层型为“河南省栾川县三川乡白术沟剖面”（111°22′，33°59′），由河南三队（1977）④ 测制。省内次层型为“洛南县石墙村石北沟剖面”（34°14′57″，110°15′25″），由李钦仲等（1981）测制。

上覆地层：罗圈组　钙质砾岩

——————— 平行不整合 ———————

白术沟组⑤	总厚度 45.69 m
5. 深灰色碳质板岩和含碳绢云板岩互层	11.56 m
4. 硅质板岩夹粉砂质板岩	7.40 m
3. 深灰色硅质板岩	0.67 m
2. 黄灰色微粒白云岩夹硅质碳质板岩	23.44 m
1. 灰白色碳质粉砂质板岩	2.62 m

———————— 整　合 ————————

下伏地层：冯家湾组　灰色含叠层石微粒白云岩

【地质特征及区域变化】 省内次层型岩性以碳质板岩夹白云岩为主，可分两部分：下部为白云岩夹碳质板岩，或白云岩与碳质板岩互层，厚 20～50 m；上部为碳质板岩或硅质碳质板岩，厚 20～130 m。岩石含黄铁矿，并富含碳质。沉积矿产有碧玉、褐铁矿等，另外，Zn、Cu、Mn、Mo 含量较高。

北部商州大荆斩龙头—洛南石墙、大庄等地，岩性同次层型，厚度由西向东加大，厚 30～163 m；南部商州大荆庙湾—李家河—奥峪等地岩性复杂，下部为碳质板岩与白云岩互层，厚 30～50 m；上部为碳质板岩夹深灰色石英砂岩、白云岩，局部夹粗面岩、火山角砾岩，厚度大于 300～500 m。本组时代属晚元古代青白口纪。

三岔口组　QnZ*s*　（05－61－0029）

【创名及原始定义】 河南三队（1977）在河南栾川陶湾北沟三岔口创名。原始定义：北

---

① 西北冶金地质勘探公司713队、西北大学，1975，陕西洛南北部的“北部震旦系”。见：太原华北前寒武纪地质会议文件。
② 夏正楷，1976，有关洛南罗圈组下伏纸房群。见：秦岭区测（内刊）。
③ 陕西省地质矿产局区域地质调查队，1981，1：5万石坡幅区调报告（未刊）。
④ 河南省地质局第三地质队，1977，1：5万河南省栾川县南部区调报告（未刊）。
⑤ 剖面第3—5层为李钦仲等（1985）刊出资料，第3层以下为李钦仲等的原始资料。

沟三岔口一带主要为黑色含碳钙质砾岩，基本无分层现象，南部朱家村、鱼库沟口出现含砾大理岩、含砾钙质片岩、石英大理岩夹层，并夹有似层状或凸镜状沉积变质铁矿，与下伏上栾川群鱼库组为假整合关系，与上覆凤脉庙组为整合关系，归为陶湾群下部。时代为青白口纪。

【沿革】 陕西区调队（1982）① 在商州大荆将相同地层称庙湾组，属原陶湾群下部。张维吉（1990）将庙湾组下部的千枚岩夹白云岩凸镜体创名芋园沟组。王宗起（1990）将庙湾组下部千枚岩夹白云岩凸镜体创名郭岭组。王作勋等（1990）认为三岔口组为原陶湾群最下部一个组。陕西区调队（1992）②，认为原划庙湾组为一构造推覆体，包括部分白术沟组、罗圈组和未名寒武纪地层，本书根据原陶湾群创名时未包括三岔口组，故将三岔口组从陶湾群分出，单独建组。庙湾组、郭岭组、芋园沟组因建于构造推覆带中，为相邻地层的构造岩块，应停用。

【现在定义】 位于栾川群之上、陶湾组之下，岩性为灰色片状钙质砾岩、灰色钙质胶结砂砾岩，夹含砾粉砂质千枚岩。砾岩的砾石主要为白云岩，次为碳质板岩、石英岩，呈似棱角—半滚圆状，胶结物为钙质及泥砂质。与下伏白术沟组、煤窑沟组、鱼库组③ 为平行不整合，与上覆陶湾组为整合关系，横向上分布不稳定。以砾岩的出现和结束与相邻地层分界。

【层型】 正层型为河南省“栾川县陶湾乡北沟三岔口剖面”（111°27′，33°52′），由河南三队（1977）测制。省内次层型为“洛南县白洛乡崔湾—黑牛沟剖面”（110°6′34″，34°6′50″），由本项目（1993）测制。

【地质特征及区域变化】 以发育砾岩为主要特征。与罗圈组的区别是砾岩含 Fe、SiO_2 低，砾石含量多，无冰碛岩特点，不含磷，层理一般较清楚。因平行不整合在栾川群鱼库组、煤窑沟组等不同层位之上和陶湾组之下而将其时代暂归青白口纪—震旦纪④。

分布在洛南崔湾、奥峪、南村及沙河一带。砾岩厚度不稳定，崔湾—页山河厚度较大，140～200 m，三要厚仅 50 m，局部缺失。

陶湾组　QnZ*t*　(05-61-0030)

【创名及原始定义】 阎廉泉（1959）在河南省栾川县陶湾创名。原始定义：主要岩性为灰白、玫瑰色含黑云大理岩、绿泥钙质片岩、透闪大理岩、白云质大理岩夹角闪片岩，底部为绢云片岩、砾岩（含铁矿层），其上与寒武系不整合接触，时代归早元古代。

【沿革】 河南三队（1977）以（铁炉子）叫河断裂为界，将断裂以南原划南陶湾组划归宽坪群；以北仍称陶湾群，由下而上分别划分为三岔口组、凤脉庙组、秋木沟组。陕西区调队（1982）将铁炉子断裂以北的地层称陶湾群，由下而上分为庙湾组、屈垌组、石板河组、垢神庙组。王作勋等（1982）将陶湾群由下而上划分为凤脉庙组、秋木沟组、中沟组。本书仍维持陶湾组命名时的定义，并划分上、下两段，总体相当前人划分的凤脉庙组、秋木沟组、屈垌组、中沟组。

【现在定义】 整合于三岔口组之上、石板河组之下，岩性分两段：下段为粉砂质千枚岩、绢云石英千枚岩夹白云岩、大理岩、石英砂岩、含砾大理岩；上段为条纹状石英大理岩、片

---

① 陕西省地质矿产局区域地质调查队，1982，1∶5 万大荆幅、黑龙口幅区调报告（未刊）。
② 陕西省地质矿产局区域地质调查队，1992，陕西洛南一带陶湾群及相关地层变形研究。
③ 该单位本省未出露。
④ 三岔口组、陶湾组、石板河组与垢神庙组之间的接触关系、层序和时代目前尚有不同认识。

状大理岩夹绿泥石英千枚岩、绢云石英千枚岩。本组下以千枚岩为界与三岔口组砾岩分开，上以大理岩为界与石板河组整合分界。

【层型】 创名时未指定正层型，现指定选层型为“河南省栾川县陶湾乡三岔口—凤脉庙剖面”（111°27′3″，33°52′7″），由河南三队（1977）测制。

【地质特征及区域变化】 陕西商州、洛南一带亦可分上、下二段：下段为绢云石英千枚岩夹石英砂岩、白云岩、结晶灰岩；上段为片状大理岩，条纹状大理岩夹钙质片岩，绢云石英千枚岩。下段千枚岩中常见粉砂岩条带（或为粉砂岩与泥质岩互层）。上述地层具多期变形特征，早期片理又常被褶皱成“S”形。沉积矿产为变质铁矿。下段全岩 Rb－Sr 等时线年龄值为 569±66 Ma（张宗清，1991）。与同地区白术沟组（碳质板岩全岩 Rb－Sr 等时线年龄值 567 Ma 基本一致，说明其为变质年龄。陶湾组与三岔口组为整合关系，因此将陶湾组时代暂划为青白口纪—震旦纪。

在蓝田县蓝桥至洛南县三要一带。下段厚 260～330 m，岩性为千枚岩夹大理岩及凸镜状白云岩、灰岩、砂岩。凸镜体最大者厚 100～200 m，一般厚数十米，尚有呈香肠状夹杂于千枚岩之中；上段厚 600～1 035 m，以片状大理岩为主，岩性稳定，以页山河厚度最大。

石板河组 QnẐsb (05－61－0031)

【创名及原始定义】 陕西区调队（1982）① 在商州腰市辋峪石板河创名。肖思云等 1988 年介绍。原始定义：岩性分两部分：下部为灰绿色绢云绿泥石英千枚岩；上部为灰绿色条带状绢云石英千枚岩。厚 103.33～541.26 m。与下伏屈垌组和上覆垢神庙组均为整合关系，时代为志留—奥陶纪。

【沿革】 1982 年创名时将该组归入原陶湾群，本书认为上述岩性与陶湾组岩性有别，故单独建组。

【现在定义】 整合于陶湾组之上、垢神庙组之下，岩性分两部分：下部为灰绿色绢云绿泥石英千枚岩，含星散状磁铁矿，局部夹绿泥绿帘钠长片岩（中基性熔岩）和石英砂岩；上部为条带状绢云石英千枚岩。本组底界以绿泥石英千枚岩出现与陶湾组大理岩分开，顶部以碳质岩石出现作为垢神庙组之下界。

【层型】 正层型为商州腰市辋峪沟剖面（109°56′，36°06′23″），由陕西区调队（1979）测制。

上覆地层：**垢神庙组** 灰黑色含碳石英绢云千枚岩

——————— 整 合 ———————

石板河组	总厚度 541.26 m
2. 灰绿色条带状绢云石英千枚岩夹大理岩及石英砂岩凸镜体	133.05 m
1. 灰绿色绢云绿泥石英千枚岩	408.21 m

——————— 整 合 ———————

下伏地层：**陶湾组** 灰白色片状大理岩

【地质特征及区域变化】 以绿泥绢云千枚岩及绢云石英千枚岩为主，普遍含有星散状磁铁矿。西部商州黑龙口有中基性火山岩夹层。

---

① 陕西省地质矿产局区域地质调查队，1982，1∶5 万大荆幅、黑龙口幅区调报告。

分布于商州黑龙口至洛南县三要一带。页山河至辋峪一带厚度最大，约 500～541 m，向东西两侧变薄。西部黑龙口以西，岩性以绿泥石英千枚岩为主夹绿泥钠长片岩；页山河以东岩性渐变为以绢云石英千枚岩为主，其次为绿泥石英千枚岩。时代暂置青白口纪—震旦纪。

垢神庙组　*QnZg*　(05－61－0032)

【创名及原始定义】　陕西区调队（1982）在商州腰市辋峪垢神庙创名。肖思云等 1988 年介绍。原始定义：下部为含碳石英绢云千枚岩夹条纹状绢云石英千枚岩凸镜体；上部为绢云碳质千枚岩夹条纹状粉砂岩凸镜体；顶部为灰紫色绢云石英千枚岩。与下伏石板河组为整合关系，时代为奥陶—志留纪。

【沿革】　自创名以来，含义无变化。陕西区调队（1982）、肖思云等（1988）、王作勋等（1990）均将该组归入原陶湾群，本书认为垢神庙组岩性与陶湾组差异较大，应以独立的组存在。

【现在定义】　整合在石板河组之上，不整合在石盒子组之下，岩性分三部分：下部为含碳石英绢云千枚岩夹条纹状绢云石英千枚岩凸镜体；中部为绢云碳质千枚岩夹粉砂岩凸镜体；上部为灰紫色绢云石英千枚岩。本组下以含碳千枚岩的出现与石板河组绢云石英千枚岩分开，顶以灰紫色千枚岩结束与石盒子组砂岩划界。

【层型】　正层型为“商州腰市辋峪剖面”(109°56′，34°6′)，由陕西区调队（1979）测制。

【地质特征及区域变化】　岩性主要为含碳千枚岩夹绢云石英千枚岩。岩石普遍含碳和黄铁矿。本组所产微古植物化石主要常见于震旦纪，但考虑本组与石板河组为整合关系，故将其时代暂划为青白口纪—震旦纪。

分布于商州黑龙口至洛南县永丰葡萄岭，横向延伸岩性稳定，辋峪厚度最大，约 626 m，向东西两侧变薄，西部青岩沟厚 76～90 m。

宽坪(岩)群　*PtK*　(05－61－0009)

【创名及原始定义】　阎廉泉（1959）将商州北宽坪附近的变质岩创名为宽坪组。原始定义：与下伏太古代界牌群为角度不整合关系，与上覆陶湾组整合接触，岩性为结晶片岩、硅化大理岩，局部有磁铁矿石英岩，时代为早元古代。

【沿革】　陕西地层表编写组 1983 年改称宽坪群。陕西区调队（1979）将葫芦堤断裂以北的宽坪群由下而上划分为五峰山组、广东坪组、四岔口组。河南三队（1977）在河南省栾川县叫河断裂以南，将原划“南陶湾组”改称叫河组、红崖沟组，同属宽坪群。张秋生（1980）认为宽坪群经历了多期变形，由下而上分为四岔口组，广东坪组、麻街组。1979 年陕西地质矿产局第八地质队（以下简称陕西八队）将眉县、户县地区的宽坪群由下而上分为汤峪组、大镇沟组、甘峪湾组、教场组、干岔沟组，其中下面 3 个组相当商州地区的谢湾组、四岔口组、广东坪组①。宋子季、张维吉等（1987）在户县南部宽坪群肢解出下古生代斜峪关群；将宽坪群由下而上分为广东坪组、四岔口组、谢湾组。本次对比研究认为，原划宽坪群组成宽坪强变质推覆变形带的一部分，属层状无序的地层体，应改称(岩)群，分为广东坪(岩)组、四岔口(岩)组、谢湾(岩)组。甘峪湾组与广东坪(岩)组，汤峪组与谢湾(岩)组，麻街组、大镇沟组、红崖沟组与四岔口(岩)组皆为同物异名。五峰山组属广东坪(岩)组的一部分，应停

---

① 陕西省地质矿产局第八地质队，1983，陕西眉县—长安县一带地质矿产总结报告（未刊）。

用。

【现在定义】 本(岩)群可分为广东坪(岩)组、四岔口(岩)组、谢湾(岩)组。各(岩)组之间或本(岩)群与相邻地层单位之间皆以构造界面接触。

广东坪(岩)组 Ptg (05-61-0010)

【创名及原始定义】 陕西区调队(1979)① 创名于商州广东坪，原称广东坪组。张秋生(1980)介绍。原始定义：为一套绿片岩夹硅质岩、硅质大理岩。绿片岩的原岩相当于粗斑玄武岩，可见残留气孔、杏仁构造及岩墙，有些具有沉积作用和火山侵入作用。与上覆麻街组、下伏四岔口组为整合关系。时代为中晚元古代。

【沿革】 1980年朱国林、鄢永良将原划广东坪组及下部五峰山组合称广东坪组。陕西八队(1983)将其改称甘峪湾组。本次对比研究认为原划五峰山组石英岩属广东坪(岩)组的一部分，甘峪湾组为广东坪(岩)组的西延部分。

【现在定义】 以变质基性火山岩为主。岩性为钠长阳起绿泥片岩、钠长阳起片岩、斜长角闪岩，夹较多大理岩、石英岩及云母石英片岩、斜长(钠长)石英片岩。本组以其发育的变质绿片岩夹大理岩与四岔口(岩)组石英片岩分开。

【层型】 创名时未指定正层型，现指定选层型为“商州宽坪乡广东坪—焦安子剖面”(110°6′，33°58′)，由肖思云等(1988)测制。

【地质特征及区域变化】 以发育绿片岩为主。宽坪剖面总厚度1 007.6 m。可划分为两部分：①条带状大理岩，石英岩，局部含叠层石，厚约80～120 m；②变质绿片岩夹多层大理岩、云母石英片岩，夹层厚数米到数十米。岩石Sr/Ba为1.01，Eu/Sm为0.318，属火山硅质—基性火山岩建造(肖思云等，1988)。岩石化学特征与大洋拉斑玄武岩一致(刘国惠等，1993)。矿产有赤铁矿。

分布于周至县、户县、商州、洛南县一带。西部周至县黑河绿片岩夹多层大理岩、云母石英片岩。厚度以黑河和宽坪两地最厚，约1 000 m左右，一般地区厚400～600 m，时代暂置中元古代。

四岔口(岩)组 Ptsĉ (05-61-0011)

【创名及原始定义】 陕西区调队(1979)② 在商州北宽坪四岔口创名，原称四岔口组，朱国林、鄢永良(1980)介绍。原始定义：为一套长英质碎屑岩夹基性火山岩。岩性在北宽坪可分三部：下部为含碳绢云破片状石英岩；中部为阳起片岩夹大理岩；上部为云母破片状石英岩夹变粒岩。本组未见底，与上覆广东坪组为整合关系，时代为中晚元古代。

【沿革】 河南三队(1977)将其改称红崖沟组。张秋生(1980)将商州宽坪群当作一北倾的单斜地层，北部碎屑岩称麻街组，中部绿片岩为广东坪组，南部碎屑岩为四岔口组。陕西八队(1983)在户县一带将其创名为大镇沟组。本次对比研究根据红崖沟组创名后使用者甚少，且创名地剖面亦不完整，故仍用四岔口组，并改称四岔口(岩)组。

【现在定义】 介于广东坪(岩)组与谢湾(岩)组之间，岩性以云母石英片岩、云母斜长石英片岩为主，夹有黑云变粒岩、透闪大理岩、斜长角闪片岩、钠长阳起片岩。本组以发育的云母石英片岩与广东坪(岩)组变绿片岩和谢湾(岩)组大理岩分开。

---

① 陕西省地质矿产局区域地质调查队，1979，1∶5万蟒岭地区区调报告(手抄稿)。
② 陕西省地质矿产局区域地质调查队，1979，1∶5万蟒岭地区区调报告(送审稿)。

【层型】 创名时未指定正层型，本书指定选层型为“洛南五里铺史家坪—杏树涧剖面”（110°6′50″，34°2′10″），由肖思云等（1988）测制。

【地质特征及区域变化】 以云母石英片岩、长石石英片岩为主，选层型夹有较多的斜长角闪片岩、大理岩，夹层约占本组的1/5。原岩恢复以陆源碎屑岩为主夹基性火山岩，火山岩岩石化学性质与大洋拉斑玄武岩相同（刘国惠等，1993），为次深海相火山-碎屑岩沉积，矿产有硫铁矿。

分布于眉县、户县、商州及洛南县一带。区域上以云母石英片岩、斜长石英片岩为主，夹少量绿泥片岩、大理岩。夹层约占总厚的1/8～1/10。西部户县汤峪厚度较大，达2 294 m，时代暂置中元古代。

谢湾(岩)组 Pt*x* (05-61-0012)

【创名及原始定义】 张维吉等（1980）① 创名于洛南县马河谢湾，原称谢湾组。肖思云等（1988）介绍。原始定义：下部为石英透闪石大理岩夹黑云母大理岩；中部为斜长角闪片岩、阳起钠长片岩夹大理岩、云母石英片岩；上部为大理岩夹二云石英片岩、斜长角闪片岩。与上覆四岔口组为整合关系，底部未出露，时代为元古代。

【沿革】 河南三队（1977）将河南省叫河断裂以南，原划陶湾组的地层创名叫河组；陕西八队（1983）在眉县改称汤峪组。本次对比研究认为，叫河组后人使用甚少，而汤峪组创名在后，故仍称谢湾组，并改称谢湾(岩)组。

【现在定义】 岩性以绿泥大理岩、黑云大理岩、含石英大理岩为主，夹斜长角闪片岩（变基性火山岩）、钙质片岩、云母石英片岩、长石石英片岩。本组岩性以大理岩夹角闪片岩为特征，与四岔口(岩)组以云母石英片岩结束或大理岩的出现分界。与四岔口(岩)组以构造界面分界，与其他相邻地层为断层接触，顶部出露不全。

【层型】 创名时未指定正层型，本书指定选层型为“洛南八里桥银洞沟剖面”（110°10′45″，34°2′15″），由陕西区调队（1987）测制。

【地质特征及区域变化】 以黑云母大理岩、石英绿泥大理岩为主。按岩层的自然产状，由下而上其岩性分三部分：①钙质片岩、大理岩、角闪片岩夹长石石英片岩组合；②黑云大理岩夹绿泥石英片岩组合；③石英绿泥大理岩组合，总厚度大于1 129 m。

分布范围同四岔口(岩)组。本组总体以大理岩为主，夹石英片岩、角闪片岩。由西向东，厚度由小到大，夹层由多变少。眉县汤峪厚度大于800 m，洛南县厚近2 000 m。

峡河(岩)群 Pt*X* (05-61-0020)

【创名及原始定义】 河南区调队（1993）② 创名于河南省西峡县寨根乡的峡河。原始定义：包括寨根(岩)组和界牌(岩)组，主要岩性为石榴二云石英片岩、黑云石英片岩、白色条带大理岩、角闪片岩及瘤状堇青石片岩。与下伏秦岭(岩)群石槽沟(岩)组为断层接触，时代归晚元古代。

【沿革】 陕西区测队（1961）曾归太华群，陕西区调队（1988）称为丹凤群。张国伟等（1990）将商南县松树沟原划丹凤群第一岩段的地层，改划为秦岭群上构造岩层段，与秦岭杂岩下构造岩层段为剪切断裂接触。本书认为这部分地层与秦岭(岩)群不同，为一独立的构造

---

① 张维吉等，1980，宽坪群专题研究年终总结报告。
② 河南省地质矿产局区域地质调查队，1993，1∶5万寨根、丁河、西坪、米坪区调报告（未刊）。

岩片，故称峡河(岩)群。

【现在定义】 本(岩)群包括寨根(岩)组，界牌(岩)组。其(岩)组之间以构造界面接触。

寨根(岩)组 Ptẑ (05-61-0021)

【创名及原始定义】 河南省区调队(1993)①创名于河南省西峡县寨根乡。原始定义：主要岩石为石榴二云石英片岩、黑云石英片岩、斜长角闪片岩及薄层大理岩，南以黑云透辉片岩、斜长角闪片岩结束为标志与界牌(岩)组为整合接触，北与秦岭(岩)群为断层关系，归峡河(岩)群，属晚元古代。

【沿革】 创名以来含义无变化。

【现在定义】 同原始定义，但与界牌(岩)组呈构造接触。

【层型】 正层型为河南省“西峡县寨根村剖面”(111°9′，33°32′)，由河南区调队(1993)① 测制。

【地质特征及区域变化】 省内本(岩)组为一构造岩片。其中部为云母长石石英片岩、斜长变粒岩夹斜长角闪片岩，南北两侧为钙硅酸盐变粒岩夹角闪片岩，变粒岩、二云石英片岩及薄层大理岩。褶皱强烈、片理发育，为强变形产物，内部的长英质岩石也多数变为长英质构造片岩。时代为中、晚元古代。

分布于陕豫交界的界岭南北，商州北部的其河两侧。分布面积小，岩性无变化。

界牌(岩)组 Ptj (05-61-0022)

【创名及原始定义】 阎廉泉(1959)创名于河南省西峡县寨根乡的界牌，原称界牌群。原始定义：主要为浅绿色瘤状堇青石片岩、黑云钙质石英片岩及云母石英片岩夹大理岩、大理岩化灰岩及角闪片岩，时代归晚太古代。

【沿革】 陕西区测队(1965)将其改为上雁岭沟群，肖思云等(1988)称丹凤群第一岩性段，张国伟等(1990)称秦岭(岩)群上构造岩层段。本书依据河南地层清理小组的意见，使用界牌(岩)组。

【现在定义】 主要为白色条带状大理岩、黑云钙质石英片岩、角闪片岩及瘤状堇青石片岩，云母钙质石英片岩，以薄层硅化大理岩、石英砂岩出现为标志与寨根(岩)组分界。

【层型】 创名时未指定正层型，本书指定选层型为河南省“西峡县花园关界牌村捷道沟剖面”(110°7′，33°28′)，由河南区调队(1993)测制。

【地质特征及区域变化】 省内为一构造岩片，岩性以斜长角闪岩、斜长角闪片岩及云母石英片岩为主，夹大理岩。南部松树沟口以黑云斜长片麻岩居多。时代归中晚元古代。

分布同寨根(岩)组。因分布面积小，岩性无变化。

【其他】 河南省区调队将峡河(岩)群划分为寨根(岩)组、界牌(岩)组，其间为整合关系。有人认为峡河(岩)群岩石组合似秦岭(岩)群，其中可以划为几个构造岩块和岩片②。对此两种不同的认识，可在进一步研究或工作中验证。

---

① 河南省地质矿产局区域地质调查队，1993，1∶5万寨根、丁河、西坪、米坪幅区调报告(未刊)。
② 西安地质学院，1994，1∶5万商南幅区调报告(未刊)。

二、华南地层大区

鱼洞子杂岩　ArPt*Y*　(06-61-0003)

【创名及原始定义】　秦克令等（1988）创名于陕西略阳县鱼洞子，原称鱼洞子群。秦克令等（1990）介绍。原始定义：东、南、北侧与碧口群呈断层接触，西侧被略阳组不整合覆盖。为一古老的变质绿岩地体。变质程度达高绿片岩相—低角闪岩相。岩性分为四部分：①斜长角闪岩、角闪混合岩；②浅粒岩夹少量斜长角闪岩；③斜长角闪岩夹浅粒岩、角闪磁铁石英岩；④浅粒岩夹绢云片岩、绿泥片岩、磁铁石英岩。

【沿革】　自创名以来，其含义无变化。

【现在定义】　岩性以角闪混合岩、混合岩化斜长角闪岩、浅粒岩为主，夹钠长绿泥片岩、阳起片岩、绢云石英片岩、磁铁石英岩、含铁灰岩。变质程度为高绿片岩相—低角闪岩相。与上覆地层碧口（岩）群变火山岩为断层接触，底部地层出露不全。以变质深且具混合岩化与相邻地层区分。

【层型】　创名时未指定正层型，本书确定选层型为“略阳县鱼洞子二道河—黄家营剖面”（106°17′8″，33°18′6″），由秦克令等（1990）测制。

【地质特征及区域变化】　为变质绿岩地体。岩性以斜长角闪岩、混合岩、变粒岩为主，上部绿泥片岩、阳起片岩夹层增多，并夹磁铁角闪岩、磁铁石英岩，具条带状变质硅铁建造。与混合岩共存的还有混合花岗岩、云英闪长岩。矿产主要为变质铁矿。

斜长角闪岩中锆石，经电镜扫描为岩浆成因。U-Pb 一致曲线年龄值为（2 657±9）Ma；角闪岩脉 K-Ar 全岩稀释法年龄值为（2 037±30）Ma（秦克令等，1990）。据此将鱼洞子杂岩划为太古宙—早元古代。

分布于略阳县鱼洞子及乐素河等地，总面积约 50 km^2，因出露范围小，故岩性变化不大。

后河杂岩　ArPt*H*　(06-61-0004)

【创名及原始定义】　陕西地矿局第二地质队（以下简称陕西二队）1979 年在南郑县福成乡后河创名①，原称后河组，归火地垭群底部地层。陕西区调队（1989）在《陕西省区域地质志》中介绍。原始定义：为一套经历了区域变质、混合岩化、糜棱岩化的多变质作用形成的混合岩。岩性分两段：下段以蓝闪斜长条纹—条痕状混合岩、眼球状混合岩为主，夹斜长角闪岩、绿泥片岩；上段以黑云斜长条痕—眼球状混合岩为主，中上部夹安山玄武岩、斜长阳起片岩及斜长角闪岩。与上覆麻窝子组为平行不整合关系，时代为中晚元古代。

【沿革】　1991 年四川省地质矿产局（以下简称四川地矿局）将其归入康定群咱里组。本次研究根据岩性以混合岩为主，为无层无序的杂岩，不易进行远距离对比，应保留它特有的岩性和地区特点，故仍称后河杂岩。

【现在定义】　依据岩性可分两大组合：①为条痕状黑云（角闪）斜长混合岩、眼球状黑云（角闪）斜长混合岩夹斜长角闪岩、绿泥片岩；②以黑云斜长条痕状、眼球状混合岩为主，夹安山玄武岩、变酸性火山熔岩，变质相为高绿片岩相—角闪岩相。本杂岩以发育混合岩为主要特征与相邻地层分开。位于麻窝子组大理岩、砂砾岩之下，两者为平行不整合或不整合关

① 陕西省地质矿产局第二地质队，1979，1：5 万碑坝幅区调报告（未刊）。

系，底部未出露。

【层型】 正层型为“南郑县碑坝乡王家沟—老松树剖面”（107°12′23″，32°33′3″），由陕西二队（1979）实测。

【地质特征及区域变化】 碑坝后河地区为一套经历了区域变质和多期变质作用形成的混合岩，有少量变火山岩夹层。混合岩基体主要为黑云斜长片麻岩、斜长角闪岩呈“夹层”出现；脉体成分为花岗质，其余为石英、钾长石。石英有两种：一是结晶粗大，波状消光明显；二是细粒，是在糜棱岩化后形成。

在南郑县朱家坝后河杂岩绿片岩中锆石 U-Pb 年龄值为 2 077.9 Ma，混合岩中锆石 U-Pb 年龄值为（2 065.5±3.5）Ma（尚瑞钧等，1992）。据同位素年龄，将后河杂岩时代划为太古宙—早元古代。

主要分布于南郑县碑坝、朱家坝、后河等地，其次在西乡县也有出露，惟西乡地区未见混合岩。

陡岭杂岩　Pt*D*　（06-61-0033）

【创名及原始定义】 河南区调队（1976）① 在河南省淅川、西峡两县交界的小陡岭创名，原称陡岭群。原始定义：相当于北京地质学院（以下简称北京地院）1961 年命名的龙潭沟组，自下而上包括周进沟组、瓦屋场组和大沟组。主要岩性为透闪大理岩、二云石英片岩、眼球状混合岩、斜长角闪片麻岩、透辉变粒岩、石墨二长片麻岩夹石墨大理岩。下伏地层未出露，与上覆毛堂群不整合接触，时代归元古代。

【沿革】 河南区调队（1981）将周进沟组从陡岭群中划出单独建立组级单位。本次研究将石墨片岩、含石墨大理岩分出，并分别归入陡山沱组和灯影组。现在的陡岭杂岩只包含变质为角闪岩相的混合岩、角闪片麻岩。

【现在定义】 主要岩性为眼球状混合岩、斜长角闪片麻岩、凸镜状变粒岩等。与北侧周进沟组或刘岭群为断层接触，南侧以片麻岩的结束为标志与灯影组大理岩呈断层接触。

【层型】 正层型为河南省“淅川县荆紫关小陡岭剖面”（110°2′，33°17′），由河南区调队（1976）测制。

【地质特征及区域变化】 商南县湘河楼房沟一带岩性组合以灰—灰黑色条纹状斜长角闪片岩和灰色角闪斜长片麻岩为主，夹二云片岩、石墨片岩、灰白色石英糜棱岩、暗灰色石榴石花岗质糜棱岩、灰色黑云片麻岩、长英质变粒岩、大理岩等。与北侧耀岭河组和南侧武当（岩）群、陡山沱组均为断层接触。陡岭杂岩变质较深，为角闪岩相，且具区域混合岩化。

混合岩化斜长花岗伟晶岩脉中白云母 K-Ar 年龄值为 796 Ma；次闪岩 K-Ar 表面年龄值为 880 Ma。据本省及邻区区域混合岩化多在早元古代以前，故将陡岭杂岩时代暂划为早元古代。

主要分布于商南县湘河至河南省淅川县陡岭一带。经近几年研究，在陕西佛坪县城及以北地区，原划下古生界或耀岭河组的地层为构造岩片，其岩性为混合岩、片麻岩夹含石墨大理岩，与陡岭杂岩相似，本书暂定为陡岭杂岩的西延部分。

武当(岩)群　Pt*W*　（06-61-0014）

【创名及原始定义】 李捷、朱森（1930）创名于湖北省武当山，原称武当片岩。原始定

① 河南省地质矿产局区域地质调查队，1976，1∶5 万河南省西峡、淅川、内乡一带区调报告。

义：露头限于官坊逆断层以北，即武当山及以南诸山。为灰色绿泥片岩、石英砂质片岩及少数片麻岩，间夹变质灰岩、大理岩。可分三部：下部为绿泥片岩夹片麻岩、黑云片岩、滑石片岩，中部为砂质片岩、石英砂质片岩互层；上部下段是较粗的灰黄色片岩，为砂岩、砂质页岩变质而成，上段为绿泥片岩，其上与震旦系为不整合接触，时代为前震旦纪。

【沿革】 陕西区测队（1966）在郧西将其改称郧西群；1974年中南地区区域地层表编写小组以十堰公路断裂为界，以北称两郧群，以南称武当群；河南地矿局（1989）将其称为姚营寨组，归毛堂群；湖北省地矿局（1990）将十堰断裂南北统称武当山群，自下而上分为姚坪组、杨坪组、双台组。陈晋镳等（1991）认为武当(岩)群是一个异地岩席，局限在扬子地块北界，向南至四川城口、湖北房县之间，该带由向南逆冲的岩席和一系列大小不等的推覆体所组成。可分两部：下部为变火山岩组，岩性为绿泥钠长片岩、绿帘绿泥片岩，原岩为玄武岩及碱性流纹岩（陕西未出露）；上部为变沉积岩组。本次对比研究，经与湖北省地层清理小组协商，按陈晋镳的划分方案，将变火山岩组称姚坪(岩)组，变沉积岩组称杨坪(岩)组。郧西群是武当(岩)群的同物异名。武当(岩)群为省内首次使用。

【现在定义】 本(岩)群划分为姚坪(岩)组和杨坪(岩)组。省内分布于白河、安康、平利、岚皋、紫阳等地，且仅发育杨坪(岩)组。

杨坪(岩)组 Pt*yp* (06-61-0015)

【创名及原始定义】 北京地质学院（1962）① 在湖北省房县杨坪创名，原称杨坪组。原始定义：岩性由变粒岩与浅色片岩组成发育的韵律，可分三段：下段由二长变粒岩或钠长变粒岩与浅色片岩相间产出；中段由钠长变粒岩、钠长(二长)浅粒岩与浅色片岩相间产出；上段主要为浅色片岩。与下伏姚坪组和上覆双台组为整合关系，时代为中元古代。

【沿革】 陕西区调队（1966、1977、1989）将该套地层称为郧西群，本书划归杨坪(岩)组。

【现在定义】 位于耀岭河组之下，两者为平行不整合接触，与下伏姚坪(岩)组为断层接触。为变质沉积岩（含变火山碎屑岩）组，主要由浅色绢云片岩、绢云石英片岩、浅粒岩和变粒岩组成，夹少量绿泥片岩和钠长片岩，及一套分布不太稳定的灰绿色含砾片岩。本(岩)组以浅色变质沉积岩和火山碎屑岩为特征，与姚坪(岩)组和耀岭河组变基性火山岩区别。

【层型】 选层型为“湖北房县解家河剖面（110°43′20″，32°23′01″）、房县瓦屋湾—云采观剖面、房县小白复剖面、房县石板口—砸口崖剖面”组成的复合层型。

【地质特征及区域变化】 省内安康恒口出露厚度大于3 000 m。岩性以凝灰岩、凝灰千枚岩、绢云千枚岩、火山角砾岩、凝灰砾岩为主，夹多层角斑岩、粗面岩、流纹岩。熔岩分布不稳定，熔岩与火山碎屑岩之比为1∶3或1∶4。矿产有赤铁矿，产于(岩)组之上部。

陈晋镳等采用单锆石溶解U-Pb法获得2 417 Ma、1 967 Ma、792 Ma和636.2 Ma年龄值数据，并辅以Ar法测年，所得年龄值为895 Ma。初步认为变质沉积岩系形成年代不小于895 Ma，变质火山岩系年龄近1 967 Ma。综上所述，据同位素年龄值将武当(岩)群暂划为中元古代。

分布于安康牛山、岚皋、平利、白河及商南县赵川等地。本组横向延伸岩性变化很大，白河县一带岩性以凝灰岩为主，夹很多角斑岩。岚皋县佐龙、平利县秋坪、商南县赵川等地，以

① 北京地质学院，1962，1∶20万竹山幅区域地质图及说明书。

钠长石英片岩、绿泥石英片岩为主，夹长石石英砂岩、绢云石英片岩，原岩可能以变火山碎屑岩为主，夹少量正常沉积岩及角斑岩。

碧口(岩)群 Pt*B* (06-61-0023)

【创名及原始定义】 1944年叶连俊、关士聪创名于甘肃省文县以南的白龙江沿岸。原称碧口系。原始定义：指叶连俊、关士聪（1944）临江南嵩子店剖面第1—5层暗绿色硬砂岩夹千枚岩、蓝灰色硅质石灰岩，灰黑或暗蓝灰色变质泥质岩，内含花岗岩及变质岩角砾的地层部分。

【沿革】 陕西区测队（1967）首先将该单位引入陕西省略阳县西南部，此前秦岭区测队（1961）由下而上分别划分为曾家河组、下部火山岩组、上部火山岩组、东房沟组。1989年甘肃省地质矿产局（以下简称甘肃省地矿局）由下而上划分为阳坝组、白杨组、秧田坝组。赵祥生等（1990）将原划碧口群的北部碎屑岩划为秧田坝组；南部火山岩系称为“碧口群”。1991年西安地质矿产研究所（以下简称西安地矿所）按岩石组合在空间上分布的不同划为三个区段：北部（枫相-铜钱坝断裂以北）为横田—秧田坝区段，发育正常沉积碎屑岩与火山碎屑岩；南部（枫相-铜钱坝断裂以南）可分两个区段，西部为碧口—阳坝区段，发育火山碎屑岩—中基性及酸性火山岩，东部为黑木林—勉县区段，岩性为基性及酸性火山熔岩和火山碎屑岩①。刘国惠等（1993）认为，碧口(岩)群位于南沱组之下，无区域性标志层，加之褶皱、倒转，剪切和断裂的复杂化，尚难建立可靠的层序。总体由南向北按大套岩性可分三部：变沉积碎屑岩-火山岩岩组；变细碧岩-角斑岩岩组；变沉积碎屑岩-凝灰碎屑岩岩组。陶洪祥等（1993）用碧口群代表勉县-平武断裂以北、枫相-铜钱坝断裂以南的岩层，原碧口群中其余部分称为横丹群。本书依据甘肃省地层清理小组意见划分为有层无序的(岩)群。

【现在定义】 指关家沟组或莲沱组之下，由黑色、灰黑色的变质泥硅质岩、变质碎屑岩夹碳酸盐岩、灰绿色变质火山碎屑岩、变质中基性火山岩组成，具明显浊积特征的有层无序的地层，其中包括阳坝(岩)组和秧田坝(岩)组。

阳坝(岩)组 Pt*yb* (06-61-0024)

【创名及原始定义】 由甘肃省地质局综合地质大队西秦岭地质队（1964）② 创名，原称阳坝组，创名地点在甘肃省康县东南的安乐河畔。原无定义。甘肃地层表编写组（1980）介绍的碧口群阳坝组，实为碧口群上部火山岩组之下的一套石英片岩、硅质千枚岩、板岩，夹中酸性火山碎屑岩及含铁石英岩等地层。

【沿革】 创名人(1963)在建立阳坝组的同时已经指出该单位向东延入陕西略阳县一带。陶洪祥等（1993）用阳坝组代表他修订后的“碧口群”上部岩组，指文县—略阳一带的楔形岩片，相当原定阳坝组的一部分。本书依据甘肃省地层清理小组意见，称为阳坝(岩)组。

【现在定义】 为秧田坝(岩)组变质砂砾岩之南的一套变质火山碎屑岩、变质中基性火山熔岩夹变质砂岩、变泥质岩、石英岩、石英片岩地层。以变质粗碎屑岩出现或以硅质岩、绢云石英千枚岩夹火山碎屑岩的消失与秧田坝(岩)组分界，其间为断层接触。

【层型】 创名时未指定正层型，选层型为甘肃省“康县托河—叶家坪剖面”（105°52′，

① 西安地质矿产研究所，1991，秦巴地区主要地质构造特征概论——秦岭巴山及其邻区1：100万地质图说明书（未刊）。

② 甘肃省地质局综合地质大队西秦岭地质队，1964，天水—武都一带地质特征初步总结（手稿）。

33°1′)，由陶洪祥、王全庆等（1988）① 测制。

【地质特征及区域变化】 省内该(岩)组岩性以基性和酸性火山熔岩及同源火山碎屑岩为主，夹正常沉积的泥钙质岩，并由这三套岩石以不等厚相间组合而成。矿产有变质铁矿，含铜硫铁矿。

分布于甘肃省康县枫相-铜钱坝断裂以南的白雀寺—大安—勉县一带。阳坝(岩)组约占省内碧口（岩）群面积的95%。岩性由西向东火山熔岩成分增加。以白雀寺-大安断裂（北西向）为界可分两部分：西南部变质较深，岩性为绢云石英片岩、钠长片岩和变凝灰岩、凝灰砂岩、千枚岩、石英砂岩夹绿泥片岩、阳起片岩和基性火山熔岩；东北部岩性以安山岩、安山玄武岩、流纹岩、晶屑凝灰岩、火山角砾岩为主，夹绢云片岩、绢云钙质片岩。

秧田坝(岩)组 Pt*yt* (06－61－0025)

【创名及原始定义】 甘肃省地质局综合地质大队西秦岭地质队（1964）在甘肃省康县秧田坝创名，原称秧田坝组，1980年甘肃省地层表编写组介绍。原无定义。据甘肃地层表（1980）编写组介绍：指分布于甘肃文县王坝楚、口头坝—康县木马街、秧田坝一带的的浅海相碎屑岩。可分两部：上部深灰色绢云千枚岩夹变砂岩、碳质千枚岩及含砾千枚岩，偶夹变质流纹英安凝灰岩；下部灰、灰绿色砂质千枚岩、砂质板岩、变砂岩及变质凝灰质砂砾岩，偶夹变质安山凝灰岩。

【沿革】 创名人（1964）在建立秧田坝组的同时已经指出该单位向东延入陕西。赵祥生等（1990）将陕南原划碧口群北部的变质沉积岩划为秧田坝组，其余火山岩系称碧口群。本次对比研究将碧口(岩)群北部正常沉积岩组仍划为秧田坝(岩)组，但隶属于碧口(岩)群。

【现在定义】 指阳坝(岩)组与关家沟组（相当本省南沱组或莲沱组）之间的一套浅变质中粗粒碎屑岩、变质泥质岩夹变质凝灰质碎屑岩，并发育以浊流沉积为特征的地层序列。在区域上均以断裂与阳坝（岩）组之火山碎屑岩分界，与关家沟组冰碛砾岩或砂砾岩呈不整合分界。

【层型】 创名时未指定正层型，选层型为甘肃省“康县豆坝—楼房沟剖面”（105°40′，33°11′），由甘肃省地质局综合地质大队张庆昌、苗禧等（1964）② 测制。

【地质特征及区域变化】 省内岩性主要为灰紫、灰绿色绢云千枚岩、板状砂岩、杂砂岩、粉砂质板岩夹凝灰质砂岩、绢云钠长片岩。省内分别与上覆莲沱组、南沱组冰碛砾岩和踏波组砾岩为不整合接触。

分布于甘肃康县枫相-铜钱坝断裂以北，在陕西略阳县郭镇东南寒峰山有少量出露，岩性未见变化。

【其他】 对碧口(岩)群与上覆泥盆纪地层关系认识不一：其一认为两者为整合过渡关系，碧口(岩)群时代大部分属泥盆纪③；其二认为碧口(岩)群与上覆莲沱组、南沱组和踏坡组均为不整合接触，时代早于震旦纪。

耀岭河组 Qn*y* (06－61－0026)

【创名及原始定义】 阎廉泉（1959）创名于商南县耀岭河，原称耀岭河群。原始定义：

---

① 陶洪祥、王全庆等，1988，碧口群构造特征及演化历史研究报告（供审稿）。
② 甘肃省地质局综合地质大队，1964，天水—武都一带地质特征初步总结（手稿）。
③ 陕西省地质矿产局区域地质调查队，1990，1∶20万略阳幅区调报告（送审稿）。

为一套变质的喷发岩-绿色片岩系。下部为绿泥石钠长石正片岩、钠长碱性角闪石绿泥石正片岩等绿色片岩与硅化绢云母片岩的互层，厚约1 000米；上部主要为硅化阳起石绿帘石片岩、钠长绿泥石正片岩等绿色片岩夹薄层大理岩、碳质片岩，偶夹砾岩，厚约500 m。底部未出露，其上与灯影组为不整合，归属下震旦统。

【沿革】 陕西区测队（1961）将其层位扩大，将该组之上的绿色片岩夹大理岩、碳质片岩等归入耀岭河群中。河南区调队（1981）将延入河南省境内的相同地层创名为马头山组。本书沿用陕西区测队（1961）的划分意见，但改群为组，并将马头山组作为耀岭河组的同物异名。

【现在定义】 以绢云绿泥钠长片岩为主，夹绢云钠长石英片岩、石英钠长片岩、绢云绿泥片岩、碳质千枚岩、大理岩、硅质岩。本组以基性火山岩系为特征与杨坪（岩）组浅色变沉积岩、陡山沱组或鲁家坪组底部碳质千枚岩区别。与下伏杨坪(岩)组为平行不整合接触，与上覆陡山沱组、鲁家坪组为平行不整合或不整合接触。

【层型】 创名时未指定正层型，现指定选层型为“商南县徐家店涧水沟剖面”（110°46′50″，33°21′47″），由西安地质学院（1994）① 测制。

上覆地层：**灯影组** 灰白色厚层硅质白云岩

══════ 断 层 ══════

耀岭河组	总厚度 1 338.1 m
14. 灰黄—浅灰绿色糜棱岩化绢云绿泥钠长片岩	34.7 m
13. 浅灰黄色绢云绿泥钠长片岩，片理纹层发生强烈褶皱变形	210.0 m
12. 浅灰绿色绿泥钠长片岩，间夹灰绿色钠长绿泥片岩，顺片理分布较多石英脉，局部见石英脉与片理一同褶皱变形	263.5 m
11. 灰白色绢云石英钠长片岩为主，夹灰绿色绿泥钠长片岩，局部见深灰色辉绿岩脉	183.5 m
10. 浅灰绿色绿泥钠长片岩夹灰绿色钠长绿泥片岩	173.2 m
9. 浅灰—灰白色绢云钠长石英片岩	73.7 m
8. 灰褐—灰白色硅质岩，其中夹厚1～2 m凸镜状锰矿层	98.7 m
7. 浅灰绿—灰白色绢云钠长石英片岩夹灰黑色碳质千枚岩	40.0 m
6. 灰绿色、灰黄色绢云绿泥钠长片岩	110.0 m
5. 暗灰色、灰绿色绢云绿泥片岩，夹浅灰色绢云石英钠长片岩，岩层遭受强挤压剪切，形成强片理化带	12.7 m
4. 灰白—灰黄色强片理化绢云石英钠长片岩，片理薄如纸页	27.4 m
3. 灰色强片理化碳质千枚岩与灰黄色绢云石英钠长片岩互层	33.2 m
2. 灰白色薄层状细晶大理岩夹灰绿色绿泥钠长片岩	2.0 m
1. 浅灰黄—灰绿色绢云绿泥钠长片岩为主，夹少量绢云钠长片岩，偶夹灰黑色碳质千枚岩	75.5 m

══════ 断 层 ══════

下伏地层：**陡岭杂岩** 石英大理岩、绿泥钠长片岩

【地质特征及区域变化】 以基性火山熔岩及同源火山碎屑岩为主。商南县徐家店绿泥钠长片岩（变基性火山岩）约占60%。山阳县中村烟家沟全岩Rb－Sr等时线年龄值为867.628

① 西安地质学院，1994，1∶5万徐家店幅原始资料。

Ma①。据同位素年龄资料，将耀岭河组暂划为青白口纪。

出露于安康、平利、岚皋、镇坪、商南、山阳等地。各地岩性不尽相同。山阳中村以安山岩为主，厚度大于 339 m；安康、平利、白河地区变质较浅，为细碧岩、凝灰岩夹泥质板岩、灰岩，厚 713～980 m；岚皋佐龙和镇坪代安河岩性以含砾凝灰岩、凝灰岩为主。说明本省火山喷发中心在商南耀岭河到安康一带，向南(镇坪)、向西(岚皋)减弱。

【其他】 ①镇坪县代安河地区以绿色凝灰岩为主，夹碳质硅质板岩，厚度大于 1 600 m，其上被南沱组凝灰质冰碛砾岩平行不整合覆盖，本书将其划归耀岭河组。《四川省区域地质志》(1991) 将其划入未命名的早震旦世地层，与莲沱组对比，对上述两种认识今后尚需进一步研究解决。②白河县—郧西县附近耀岭河组中有很多硅质岩、碳质板岩的“夹层”，商南县徐家店选层型有厚 98 m 的硅质岩和厚 1～2 m 的锰矿层。区域上锰矿层多产于陡山沱组；安康牛山、白河、平利、山阳等地区的耀岭河组不夹碳质硅质岩，故上述锰矿和厚近百米的硅质岩是否为外来构造推覆体，需进一步工作后确定。

火地垭群 Pt*H* (06-61-0016)

【创名及原始定义】 侯德封、王现衍 (1939) 在四川省南江县火地垭创名，原称火地垭岩系。原始定义：为灰色变质页岩、黑色页岩及蛇纹石大理岩之互层，其厚不下 560 m，局部夹灰岩、石墨层及斜长岩岩墙。与下伏结晶片岩及层状片麻岩呈不整合接触，时代为震旦纪，与三峡之陡山沱系相当。

【沿革】 火地垭群自建立以后对于其所包括的范围和内部划分争议较大，1943 年杨敬之、谷德振将其层位扩大，将该岩系之下的“太古代杂岩”(前述结晶片岩) 亦归入其中，统称火地垭层。1961 年四川地质局第三区域地质测量队 (简称四川区测三队)② 改称火地垭群，并将该群四分，自下而上为铁船山组、麻窝子组、上两组、大田角组。1963 年四川地质局第二区域地质测量队 (简称四川区测二队)③ 将大田角组停用，所属地层归入上两组。陕西二队 (1978)④ 将前述结晶片岩创名后河组 (相当本书的后河杂岩)，并自下而上划分为后河组、麻窝子组、上两组、铁船山组。同年李建林、张万林等发现铁船山组与上两组之间的不整合界面，遂将铁船山组置于晋宁运动之后的震旦纪。四川地矿局 (1991) 在《四川省区域地质志》中将铁船山组、后河组从火地垭群中划出，前者置于震旦纪，后者归入康定群。本书参照这一划分意见将缩小范围后的火地垭群自下而上划分为麻窝子组、上两组。

【现在定义】 该群自下而上划分为麻窝子组及上两组。

麻窝子组 Pt*m* (06-61-0017)

【创名及原始定义】 四川区测三队 (1961) 在四川省南江县杨坝与坪河涧的麻窝子创名。1965 年四川区测二队在《1：20 万南江幅区域地质调查报告》中正式使用。原始定义：岩性分两部，下部浅灰色厚层白云岩夹结晶灰岩。西部质纯，东部夹较多不规则玉髓、燧石团块或燧石薄层。厚度东部比西部大，厚度大于 465 m；上部以浅灰、绿灰色厚层—块状白云质灰岩为主，夹白云岩、碳质粉砂质板岩或石墨片岩、黑云钙质片岩，东部夹透闪石岩、石英砂

---

① 陕西省地质矿产局第十三地质队，1989，1：5 万板岩镇幅、中村幅区调报告。
② 四川省地质局第三区域地质测量队，1962，四川省南江县北部地区 1：5 万地质矿产综合普查报告。
③ 四川省地质局第二区域地质测量队，1963，四川省南江、旺苍北部火地垭变质岩层初步研究报告。
④ 陕西省地质矿产局第二地质队情报组，1978，火地垭群后河组建组说明，科技情报。

岩。与上覆上两组、下伏铁船山组为整合接触，时代为元古代。

【沿革】 1961年创名者在描述该单位的同时已经指出麻窝子组延入陕西境内的米仓山区。该组创名以来，含义无变化。

【现在定义】 岩性以暗灰—深灰色中厚层—块状白云质大理岩为主，夹白云质板岩、片岩及变质砾岩等，常组成韵律层，含叠层石化石，厚度大于1 000 m，与下伏后河杂岩呈平行不整合或角度不整合，与上覆上两组深灰色板岩为整合接触。

【层型】 选层型为四川省冶金地质勘探公司604地质队1975年测制的四川省“南江官坝—马家垭剖面(仅包括第2—5段)”①，次层型为四川省地质局川西北地质大队1982年测制的陕西省“碑坝前进—陆家湾剖面（包括第1段）”（107°8′2″，32°0′52″）②。

【地质特征及区域变化】 省内岩性以白云质大理岩为主，夹多层碎屑岩，纵向上本组由下而上形成三个韵律段，每个韵律段从碎屑岩开始至大理岩结束。下段下部为石英砂岩，中上部为大理岩夹硅质板岩，产叠层石；中段下部为泥板岩，中上部为大理岩；上段下部为黑云石英片岩、角闪片岩，中上部为大理岩夹硅质板岩。岩石含大量叠层石，说明为宁静的滨海海湾沉积。沉积矿产有赤铁矿、含铜硫铁矿等。

分布于南郑县碑坝乡马炉沟、茶园坝及坝溪—陈家湾等地，以发育碳酸盐岩为主，并在其中夹有多层碎屑岩，碎屑岩沿走向连续性好。厚度变化在1 300～2 600 m之间。

上两组 Pts (06-61-0018)

【创名及原始定义】 四川省地质局达县地质队（1960）③ 在南江县上两河口（上两区）创名上两组。四川地质局区测二队（1965）④ 在《1∶20万南江幅区域地质测量报告》中介绍。原始定义：岩性分两段。下为王家河段，下部绢云板岩夹绿泥板岩和粉砂质板岩，西部新民一带出现凸镜状灰岩夹层，底部为碳质绢云板岩；中上部为绢云板岩，东部麻窝子一带夹钙质板岩、灰岩凸镜体；顶部为结晶灰岩。上为岳家河段，绢云石英板岩夹粉砂岩，底部为碳质板岩。在深变质带内为黑云石英片岩、混合岩。与下伏麻窝子组整合，与上覆灯影组不整合。时代归元古代。

【沿革】 该组创名以来，含义无变化。1979年陕西二队将该组引入我省⑤。

【现在定义】 岩性以深灰色绢云石英板岩为主，夹大理岩、白云质灰岩、白云岩等，并呈不等厚互层，含少量叠层石，厚880～1 600 m。整合于麻窝子组白云质大理岩之上，不整合伏于观音崖组杂色砂岩或平行不整合在铁船山组之下⑥。

【层型】 选层型为1982年四川地矿局川西北地质大队测制的四川省“南江县杨坝剖面”⑦。省内次层型为陕西“南郑碑坝剖面”（107°8′40″，32°35′35″），由陕西二队（1979）测制。

【地质特征及区域变化】 以发育变质碎屑岩、泥质岩为主要特征。碑坝西沟岩性分二部分：下部为变质碎屑岩，岩性为砂砾岩、黑云石英片岩；上部为堇青石片岩（原岩可能为泥

---

① 四川省冶金地质勘探公司604地质队，1975，南江官坝—马家垭麻窝子组地层柱状图。
② 四川省地质局川西北地质大队，1982，四川省米仓山西段南缘地区地质矿产总结报告。
③ 四川省地质局达县地质队，1960，地质综合报告。
④ 四川省地质局第二区域地质测量队，1965，1∶20万南江幅区域地质测量报告。
⑤ 陕西省地质矿产局第二地质队，1979，1∶5万碑坝幅区调报告。
⑥ 在四川南江县上两一带，本组与灯影组之间发育厚29 m的灰色、浅灰色石英砂岩、砂砾岩。四川地层清理小组将此层碎屑岩与观音崖组对比，并在本书中置于灯影组底部，视为灯影组底砾岩。
⑦ 四川省地质矿产局川西北地质大队，1982，四川省米仓山西段南缘地区地质矿产总结报告。

质板岩)。

分布于南郑县碑坝乡川主庙、青树子湾、拱桥湾等地。因出露面积小，岩性无较大变化。

三花石群 PtS (06-61-0019)

【创名及原始定义】 秦岭区测队(1960)①创名，创名地点位于西乡县三花石乡太山庙附近，陕西地层表编写组(1983)介绍。原始定义：太古代地层，由片麻岩及结晶片岩组成。出露于图幅东北部药树梁、三花石及枣阳铺一带，与下元古代的变质火山岩系呈构造接触，与下元古代侵入岩则部分为构造接触、部分为侵入接触关系。

【沿革】 陕西区测队(1965)将三花石群取消并入西乡群，陕西省地层表编写组(1977)②在送审稿中重新起用三花石群。陶洪祥等(1982)将西乡群、三花石群合并改称西乡群，并自下而上分为白勉峡组、三湾组、三花石组和未创名的早震旦世地层。陕西省地矿局(1989)将西乡-白勉峡断裂以北的地层称三花石群，断裂以南的地层称西乡群。本次研究考虑该群构造复杂，变质程度较深，故将三花石群分为下、中、上三部分，其进一步命名待进行区域性研究后再定。

【现在定义】 分三部分：下部为变长石石英粉砂岩、杂砂岩夹砂质泥岩、硅质岩；中部下段以凝灰岩为主，夹绢云石英片岩、灰岩，上段为安山玄武岩、凝灰岩夹玄武岩、安山岩；上部为含砾长石杂砂岩、凝灰砂岩夹变质砾岩。顶、底部均以变质碎屑岩与西乡群火山岩及后河杂岩分界。不整合于后河杂岩之上，与上覆西乡群为断层接触。

【层型】 创名时未指定正层型，现指定选层型为“西乡丰东乡高家坝—转嘴子剖面”(107°56′，33°10′)，由陕西区调队韩芳林等(1994)测制③。

【地质特征及区域变化】 为变质碎屑岩夹中基性火山岩，岩性可分三部分：下部为变质砂岩，主要有变长石石英砂岩、长石石英粉砂岩、长石杂砂岩，夹钙质泥岩，东部茶镇一带夹多层黑色硅质岩，并具薄层状韵律条带，厚约300～500 m。中部为变火山岩，可分两段：下段以安山质—英安质沉凝灰岩、凝灰质片岩为主，夹绢云石英片岩、赤铁石英岩和灰岩凸镜体，其底部有韧性剪切带，与下部岩性关系不清。上段为英安玄武岩、安山岩、凝灰岩夹玄武岩、英安岩，厚约400～600 m。上部为变砂砾岩，岩性分两段：下段为含砾长石石英杂砂岩、变质砾岩夹长石砂岩，上段为凝灰质长石砂岩、长石砂岩夹绢云板岩、变质砾岩，厚600～800 m。

在西乡县侵入于三花石群中的沙河坎花岗岩锆石U-Pb等时线年龄值为1 152 Ma，马踪滩望江山苏长辉长岩黑云母$^{40}Ar/^{39}Ar$为1 121 Ma④。据同位素年龄，将三花石群暂划为中元古代。

本群主要沿西乡-白勉峡断裂以北作东西向展布。由北向南总体构成向南倾的单斜构造。上、下部均为变质碎屑岩，中部为变火山岩，在茶镇一带出现大量角砾集块熔岩。

沉积矿产有赤铁矿、磁铁矿，赋存于三花石群的中部。

西乡群 QnX (06-61-0028)

【创名及原始定义】 秦岭区测队(1960)创名于陕西西乡县，西北地质局区测队

① 西北地质局秦岭区域地质测量队，1960，1:20万汉中幅综合地质报告。
② 陕西省地层表编写组，1977，西北地区区域地层表(陕西省分册，送审稿)。
③ 见：陕西省地质矿产局区域地质调查队，1995，西乡地区1:5万区调联测综合报告。
④ 夏祖春，1987，汉南基性侵入岩矿物岩石研究报告(未刊)。

(1965) 在《1∶20万汉中幅地质图说明书》中介绍。原始定义：为变质火山岩及沉积碎屑岩，岩性分三部分：下部下段为片理化霏细斑岩、流纹斑岩、凝灰岩和变粒岩、石英片岩，上段为变凝灰砂砾岩；中部下段为凝灰岩、流纹斑岩与安山玢岩互层，上段为凝灰砂砾岩；上部下段由下而上为阳起绿帘片岩、绢云石英片岩，上段为变质粉砂岩、绿泥石英片岩。与上覆震旦系为不整合，时代归为早元古代。

【沿革】 陕西地层表编写组（1983）将西乡三花石地区及南郑碑坝一带的变质碎屑岩划为三花石群，中基性火山岩划为西乡群。陶洪祥等（1982）将西乡地区中基性火山岩及碎屑岩划分为孙家河组、大石沟组、三郎铺组。陕西省地矿局（1989）将西乡-白勉峡断裂以南的变质地层称西乡群。本次对比研究将西乡群划为三部分，分别相当陶洪祥等划分的孙家河组、三郎铺组、大石沟组。

【现在定义】 岩性可分为三部分：下部为蚀变玄武岩、安山岩、中酸性熔岩、晶屑凝灰岩夹流纹岩；中部为含砾长石砂岩、中细粒长石砂岩夹英安岩、玄武岩；上部为安山岩、凝灰质含砾砂岩夹流纹岩、玄武岩。本群顶、底部以中基性火山岩和三花石群变碎屑岩、莲沱组砂岩或灯影组白云岩划界。与下伏三花石群为断层接触，与上覆灯影组和莲沱组为不整合接触。

【层型】 创名时未指定正层型，现指定选层型为“西乡埃桥沟—大坪剖面”(32°59′52″，107°51′4″)，由陕西区调队韩芳林等（1994）测制。

上覆地层：莲沱组　砂岩

——————— 断　层 ———————

西乡群	总厚度＞1 956.26 m
上部	厚度＞599.06 m
37. 紫红色玻基安山岩	140.03 m
36. 凝灰质含砾砂岩	59.91 m
35. 凝灰质含砾砂岩夹少量中酸性熔岩	46.36 m
34. 玻基安山岩	7.62 m
33. 凝灰质砂岩	5.08 m
32. 流纹岩	33.53 m
31. 凝灰质砂砾岩	31.74 m
30. 灰白色流纹岩	29.95 m
29. 绿灰色安山岩	12.43 m
28. 安山质火山角砾晶屑岩屑凝灰岩	23.20 m
27. 蚀变玄武岩夹中酸性熔岩	29.01 m
26. 含砾凝灰质长石砂岩	76.50 m
25. 玻基安山岩	67.44 m
24. 蚀变玻基安山岩	37.16 m
中部	厚度 411.30 m
23. 中粒含砾砂岩、细粒砂岩、中基性熔岩、中粒含砾砂岩中发育斜层理	183.41 m
22. 蚀变玄武岩	3.20 m
21. 中层含砾长石砂岩	7.19 m
20. 英安岩	1.60 m
19. 砾岩、砂砾岩、含砾砂岩、细砂岩构成一个旋回，中部细砂岩夹薄层粉砂岩	168.18 m

18. 紫红色砂砾岩、细砂岩、安山玄武质凝灰岩	47.72 m
下部	厚度 945.90 m
17. 蚀变玄武岩	102.80 m
16. 玄武岩	14.00 m
15. 蚀变玄武安山岩	34.60 m
14. 变玄武质含角砾岩屑晶屑凝灰岩	163.70 m
13. 暗绿色玄武质凝灰安山岩	92.40 m
12. 流纹岩	60.00 m
11. 玄武质安山岩—流纹岩	15.90 m
10. 流纹岩	20.70 m
9. 安山质凝灰岩	12.90 m
8. 凝灰质细碧岩	19.40 m
7. 中酸性熔岩	48.50 m
6. 玄武岩	3.60 m
5. 安山质凝灰岩—沉凝灰岩	23.70 m
4. 变沉凝灰岩	33.50 m
3. 变安山质岩屑晶屑凝灰岩、变安山质凝灰熔岩	187.50 m
2. 凝灰岩	30.80 m
1. 安山岩。(未见底)	81.90 m

【地质特征及区域变化】 主要由中基性—酸性火山岩和碎屑岩组成，按岩性组合可分三部分。下部为变中基性火山岩，岩石主要为安山岩、安山玄武岩，夹玄武岩、细碧岩、流纹岩、晶屑凝灰岩、沉凝灰岩，火山熔岩与火山碎屑岩之比为 6∶4，厚约 1 000 m；中部为变碎屑岩，可分两段：下段较粗，为砾岩、砂砾岩、细粒长石砂岩及凝灰岩；上段较细，为含砾砂岩、细砂岩，发育斜层理，夹玄武岩、英安岩，厚 300～500 m；上部为变火山岩，岩性以安山岩、凝灰岩为主，夹流纹岩、玄武岩，熔岩与火山碎屑岩之比约为 7∶3，厚 500～600 m。

侵入于西乡群的二云母花岗岩锆石 U－Pb 等时线年龄值为 852 Ma；基性岩锆石 U－Pb 一致曲线年龄值为 773 Ma。据上述同位素年龄资料，将西乡群时代暂置青白口纪。

分布于白勉峡断裂以南、西乡县以北，长 10 km、宽 1～5 km 的三角地带。因分布范围小，岩性无较大变化。

【其他】 1995 年陕西区调队将西乡群由下而上划分为孙家河组、三郎铺组、大石沟组，其中三郎铺组、大石沟组不整合在孙家河组之上，时代为早震旦世①。

铁船山组 Qn*t* (06－61－0027)

【创名及原始定义】 四川区测三队 (1961)② 创名，创名地为南郑县与四川南江县交界的铁船山。四川区测二队 (1965) 在《1∶20 万南江幅区域地质调查报告》中介绍。原始定义：为变质酸—基性火山喷出岩和火山碎屑岩，分两段：下段为紫红色、灰色变流纹岩夹流纹质角砾熔岩、凝灰熔岩；上段：下部为紫灰色流纹角砾凝灰熔岩、紫红色流纹岩、霏细钠长斑岩间互灰黑色凝灰质板岩和变质砂岩；上部为凝灰质板岩、凝灰砂岩、凝灰砾岩夹安山玄武

① 陕西省地质矿产局区域地质调查队，1995，西乡地区 1∶5 万区调联测综合报告（未刊）。
② 见：四川省地质局第三区测队，1962，四川省南江县北部地区 1∶20 万地质矿产综合普查报告。

岩。与上覆麻窝子组为平行不整合关系。底部未出露。时代为元古代。

【沿革】 陕西区测队（1961）将宁强县阳平关以南的酸性火山岩系创名为刘家坪组。本次地层研究认为刘家坪组为铁船山组的同物异名，岩性均为中酸性火山岩系，其上均为莲沱组不整合覆盖，且相距不远，故统一称铁船山组。

【现在定义】 平行不整合覆于上两组之上，不整合伏于莲沱组之下。岩性以灰色、紫红色、灰绿色流纹质熔结角砾岩、熔结集块岩、流纹质凝灰岩及流纹岩为主，夹变质砂岩、板岩及少量安山质玄武岩，含微古植物。本组以发育的中酸性火山岩系与上两组堇青石片岩、莲沱组砂岩分界。

【层型】 创名时未指定正层型，现指定选层型为“南郑县碑坝乡吊桥沟至川主庙剖面”（107°8′26″，32°36′12″），由陕西二队（1979）① 测制。

【地质特征及区域变化】 以中酸性火山岩和同源火山碎屑岩为主，夹凝灰板岩。碑坝地区中、下部以安山岩、安山玄武岩、流纹岩、霏细岩为主，夹凝灰岩；上部为斑点状板岩夹凝灰板岩、凝灰岩，厚 1 611 m。

宁强县刘家坪地区酸性火山岩 K－Ar 全岩年龄值为 1 331、853、943、643 Ma，据同位素年龄值及接触关系，将铁船山组暂置于青白口纪。

另外，还分布于四川省南江县铁船山，陕西南郑县马炉沟等地。由西向东，厚度由厚变薄，火山熔岩由少变多，熔岩成分由酸性到中酸性，正常沉积岩从无到有。西部阳平关刘家坪地区厚约 3 000 m，下部为火山角砾岩、熔结角砾岩、凝灰岩夹凝灰熔岩；上部为英安岩、流纹岩。熔岩与火山碎屑岩之比约为 1∶5。

第二节 前震旦纪年代地层划分

对前震旦纪地层的划分，主要依据 1982 年全国地层委员会在北京召开的“晚前寒武纪地层分类命名会议”公布的方案，并结合 1989 年 12 月在天津召开的“中国元古界时代划分会议”的意见，将元古宇的底界置于 2 500 Ma；下、中元古界的分界为 1 800 Ma；中、上元古界的分界为 1 000 Ma；长城系与蓟县系的分界为 1 400～1 450 Ma；青白口系与震旦系的分界为 800±50 Ma。

一、太古宇与元古宇的分界

这一界线在本省较有依据的为太华杂岩与铁铜沟组之间的界线。太华杂岩岩性以混合岩、片麻岩夹斜长角闪岩为主。其中斜长角闪岩中赋存磁铁矿。张国伟（1991）认为太华群部分为 TTG（英云闪长岩—奥长花岗岩系列）岩套，经大规模地花岗岩化和混合岩化构成花岗岩-绿岩地体，岩石含金丰度高，是其他地层平均值的 5 倍。太华杂岩 Rb－Sr 全岩等时线年龄值为（2 549±169）Ma；河南舞阳太华杂岩超基性岩磷灰石 U－Th－Pb 年龄值为 2 580 Ma。根据①太古宇的顶界为 2 500 Ma；②晚太古代地层一般为花岗岩-绿岩地体；③含铁建造及含金特点，太华杂岩应属太古宙。铁铜沟组位于熊耳群之下，熊耳群单锆石 U－Pb 年龄值为 1 826±32 Ma，故铁铜沟组时代应早于 1 800 Ma，为早元古代。因此铁铜沟组与太华杂岩不整合面为本省下元古界和太古宇的界线。该界面上、下差异甚大，上覆铁铜沟组为浅变质的

---

① 陕西省地质矿产局第二地质队，1979，1∶5 万碑坝幅区调报告。

碎屑岩建造，变质程度为绿片岩相，沉积构造具波痕、斜层理等，而且保存完好；下伏太华杂岩变质程度为麻粒岩相—角闪岩相。构造形式也不同，太华杂岩片麻理具多期褶皱、变形复杂，而铁铜沟组则形态简单。本区太古宇和下元古界之间不整合接触具有一定的区域性，一般均认为相当河南嵩山地区登封群与嵩山群之间的不整合界面（登封群 Sm－Nd 等时线年龄值为（2 507±16）Ma，嵩山群 Rb－Sr 全岩等时线年龄值为 1 952 Ma）。

二、元古宇内部的界线划分

1. 下、中元古界的界线

这一界线在省内较有代表性的为铁铜沟组与熊耳群之间的界线。铁铜沟组岩性主要为变质石英岩。该组与上覆熊耳群为不整合接触。熊耳群在河南舞阳地区发育的安山岩 Rb－Sr 全岩等时线年龄为 1 675 Ma，晋豫交界地区分布的酸性火山岩单锆石 U－Pb 质谱年龄值为（1 826±32）Ma、单锆石年龄值为（1 840±14）Ma，说明铁铜沟组年龄应早于 1 800 Ma，为早元古代。而熊耳群的年龄在 1 600～1 800 Ma 左右，为长城纪。

熊耳群与铁铜沟组的分界面，在蓝田县坝源至金堆城一带比较清楚。熊耳群底部出露有不稳定的底砾岩，厚 30～50 m。其中部分砾岩为下伏铁铜沟组的石英岩，而且可见到这套砾岩不整合覆于褶皱的片状石英岩之上。

该不整合面在区域上的延展具有一定规模，在河南省熊耳山，熊耳群直接不整合于太古宙太华杂岩之上，之间缺失铁铜沟组或嵩山群。再者两者变质变形具有显著的差异，如熊耳群无混合岩化，变质程度为绿片岩相；褶皱形态开阔，为“侏罗山型”，而太华杂岩具混合岩化，变质程度为角闪岩相—麻粒岩相。

上述不整合面大体相当蓟县地区长城系与迁西群之间的不整合面（时限大约为 1 800 Ma）。本省火地垭群麻窝子组与后河杂岩之间的角度不整合面与之相当。

2. 长城系和蓟县系的界线

我国长城系、蓟县系代表性剖面位于天津市蓟县。属于长城系的岩性可分三部分：下部常州沟组—团山子组为砂岩夹白云岩，含叠层石；中部大红峪组为火山岩；上部高于庄组岩性为白云岩夹砂岩。同位素年龄时限在 1 400～1 800 Ma 间。蓟县系主要为碳酸盐岩，含大量叠层石，长城系与蓟县系之间为平行不整合接触。

本省长城纪地层分两部分：下部为熊耳群，为细碧角斑岩，在蓝田县坝源粗面岩锆石 U－Pb 年龄值为 1 545 Ma，河南熊耳山的熊耳群火山岩 Rb－Sr 全岩年龄值为 1 675 Ma，晋豫交界地区的熊耳群火山岩单锆石质谱年龄值为（1 826±32）Ma。上部高山河群为碎屑岩建造，其中的泥质板岩 Rb－Sr 全岩等时线年龄值为（1 394±0.42）Ma，与蓟县地区长城纪地层年龄值基本一致。高山河群的二道河组产叠层石 *Litia dongqinlingensis*，*Kussiella* f.，*Cryptozoon* f.，*Stratifera* f. 等，其组合特征与蓟县地区长城纪团山子组所产叠层石组合相似。

河南省熊耳群主体岩性为富钾的火山岩，蓟县地区大红峪组火山岩也以富钾为特点，两者岩石化学特征相似。大红峪组同位素年龄值为 1 678 Ma，与熊耳群年龄值 1 600～1 800 Ma 相近。由上所述，本省熊耳群、高山河群据岩性、火山岩特点、叠层石组合、同位素年龄值等均与蓟县地区长城纪地层相似。另外，官道口群下部的龙家园组底部紫红色白云岩中，常见叠层石组合 *Colonnella*，可与蓟县系雾迷山组中、下部的叠层石组合对比（翦万筹、邱树玉，1990a、b）；龙家园组的中部产很多假裸枝叠层石，据翦万筹、邱树玉（1990a、b）研究，它们可同雾迷山组中、下段的叠层石组合对比，属蓟县纪早期。因此官道口群龙家园组与高山河群之平行不整合面，就是长城系与蓟县系的分界面。其特征如下：(1) 沉积间断清楚，龙家园组底部普遍有一层厚 1～80 m 的紫红色含砂含砾白云岩，砾石成分有高山河群石英砂岩；(2) 龙家园组超覆于高山河群不同层位之上，在陕西，龙家园组与高山河群陈家涧组接触，向东至河南卢氏，龙家园组超覆于鳖盖子组之上；(3) 沉积建造和地球化学环境迥异。界线之上为含镁的碳酸盐岩建造，界线之下，为浅海碎屑岩建造。

3. 中、上元古界的界线

在天津市蓟县蓟县纪地层由下而上为杨庄组、雾迷山组（白云岩）、洪水庄组（黑色页岩）、铁岭组（白云岩等），含丰富的叠层石，同位素年龄值为 1 000～1 400 Ma。与其上覆青白口纪的下马岭组泥岩、白云岩，上部景儿峪组石英砂岩、大理岩为平行不整合接触。接触面有侵蚀凹坑和明显的漏斗。本省蓟县纪地层可分两部分：下部官道口群，为碳酸盐岩建造；上部栾川群为泥质岩、碳酸盐岩建造。其间为整合接触。官道口群下部龙家园组、巡检司组叠层石分子有 *Conophyton shanpolingensis*, *Pseudogymnosolen mopanyuensis*, *P. piphytum*, *Microstylus exiguus* 等。其组合面貌与杨庄组、雾迷山组所产叠层石可以对比。杜关组与冯家湾组的主要叠层石分子有：*Chihsienella chihsienensis*, *Baicalia*, *Pseudotielingella chihsienensis*, *Paracolonnella laohudingensis*, *Jacutophyton* f., *Colonnella* f., *Conophyton garganicum* 及 *Anabaria* f. 等，相当于蓟县剖面第三个叠层石组合（产于铁岭组）。栾川群煤窑沟组产大量叠层石：*Colonnella laminata*, *Baicalia meiyaogouensis*, *Taeniella sanchuanensis*, *Gymnosolen ramsayi*, *Steinmann* f., *Boxonia yuxiensis*, *Minjaria luanchuanensis*。这一组合相当蓟县地区下马岭组的叠层石组合。栾川群白术沟组碳质板岩 Rb－Sr 等时线年龄值为 (902±48) Ma。另外，本省官道口群与天津市蓟县地区蓟县系的岩性组合特征颇为相似，两地叠层石组合面貌也很相像。因此官道口群与栾川群之间的界线与蓟县地区中、上元古界之间的界线可直接对比。

第三节　前震旦纪沉积特征及其与构造的关系

一、构造分区

根据现有地层空间位置，结合沉积建造、接触关系及火山岩特征等，可将本省划分为华北区、扬子区、南秦岭区三个一级构造区。其中华北区和扬子区为古陆块（大陆相对稳定区）。华北区按沉积环境又分为大陆区、大陆边缘区、岛弧区（过渡壳裂谷）等三个构造分区。扬子区分为大陆边缘区、裂谷区等二个构造分区。华北区前震旦纪地层出露较齐全，元古宙沉积以稳定和准稳定类型为主。扬子区前震旦纪地层出露不如华北区齐全，且以稳定类型为主。南秦岭区主要为活动类型沉积，推测前震旦纪时南秦岭区为一广海（或大洋），该海域将南、北两大古陆分开，造成华北与华南沉积环境的巨大差异。

二、前震旦纪沉积特征

1. 太古宙

处于初始陆壳形成后，地壳较薄的极不稳定环境。省内北部地区可能已属华北北部陆核的西南边缘。晚太古代，地壳表壳破裂、岩浆大量涌出，产生大规模花岗岩化和混合岩化，并伴生基性岩浆活动，形成花岗岩-绿岩地体。

涑水杂岩据孙大中等（1993）研究，原岩多为岩浆型侵入体。太华杂岩经多年研究，磁铁石英岩与磁铁斜长角闪岩共生，属于变质绿岩建造，太华杂岩中主要岩性为斜长片麻岩，其中还发现一些混合花岗岩及片麻状花岗伟晶岩、变质闪长岩，应属花岗岩-绿岩地体。可能与来源于地幔的晚太古代花岗岩-绿岩地体有关。

南郑碑坝的后河杂岩、商南湘河地区的陡岭杂岩、勉略地区的鱼洞子杂岩，可能组成扬子地块的核心。它们系初始地壳形成后，地壳破裂，有大规模酸性和基性岩浆活动，产生花岗岩化和混合岩化，并有基性火山岩喷出形成的古老花岗岩-绿岩地体。其中的混合岩、斜长角闪岩，其原岩可能系花岗岩-绿岩地体变质而成。

2. 早元古代

(1) 华北区

早元古代中期，沿太华杂岩南侧边缘产生裂陷，东部在河南沉积嵩山群，西部在临潼—华阴老牛山沉积铁铜沟组，为一套成熟度较高、以石英碎屑岩为主的陆源碎屑岩建造。斜层理、波痕发育。厚度变化大，约 300～2 800 m。结合豫西嵩山群综合分析，应为大陆边缘（活动陆架）滨海相沉积。

华北地块南部，西安—洛南以南因大陆边缘产生裂陷，进而发展成裂陷槽（过渡壳裂谷），沉积秦岭(岩)群，早期为混合岩、片麻岩夹斜长角闪岩，可能为花岗岩-绿岩地体，中晚期发育碎屑岩、碳酸盐岩、中基性火山岩，形成了浅海相活动类型的沉积组合。

(2) 扬子区、南秦岭区

省内未见此期的直接记录，但是从陡岭杂岩所具有的岩性特征剖析，地壳可能仍处于较薄的不稳定环境。

3. 中元古代

稳定区与活动带分异更为明显，华北、扬子、南秦岭三大区沉积差异更加分明。华北区以海相稳定类型沉积为主；北秦岭岛弧沿陆缘形成；扬子大陆以准稳定类型沉积为主，南秦岭区推测处于外海。

(1) 长城纪

①华北区

以西安—洛南为界可分华北大陆区和华北岛弧区两部分。

A. 华北大陆区

长城纪早期，北部为鄂尔多斯古陆，南缘为坳陷沉积区，沿八渡—虢镇、户县、铁炉子—三要产生了近东西向大陆边缘断陷。北部在早元古代 NE 向断陷基础上又形成陕西潼关-山西绛县断裂；东部为 NW 向的河南洛阳-背孜断裂，构成了陕、晋、豫三省交界的“三角形”断陷区。三角形断陷进一步拉张和发展，形成了熊耳群三岔裂谷喷发。以洛南灵口庙台乡为界，两个裂谷支臂不相连；东部为富钾的流纹岩—玄武岩，总体近南北方向，为浅海相，局部有陆相喷发。西部位于陇县—洛南，呈 EW 走向，为富钠的细碧角斑岩，可见枕状构造，氧化指数 0.68%，为浅海—次深海喷发环境。

长城纪晚期，火山喷发结束，地壳由准活动转为稳定。在长城纪早期出现的三角形断陷的基础上，沉积了高山河群。沉积区受蓝田-潼关-绛县 NE 向断裂控制，使盆地沉降中心向西迁移至洛南北部，由于沉降幅度大，位置靠近北部古陆，使洛南黄龙铺地区最大厚度近 4 000 m，东西两端较薄，厚 300～400 m。高山河群为一套陆源碎屑岩建造。推测为一陆表海潮坪沉积环境。纵向上，高山河群下部和中部为一海进及海退的沉积旋回，上部组成另一次完整的沉积旋回。

B. 华北岛弧区

早期沿商州—丹凤一带地壳进一步扩张，开始出现大洋拉斑玄武岩或岛弧拉斑玄武岩〔宽坪(岩)群广东坪(岩)组〕，以后在半深海或浊流环境下堆积了类复理石碎屑岩〔四岔口(岩)组〕。晚期海水变浅，沉积了碳酸盐岩建造〔谢湾(岩)组〕。

宽坪(岩)群的组成岩石以基性火山岩和陆源碎屑岩为主夹碳酸盐岩。厚度大于6 000 m。火山岩具有高铁、镁、富钙、低硅、贫钾特征，氧化度小，并有高镁橄榄质超基性岩残体。地层中铁、锰、硫相对较富集，说明断裂一度下切较深，海槽沉降幅度较大，晚期沉降幅度较小，总体为次深海—浅海沉积环境。

②扬子区及南秦岭区

省内处于扬子地块北部大陆边缘区。南郑碑坝地区的火地垭群，属于大陆边缘靠陆内侧沉积环境，相对较安定，推测为滨、浅海准稳定类型沉积。

西乡县的三花石群，位于扬子大陆边缘外侧，主要为碎屑岩夹中基性火山岩，活动性明显增强，具大陆边缘火山岩特征。

长城纪时，推测南秦岭-大别山区为一广海(外海)，在其陆壳或过渡壳的基础上，沉积巨厚的武当(岩)群，早期以基性熔岩喷发为主，有少量流纹岩；晚期以沉积岩、火山碎屑岩为主，夹少量酸性熔岩。推测当时为浅海—次深海相活动类型沉积。

(2) 蓟县纪

本时期地壳性质并无根本变化。华北区北部大陆区分化为大陆区、大陆边缘断陷区，南部岛弧区仍为活动性沉积。扬子区沿大陆边缘向北侧不断扩大，摩天岭裂陷发展为岛弧，南秦岭仍处于活动环境。

①华北区

A. 华北大陆区、华北大陆边缘断陷区

早期，南缘再次下降，海水复又沿前期坳陷带（西安—洛南以北、鄂尔多斯古陆以南）涌入。沉积了以稳藻镁质碳酸盐岩为主的官道口群，沉积较为连续，沉降幅度较大，为滨、浅海陆架稳定类型沉积。

晚期地壳向下沉降，开始沉积栾川群白术沟组碳质板岩，为浅海滞流环境。

B. 华北岛弧区

仍处于活动阶段，但断陷较前阶段为浅，沉积峡河(岩)群，原岩为碎屑岩、碳酸盐岩夹基性火山岩建造。为浅海相活动类型沉积。

②扬子区及秦岭区

无准确的蓟县纪记录。推测与长城纪沉积环境相同。扬子大陆边缘靠陆内一侧沉积火地垭群。该群早期以碳酸盐岩为主（麻窝子组）；晚期以碎屑岩为主（上两组）。扬子大陆边缘外侧沉积三花石群，总体为海相活动类型，沉积物为火山碎屑沉积组合。该地区的部分酸性、基性、超基性岩可能是这一时期的产物。

后期扬子大陆西部边缘产生裂陷，进而发展为过渡壳裂谷（岛弧）。沉积厚逾万米的碧口(岩)群。该群为沉积火山岩系，早期的阳坝(岩)组，为基性和酸性熔岩与碎屑岩交互的火山沉积组合；自东而西岩性变化明显，东部以火山岩为主，西部于甘、川交界地带陆源碎屑显著增多。晚期的秧田坝(岩)组，以泥岩、粉砂岩为主，夹硅质岩、硅质泥质板岩，可能为浊流沉积。据刘国惠等（1993）研究，碧口(岩)群基性火山岩含 TiO_2 高，岩石化学特征属岛弧构造环境。稀土元素分析结果，与大洋玄武岩相当，推测碧口(岩)群为次深海岛弧相喷发沉积环境。

蓟县纪，推测南秦岭仍处于广海(外海)区。在陆壳或过渡壳之上形成武当(岩)群。该(岩)群上部以沉积岩、火山碎屑岩为主；有少量粗面岩、角斑岩喷发，推测为活动类型沉积。

4. 晚元古代

在蓟县纪构造格局上，地壳活动带范围逐渐缩小，稳定性增加，逐步转为大型地块和岛弧。

(1) 华北区

①华北大陆边缘区

"芹峪"运动使洛南以北地区整体成陆，以南处于活动(岛弧)环境。青白口纪以后，大陆进一步向南扩张。此期石门—卢氏以北已成为大陆。由于华北大陆南部边缘剧烈沉降，在西安—洛南—栾川以北、石门—卢氏以南，形成了东西方向的狭小海槽，沉积了三岔口组、陶湾组、石板河组、垢神庙组。三岔口组砾岩磨圆度较差，属短距离搬运的快速堆积。陶湾组—垢神庙组为浅海相碎屑岩夹碳酸盐岩建造，石板河组局部夹中基性火山岩，属浅海相稳定—活动类型之间的过渡型沉积。

②华北岛弧区

无准确记录，推测青白口纪岛弧区仍在活动，但下陷不深，主要沉积峡河(岩)群，为浅海相碎屑岩夹火山岩、碳酸盐岩。

(2) 扬子区、南秦岭区

在蓟县纪末地壳上升的基础上，地壳加厚，火山活动剧烈，酸性火山岩较多，并进一步向北部边缘发展。

扬子大陆边缘区靠陆内一侧沉积铁船山组，以中酸性火山岩和同源火山碎屑岩为主。由铁船山至阳平关刘家坪，由大陆边缘区内侧—外侧，火山岩由中基性向酸性火山岩转化，喷发形式由裂隙式向中心式喷发转变。如刘家坪地区发育熔结角砾岩、火山角砾岩。总体为滨浅海相火山沉积组合，可能有少量陆相火山喷发。

扬子大陆边缘区外侧，沉积西乡群，为火山岩夹碎屑岩建造。早期以中基性火山岩较多，为浅海相活动类型沉积，晚期以中酸性火山活动为主，沉积环境明显变浅，以浅海相喷发为主，局部可能有陆相火山岩喷发。

南秦岭区仍为广海区，沉积耀岭河组，为中基性火山岩建造。商南耀岭河至安康一带，熔岩和火山碎屑岩各占一半。其余地区以火山碎屑岩为主，推测为浅海—次深海相盆地沉积。以裂隙式喷发为主，喷发中心位于商南耀岭河至安康一带。

青白口纪末的晋宁运动，使华北、扬子、南秦岭整体上升为陆。但因丹凤群的存在，华北和华南可能仍为两个互不相连的板块。

第三章
震旦纪—志留纪

陕西震旦纪—志留纪地层主要分布在陇县—铜川—韩城以南的广大区域，另在陕北府谷县的黄河河谷中亦有极少奥陶纪地层出露（图3-1）。上述地区就其沉积类型而言大体可分三部分，其中华北地层大区和扬子地层区以发育稳定类型沉积为特点，而这两个地层区之间的秦岭地区，则以发育活动类型或准活动类型沉积为主体。在华北地层大区，这一时期沉积的最老地层仅为震旦纪末期的冰碛、冰水沉积，其后，为寒武纪和奥陶纪形成的碎屑岩、碳酸盐岩沉积。后期不但缺失志留系，而且奥陶纪地层亦发育不完整。这一地区地层发育总的特点是：自南而北的超覆现象极为明显，地层厚度较薄，地层在区域上的分布极为稳定，但纵向上变化较为迅速，而且生物化石丰富，火山岩极少，为典型的地台沉积。在扬子地层区，地层发育完整、生物化石丰富，沉积物中碳酸盐岩、碎屑岩间或有之，但均为稳定类型。这一地区地层发育的总体特点是：厚度薄、地层垂向变化迅速、区域分异明显且各地发育程度不同。秦岭地区较为复杂，在山阳-凤镇-核桃坝断裂以北的秦祁昆地层区，这一时期的沉积物属裂陷槽-洋盆性质，以发育变质火山岩—正常沉积岩组合为特征，地层纵横变化大，内部划分较为困难，加之变质、变形、变位等因素的影响，更增加了地层划分与对比的难度；断裂以南的南秦岭-大别山地层区，沉积物以活动类型为主，而且沉积格局受同期断裂及前震旦纪隆起地块所控制，岩石以中浅变质为特征，而且地层自南而北由台缘向洋盆的过渡特点极为明显，另外生物群既有华北类型，又有江南类型，构成不同生物群落混生的过渡特点。上述三大地区岩石地层的具体划分详见表1-1。

第一节　岩石地层单位

一、华北地层大区

罗圈组　*Zl*　**(05-61-0038)**

【创名及原始定义】　刘长安、林蔚兴（1960）[1] 创名。创名地位于河南省临汝县蟒川乡

① 刘长安、林蔚兴，1960，华北南部古生代初期冰碛层及其层位意义（油印稿）。

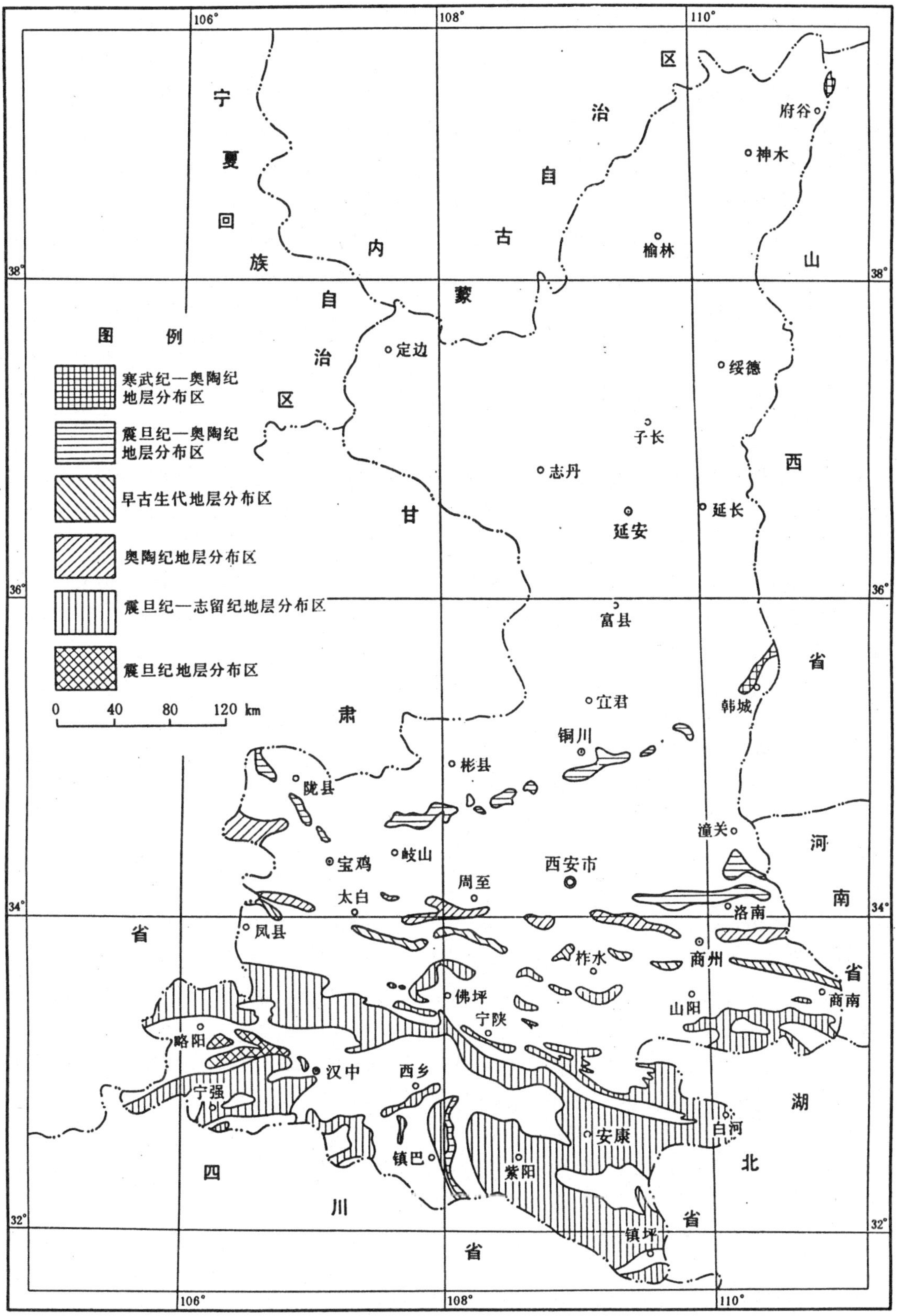

图 3-1 陕西省震旦纪—志留纪地层分布图

的罗圈村的东山坡。王曰伦（1963）介绍。原始定义：下部为冰碛泥砾层，上部为页岩，局部夹砂岩，为一套冰碛层。下与元古界不整合接触；上与下寒武统为沉积间断，时代归始寒武纪。

【沿革】 刘长安、林蔚兴（1960）在创名罗圈组的同时已经指出："该组在陕西洛南和商州北部广泛出露"。同年，陕西地质局第四地质队（以下简称陕西四队）在陇县、岐山一带划分出罗圈组①。王曰伦（1963）指出：在刘长安、林蔚兴之前，杨志坚（1958）、叶连俊（1959）已经指出豫西地区有冰碛层的存在，而且前者还将此冰碛岩创名为"临汝冰碛层"。陕西六队（1977）② 将罗圈组进一步划分成两部分，下部称上张湾组，上部称时家沟组。同年，陕西地层表编写组在送审稿中将秦岭区测队（1958）③ 创名的三道撞砾岩归入本组。关保德等（1980）将罗圈组进一步划分成两部分，下部称罗圈组，上部称东坡组。刘鸿允等（1991）指出：关保德等（1980）的划分方案不符合《中国地层指南及中国地层指南说明书》的规定，建议保留原罗圈组，其中的上、下两部分分别使用东坡段和临汝冰碛层。本次对比研究暂按河南省地层清理组的意见处理：上部称东坡组，下部为狭义的罗圈组。前人创名的上张湾组、时家沟组、三道撞组，因涵义与东坡组和罗圈组不同，建议停用。

【现在定义】 现指分解后的罗圈组，岩性为泥砂质砾岩、含砾页岩。该组平行不整合覆于董家组或官道口群、汝阳群不同层位之上。其上与东坡组为整合过渡关系或被辛集组平行不整合覆盖，时代归震旦纪。

【层型】 正层型为河南省"临汝县蟒川乡罗圈组剖面"（112°45′，34°1′），由关保德等（1988）重测。省内次层型为"洛南县石门镇北下留题村的上张湾剖面"（110°9′，34°15′30″），由李钦仲等（1985）实测。

【地质特征及区域变化】 本书划分的罗圈组系关保德等（1980）所称"大陆冰川成因"的地层。岩性主要为泥砾岩、层纹状泥砾岩和少量砂砾岩、含砾板岩等。厚层—块状。颜色紫红或灰色。砾石成分以下伏地层的粉晶白云岩、泥晶白云岩为主，次为硅质岩、板岩等。砾石砾径大小悬殊，磨圆度差，分选不好，排列无序。胶结物主要为泥质、钙质、铁质等，局部尚有碳质。其中见有基底冰溜面、擦痕、压坑、压裂、坠石和纹层泥等。与下伏冯家湾组、杜关组或白术沟组呈不整合或平行不整合接触；与上覆东坡组为整合连续关系。地层厚1～76 m。

本省见于洛南、商州北部、千阳、陇县一带。上述各地总的变化趋势是：（1）地层厚度自东南向西北逐渐减薄；（2）在剖面垂直变化上，一般下部多为灰—深灰色砾岩、砂砾岩，向上渐变为紫红色泥砾岩、纹层状砾岩，顶部发育少许含砾板岩，表现出自早期的快速堆积向晚期的稳定盆地发展；（3）自洛南至陇县，存在三个比较大的沉降中心，即洛南北部的东安沟附近、蓝田县的冰岔和宝鸡、千阳之间的清凉山。在上述各地，本组一般自中心向四周地层厚度逐渐减薄，剖面结构变得简单，地层主要由砾岩组成。

【其他】 （1）关于狭义罗圈组的时代，当前有 5 种看法：①归入早震旦世南沱期；②置于晚震旦世陡山沱期；③属灯影期或灯影晚期；④归灯影期至早寒武世；⑤置早寒武世。本书据其上覆东坡组紧覆早寒武世辛集组之下，暂置震旦纪。

（2）关于狭义罗圈组的成因有 5 种看法：①大陆冰盖；②山岳冰川；③造山期后磨拉石

---

① 见：陕西省地质局第四地质大队，1960，陕西省谓北区（陇县—韩城）磷矿地质详查报告。
② 陕西省地质局第六地质队，1978—1979，金堆城—黄龙铺地区区域地质调查报告。
③ 西北地质局秦岭区域地质测量队，1958，1：20 万栾川幅综合报告。

建造；④深水重力流沉积；⑤滨岸深水碎屑岩堆积等。但多数学者认为属大陆冰盖形成的冰碛，本文暂从此说。

(3) 建议改狭义罗圈组为临汝冰碛层或临汝段。

东坡组 *Zdp* (05-61-0039)

【创名及原始定义】 关保德、潘泽成、耿午辰、戈治权、杜慧英（1980）创名。创名地为河南省临汝县罗圈村。原始定义：即原罗圈组上部的页岩段。岩性为粉砂质页岩，海绿石粉砂质页岩。与下伏罗圈组为整合过渡关系；与上覆辛集组为平行不整合关系。时代为震旦纪。

【沿革】 本省首次引用。陕西六队（1977）曾创立时家沟组，但东坡组不包含时家沟组底部的砾岩层。

【现在定义】 为灰绿、紫红色粉砂质页岩夹少量页岩及海绿石粉砂岩。下以粉砂质页岩为标志与罗圈组泥砾岩整合过渡；上以粉砂质页岩为标志与辛集组合磷砂岩平行不整合接触。

【层型】 正层型为河南省"临汝县蟒川乡罗圈村东坡组剖面"(112°45′，34°1′)，由关保德等（1988）测制。省内次层型为"洛南县石门镇北侧下留题村的上张湾剖面"（110°9′，34°15′30″)，由陕西区调队（1983）实测。

【地质特征及区域变化】 陕西境内的东坡组在洛南一带与正层型的主要区别为：①所夹砂岩较多；②砂岩中长石又较多；③岩石变质程度稍高，页岩已变质为板岩；④海绿石含量少或无；⑤地层厚度变薄，一般不超过 80 m。陇县、岐山一带相似于正层型，但海绿石极少。

本省见于洛南大部，商州北部，另在岐山、千阳和陇县亦有少量分布。区域上自东南向西北大体有如下变化特点：①地层厚度渐薄，自 800 m 减至不足 10 m；②岩石由深灰色逐渐变为紫红色，含碳量渐低；③所含砾石递减；④所夹碳酸盐岩由少到无；⑤所夹磷结核逐渐减少。

【其他】 (1) 在洛南一带色深、单层薄，总体厚度大（特别是孤山向斜两翼），反映出冰筏沉积或冰前泻湖沉积的特点，如果考虑其中有磷结核或海绿石的存在，则沉积环境也可能是远离物源地的上斜坡区。岐山、陇县一带，岩石色浅，以泥质细碎屑岩为主，砾石极少，反映出非补偿性的稳定环境。(2) 东坡组的时代目前多认为属晚震旦世。但关保德等（1988）在正层型上所测 Rb-Sr 等时线年龄值为（528±23）Ma。另外，张尔道（1964）[①] 曾报道本组上部含腕足类 *Obolus* sp.，故其时代也可能是寒武纪。

辛集组 ∈*xj* (05-61-0218)

【创名及原始定义】 河南地质研究所（1962）[②] 创名于河南省鲁山县的辛集磷矿，原称辛集含磷组。河南区测队（1964）在《1：20 万临汝幅（I-49-［XVII］）区域地质测量报告》中介绍。原始定义：岩性为紫红色、深灰色砂岩、含磷长石石英细砂岩、含海绿石石英砂岩，夹结核状磷块岩，底部发育含磷砾岩。厚 10～80 m。其上的灰色含燧石白云质灰岩称朱砂洞组，二组时代均为早寒武世。

---

① 张尔道等，1964、陕西洛南路家街—石门一带寒武系下界及其与震旦系的接触关系。见：蓟县震旦系现场学术讨论会议论文汇编。

② 河南省地质局地质研究所，1962．河南地层（未刊）。

【沿革】 陕西四队（1963）① 首先在省内陇县、千阳、岐山一带划分出辛集组。陕西区测队（1967）②。在洛南北部亦划分出辛集组，但将属于原划罗圈组（现归东坡组）上部的磷质页岩纳入本组陕西地层表编写组（1983）在洛南一带依据沉积旋回划分地层，将本组顶部的石英砂岩层归入朱砂洞组。此后有关单位在上述地区划分的辛集组无不沿用此种划法。本次对比研究仍维持该组的原始定义，只是将区域上的重要变化予以补充。

【现在定义】 以发育碎屑岩或含磷碎屑岩为主要特征。主要岩性为含磷砂岩、砂砾岩、钙质粉砂岩，夹泥晶灰岩、白云质生物碎屑灰岩等。下与东坡组或汝阳群的不同层位呈平行不整合接触；上以石英砂岩的结束或厚层角砾状白云质灰岩的出现与朱砂洞组整合分界。

【层型】 正层型为河南省“鲁山县辛集寒武系剖面”，由刘印环、王建平、张海清、杜凤军（1984）实测。省内次层型为“陇县温水乡周家渠的牛心山剖面”（106°44′30″，34°57′45″），由张文堂等（1979）实测。

【地质特征及区域变化】 在陇县西部的牛心山、马曲岭一带，本组平行不整合于东坡组暗紫、灰紫、灰绿色页岩之上；整合于朱砂洞组块状或厚层灰色、含藻白云岩或角砾状白云岩之下。岩性可分三部：下部为暗紫、灰褐色白云岩、鲕状或角砾状磷块岩等，含软舌螺 *Hyolithes* sp.，厚度多在 3 m 以下；中部为紫红、灰紫色块状含磷生物碎屑白云岩，富含三叶虫 *Hsuaspis zhoujiaquensis*，*H. shaanxiensis*，*Longxianaspis latilimbatus* 等，厚度 3 m 左右；上部为紫灰色、褐黄色中—薄层白云岩夹白云质石英粉砂岩，厚 23～34 m。在陇县水眼沟剖面本段含丰富的三叶虫，其种属同本组中部所见。

本省主要见于陇县、千阳、岐山及小秦岭地区的洛南、商州北部一带，地层区划分别属于华北西缘地层分区豫陕地层分区。在千阳、岐山一带，本组大体相同于陇县地区，惟地层厚度明显减薄至 10 余米。在东部洛南石门镇以北，本组下部亦发育角砾状磷块岩和白云岩、粉砂岩等；中部为浅灰、灰白色或青灰色厚层—块状白云岩；上部由灰、灰白色白云岩和石英砂岩、钙质细砂岩等组成。总厚 50～80 m。石门镇以南的保安、页山河、灵口一带（隶属孤山地层小区）本组除底部发育极少量灰黑色含锰、磷灰岩之外，其上几乎全系厚层灰色、灰白色白云岩。含三叶虫和软舌螺等，厚度 10～20 m。上述地层一般为滨岸—内陆架环境下形成的产物。时代因含大量 Protolenidae 的三叶虫分子和 *Redlichia* 等，多被视为沧浪铺早中期，一般不会比云南红井哨段的层位更低。

朱砂洞组　∈$\hat{z}\hat{s}$　(05－61－0219)

【创名及原始定义】 冯景兰、张伯声（1950）创名③，原称“朱砂洞石灰岩系”。创名地点在河南省平顶山市西南的朱砂洞村，张尔道（1954）公诸于世。原始定义：初称“朱砂洞石灰岩系”，时代归震旦系，指震旦纪大石门石英岩之上、寒武纪馒头山页岩之下的一套灰岩和碎屑岩。在嵩山地区自下而上分为 4 段：a. 底砾岩，b. 不规则薄层灰岩，c. 厚层状灰岩，d. 灰岩夹页岩，厚 121 m。在平顶山一带为各色灰岩，间夹薄层状页岩，厚 170 m。

【沿革】 陕西四队（1963）首先将本组引入陇县、岐山地区，称朱砂洞组。陕西区测队（1967）在洛南北部划分出朱砂洞组。陕西地层表编写组（1983）改划昌平组。本次对比研究依据华北地层大区前人的习惯用法，将馒头组之下、辛集组之上的碳酸盐岩地层统称朱砂洞组。

---

① 陕西省地质局第四地质队，1963，陕西省渭北区（陇县—韩城）磷矿地质详细普查报告。
② 陕西省地质局区域地质测量队，1967，东秦岭地层。
③ 冯景兰、张伯声，1950，豫西地质矿产调查报告。

【现在定义】 指辛集组碎屑岩夹生物碎屑灰岩之上，馒头组黄色泥灰岩夹页岩之下的一套厚层白云质灰岩。下部为灰黄色角砾状白云质灰岩，含石膏，上部为深灰色含藻云斑灰岩。下以钙质石英砂岩消失和厚层角砾状白云质灰岩出现与辛集组整合分界，上以深灰色云斑灰岩消失、灰黄色泥灰岩出现与馒头组整合分界。

【层型】 选层型为邓小得（1989）测制的河南省平顶山市姚孟剖面。陕西省内推举陕西区测队（1976）在洛南桑坪测制的“双河口—柴家湾剖面”（110°18′45″，34°13′55″）为次层型①。

【地质特征及区域变化】 以发育豹皮状、角砾状和含藻白云岩为主要特征。在洛南石门镇以北的桑坪、石坡、台峪一带，本组连续沉积于辛集组灰色白云岩夹石英砂岩、长石砂岩或细砂岩之上，整合于馒头组纹层状泥灰岩夹钙质粉砂岩或粉红色砾屑白云岩之下。地层中、下部为紫红色、浅灰色厚层—块状角砾状白云岩、砾屑白云岩或白云岩组成；上部为灰、深灰色厚层白云岩或灰岩等，普遍见有燧石团块或条带，泥裂、石盐假晶及交错层理亦较发育。地层总厚一般不超过 120 m。偶见三叶虫碎片。

在岐山、陇县一带，朱砂洞组相似于洛南石门镇以北各地，惟岩石普遍为灰、深灰色，并含藻类，偶见三叶虫碎片。地层厚 16～64 m。洛南石门镇以南本组仍为灰、灰白色或深灰色白云岩等，但单层明显变薄，局部尚见纹层构造。地层厚 40～260 m，至河南栾川拐峪一带尖灭。上述地层一般被视为开阔台地环境下的产物，北部近陆，南部灵口、页山河等地近台地外缘，形成由北而南渐深的自然景观。朱砂洞组的时代在陕西尚无可靠化石佐证，目前只据层位暂置沧浪铺晚期。

霍山组 ∈*h* （05－61－0224）

【创名及原始定义】 日本人山根新次（S Yamane）1924 年创名，原称霍山砂岩。创名地点位于山西省中部的霍山。在创名文献——《An Outline of Stratigraphy of Northern China》一文中，创名人明确如下定义：“不整合于太古界片麻岩之上、含化石的寒武系之下的红色及白色石英岩。”

【沿革】 霍山砂岩自建立之后的 70 年中至少有 40 篇论文、专著谈及它的归属、外延、变质程度和上、下接触关系等问题。陕西省最早讨论该组归属的是张伟（1964）②。他将霍山砂岩归入上覆地层之中，其时代依上覆地层的时代而定，如韩城地区为馒头组的一部分，时代为早寒武世，而山西吕梁山麓的离石、柳林一带归入当时划分的“上寒武统”中。这一划分意见直接影响着第三石油普查队 60 年代中后期的所有地层研究成果。陕西地层表编写组（1983）认为霍山砂岩为豫西和洛南地区高山河群向北延伸之产物，时代置中元古代。这一认识至今尚有影响。张守信（1980）在其著作中对霍山砂岩多年来争论的问题进行了全面的论述。其结论大体是：①霍山砂岩的时代属于寒武纪，而且本身就是一个独立的、穿时的地层单位；②霍山砂岩的“石英岩化”纯系石英、长石等矿物次生加大的重结晶现象，至于其中的所谓绿泥石化和绢云母化在宏观上并无一份文献提及，可能是镜下鉴定之误；③霍山砂岩仅见于霍山和西侧的吕梁山区。它与汉高砂岩、头泉组或测鱼组、水幽组、紫罗山群（相当高山河群或岱嵋砦组等）、金杆寨砂岩不宜对比；④霍山砂岩的上覆地层毫无例外地都是寒武纪地层，而且两者间为整合过渡关系。以上结论能否给霍山砂岩的争论划上一个句号，目前尚不可断言，但是从现代地层学理论来分析，尚比较符合实际情况。因此本书暂从此说。

---

① 陕西省地质矿产局区域地质测量队，1976，1∶5 万石坡幅区域地质调查报告。
② 张伟，1964，晋西离石—陕西韩城一带寒武系奥陶系地层。鄂尔多斯石油地质通讯，第一期（内刊）。

【现在定义】 山西省中部霍山、西部吕梁山区，寒武系底部以石英状砂岩为主的岩石地层单位，其下大多以不整合覆于前寒武纪变质岩系之上；其上为寒武系含不同化石带的地层（岩性大多为紫红色页岩，有时亦为碳酸盐岩）所叠覆。

【层型】 山西省地层清理组（1994）确定选层型在山西省介休市秦树乡兴地村东沟谷中的绵山脚下。剖面名称为“山西介休市绵山剖面”（111°57′，36°53′）。

【地质特征及区域变化】 霍山组是寒武纪地层下部发育的一套成熟度较高的石英砂岩，厚数米至数十米，各地岩性不一。在韩城附近本组底部常见细砾岩、含砾长石石英砂岩等。西部含砾较多，东部少。砾石为脉石英，向上为灰白色、灰黄色中—薄层石英砂岩，局部夹泥质粉砂岩，顶部渐变为细粒石英砂岩，偶含砾石。常见波痕和交错层理。厚 8～20 m。与下伏涑水杂岩为不整合接触，与上覆馒头组整合连续。

霍山组一般被视为“海侵前峰底砾岩”。其形成环境应为滨海沙滩相，构造环境一般为断块周缘活动性较强的区域。这里古地形较陡，相应的岩层穿时现象明显。霍山组的时代在陕西因整合在馒头组之下，故为早寒武世。

馒头组 ∈*m* （05－61－0221）

【创名及原始定义】 B willis 和 E Blackwelder（1907）创名于山东省长清县张夏镇的馒头山，原称馒头层。在创名人所著《Research in China》中为馒头组明确定义如下：馒头层主要是一套红和棕色页岩，夹有灰色或浅灰色石灰岩，石灰岩经常含泥质成分。这套地层见于张夏村陡壁下四周的坡上，总厚 135～225 m。位于张夏村正南叫做馒头山的一个孤山处，有一个下与花岗岩不整合接触、上面整合盖着石灰岩的馒头层的完整而出露好的剖面。这就是馒头层的典型剖面。单位就是根据这个孤山而命名。

【沿革】 M L Fuller 和 F G Clapp（1927）首先在渭北地区划分出馒头层。卢衍豪、董南庭（1953）依据古生物化石将 B Willis 等创立的馒头层自下而上划分为馒头组、毛庄组、徐庄组。陕西四队（1963）首先在陇县—岐山一带使用狭义的馒头组、毛庄组和徐庄组，但仍归入一个填图单位之中。张伟（1964）① 在韩城附近将张夏组之下的寒武纪地层划分成“馒头组”、毛庄组和徐庄组。张尔道等（1964）在洛南石门镇以北将张夏组鲕状石灰岩与猴家山组白云岩之间的碎屑岩地层分别划分成“馒头组、毛庄组、徐庄组”。陕西地层表编写组（1977）将陇县、岐山、韩城和洛南石门镇以北的寒武纪地层统一与华北各地进行对比，分别建立了上述地区的“馒头组”、毛庄组、徐庄组。此后，在上述地区工作的地质工作者大多沿用，但各家所划界线仍不统一。本次对比研究认为：

（1）卢衍豪、董南庭（1953）所划“馒头组”、毛庄组、徐庄组基本上是依据古生物化石与北美或我国南方对比划分出。其间的界线多在相同岩性之中，宏观上不易掌握。

（2）陕西省前人所划“馒头组”、毛庄组、徐庄组各地岩性和划分标准不一，形成各持己见的现状，有的如毛庄组与徐庄组在野外根本找不到具体的岩石界线。

鉴于上述原因，本次对比研究基本上沿用 B Willis1907 年的原义，突出了馒头组以紫红色碎屑岩为主这一特点。

【现在定义】 岩性以紫（砖）红色页岩为主，夹云泥岩、泥云岩、白云岩、灰岩和砂岩的岩石地层单位。底以灰岩或白云岩结束、杂色页岩或云泥岩出现与朱砂洞组划界。其间为整

① 张伟，1964，晋西离石—陕西韩城一带寒武系、奥陶系地层。鄂尔多斯石油地质通讯，第一期（内刊）。

合接触；其上以页岩或砂岩结束、大套灰岩出现与张夏组划界，两者呈整合接触。属早—中寒武世，归长清群。辖洪河段和石店段。

【层型】 正层型为山东省地层清理小组（1992）重测的“山东省长清县张夏馒头山剖面”。剖面位于张夏镇之南的馒头山下。本省次层型为“牛心山剖面”（106°44′30″，34°57′45″）。剖面位于陇县西北侧的温水乡周家渠村的牛心山，由张文堂等（1979）测制。本书所划馒头组相当张文堂等所测“牛心山剖面”的第6—32层。

【地质特征及区域变化】 在陇县牛心山一带，本组以发育紫红色页岩为主要特征，中下部夹有少量白云岩、白云质页岩，中部夹紫红色泥质灰岩、鲕状灰岩和粉砂岩等，上部夹竹叶状灰岩、砾屑灰岩和不稳定的石英砂岩。其中富含三叶虫 Proasaphiscidae，*Inouyops*，*Metagraulos*，*Sunaspis*，*Wuania*，*Probowmania* 等。下与朱砂洞组深灰色块状含鲕白云岩为连续沉积，上与张夏组深灰色块状鲕状灰岩整合接触，总厚160～260 m。

本省分布于陇县、岐山（隶属华北西缘地层分区）、韩城（隶属山西地层分区）、洛南石门镇以北的台峪—陈耳一带（隶属豫陕地层分区）。在岐山、礼泉一带，岩性相似于陇县牛心山，惟岩石稍有变质，总厚在240 m以上。韩城附近本组连续沉积在霍山组砂岩之上。底部发育泥裂、石盐假晶等。厚116.9 m。洛南石门镇以北为馒头组与下楼村组的过渡区域。下部一般发育薄—厚层红色、紫红色、灰色白云岩，中上部主要为灰绿色绢云板岩，偶夹紫红色板岩、鲕状灰岩等。厚200～392 m。由北而南总的变化特点是：①颜色由紫红色向暗红色、灰红色、褐黄色过渡；②所夹石英砂岩渐少；③地层厚度逐渐增大；④下部白云岩明显增多。馒头组的沉积环境一般认为属于干热条件下的非碳酸盐岩陆架区或碎屑内陆架区。馒头组的时代，因底部产 *Redlichia chinensis*，*Probowmania* 等，顶部产 *Sunaspis* 等，应为龙王庙期至徐庄中期。

下楼村组　∈*xl*　（05-61-0220）

【创名及原始定义】 陕西区测队（1965）在测制1：20万洛南幅地质图时创名。创名地在洛南县石门镇南麻坪河口的下楼村。原始定义：整合于三川组之上，主要由灰绿色钙质板岩夹鲕状灰岩凸镜体组成，厚50～80 m。

【沿革】 本组自创名后其范围和涵义一直未见变化。本次对比研究将其底界下移至朱砂洞组深灰色厚层白云岩终结和本组底部薄层灰岩的出现处。其他未做更动。

【现在定义】 整合在朱砂洞组之上、张夏组之下。主要由灰绿色砂质、粉砂质或钙质千枚岩、绿泥石化二云片岩组成，夹薄—厚层白云石大理岩、方解石大理岩和少量鲕状灰岩或鲕状灰岩凸镜体。下部以朱砂洞组深灰色厚层白云岩或大理岩的终了为底界，以千枚岩的结束和碳酸盐岩的集中出现为顶界。

【层型】创名时未指定正层型，本书将选层型确定为杨家騄等（1989）测制的“洛南鹿沟剖面”（110°46′2″，34°8′26″）。剖面位于洛南县白洛（王村）乡鹿沟与洛河交汇处以北3.5 km的鹿沟内。

【地质特征及区域变化】 在鹿沟，本组以发育灰绿色千枚岩或二云片岩为主要特征，夹灰岩、鲕状灰岩或白云岩（局部变质为大理岩）等。一般底部以白云岩、泥质灰岩为主，向上碎屑逐渐增多，未见生物遗痕或遗骸。地层厚度因多处遭受剥蚀变化较大，自0 m到40 m。地质时代仅据层位归入早寒武世晚期至中寒武世中期。

本组见于洛南石门镇以南的灵口、保安和商州北部的锎峪、铁炉子一带（隶属孤山地层小区）。西部铁炉子一带全系钙质千枚岩组成，残余厚度 0～40 m。东部灵口以北本组亦不见碳酸盐岩夹层，且岩石变质为灰绿色二云片岩。厚度达 300～400 m。石门镇以北的“陆家街向斜”（隶属华山地层小区）可能是本组与馒头组的相变交叉地带，碎屑岩多为灰绿色，偶见紫红色。下楼村组岩石普遍色暗，至今仍为“哑层”。这一点可能与地处华北陆台南缘，或者是与邻近北秦岭海槽，海水较深有关。其形成环境大体在内陆架与外陆架的过渡地带。

【其他】 下楼村组的底界由于下伏朱砂洞组在洛南页山河一带开始减薄，至河南拐峪尖灭，故其时代应该存在穿时。

张夏组 $\in \hat{z}$ （05－61－0222）

【创名及原始定义】 B Willis 和 E Blackwelder（1907）创名。创名地在山东省长清县张夏镇北侧的孤山上。原始定义：九龙群第一层是馒头页岩之上 150 m 厚的块状石灰岩，形成几百英尺高的陡壁，命名为张夏石灰岩或鲕状岩，有时也叫张夏层。最底部是 18 m 厚的薄层橄榄灰色的石灰岩，然后是形成陡壁的块状黑色鲕状岩层，平均厚 70 m。陡壁上的小坡里发育 30 m 厚的结晶灰岩，上部由暗色和浅灰色递变的灰岩组成，近顶有浅灰色砾石灰岩。

【沿革】 在韩城附近《中国区域地层表（草案）》（1956）中已经指出该地张夏组的存在，不过其中包括了现划馒头组的大部分地层。张伟（1964）撰文，系统地划分了该地寒武纪地层，其中的深灰色厚层鲕状灰岩，划归张夏组，此后来这里考察者多参照张氏意见。在陇县—岐山一带：陕西四队（1963）首先划分出张夏组，岩性主要为鲕状灰岩。张文堂（1980）将上述张夏组的底界移至鲕状灰岩内部 *Liaoyangaspis* 出现处。在洛南石门镇以北：阎廉泉（1959）根据秦岭区测队（1956—1958）的工作成果首先划分出张夏组，岩性为鲕状灰岩。张尔道等（1964）具体描述了张夏组在洛南北部石墙一带的发育情况。之后，来此工作者大多参照张尔道等划法。在洛南石门镇以南：王曰伦等（1959）首先在麻坪河口的上楼村附近采到 *Fuchouia*，并指出含化石的鲕状灰岩可能属张夏组（论文于 1963 年发表）。陕西区测队（1965）在《1：20 万洛南幅（Ⅰ－49－〔XⅦ〕地质图说明书》中将上述黑色厚层鲕状灰岩命名为上楼村组。本次对比研究认为：①在宝鸡、洛南一线以北的寒武纪地层中与正层型最为接近或相似之地层莫过于张夏组。②前人在陕西所划分的张夏组，多以厚层—块状灰岩的出没划分顶、底界线。这一划法相同于张夏组的现在定义。③洛南石门镇南侧的上楼村组，其岩性相同于石门镇以北的张夏组，只是岩石稍有变质，但原生构造基本保留，故将其归入张夏组。

【现在定义】 整合于馒头组之上、崮山组或三山子组之下，以厚层鲕状灰岩和藻灰岩为主、夹钙质页岩的地层单位。底以页岩与砂岩结束、大套鲕粒灰岩出现划界。顶以厚层藻屑鲕粒灰岩结束、砾屑灰岩夹页岩出现划界。归九龙群。辖盘东沟段。

【层型】 正层型为山东省地层清理小组（1992）重测的“长清县岗山镇虎头崖—黄草顶剖面”。本省次层型为西北大学地质系（1977）测制的韩城县东北黄河西侧的华子山下的“华子山剖面①”（110°32′20″，35°38′50″）。本书张夏组相当《陕西省区域地质志》所载华子山剖面的第 31—53 层。

【地质特征及区域变化】 本组以发育具鲕状构造的碳酸盐岩为主要特征。具体岩性为深灰、褐灰色厚层—块状、局部中层状鲕粒灰岩、竹叶状灰岩和白云岩等。含三叶虫 *Blackwelderia*，*Lisania*，*Proasaphiscus* 等。厚 150 m。与下伏馒头组黄灰色泥灰岩整合连续，与上覆三

---

① 西北大学地质系，1977，韩城华子山寒武系柱状剖面图（未刊）。

山子组薄层白云质泥灰岩或竹叶状薄层白云岩界线清楚。形成环境属水动力条件比较强的浅海台地区。地质时代自徐庄期至崮山期。

省内断续分布于秦岭以北的陇县景福山、千阳清凉山、岐山、泾河两侧、韩城以东和洛南北部至商州铁炉子一带。上述地区发育的张夏组自西北向东南大体有如下变化趋势：①岩石颜色由褐灰逐渐变为黑色、深灰色；②地层由白云岩为主渐变为灰岩为主；③地层厚度逐渐增厚，自 69 m 到 164 m；④鲕粒逐渐加大。上述变化特点可能与南部接近秦岭海槽、水体较深有关。

三山子组　∈Oss　（05－61－0223）

【创名及原始定义】　谢家荣（1932）创名于江苏北部的贾汪煤田。原称三山子石灰岩。命名文献为创名者所著《江苏铜山县贾汪煤田地质》一文。原始定义：三山子石灰岩介于中、上奥陶纪之纯石灰岩及寒武纪鲕状及竹叶状石灰岩之间，全层厚达三百至五百公尺，系一种灰或灰白色之结晶质石灰岩，颇似一种砂岩层。因硅化甚深，故硬度甚高，呈清齐之薄层，富于裂隙。浸蚀面现暗灰色，呈不规则之浅纹。

【沿革】　三山子组一名系本书首次引入陕西境内。在此之前与华北某些地区一样，将上述地层按偶然发现的生物化石分别归入崮山组、长山组、凤山组、冶里组、亮甲山组。本次对比研究将张夏组之上、贾汪组以下的白云岩地层全部归入三山子组。另外在洛南石门镇以南原称辋峪组的厚层白云岩地层亦划归本组。

【现在定义】　上段浅灰色中厚层含燧石结核细晶白云岩；下段黄灰、灰黄夹紫灰色中薄层粉细晶白云岩、竹叶状砾屑粉细晶白云岩及土黄绿色薄层泥质粉晶白云岩。底与炒米店组（省外亮甲山—张夏组）灰岩整合。顶与贾汪组底砾岩或土黄色页状泥质粉晶白云岩呈平行不整合。

【层型】　正层型为江苏省地质局第三地质队（1978）重测的江苏省“铜山县大泉乡寨山三山子组实测剖面”（117°25′27″，34°27′41″）。省内次层型为韩城县东北约 20 km 的“华子山剖面”（110°32′20″，35°38′50″），由西北大学地质系（1977）实测。

【地质特征及区域变化】　本组以发育白云岩为主要特征，故前人亦称“三山子白云岩”。在宝鸡、洛南一线以北、韩城以东各地发育完整。地层可分三大部分：下部由灰绿色、深灰色薄板状或厚层—块状白云岩间互成层。其中发育竹叶状、鲕状构造，具斜层理，含海绿石，厚 43 m。中部为褐灰、黄灰和深灰色中—厚层细晶白云岩，具纹层，厚 36.3 m。上部为深灰色、黄灰色中—厚层含泥质白云岩组成，夹少量灰绿色薄板状泥质白云岩。其中竹叶状构造较为发育，顶部普遍含燧石结核，厚 129.4 m。与下伏张夏组深灰色厚层鲕状灰岩整合接触，与上覆贾汪组灰绿色薄层泥灰岩夹页岩为平行不整合。全部地层白云岩化明显，故推测原沉积环境为广海陆架区。韩城地区三山子组的时代因位于含 *Blackwelderia* 的张夏组之上、贾汪组之下，故为崮山中、晚期—早奥陶世。

省内见于陇县、岐山、礼泉、韩城、洛南等地。在陇县、岐山一带，本组夹有较多紫红、暗紫红色白云岩，局部尚见砾屑灰岩、页岩等，顶部产 *Blackwelderia*，总厚 200～300 m。在洛南石门镇以北陈耳乡的高山上，亦有本组的残留体。岩性以灰色中厚层泥质白云岩为主，下部夹薄层泥质白云岩或灰岩，上部含燧石结核，底部产 *Blackwelderia*，厚 0～310 m。石门镇以南白云岩泥质含量极少，局部夹硅质层，厚 400 m 以上。综合上述各地所见，三山子组在陕西洛南石门镇至宝鸡以北均由白云岩组成。其中陇县—韩城一带竹叶状、鲕状原生构造发育，而洛南石门镇以南各地岩性单一，且含较多燧石，反映出稳定浅水环境特点。三山子组的底界自张夏阶至崮山阶下部，而顶界因后期剥蚀，保存不全，目前多被认为自崮山阶（陇县该组顶部产 *Blackwelderia*）到亮甲山阶。

贾汪组　Oj　（05－61－0305）

【创名及原始定义】　李四光（1931）创名，原称“贾汪页岩”，创名地在江苏省铜山县大泉乡寨山。谢家荣介绍（1932）。原始定义：贾汪页岩厚 10～15 m，为黄色薄页岩及页状薄灰岩所成，有时灰质较富，则颇似一种薄层灰岩，然其页状及黄色之特点仍然保存。本层成层虽薄，而分布却广，且常占固定之层位，即位于三山子石灰岩及马家沟组青灰色石灰岩之间。

【沿革】　省内首次引用贾汪组，此前相应地层均置马家沟组或下马家沟组底部。

【现在定义】　为土黄、局部紫红色页状泥质粉晶白云岩或白云质泥灰岩夹白云质页岩及角砾岩。底以灰黄色薄层细砾岩与三山子组上段浅灰色中厚层含燧石结核细晶白云岩呈平行不整合，界线清晰；顶与马家沟组底部土黄色薄—中厚层角砾状泥灰质白云岩、白云质灰岩或灰色厚层角砾状灰岩整合渐变，界线不够清晰。

【层型】　正层型为江苏“铜山县大泉乡寨山贾汪组剖面”（117°25′27″，34°27′41″）[①]。省内次层型为“韩城禹门口剖面”（110°36′10″，35°39′45″），由地矿部第三石油普查勘探大队（以下简称第三石油普查队）（1963）[②] 测制，现将该剖面叙述如下：

上覆地层：**马家沟组**　深灰色中厚层状灰岩

——————整　合——————

贾汪组　　总厚度 28 m

1. 浅灰、浅黄灰色薄层泥灰岩，夹同色中薄层灰岩　　28 m

－－－－－－－ 平行不整合 －－－－－－－

下伏地层：**三山子组**　厚层块状灰岩

【地质特征及区域变化】　省内以发育黄或浅灰色薄层碳酸盐岩为主要特征，底部断续有粘土质泥岩，代表怀远运动以后的第一个海进层序。

省内仅分布于渭北韩城一带。岩性、厚度稳定。韩城以西因黄土掩盖或断裂破坏严重，尚待进一步研究。时代置早奥陶世。

马家沟组　Om　（05－61－0306）

【创名及原始定义】　葛利普（A W Grabau）（1922）创名于河北唐山市开平镇马家沟村。原始定义：马家沟村附近之石灰岩，名为马家沟石灰岩，因产 *Actinoceras*（珠角石）甚富，曾名之为珠角石石灰岩。

【沿革】　1952 年李德生等[③] 首先将该单位引入本省渭河以北地区（1955 年黄汲清将此资料正式刊出）。李捷、朱森 1930 年在鄂、陕交界的五峪河流域所建“马家沟石灰岩”与本组为同名异物。张伟（1964）将铜川—韩城一带的碳酸盐岩地层划分为冶里组、亮甲山组、下马家沟组和上马家沟组。1975 年林宝玉将岐山至陇县地区的碳酸盐岩地层划分为水泉岭组和

① 江苏省地质局第三地质队，1978，1∶5 万贾汪等幅区调报告。
② 地质部第三石油普查勘探大队，1964，1963 年地质工作总结报告。
③ 李德生等，1952，陕北地面地质初步总结报告。

三道沟组。傅力浦（1981）将礼泉—富平一带马家沟组之上、桃曲坡组之下的灰色、浅灰色碳酸盐岩地层创名为泾河组。安太庠等（1985）在耀县将相当于泾河组的地层称为耀县组。本书依据马家沟组的原始定义，将上马家沟组、下马家沟组、三道沟组、水泉岭组、耀县组或泾河组合并，并进一步划分非正式的上、中、下三段，下段相当于原下马家沟组或水泉岭组；中段为原上马家沟组或三道沟组；上段为原泾河组或耀县组。

【现在定义】 指亮甲山组、贾汪组或三山子组之上，本溪组之下的灰色厚层—巨厚层灰岩夹白云岩、角砾状灰岩、角砾状白云岩的岩石组合，底部与亮甲山组或三山子组呈平行不整合接触①。

【层型】 正层型为河北省唐山市赵各庄矿西的“长山马家沟剖面”（118°22′，39°47′）。省内次层型为“韩城禹门口剖面”（110°36′10″，35°39′45″），由第三石油普查队（1963）测制②。

【地质特征及区域变化】 省内以灰色厚层状白云岩、灰岩为主，夹白云质灰岩（或三者呈不等厚互层产出）。西部地区灰岩较多，白云岩少，上段夹较多碎屑灰岩，普遍具有豹斑构造。在次层型上可划分下、中两段：下段以灰色、深灰色块状白云岩为主，即由灰岩到白云岩组成韵律层，厚 112 m；中段灰岩、白云岩互层夹薄层泥质灰岩，厚 125 m。上段在铜川以西到泾河一带，以灰色厚层灰岩、碎屑灰岩为主。该组与下伏贾汪组、上覆平凉组均为整合接触，岩性界线清楚，沉积特征明显。

省内主要分布在陇县—铜川一带，韩城、洛南等地也有零星分布。总体岩性在区域上基本稳定，但厚度变化较大，由 237～2 177.5 m。岩性组合在铜川以西以灰岩为主；东部则以白云岩、白云质灰岩为主。平行层理、块状层理不发育，叠层构造多呈层状和半球状，局部见有冲刷现象。中、上段的藻砂屑发育，生物化石稀少。其时代为早—中奥陶世。

桃曲坡组 *Otq* （05-61-0307）

【创名及原始定义】 林宝玉、赖才根、郭振明（1975）③ 创名，原称桃启坡组。1983 年林宝玉正式介绍该单位，但改称桃曲坡组。原始定义：上部为深灰至灰黑色薄—中层状灰岩、泥质灰岩，夹黑色钙质页岩；中下部为灰至深灰色中层—块状灰岩、生物灰岩，偶夹页岩。富含珊瑚、头足类、腹足类及三叶虫等化石，厚度大于 443 m，其上被太原组平行不整合覆盖。

【沿革】 傅力浦（1981）将桃曲坡剖面底部厚层灰岩称泾河组，其上的地层又分为下背锅山组和上背锅山组。安太庠等（1985）将泾河组之上的奥陶纪地层称耀县组。陕西地矿局（1989）将泾河组之上的地层分别称桃曲坡组和背锅山组。前者相当于傅力浦的下背锅山组；后者相当上背锅山组。上述划分方案含义不统一，所测剖面相差悬殊。故本书仍沿用本组创名者的意见，统称桃曲坡组。

【现在定义】 以深灰色、灰黑色薄—中厚层状微晶、泥晶灰岩为主，夹生物碎屑灰岩和少量钙质泥岩、砂质泥岩。含笔石、头足类、三叶虫、珊瑚、腕足类及牙形石等化石。底界以钙质泥岩出现与马家沟组灰岩分界，二者为整合接触，与上覆赵老峪组薄层灰岩为整合接触。

【层型】 正层型为“耀县桃曲坡剖面”（108°54′，34°59′40″），由安太庠等（1985）重测。剖面资料参见：安太庠、郑昭昌（1990）《鄂尔多斯盆地周缘的牙形石》。

【地质特征及区域变化】 本组在正层型剖面上以浅灰色、深灰色中薄层生物碎屑泥晶灰

① 省内因无冶里组和亮甲山组故马家沟组在韩城一带与贾汪组整合接触，西部则与三山子组平行不整合接触。
② 相当陕西地层表编写组（1983）转录该剖面的上马家沟组和下马家沟组的第 2、3 层。
③ 林宝玉、赖才根、郭振明，1975，陕甘宁边缘地区的奥陶系。华北奥陶系专题会议文献汇编。

岩为主，夹灰绿色页岩、钙质泥岩，泥质含量高，底部夹有铝土质泥岩，与下伏马家沟组灰色中厚层状灰岩界线清楚。层理类型以水平纹层、波状纹层为主，另有少量凸镜状层理。生物化石有珊瑚、腕足类、腹足类、海百合茎等，微体化石则以海绵骨针、牙形石最为富集，生物碎屑以藻屑为主。偶见风暴沉积，时代为中—晚奥陶世。

省内仅分布于铜川、耀县一带。岩性稳定，但出露多不完整。

赵老峪组　$O\hat{z}l$　(05－61－0308)

【创名及原始定义】　陈景维、梅志超等（1983）① 创名于富平县赵老峪。梅志超、李文厚（1986）介绍。原始定义：以深灰色、灰黑色薄板状、页状泥晶灰岩夹粒序砂屑灰岩、凝灰岩、角砾状砂屑灰岩为特征的重力流深水碳酸盐沉积。

【沿革】　建组以来未见变化，故本书沿用赵老峪组一名。

【现在定义】　为深灰—灰黑色薄层状、薄板状、页片状微—泥晶灰岩与藻砂屑（或内碎屑）细—粉晶灰岩互层，夹中厚—巨厚层角砾状灰岩、白云质灰岩和少许的凝灰岩、薄层硅质岩，含腕足类、介形类、牙形石和板足鲎等化石。以薄板状泥晶灰岩夹凝灰岩的出现与下伏桃曲坡组灰岩整合分界，上未见顶，区域上与上覆太原组页岩为平行不整合接触。

【层型】　正层型为陕西“富平赵老峪剖面”(109°15′50″, 35°02′30″)，由陈景维、梅志超（1983）测制。

赵老峪组	总厚度＞610.40 m
63. 灰—深灰色页状灰岩。(未见顶)	
62. 灰—深灰色薄板状粉晶灰质白云岩，底部有一层 50 cm 厚的角砾灰岩	4.00 m
05－61—59. 浅灰色薄板状泥晶粉屑白云质灰岩夹黄灰色薄层凝灰岩	18.70 m
58. 深灰色块状角砾灰岩	1.30 m
57—56. 浅灰色—灰黑色页岩、薄板状泥晶灰岩和泥晶粉屑灰岩，中夹少数薄板状泥晶灰岩和黄色薄层凝灰岩	8.70 m
55. 灰色薄板状泥晶粉屑灰岩和页状灰岩互层	4.00 m
54. 深灰色块状角砾灰岩	2.50 m
53—52. 深灰色页片状灰岩夹薄板状泥晶粉屑灰岩及黄绿色薄—中层凝灰岩	10.30 m
51. 深灰色厚层—块状角砾灰岩。砾石主要为大小混杂的棱角状薄板状灰岩和页状灰岩	1.50 m
50. 深灰色薄板状灰岩夹页状灰岩和少数黄色薄层凝灰岩	16.90 m
49. 深灰色厚层状粉屑泥晶含泥灰岩	1.20 m
48. 深灰色块状混杂角砾灰岩	6.00 m
47—46. 灰—深灰色薄板状灰岩与厚层状页状灰岩互层	12.20 m
45. 灰色薄层状泥晶砂屑灰岩和泥晶粉屑灰岩	2.30 m
44. 灰—深灰色薄板状灰岩夹砾状灰岩	6.50 m
43. 灰—深灰色薄板状灰岩和页状灰岩不等厚互层，下部夹黄灰色薄层状凝灰岩	9.50 m
42. 深灰色纹层状泥晶白云质灰岩和粉屑泥晶白云质灰岩，含黑色燧石条带，中夹黄灰色薄层凝灰岩	6.00 m
41. 下部为蓝灰色角砾状含泥灰岩；中部为深灰色薄板状粉屑泥晶灰岩；上部为蓝灰色薄—中层状粉屑泥晶含泥灰岩，含粗砂和细砾屑	3.20 m

① 陈景维、梅志超等，1983，陕西富平中—上奥陶统赵老峪组（未刊）。

40—38. 灰—深灰色薄板状灰岩夹页状灰岩和黄色、紫灰色薄层凝灰岩 17.10 m

37. 下部为灰色中层角砾状白云质灰岩；中部为薄板状泥晶粉屑灰岩；上部为页状灰岩 3.50 m

36—33. 灰色薄板状灰岩与页状灰岩互层，中夹黄色凝灰岩 14.90 m

32. 深灰色块状混杂角砾灰岩 4.80 m

31. 灰—深灰色页状灰岩夹薄板状灰岩，下部含黑色燧石条带和结核较多 290.00 m

30. 深灰色块状粉屑泥晶含泥灰岩 2.20 m

29. 深灰色块状混杂角砾岩 2.50 m

28. 灰—深灰色薄板状灰岩与页状灰岩不等厚互层，中夹黄绿、灰绿色薄—中层凝灰岩 12.00 m

27. 深灰色块状粉屑泥晶含泥灰岩，其底部常有厚度不稳定的砂屑灰岩凸镜体 1.50 m

26. 深灰色块状混杂角砾灰岩。中上部夹一层厚 1 m 左右的含砾砂屑灰岩 8.30 m

25. 灰色页状泥晶灰岩、粉屑泥晶灰岩 4.10 m

24. 灰绿色厚层—块状凝灰岩夹深灰色薄板状泥晶粉屑灰岩 7.00 m

23. 灰—深灰色薄板状含砂屑泥晶灰岩、粉屑泥晶灰岩夹页状泥晶灰岩 15.70 m

22. 灰色页状灰岩夹薄板状灰岩 5.70 m

21. 灰色薄层状砂屑泥晶白云质灰岩 4.50 m

20—16. 灰色中—厚层状泥晶砂屑灰岩、薄层状泥晶粉屑白云质灰岩、薄—厚层角砾状白云质灰岩 5.30 m

15—14. 灰色薄板状、页状泥晶灰岩、粉晶灰岩夹黄色薄层凝灰岩及黑色细晶白云岩 14.80 m

13—12. 深灰色薄板状粉晶—细晶白云岩、泥晶白云质灰岩夹黑色薄板状硅质岩、黄色薄层凝灰岩 4.00 m

11—10. 黑色薄板状硅质岩夹深灰色薄板状粉屑泥晶灰岩和紫红色、黄色薄层凝灰岩 10.20 m

9. 灰—深灰色薄—中层状泥晶骨屑粉屑灰岩和纹层状灰岩之不等厚互层。含黑色燧石结核和条带 3.20 m

8. 褐灰色中层状海百合细晶白云岩夹灰色纹层状白云质泥晶灰岩 3.30 m

7—6. 灰色薄板状泥晶灰岩和含粉屑泥晶灰岩，含黑色燧石条带 30.50 m

5. 深灰—灰黑色薄板状含粉屑泥晶灰岩夹褐色薄板状粉晶白云岩，含黑色燧石条带 9.00 m

4. 深灰色块状角砾状白云质灰岩 2.00 m

3. 深灰—褐灰色薄板状粉晶白云岩夹泥晶灰岩，纹层发育 10.50 m

2—1. 深灰色薄板状灰岩夹黄色薄层凝灰岩。薄板状灰岩主要为骨屑泥晶灰岩和粉屑泥晶灰岩，含腕足类、海百合茎和介形虫等 9.00 m

——————— 整　合 ———————

下伏地层：**桃曲坡组**　深灰—褐灰色厚层状粉晶—细晶白云岩

【地质特征及区域变化】　该组可划分上、下两段：下段为深灰、灰黑色薄层藻砂屑细—粉晶灰岩、内碎屑灰岩、薄板状微—泥晶灰岩，夹少许厚层灰岩，局部夹角砾状灰岩和火山凝灰岩，底部夹有黑色薄层硅质岩，产牙形石，厚 167 m；上段为灰黑色薄板状灰岩、页片状灰岩夹中厚层灰岩、角砾状灰岩、凝灰岩，顶部夹泥灰岩，产牙形石和腕足类化石，厚 183 m。其沉积构造以水平纹层，均等层理为主，与重力流有关的递变层理、粒序层理比较发育。槽模、底痕及云雾状构造清晰。生物化石单调且稀少，仅有少量浮游型的笔石、介形类、牙形石和腕足类等，遗迹化石丰富。

省内仅分布于富平、铜川一带，岩性稳定，以发育板状（单层均一）泥晶灰岩夹页状灰岩、泥质灰岩及少许凝灰岩为特征，厚度一般 200～400 m。在铜川上店南该组顶部采得腕足

类 *Sowerbyella* cf. *litifera*, *Nikiforovaena* sp.①，时代应属晚奥陶世五峰期。赵老峪剖面产牙形石 *Tasmanognathus gracilis*, *Periodon aculeatus*, *Drepanoistodus venustus* 等，时代暂归晚奥陶世（安太庠，1985）。

平凉组 Op (05-61-0311)

【创名及原始定义】 袁复礼（1925a）创名于甘肃省平凉市银硐官庄，原称平凉页岩。原始定义：下部为深蓝色致密石灰岩，向上成暗灰色致密灰岩与黄绿色薄层砂质页岩互层，最上部全为页岩，在上部页岩中采到中奥陶世笔石，故命名为平凉页岩。

【沿革】 毕庆昌、田在艺（1947）首先在陇县西北部的龙门洞划分出平凉页岩。甘克文、郭勇龄（1975）将上述平凉页岩与内蒙古桌子山区对比，分别称为拉什仲组和乌拉力克组。车福鑫、陕西四队（1963）恢复平凉页岩的原始涵义，并改称平凉组。张文堂、陈均远等（1979）以龙门洞剖面平凉组所含笔石的时代高于平凉市银硐官庄的平凉组，遂将陕西境内的原划平凉组改称龙门洞组。本次对比研究认为平凉市银硐官庄和陇县龙门洞的剖面总体岩性特征和沉积环境是一致的，仅是地层出露的齐全程度和含化石带的多少有差异，故仍沿用平凉组，停用龙门洞组。

【现在定义】 以浅黑、黄绿色薄层页岩及粉砂岩为主，夹有细砂岩、砾状灰岩、灰岩及凝灰质砂岩，富含笔石、三叶虫、牙形石等。以粉砂岩、细砂岩（或角砾状的黑色灰岩）的出现为底界，与下伏马家沟组呈连续沉积；以碎屑岩的结束为顶界，与上覆车道组关系不明，沿横向具有相变关系，但无直接接触；与背锅山组角砾状浅红色厚层灰岩整合连续。

【层型】 正层型为甘肃省“平凉市银硐官庄剖面”（106°36′，35°30′），由陈均远（1984）② 重测。省内次层型为安太庠（1986）测制的“陇县新集川龙门洞剖面”（106°40′45″，35°2′20″）。参见安太庠、郑昭昌（1990）《鄂尔多斯盆地周缘的牙形石》。

【地质特征及区域变化】 省内以黑色、黄绿色页岩、灰质页岩为主，夹硅质、砂质页岩、薄层灰岩，以含丰富的笔石为特征，是一套细碎屑流沉积，放射虫硅质岩、泥岩、页岩、粉砂岩及火山碎屑岩呈不等厚互层或以韵律层出现，沉积构造简单，以水平纹层为主，连续性好、延伸远，灰质与泥质交替呈周期变化，递变层理（以正递变为主）、滑动挤压现象明显，生物化石（笔石、三叶虫）保存完好。时代为中奥陶世—晚奥陶世早期。

省内分布于陇县、千阳一带，向西延入甘肃省平凉地区。陇县龙门洞剖面发育完好，向东灰岩夹层和火山岩夹层增多、生物化石稀少。

背锅山组 Obg (05-61-0310)

【创名及原始定义】 车福鑫（1963）创名，原称背锅山灰岩，创名地位于陇县新集川李家坡村北的背锅山（又名后山）。原始定义：主要由灰色、肉红色厚层块状灰岩、燧石条带灰岩、瘤状灰岩夹少量页岩组成。

【沿革】 林宝玉等（1975）于陇县和铜川一带划分出背锅山组。傅力浦（1981）将桃曲坡组上部灰岩地层两分为上背锅山组和下背锅山组。陕西地矿局（1989）将上背锅山组改称背锅山组，下背锅山组称桃曲坡组。本书按岩石地层清理原则沿用背锅山组一名。

---

① 地质矿产部第三石油普查勘探大队，1984，鄂尔多斯盆地南缘富平一带奥陶—志留系（?）地层沉积相和沉积环境（未刊）。

② 陈均远，1984，鄂尔多斯地台西缘奥陶纪生物地层研究的进展（未刊）。

【现在定义】 以灰色、肉红色中厚层—块状灰岩为主，夹黄绿色页岩，上部夹泥质砾状灰岩（或灰质砾岩），产珊瑚、三叶虫、头足类等化石。出露厚度 129～413 m，与下伏平凉组页岩为整合接触，未见顶。

【层型】 正层型为“陇县李家坡背锅山剖面”（106°39′40″，35°0′40″），由安太庠、郑昭昌（1990）重测。

【地质特征及区域变化】 以灰色块状—厚层泥晶灰岩为主，夹砾状灰岩，块状层理和鸟眼状构造发育，少量示底构造。生物化石以多类型组合为特征，生物碎屑以藻屑最为发育，且显示出明显分带性。属浅水潮下带及潮间带沉积，时代相当临湘期。

省内仅分布于陇县一带。岩性、厚度比较稳定。

段家峡组 *Odj* (05-61-0312)

【创名及原始定义】 孙肇才、胡显穆（1975）①创名于陇县段家峡。陕西地层表编写组（1983）介绍。原始定义：以发育深灰和黑色页岩为主夹板状泥灰岩、粉砂岩和凝灰质砂岩，厚 401 m，除笔石外，底部灰岩亦产珊瑚和腕足类等化石。

【沿革】 孙肇才、胡显穆（1975）将华北地台西缘天景山石灰岩群（现划马家沟组）之上的深灰—黑色碎屑岩地层称平凉群，并细分四个组——段家峡组、马渠岭组、拉什仲组、乌拉力克组（平凉页岩）①，陕西地层表编写组（1983）将段家峡组与马渠岭组合并，统称段家峡群。胡显穆（1989）②将马渠岭组改称平凉组，同年陕西地矿局又将马渠岭组改称龙门洞组。本书采用陕西地层表编写组（1983）意见，但降群为组。

【现在定义】 下部以黄绿、灰黑色粉砂质页岩与凝灰砂岩、粉砂岩呈不等厚互层，夹薄层灰岩、灰质砾岩，含笔石；上部以深灰色、灰绿色粉砂质页岩为主，夹薄层灰岩、砾状灰岩和少许凝灰质砂岩，含珊瑚和笔石。底部以碎屑岩的出现与马家沟组灰岩整合分界，顶部因断层破坏未见顶。

【层型】 正层型为“陇县段家峡剖面”（106°43′，34°55′20″），由孙肇才、胡显穆等（1975）实测。

【地质特征及区域变化】 由碎屑岩、碳酸盐岩和火山碎屑岩组成，碎屑岩以中—细粒含岩屑石英砂岩和泥岩为主，并互为韵律沉积，其中发育不完全鲍马层序。碳酸盐岩以含骨针泥晶灰岩、砾屑亮晶灰岩、含生物碎屑球粒亮晶灰岩为主，夹砂质灰岩。火山碎屑岩主要是凝灰岩。沉积构造有递变粒序层、平行层理、沙纹交错层理和水平层理，底部有底痕，以舌形槽模为主。微量元素除 Fe 平均含量高于陇县地区外，其他如 Ba、U、Ni 等较为富集。区内生物化石单调稀少，仅有笔石和海绵骨针，以及异地的腕足类、三叶虫、海百合茎等，时代为中—晚奥陶世。

省内分布于陇县景福山，岩性、岩相无较大变化。总厚度大于 924 m。

唐陵组 *Ot* (05-61-0309)

【创名及原始定义】 第三石油普查勘探大队（1975）创名。李钦仲、杨应章、贾金昌（1985）介绍。原始定义：代表礼泉泾河以西至岐山间晚奥陶世地层。可分四段：下页岩段，由灰绿色间紫红色粉砂质页岩夹白云质页岩、灰岩，与下伏马家沟组为整合接触；白云岩段，

---

① 孙肇才、胡显穆，1975，对陇东和渭南地区奥陶纪地层对比划分意见。华北奥陶系专题会议文献汇编。
② 胡显穆，1989，鄂尔多斯地区下古生界找气前景研究报告（专刊）。

为灰白色块状硅质白云岩，含燧石硅质白云岩；上页岩段，由黄绿色页岩夹石英砂岩、硅质白云岩组成；砾岩段，主要由灰绿色泥砾岩和块状砾岩组成。总厚 1 604 m。

【沿革】 张吉森等（1981）划归罗圈组。翦万筹、邱树玉（1990）进一步细分为庄河沟组、皇坪组、昭陵组。胡显穆（1989）、陕西地矿局（1989）称唐陵群。本书仍采用创名者意见，称唐陵组。

【现在定义】 分上、下两部分：下部为黄绿色页岩、硅质白云岩，页岩中夹硅质白云岩凸镜体；上部由黄绿色页岩、灰绿及紫红色砾岩，块状复成分砾岩组成韵律层，页岩中夹石英砂岩和硅质白云岩凸镜体。与下伏马家沟组为断层接触，与上覆地层关系不清。

【层型】 创名时未指定正层型，本书确定省内选层型为“礼泉庄河沟—唐王陵剖面”（108°29′，34°35′），由李钦仲等（1981）实测。

【地质特征及区域变化】 下部为浅海陆架—次深海斜坡环境下形成的灰绿色页岩、白云岩等，含少量介形类化石和管状蓝藻、海绵骨针、牙形石、硅质放射虫；上部为海底浊积扇沉积，有野复理石、泥石流、碎屑流、颗粒流、浊流形成的序列沉积特征，为一独特沉积环境下形成的岩石地层单位。

本省仅分布于礼泉唐王陵到岐山一带。岩性、厚度变化大，在岐山一带已变为含砾板岩，厚度仅 200 余米。时代为中晚奥陶世。

草滩沟群 O*c* （05－61－0319）

【创名及原始定义】 陕西地层表编写组（1977）在凤县唐藏乡北部的草滩沟，将草凉驿组之下的浅变质碎屑岩、火山岩地层创名为草滩沟群，1983 年公开发表。原始定义：下部为变质粉砂岩、粉砂质板岩夹安山岩、凝灰岩。上部以中酸性火山岩为主，夹中基性火山岩、火山碎屑岩和灰岩。

【沿革】 杨志超等（1984）将该群自下而上划分为红花铺组和张家庄组，本书采纳这种划分方案。

【现在定义】 该群下部为红花铺组，上部为张家庄组。

红花铺组 O*h* （05－61－0320）

【创名及原始定义】 陕西三队（1978）创名，创名地为凤县红花铺西杨家岭。杨志超、刘剑、金勤海（1984）① 介绍。原始定义：为一套富含海相生物化石的含钙砂岩、粉砂岩夹少量火山岩的浅变质地层。

【沿革】 创名后沿用至今。

【现在定义】 由灰—灰绿色变质粉砂岩、钙质砂岩与粉砂质板岩组成韵律层，夹砂质灰岩、灰岩凸镜体和少量细碧岩、石英角斑岩层。与下伏秦岭（岩）群为断层接触，与上覆张家庄组火山岩在区域上为整合接触，具体界线划在本组变质粉砂岩或粉砂质板岩的结束或张家庄组安山凝灰熔岩的出现处。

【层型】 正层型为“凤县红花铺车站西 4.8 km 的杨家岭剖面”（106°42′20″，34°8′），由陕西三队（1977）测制。

【地质特征及区域变化】 该组以灰—灰绿色碎屑岩为主，夹砂质灰岩和少量细碧岩、石

---

① 杨志超、刘剑、金勤海，1984，陕西凤县红花铺杨家岭火山岩系中腕足类化石的发现及其意义。陕西地质，2(2)。

英角斑岩等。碎屑岩沉积韵律清楚，水平层理发育，条带、条纹构造明显，并具少量的波状和凸镜状层理。在砂质灰岩、灰岩凸镜体和条带状泥质粉砂岩中含丰富的化石。计有 *Sinorthis* sp.，*S.* cf. *typica*，*Orthis* sp.，*O. callingramma*，*O.* cf. *serica*，*Laptaena* sp.，还有三叶虫 *Basilliella* sp.，Asaphidae，Illaenidae 和腹足类 Euomphalidae，时代为早奥陶世中期到中奥陶世早期。

本省分布于凤县红花铺至沙坝一带，在区域上岩性基本稳定，但在嘉陵江焦家崖一带，则以含碳粉砂质板岩、粉砂岩为主，火山岩夹层较多，不含生物化石，层理类型仍然以水平层理为主，条带、条纹构造发育。

张家庄组　O$\hat{z}$j　(05-61-0321)

【创名及原始定义】　陕西三队（1978）创名，创名地在甘肃两当县张家庄。杨志超、刘剑、金勤海（1984）介绍。原始定义：以火山熔岩为主夹正常沉积岩。下部以中基性熔岩为主；上部以酸性熔岩为主，可见厚度 391～2 500 m。与下伏红花铺组和上覆草凉驿煤系均为断层关系。

【沿革】　创名后沿用至今。

【现在定义】　以紫灰、灰色中酸性、酸性火山岩为主，夹中基性火山岩、火山碎屑岩和少量粉砂质板岩、结晶灰岩。含腕足类、三叶虫、珊瑚化石。与下伏红花铺组粉砂岩或粉砂质板岩在区域上为整合接触，与上覆草凉驿组为不整合接触。

【层型】　正层型为"凤县红花铺西 4.8 km 的杨家岭剖面"（106°42′20″，34°8′），由陕西三队（1977）测制。

【地质特征及区域变化】　主要由一套细碧岩—石英角斑质火山熔岩和火山碎屑岩夹正常沉积的砂质板岩组成，喷发沉积韵律清晰。

该组分布于凤县草凉驿、宝鸡西部和甘肃省两当县张家庄、秦安李家河一带。岩性、厚度变化较大，其中厚度变化在 391～2 500 m 之间，岩性在嘉陵江以西以基性火山岩为主；嘉陵江以东则以酸性火山岩为主。在凤县老厂剖面发育两层石英角斑质火山砾岩，向西至两当县张家庄一带夹结晶灰岩，且含化石，计有珊瑚 *Plasmoporella* cf. *granulosa*，*Heliolites* aff. *waicunnensis*，*Brachyelasma* sp.，*Streptelasma* ? sp.，*Amsassia* sp.，*Reuschia* sp.，腹足类 *Maclurites* sp. 和层孔虫等，其中珊瑚组合的时代大体相当晚奥陶世临湘—五峰期。在宝鸡、陇县西部一带为变基性、酸性火山岩夹正常沉积岩和黄铁矿层，顶、底均与花岗岩接触，厚度小于 4 400 m，未见生物化石。但西部甘肃省秦安县李家河剖面上含珊瑚化石 *Favistella* cf. *eolicireformis*，*Agetolitella* sp.，Billingsaridae，*Heliolites* sp. 等。其沉积应为正常浅海相的细碧角斑岩建造。

二郎坪群　Pz*E*　(05-61-0322)

【创名及原始定义】　金守文（1976）① 创名，创名地在河南省西峡县二郎坪一带。河南区调队（1981）在《1∶50 万河南省地质图说明书》中介绍。原始定义：为 1∶5 万西峡北部地质图中震旦系下统的一套中基性—中酸性火山岩—火山碎屑夹正常沉积碎屑岩和酸性岩建造，包括二进沟组、大庙组、火神庙组，统称为二郎坪群。

---

① 金守文，1976，宽坪群和陶湾群的地层划分及时代问题。中南地质科技情报，(1)。

【沿革】 河南区调队（1981）划分的二郎坪群将二进沟组归入大庙组中，并由下而上划分为大庙组、火神庙组、小寨组。河南省地矿局（1989）划分的二郎坪群由下而上为大庙组、火神庙组、小寨组、子母沟组，此后金守文（1989）、裴放（1991）先后指出小寨组、子母沟组应为晚古生代地层。刘国惠、张寿广等（1993）认为上述地层是介于南北两个复杂构造剪切带之间的一套变质地质体，可划分为三个岩组，其间均为构造接触，应为构造地层单位，称二郎坪岩群。在陕西的眉县—户县一带，张维吉、宋子季（1987）将原宽坪群南侧，相似于二郎坪群的地层创名为斜峪关群，并进一步划分成干岔沟组和文家山组，其上相似于小寨组的地层创名为甘峪组。在陕西洛南与商州交界的蟒岭地区，陕西区调队（1979）将原秦岭群与宽坪群之间的一套低绿片岩相—低角闪岩相的地层创名为云架山群，并由下而上细分为安坪组、干江河组、月牙沟组、粉笔沟组。其中，后两个组之间为不整合接触。王铭生（1990）将云架山群或二郎坪群上部变质较浅的碎屑岩地层（粉笔沟组、小寨组、柿树园组、抱树坪的甘峪组）分出，所余地层均以命名较早的二郎坪群称之。另外又将大庙组中的大理岩归入干江河组。安坪组则改称命名在先的火神庙组。大庙组上部的角斑岩和碎屑岩地层称干江河组。

本次对比研究认为：①原划二郎坪群本来就不包括小寨组和相当的浅变质岩地层，因两者时代相距甚远，并与其下地层存在明显的不整合，故应单独分出；②火神庙组与安坪组岩性相同，火神庙组是安坪组的同物异名；③干岔沟组上部大理岩与干江河组、月牙沟组及大庙组上部岩性相同，应为同一地层单位，统一称为干江河组；④二进沟组基本由变质的岩浆岩组成，不应与沉积地层并论；⑤文家山组除缺少细碧角斑岩之外，其他特征相似于安坪组。

【现在定义】 陕西境内的二郎坪群仅包括安坪组和干江河组。

安坪组 *Oa* (05-61-0323)

【创名及原始定义】 陕西区测队503分队（1974）① 创名，创名地在河南省卢氏县蓝草乡的安坪村。宋子季、张维吉（1987）介绍。原始定义：为一套海相火山喷发-沉积建造，以石英角斑岩、角斑岩及其凝灰岩为主，夹细碧岩、细碧质凝灰岩、斜长角闪(片)岩、云母石英片岩、大理岩。总厚度达千米以上。

【沿革】 自1987年正式刊出后，被广大地质工作者沿用至今，仅划分界线有所差别（见表3-1），本书的安坪组除包括原安坪组外，还包括原干江河组下段火山碎屑岩部分。

【现在定义】 下部以酸性火山岩为主，夹基性火山岩和薄层状、凸镜状大理岩、绢云石英片岩；中上部以火山碎屑岩为主，熔岩较少，夹较多的陆源碎屑沉积岩，偶夹碳酸盐岩。与下伏秦岭(岩)群为断层接触，与上覆干江河组的大理岩为整合接触。

【层型】 创名时未指定正层型，选层型为“河南省卢氏县安坪人字沟剖面”(110°38′30″，33°53′)，由陕西区测队503分队1978年实测。剖面资料参见张维吉、宋子季等（1988）所撰写《北秦岭变质地层》一文。

【地质特征及区域变化】 该组在正层型上可分为下、中、上三部分。下部以石英角斑岩为主，夹斜长石英片岩，厚147.9 m；中部以黑云斜长变粒岩、斜长角闪岩为主，夹斜长阳起片岩、黑云浅粒岩，厚260.3 m；上部以浅粒岩、云母石英片岩为主，夹钠长片岩，厚200.8 m。

主要分布在云架山向斜两翼，沿高耀子-上庄坪-小宽坪断裂北侧出露。因断层破坏，各地

---

① 陕西省地质矿产局区域地质调查队．1979，1∶5万北宽坪、三要街、官坡区域地质调查报告（送审稿）。

岩性、厚度变化较大，从数米到数百米甚至千余米，下部岩性组合分布局限，仅在人字沟、金长沟一带出露。中上部的火山碎屑岩夹角斑岩、斜长角闪岩、变粒岩，在区域上分布较为普遍，向东延入河南境内岩性未变，但厚度达数千米。这套火山岩的岩石组合和岩石化学特征与草滩沟群张家庄组的火山岩系特征有明显的相似性，所以将时代归入奥陶纪，但不排除有更老地层存在。

干江河组　*Og*　(05-61-0324)

【创名及原始定义】　陕西区测队503分队（1974）创名于洛南县高耀乡干江河。宋子季、张维吉（1987）介绍。原始定义：为一套正常沉积的碎屑岩—碳酸盐岩沉积。下段主要由云母石英片岩组成；上段由各种大理岩组成，两者之间为整合关系，总厚380.5 m。

【沿革】　创名后沿用至今，但划分的顶、底界线有所差别。本书的干江河组仅包括创名时的干江河组上段（下段火山碎屑岩划入安坪组）和上覆月牙沟组。

【现在定义】　以碳酸盐岩为主，下部为灰白、浅灰色薄—中层状含泥砂质大理岩、大理岩，夹条纹状砂质大理岩和少许钙质千枚岩、砂岩凸镜体；上部浅玫瑰色角砾状大理岩、灰白色薄—中厚层状大理岩、粗晶大理岩，夹少量泥砂质大理岩、钙质绢云石英片岩、千枚岩。其与下伏安坪组火山碎屑岩为整合接触；与上覆粉笔沟组为平行不整合接触。

【层型】　创名时未指定正层型，省内选层型为"丹凤炉道粉笔沟干江河剖面"（110°28′30″，33°54′10″），由陕西区调队503分队（1978）实测。

【地质特征及区域变化】　该组以碳酸盐岩为主，剖面上可以清楚的划分为上、下两部分。下部主要是薄—中厚层状泥、砂质大理岩夹少许钙质千枚岩、变砂岩凸镜体，厚327 m；上部（原月牙沟组）以角砾状大理岩、粗晶大理岩为主，夹绢云石英片岩、钙质千枚岩和少量含铁质、泥砂质大理岩，厚176 m。

该组主要分布于小宽坪-双槐树断裂北侧的云架山、南阳山一带，东延入河南境内。下部最大厚度约500 m，由剖面向东到南阳山一带有明显变薄之趋势，厚约100 m。陕西区调队503分队（1979）在庚家河干沟口大理岩中采有海百合茎 *Cyclocyclicus* sp.，在灵官庙老虎沟同层位采到群体珊瑚化石。河南地质四队（1980）在卢氏官坡大理岩中采到珊瑚 *Syringopora* sp.，*Tabulorites* 和海百合茎化石 *Pentagonocyclicus* sp.，*Cyclocyclicus* sp. 及腕足类碎片。1990年曹宣驿在洛南县灵官庙南水泥厂采到 *Crassialveolites* sp.，*Pachyfavosites* sp.，*Oculipora* sp.，在丹凤炉道粉笔沟采得层孔虫 *Labechia* sp.，*Taeniostroma* sp.，珊瑚 *Crassialveolites* sp.，曹宣驿（1990）在灵官庙老虎沟原月牙沟组中采到 *Labechia*? sp.，*Paramphipora* sp.，*Taeniostroma* sp.。该组的上部（原月牙沟组）在区域上分布局限，除前叙剖面和东大山、云架山发育良好外，其他地段未见出露。在卢氏上坪一带，岩性组合相变为砂质大理岩夹砂岩。

对于这个组的岩性划分目前基本一致，但对其时代的认识则截然不同，李晋僧等（1994）和杨志华（1991）① 认为属石炭纪。陕西区调队（1989）认为属早石炭世或晚泥盆世—早石炭世。本书认为这套地层应属奥陶纪。

丹凤群　*PzD*　(05-61-0325)

【创名及原始定义】　陕西区调队"秦岭群、宽坪群、陶湾群（简称三群）"研究组肖思

---

① 杨志华，1991，北秦岭造山带发现似双孔层孔虫化石。陕西地质科技情报，(3)。

云等（1985）① 创名。肖思云、张维吉、宋子季（1988）介绍。原始定义：丹凤群主要包括原秦岭群南侧的一套基性火山岩系，以发育绿色岩系为其特征。可划分三个岩段：一岩段为碎屑岩夹火山岩建造，其中基性枕状熔岩较为特征。二岩段主要由超基性-基性岩、酸性火山岩、凝灰岩及碎屑岩夹大理岩构成多韵律的火山岩建造。三岩段以碎屑岩为主，夹中基性火山凝灰岩、角斑岩等。

【沿革】 陕西地矿局（1989）认为丹凤群是秦岭群的一部分。肖思云、张维吉、宋子季（1988）认为秦岭群和丹凤群是不同时代、不同构造层次、不同环境及地壳发展的不同时期、不同阶段的产物。

【现在定义】 指秦岭(岩)群南侧出露的一套基性火山岩系。下部以碎屑岩为主，夹基性枕状熔岩；上部由超基性-基性、中酸性火山岩组成，夹大理岩，构成多韵律的火山岩建造。与下伏秦岭(岩)群和与上覆刘岭群均为断层接触。

【层型】 创名时未指定正层型，本书确定选层型为“丹凤县资峪曹家源—东坪剖面”（110°21′20″，33°40′），由肖思云等（1988）实测。

上覆地层：刘岭群 黑云变粒岩

════════ 断 层 ════════

丹凤群	总厚度 1 458.01 m
29. 角闪黑云斜长片麻岩夹黑云石英片岩	30.55 m
28. 黑云斜长变粒岩	1.55 m
27. 角闪黑云斜长片岩夹薄层斜长角闪岩	102.08 m
26. 中厚层黑云斜长变粒岩	7.91 m
25. 条带状斜长角闪岩	58.62 m
24. 角闪黑云斜长片麻岩、条带状斜长角闪岩夹薄层斜长浅粒岩	191.57 m
23. 黑绿色中粗粒绿帘角闪岩	32.75 m
22. 黑云斜长变粒岩	11.91 m
21. 斜长角闪岩夹石英片岩	157.22 m
20. 浅绿色板状斜长角闪岩夹薄层黑云斜长变粒岩	110.50 m
19. 薄层黑云斜长变粒岩	6.92 m
18. 条带状含透辉石斜长角闪岩、斜长角闪岩	16.08 m
17. 黑云斜长片岩，黑云角闪片岩，二云斜长变粒岩夹透辉斜长角闪岩、斜长角闪岩	303.48 m
16. 绿黑色斜长角闪片岩夹二云二长变粒岩	13.91 m
15. 绿黑色斜长角闪片岩与黑云斜长片岩互层	10.43 m
14. 二云二长变粒岩夹斜长角闪岩、角闪片岩	20.86 m
13. 黑云斜长片麻岩、黑云斜长片岩、变质凝灰岩互层	110.31 m
12. 绿泥斜长片岩、绿泥黑云斜长片岩	5.31 m
11. 石英岩	11.37 m
10. 硅质砂岩与石英岩互层	23.51 m
9. 硅质砂岩	1.75 m
8. 厚层状透辉黑云斜长变粒岩及黑云斜长片岩	65.30 m
7. 绿黑色透辉黑云斜长变粒岩	63.13 m

① 肖思云等，1985，陕西秦岭群划分及含矿性研究（未刊）。

6. 绿泥斜长片岩、黑云斜长片岩夹透辉岩凸镜体	11.13 m
5. 透辉黑云斜长变粒岩	30.27 m
4. 灰白色页状及片状绿泥斜长片岩	26.68 m
3. 基性火山角砾熔岩	32.91 m

════════ 断　层 ════════

下伏地层：秦岭(岩)群　混合岩化片麻岩

【地质特征及区域变化】　该群为一套基性火山岩系，岩性标志清晰，喷发沉积韵律特征明显，岩石普遍变质，多为绿片岩相—角闪岩相。

该群分布于太白山地层小区，西起唐藏，经白云、眉户地区至丹凤资峪一带。在区域上岩性变化较为明显，从东向西可分为三个区段。东段：指商州—商南一带，以丹凤一带层序较为清楚，由基性—中性、中酸性喷发岩—正常沉积岩，韵律特别发育。下部的基性枕状熔岩在资峪曹源—东坪剖面上最为清楚，岩枕的大小不一，最大岩枕长约35 cm，大岩枕边缘有环状气孔分布，基性岩墙与中基性火山岩为侵入关系。中段：指眉户地区，主要为斜长角闪岩、基性枕状熔岩及凝灰岩。在周至黑河虎豹河口一带，以斜长角闪岩最为发育，沿走向在王家河一带变为中、基性枕状熔岩和薄层大理岩。西段：唐藏一带，仍然以斜长角闪岩、绿泥阳起片岩为主，黑云石英片岩次之，夹大理岩和结晶灰岩，其中结晶灰岩可作电石灰岩原料。总之丹凤群在纵向上，由下向上火山喷发由弱到强，再到弱；横向上变化较大，西段凝灰岩多，熔岩少，中段和东段熔岩多、凝灰岩少。火山活动有由西向东逐渐加强的趋势。

肖思云等（1988）在商州三十里铺丹凤群中测得角闪石 K－Ar 等时线年龄值为 396.50 Ma，在丹凤郭家沟浅变质玄武岩获 Rb－Sr 全岩年龄值为 447.8 Ma，Sm－Nd 全岩等时线年龄值为 402.6 Ma（张国伟，1987）①。据上述年龄值，其时代应为早古生代，但就其岩性特点而言，可能主体部分为奥陶纪沉积。

二、华南地层大区

莲沱组　*Zlt*　（06－61－0035）

【创名及原始定义】　刘鸿允（1963）创名于湖北省宜昌县的莲沱镇王丰岗，原称莲沱群。李耀西等（1975）首先引入本省。原始定义：紫红—暗紫红色粗—细粒砂岩、凝灰砂岩夹页岩、凝灰岩，底部为暗紫色砂岩，与下伏三斗坪群的花岗岩呈角度不整合接触。

【沿革】　莲沱组系南沱砂岩（李四光，1924）的改称（刘鸿允，1963、1991）。李耀西（1975）首先在宁强胡家坝、西乡司上划分出南沱砂岩。1978年，四川省地层表编写组（以下简称四川地层表编写组）首先在城口、万源一带（向西北延入陕西的紫阳、镇巴、西乡一带）划分出莲沱组。曹瑞骥等（1979）在宁强阳平关剖面划分出莲沱组，并以砾岩的出现作为底界，但顶未见限定。刘鸿允等（1991）在四川东北城口至陕西镇巴一带划分出莲沱组，但在宁强胡家坝剖面则将李耀西等（1975）划分的南沱砂岩改称未命名的“下震旦统”。本次对比研究的莲沱组其所辖范围相同于刘鸿允等（1991）的莲沱组和李耀西等（1975）划分的南沱砂岩。

【现在定义】　指黄陵花岗岩和南沱组之间的一套紫红—暗红色中厚层状砂砾岩、含砾粗

---

① 张国伟，1987，北秦岭丹凤地区秦岭群的构成及其变形变质特征。

砂岩、长石石英砂岩、石英砂岩、细粒岩屑砂岩、长石质砂岩，夹凝灰质岩屑砂岩、含砾岩屑凝灰岩组成。由下往上碎屑粒度由粗变细。下与黄陵花岗岩呈不整合分界，顶界与南沱组冰碛砾岩底面呈平行不整合接触。

【层型】 正层型为赵自强等（1985）在湖北省宜昌县莲沱镇大桥东头重测的“宜昌县莲沱王丰岗剖面”（111°9′1″，30°59′35″）。省内次层型为陕西区调队（1987）① 测制的“宁强县胡家坝玉带河—陈家湾剖面”（106°28′46″，32°59′42″），剖面位于胡家坝乡南约 4 km 的高家山下。

【地质特征及区域变化】 省内在胡家坝一带本组主要由灰色砂岩、含凝灰质砂岩和板岩等组成，下与铁船山组钠长绿帘片岩呈断层接触；上与南沱组黄绿色块状细砾岩为平行不整合接触（刘鸿允，1991，对此接触关系表示怀疑），总厚 528.65 m。据其岩性可进一步划分上、下两大部分：下部以灰、浅灰色厚层—块状含凝灰质岩屑长石杂砂岩和粗—细粒长石杂砂岩为主，夹薄层粉砂岩、粉砂质板岩和硅质板岩等，底部发育绿灰色绢云板岩夹凝灰质岩屑长石杂砂岩，厚 307.74 m；上部以灰色粉砂质板岩、薄层粉砂岩为主，夹条纹状长石石英细砂岩等，厚 220.91 m。

省内零星见于宁强县胡家坝、阳平关、勉县观山和西乡县司上至镇巴县小洋等地。在阳平关附近上部为灰绿色凝灰质含砾片岩（风化后为黄褐色），下部则由灰绿、黄褐色千枚岩、长石细砂岩组成，总厚 370 m；在观山一带本组上部砾石明显减少，但凝灰质、长石质砂岩、千枚岩含量极多，厚度大于 360 m。司上至小洋一带，莲沱组由灰绿、蓝灰色中层砂岩、含砾粉砂岩等组成，夹含砾页岩、紫红色含砾石英粉砂岩等，厚 400～470 m。

莲沱组在上述分布区内，砂岩成熟度低，并含大量长石等不稳定矿物，说明距物源区较近，东部星子山一带除具上述特点外，岩石灰绿与紫红色交替出现，且含较多砾岩，说明本组可能是在周期性干热条件下的河、湖相沉积。

本组时代仅据下伏地层铁船山组为青白口纪和上覆地层为南沱组，暂置早震旦世。

南沱组 *Zn* （06-61-0034）

【创名及原始定义】 维里士（B Willis）、白维德（E Blackwelder）1907 年创名于湖北省宜昌县南沱陡壁下的缓坡上，原称“南沱层”或“南沱冰碛层”。原始定义：指伏于大套的石灰岩之下的砂质和泥质岩石组成的南沱层。出露于南沱陡坡下的缓坡上。这套岩层的底部由长石石英砂岩和砾岩组成，下部呈紫褐色，向上渐变成白色和紫色石英岩，总厚 45 m；上部出露 35 m 厚的砾质块状泥砾层或冰碛岩，砾石成分复杂，结构混乱，呈棱角状。

【沿革】 1963 年刘鸿允、沙庆安将南沱层下部归入莲沱组，上部称南沱组。1969 年四川石油管理局地质研究所②（以下简称四川石油局地研所）首先在宁强—镇巴一带划分出“冰碛层”组。1970 年四川区测二队在 1∶20 万镇巴幅地质图中划分出南沱组，当时的南沱组包括了四川地层表编写组（1978）划分的莲沱组。李耀西等（1975）将四川石油局地研所（1969）划分的“冰碛层”组改称南沱“冰碛岩组”。曹瑞骥等（1979）在宁强县阳平关附近划分出南沱组，但未明确与莲沱组的具体界线。王明加等（1980）在勉县、略阳一带将陕西区测队（1964）③ 建立的断头崖组三分，并将中下部的含砾粗碎屑岩地层归入南沱组。陕西区

---

① 见：陕西省地质矿产局区调队，1991，1∶20 略阳幅（I-48-[XXXI]）区域地质调查报告。
② 四川石油管理局地质研究所，1969，四川盆地北缘震旦系、寒武系地层对比及含矿性初步总结。
③ 见：王明加等，1980，陕西勉略宁地区震旦亚界的划分与对比。

调队（1978）[①] 在南郑县钢厂一带于“汉南花岗岩”之上、陡山沱组之下发现一套150多米厚的砾岩，遂将该砾岩划入南沱组。赵祥生等（1990）在略阳县何家岩将陕西区测队（1964）建立的九道拐组下部含砾碎屑岩地层归入南沱组，并进一步细分为上冰碛岩段、砂板岩段和下冰碛岩段。刘鸿允等（1991）在宁强县胡家坝剖面将前人划分的“冰碛层”改称南沱组，而相同地层在川东北城口（向西北延入陕西的紫阳、镇巴一带）则使用四川区测二队（1973）建立的明月组。本次对比研究认为上述学者划分的南沱“冰碛岩组”、南沱组或明月组等确实存在着砾石成分复杂、分选差、磨圆度不等、分布不均匀、层理不明显等冰川遗痕，但仍有千枚岩（页岩）夹层和局部出现的坠石构造。因此本书划分的南沱组既有大陆冰川形成的冰碛岩，又有冰前的冰筏沉积。这些特点与鄂西峡东地区颇似，故统称南沱组。

【现在定义】 灰绿色、紫红色冰碛泥砾岩（杂砾岩），上部夹薄层砂岩透镜体。泥砾岩中的砾石分选性差，其表面见擦痕。厚63 m。与上覆为陡山沱组白云岩呈平行不整合接触；以泥砾岩的底界面作为其底界，与下伏莲沱组凝灰质细砂岩或大塘坡组碳质粉砂岩呈平行不整合接触。

【层型】 赵自强等（1985）确定选层型在“宜昌县莲沱王丰岗南沱组剖面”（110°9′8″，30°51′4″）。省内次层型位于宁强县胡家坝乡南约4 km高家山下的“宁强胡家坝玉带河—陈家湾剖面”（106°28′42″，32°59′42″），由陕西区调队（1987）测制。

【地质特征及区域变化】 省内在胡家坝一带本组由浅灰、灰绿色、浅棕色冰碛泥砾岩，夹同色块状石英粉砂岩，含砾页岩和岩屑长石石英杂砂岩等组成，厚77～541 m。下与莲沱组薄层粉砂岩或粉砂质板岩、上与陡山沱组砂岩或砂质页岩，均为平行不整合接触。底部以黄绿色或灰绿色含砾页岩的出现与下伏地层分界；顶部以冰碛泥砾岩的结束与上覆地层分界。全部地层以具砾石为主要特征。

本省南沱组主要分布在镇巴、略阳、宁强、南郑一带。在钢厂一带主要由紫红、暗紫红色泥砾岩组成，上部夹蓝灰、灰绿色含砾页岩、石英粗砂岩等，厚150余米。西乡县司上至镇巴小洋一带的星子山区，本组为灰蓝、灰绿色角砾岩，含砾粉砂岩和少量细砾岩组成，厚200～410 m。勉县、略阳一带，南沱组由灰、深灰、灰绿色冰碛泥砾岩、砂砾岩、含砾砂岩组成，中部夹板岩、凝灰质砂岩等，最大厚度千米有余。其主要特点是普遍含凝灰质。本组在上述地区的变化趋势是：①由南向北岩石颜色逐渐加深。南郑钢厂以紫红色为主，向北至胡家坝以灰绿色为主，而勉县、略阳一带则以灰、深灰乃至灰黑色为主；②自南而北凝灰质含量递增；③自南而北页岩、千枚岩或板岩夹层明显增多；④地层厚度由南而北逐渐增大。

【其他】 本组在陕西是一套比较特殊而有争议的岩石地层单位，其中明显含有凝灰质成分、夹层中发育完好的层理（局部尚见灰岩）等与三峡选层型尚有区别，这些有待今后进一步研究。本书划分的南沱组虽与峡东南沱组尚有差别，但为冰碛或与冰川活动有关的冰水沉积已为广大地质工作者所接受，因此仍然可以归入“事件地层单位”，其地质年代与峡东南沱组相同，为早震旦世。

陡山沱组 *Zd* （06－61－0036）

【创名及原始定义】 李四光（1924）创名。创名地位于湖北省宜昌县莲沱之西的陡山沱。原称“陡山沱岩系”。原始定义：主要由页岩和薄层灰岩组成。……含有盘状黑色燧石的硬质

① 陕西省地质矿产局区调队，1978，南郑钢厂剖面新见兼议本区震旦系的划分。秦岭区测，第1期。

页岩是这个地层下部的突出特征。……顺次地向上追索，页岩渐渐地富于钙质。它们先后顺序是：最初为泥质层纹状蓝色硬石灰岩，其次局部呈鲕状纯石灰岩，最后是薄层白云岩，局部被砂质页岩覆盖。

【沿革】 在略阳、宁强、南郑、西乡、镇巴和紫阳西南部，陕西省地质局汉南地质队(1958)① 划分出陡山沱组，四川地质局石油普查大队（1958)② 首先将这一单位用于《1：20万镇巴幅区域地质调查报告》之中。秦岭区测队（1961）在1：20万略阳幅中亦在这一地区划分出陡山沱组。1962年《中国的前寒武系》一书将其归入灯影组下部的“陡山沱层”。刘鸿允等（1963）改称陡山沱组。此后多以镇巴、略阳两幅地质图为准划分出陡山沱组。

在勉县、略阳一带，王明加等（1980）首先将陕西区测队（1964）建立的断头崖组三分，其中部由灰岩、碳质板岩组成的含锰、磷地层置于陡山沱组。陈孟莪等（1986）认为金家河、茶店、天台山一带的含磷地层为陡山沱组。赵祥生等（1990）除沿用王明加等（1980）的划分意见外，又将陕西区测队（1964）建立的九道拐组、望天坪组和陕西二队（1973）建立的雪花太坪群、金家河组中的相同地层归入陡山沱组。

在商南、丹凤、山阳、柞水、镇安一带，秦岭区测队（1961）首先在《1：20万商南幅(I-49-[XXI]) 地质及矿产图说明书》中划分出陡山沱组。1983年陕西地层表编写组将上述陡山沱组的顶界上移至厚层白云岩出现的底界。

本次对比研究认为陡山沱组系晋宁运动之后在华南地层大区首次出现的海相沉积，在强烈而广泛的海侵过程中，由于海水的搅动和地形的差异，使沉积物出现了程度不同的变化，在地处这一大区北缘的陕西南部各地情况则更为复杂。因此，本书在划分这一单位时，尽量使之接近该组的现在定义。

【现在定义】 以灰、褐色、灰白色白云岩为主，下部为灰—褐色、灰白色白云岩为主，含泥质和硅质、磷质结核；中部为灰黑色页片状含粉砂质白云岩；上部灰、灰白色中—厚层状白云岩夹硅质层及含燧石团块，厚230 m。底部以一层含砾白云岩的消失与下伏地层南沱组分界，呈平行不整合接触。其顶部以一层黑色碳质页岩与上覆灯影组整合分界，呈过渡关系，

【层型】 正层型为赵自强、邢裕盛、马国干、余汶、王自强（1980）重测的“田家园子剖面”(110°5′28″, 30°50′1″)，剖面位于湖北省宜昌县莲沱镇陡山沱的长江对岸田家园南山坡。省内次层型为宁强县胡家坝“白岩河—左家河剖面”（106°28′55″, 32°57′30″)③，由陕西区调队（1987）重测。

【地质特征及区域变化】 省内在胡家坝一带，宁强县本组由三部分组成。上部由浅灰和少量深灰色厚层—块状硅质白云岩组成，夹白云质硅质灰岩，顶部渐变为薄层白云质灰岩；中部为灰、黑灰色白云质灰岩，普遍含燧石条带；下部由灰、灰绿色薄—厚层含砾长石石英砂岩、粉砂岩组成，夹页岩等。总厚度526.1 m。下部与南沱组含砾石英砂岩为平行不整合接触；上部与灯影组厚层白云岩为整合接触。时代为晚震旦世。

省内还见于略阳、勉县、南郑、西乡、镇巴、紫阳和商州—镇安一带。上述各地发育的陡山沱组大体可分三种类型：在宁陕—商南一带，本组平行不整合于前震旦纪的耀岭河组之上，上部为薄层或厚层白云岩夹少量灰岩等；下部则由千枚岩、砂岩和少量砾岩组成，厚30～110 m，其中几乎不含磷、锰矿层。在宁强县胡家坝至南郑县钢厂一带，本组反映出由滨海

---

① 陕西省地质局汉南地质队，1958，陕西省西乡司上锰矿检查报告（未刊）。
② 四川省地质局石油普查大队，1958，1：20万镇巴幅区域地质调查报告。
③ 四川石油管理局，1970，陕南、川北、川西震旦系含油远景及宁强南山岭背斜详查总结（未刊）。

至浅海区域的沉积特点，其中亦不见磷、锰矿层，厚 0～800 m。略阳、勉县、镇巴、紫阳一带，本组岩性普遍存在着由灰岩、泥灰岩、白云岩夹细粒碎屑岩向碳质页岩或千枚岩过渡的特点。其中赋存磷、锰矿层，局部构成中、小型矿床。厚 80～600 m。

【其他】 在天竺山地层小区，本组直接覆于老地层之上，形成下部碎屑岩、上部碳酸盐岩的二元结构，其中不见磷、锰矿层。而米仓山地层小区因邻近汉南凸起，地层由粗—细变化明显，亦不见磷、锰矿层。星子山地层小区和摩天岭地层分区，粗碎屑岩含量极少，地层主要由碳质细粒碎屑岩和碳酸盐岩等组成，可能接近陆架外缘或斜坡区，为磷、锰赋存和富集地带。上述各地出露的陡山沱组其岩性特征与正层型存在一定差异，仍需今后进一步研究。

灯影组 Z∈*d* (06－61－0037)

【创名及原始定义】 李四光（1924）创名，原称灯影石灰岩。创名地位于湖北省宜昌县石牌村附近的灯影峡。原始定义：白色块状呈峭壁形的石灰岩，多少带白云质；在风化面上有坚硬的硅质夹层突出。在很多地方包含特殊而且成群的层状体，有时呈似圆筒状，但更多的是不对称圆锥状。是震旦纪浅水中繁殖的钙质藻类遗骸，特地命名为 *Collenia cylindrica*，*Collenia angulata*。灯影石灰岩从灯影峡下口的寒武纪页岩下突起。

【沿革】 西北大学地质系（1954）① 首先将该单位引入陕西省内，在宁强、南郑、西乡、镇巴和紫阳西南部，1959 年前后陕西地质局磷矿队在宁强县北部的宽川铺、胡家坝和勉县观山一带，将石牌组（相当现划牛蹄塘组）之下、陡山沱组以上的白云岩地层归入灯影组。不过 1959 年他们将当时认为属于寒武纪的地层从灯影组中单独划分出来，创名为宽川铺组。在秦岭区测队（1961）完成的《1：20 万略阳幅（I－48－[XXXI]）地质图及矿产图说明书》中，将上述磷矿队划分的灯影组由上而下分别置于灯影组、陡山沱组和未经命名的“震旦系下统”之中。这一划分意见被陕西区测队用于 1967 年以前出版的《1：20 万汉中幅地质图》（1965）和《1：50 万东秦岭地质图》（1967）中。四川石油管理局地研所（1969）将灯影组划分上、下两段，上段相当于陕西磷矿队（1959）划分的宽川铺组，下段相当“灯影组”。这一划分意见被后人广泛采用。中国科学院南京地质古生物研究所（以下简称南古所）曹瑞骥等（1974）将宁强县阳平关一带的灯影组自下而上划分 5 层，即下贫藻层、中富藻层、上贫藻层、硅质条带白云岩层、灰岩层。这一划分意见由于灯影组所含藻类化石和硅质条带在区域上极不稳定，故后人很少使用。陈孟莪等（1975）在研究阳平关至宽川铺一带震旦纪地层时，将陕西磷矿队（1959）建立的宽川铺组划分上、下两部分。下部创名高家山组，上部含小壳化石的地层称宽川铺组，这一划分意见至今在地质界仍有影响。同年，李耀西等在全面研究分区及各地震旦纪地层之后，将灯影组划分上、下两段，其具体界线相同于四川石油管理局地研所（1969）的划分方案。西安地质学院汪明洲等（1985）② 将镇巴小洋至紫阳紫黄一带灯影组中含软舌螺和三叶虫的地层单独划出，创名火烧店组。秦洪宾、丁莲芳（1988）将西乡三郎铺南部灯影组顶部含小壳化石的灰岩地层（厚度不足 3 m）创名杨家沟段。

在勉县—略阳一带：秦岭区测队（1961）在 1：20 万略阳幅地质图中首先划出震旦纪地层，但未命名。陕西区测队（1964）③ 将上述震旦纪地层分别命名为望天坪组、九道拐组和断

① 西北大学地质系，1954，汉中梁山地质（未刊）。
② 西安地质学院汪明洲等，1985，大巴山及米仓山南坡下古生界沉积相及生储条件的初步研究。
③ 陕西省地质局区域地质测量队，1964，1：50 万大安镇幅地质报告。

头崖组，但时代错误地置于泥盆纪，陕西二队（1973）① 以青羊驿-炭厂断裂为界将上述震旦纪地层分南、北两部分，其北称金家河组；以南称雪花太坪群，时代置中泥盆世。甘肃地层表编写组（1980），在甘肃文县附近将碧口群火山碎屑岩之上、含化石的寒武纪地层之下的白云岩、含碳碎屑岩地层分别创名为临江组和关家沟组。同年，陕西区调队将前述望天坪组、九道拐组、断头崖组改置震旦纪②。王明加等（1980）将断头崖组进一步划分为灯影组、陡山沱组和南沱组。赵祥生等（1990）将望天坪组上部置于灯影组。

在商南、山阳、柞水、镇安、宁陕一带：秦岭区测队（1961）在 1：20 万商南幅地质图中首先划分出灯影组。陕西地层表编写组（1983）将上述灯影组的范围缩小到上部纯白云岩或“虫蚀状”白云岩部分。

综合上述各家所见，本次对比研究认为：①宽川铺组、火烧店组、杨家沟段是依生物划分的年代地层单位，应予停用；②高家山组底部虽有砂岩和不整合面作为划分标志，但分布范围仅限于阳平关附近（刘鸿允等，1991），区域上未见延伸，建议停用；③在勉县—略阳一带，依据岩性和所在层位等，本书将望天坪组上部、金家河组上部、雪花太坪群上部的厚层—块状白云岩地层改置灯影组。临江组因在甘肃省境内本书暂不涉及。

【现在定义】 岩性三分性明显：下部灰白色厚层内碎屑白云岩；中部为黑色薄层含沥清质灰岩，含燧石条带及结核，产宏观藻；上部灰白色中—厚层状白云岩，含燧石层及燧石团块，顶部硅磷质白云岩产小壳化石。其下以黑色薄层白云岩或碳质页岩出现与陡山沱组分界，呈过渡关系。上以黑色碳质页岩或黑色薄层白云岩的出现与牛蹄塘组分开，呈平行不整合接触（局部整合）。

【层型】 正层型为赵自强等（1985）重测的湖北省“宜昌县南沱—石牌青树包灯影组剖面”（111°9′41″，30°49′42″）。省内次层型为“宁强县胡家坝乡东南 2 km 处的胡家坝剖面”（106°28′55″，32°57′30″），由四川石油管理局（1970）测制。

【地质特征及区域变化】 以发育灰白、浅灰色厚层—块状白云岩为主要特征。局部构成白云岩矿床（以具葡萄状等构造者质量最佳）。一般可以两分，下部由各种白云岩组成，普遍具葡萄状、贝壳状、花边状结构，并产藻灰结核等；上部岩性复杂并常含硅质，主要由中—厚层白云岩、白云质灰岩组成，夹硅质灰岩、灰岩、页岩、粉砂岩和含砾石英砂岩等。顶部灰岩产小壳化石，顶、底常见胶磷矿层或结核（局部富集成矿）。顶部含磷层下部亦为铅锌矿的赋存地段。下与陡山沱组连续沉积，上与牛蹄塘组为整合或平行不整合接触。全部地层厚度变化在 20～1 000 m 之间，一般厚度 400～500 m 左右。

在宁强—镇巴一带，灯影组岩相特征无明显变化，一般均为碳酸盐台地环境下沉积的白云岩地层，而在镇巴以西一般夹有多层碎屑岩，且越向西越多。地层亦可以碎屑岩的存在进行二分。在镇巴以东岩石比较纯净、单一。厚度一般东部较薄，多在 100～300 m 之间，西部较厚，多在千米以上。

在宁陕—商南一带，灯影组普遍变质为白云石大理岩，下与陡山沱组连续沉积，上与水沟口组平行不整合接触。厚度 300～600 m，一般在商南一带较厚，向西逐渐变薄。时代为晚震旦世至早寒武世。

---

① 陕西省地质局第二地质队，1973，1：5 万勉—略地质图。
② 陕西省地质矿产局区域地质调查队，1980，1：5 万何家岩南半幅、六安驿北半幅区域地质调查报告。

水沟口组 $\in\hat{s}g$ （06－61－0215）

【创名及原始定义】 秦岭区测队（1958）在1：20万商南幅（I－49－［XXI］）填图中创名，创名地位于商南县湘河区的水沟口乡。代表寒武纪早期的黑色碎屑岩地层。卢衍豪（1964）依据地质部地质科学研究院（以下简称地科院）向第一届全国地层会议（1959）提供的《秦岭地层表》，将水沟口组一名反映在其编写的《中国的寒武系》一书中，并转载水沟口组的原始定义：水沟口组岩性为……燧石层、矽质微片岩，炭质页岩及石灰岩等……河南淅川、内乡等地……为灰黑色灰岩、玫瑰色泥灰岩、页岩互层。

【沿革】 陕西地质局秦岭区测队（1961）以“烟家沟剖面”为代表划分的“下寒武统”正是原水沟口组包含的全部地层。胡振宗（1966）① 在其论文中介绍了测制于水沟口的“水沟口组剖面”。这个剖面与前述烟家沟剖面相比，水沟口组缺少厚达30余米的上部灰色白云岩地层。但是在此之后见到的论文、专著和生产报告中划分的水沟口组均采用胡氏意见。项礼文等（1981）将水沟口组的标准剖面选在商南县岳家坪，并且恢复了原水沟口组的划分涵义，从而改变了此前出现的混乱现象。《河南省区域地质志》（河南省地质局，1985）（送审稿）中将水沟口组与鄂西三峡早寒武世地层对比，分别置于水井沱组、石牌组、天河板组和石龙洞组。刘印环（1991）将水沟口组废弃，分别建立钒矿组、上集组和脑子寨组。同年杨家騄等改水沟口组为群，自下而上划分为杨家堡组、岩屋沟组、汪家店组、脑子寨组。本次对比研究认为：①水沟口组厚度有限，如无特殊的地质意义，一般不宜再细分为次一级的正式岩石地层单位。②水沟口组剖面上的不同岩层可用非正式岩石地层单位划分。鉴于上述原因，本次对比研究仍维持水沟口组的原始涵义。

【现在定义】 平行不整合于灯影组硅质白云岩之上，整合于岳家坪组或石瓮子组之下。下部以发育黑色碳质板岩、硅质岩为主要特征。上部为杂色（深灰、灰紫、浅灰、灰白色）灰岩、白云质灰岩等。底部与灯影组白云岩间具明显的侵蚀间断，上部以石瓮子组厚层白云岩或岳家坪组紫红色碎屑岩、白云岩的出现为顶界。

【层型】 创名时未指定正层型，选层型为项礼文等（1981）指定的“商南县岳家坪剖面”（110°53′26″，33°14′50″）。剖面位于汪家店至岳家坪的简易公路上，由杨家騄等（1989）重测。

【地质特征及区域变化】 山阳以西地区，水沟口组一般以碳质板岩为主，且含钒、钼、铀、磷、重晶石、石煤等矿产。在山阳以东则由三部分组成：下部一般为碳质板岩、硅质岩，夹少量灰岩（上述矿产均赋存于此层位），含软舌螺，厚19～45 m。中部由灰色、紫灰色薄层泥质灰岩、泥灰岩和紫红、褐黄、灰白色页岩组成，含三叶虫 *Redlichia*，*Kootenia*，*Megapalaeolenus* 和腕足类 *Obolus* 等，厚40～60 m。上部全系深灰或浅灰色薄一厚层白云岩或泥质白云岩。西部烟家沟、梅子沟含三叶虫 *Redlichia*（*Pteroredlichia*）*murakamii*，*R.*（*P.*）*chinensis* 和腕足类 *Obolus* 等，厚30～45 m。本组下部与灯影组白云岩或大理岩为平行不整合接触，上与岳家坪组连续沉积，时代为早-中寒武世。全部地层在地表常呈负地形出现，而断裂多沿本组出没。

水沟口组分布于商南至宁陕北部各地（隶属天竺山地层小区），在山阳以西缺少前述水沟口组的中、上部地层，含 *Redlichia*，*Kootenia* 和 *Bergeroniellus* 等三叶虫的碳质板岩夹黑色灰

① 胡振宗，1966，东秦岭及其邻区早寒武世地层及地史。西北地质科技情报，第1期。

岩地层直接与石瓮子组白云岩接触。区域上由东向西有如下变化特点：①所夹灰岩渐少；②岩石颜色由杂色渐变为黑色；③地层厚度渐薄，自百余米渐变为10余米；④生物化石逐渐变得单调，西部仅含软舌螺；⑤变质程度渐深；⑥赋存矿产渐少。

岳家坪组 ∈y (06－61－0216)

【创名及原始定义】 岳家坪组由陕西区测队(1966)创名于商南县汪家店乡的岳家坪村。原始定义：整合于下寒武统之上、上寒武统蜈蚣丫组之下。下部为深灰色泥质白云质灰岩，厚9 m；其上一般为5～8 m厚的浅灰色、灰色泥质灰岩、紫红色粉砂岩与一般厚7～15 m的浅灰色厚层状泥质白云质灰岩、白云质灰岩、泥质灰岩互层，夹少量钙质页岩，总厚105－61 m。

【沿革】 朱洪源、杨家騄(1988)将岳家坪组上升为群，并进一步划分出叶芳沟组和曹家湾组。河南省地质矿产局(1989)将本组改称覃家庙群。本次对比研究认为：岳家坪组与三峡覃家庙群在岩性特征方面极为相似，且含相同的三叶虫化石，可以构成同物异名。叶芳沟组和曹家湾组因分布有限和其间界线不明显，故予停用。

【现在定义】 整合于水沟口组灰色白云岩或白云质灰岩之上、石瓮子组浅灰色厚层白云岩之下。以发育紫红色、浅紫色、紫黄色薄层碳酸盐岩和碎屑岩为主要特征。岩性主要为薄—厚层白云质灰岩、泥质白云质灰岩、白云岩、钙泥质粉砂岩和泥灰岩等，局部富含燧石团块或条带。

【层型】 正层型为“商南岳家坪剖面”(110°53′26″，33°14′50″)，由杨家騄等(1989)在商南县湘河汪家店至岳家坪村的简易公路上重测。

【地质特征及区域变化】 在岳家坪一带，本组可分上、下两大部分，下部由浅灰、灰白色薄层和少量中厚层白云质灰岩、紫红、红灰色或浅紫色含钙质泥质粉砂岩等组成，夹硅质条带、凸镜体或燧石结核，其中发育水平纹层，底部产三叶虫 *Kunmingaspis*，*Chittidilla* 等，厚45～50 m；上部以发育紫红色、黄灰色细晶含泥质白云质灰岩与紫灰、紫红色含钙质粉砂质页岩互层为主要特点，仍具水平纹层，局部见波痕，亦含硅质结核，厚100～110 m。本组的形成环境为碳酸盐潮坪区。时代暂置中寒武世。

本书所称的岳家坪组仅见于山阳以东各地(隶属天竺山地层小区)，其变化自东向西有：①碎屑岩含量逐渐减少，而白云岩含量则逐渐增多；②地层厚度明显加厚，东部商南一带一般厚160 m左右，而西部山阳烟家沟厚达231 m；③岩石颜色渐暗，紫色渐少，灰色增多。

石瓮子组 ∈Os (06－61－0217)

【创名及原始定义】 赵亚曾、黄汲清(1931)创名于柞水县南部石坪乡的石瓮子村，原称石瓮子灰岩。原始定义：“在柞水系之上有厚700 m之块状石灰岩出露，在乾佑河谷中之石瓮子地方见之”。

【沿革】 秦岭区测队(1961)在《1∶20万商南幅(I－49－[XXI])地质图及矿产图说明书》中将山阳、商南一带的石瓮子组上部称白龙洞组，下部称蜈蚣丫组，中部未命名。其中白龙洞组为深灰色薄层灰岩(有时为中厚层状)。该组就其岩性特点而言已经超出了石瓮子组范围，应视为石瓮子组的上覆地层。蜈蚣丫组的原始定义为“整个岩组均为中—厚层状白色至浅灰色白云质灰岩，与寒武系中统(指现划岳家坪组——笔者)间以红色页岩最末一层之上限分界。……顶界以含燧石条带的矽质灰岩出现划分……”。陕西区测队(1966)在《1∶20万郧县幅(I－49－[XXIII])地质图说明书》中在石瓮子组中部又划分出两个新的地层单位：水田河组和吊床沟组。其中水田河组的原始定义为：蜈蚣丫组之上，含燧石结核的白云质灰岩（指吊床沟组）之下的碳酸盐岩地层……”。也就是说水田河组与吊床沟组之间是以燧石的出现划界，而前述蜈蚣丫组与上覆地层也是以燧石的出现划界。因此水田河组与蜈蚣丫组应为同一岩石地层单位。另外，朱洪源、杨家騄（1988）在汪家店至岳家坪的公路上所测剖面中，岳家坪组之上不含燧石的白云岩或白云质灰岩厚度只有 88.47 m。而 1966 年出版的《1∶20 万郧县幅（I－49－［XXⅦ］）地质图说明书》中所附岳家坪后沟剖面，不含燧石的水田河组厚达 459 m。后者是前者厚度的 5 倍，而两条剖面相距仅为 0.6 km，在如此短的距离内厚度相差如此之大，作为海相地层而言只能用“所含燧石不稳定”来解释。就整个区域分析，前述碳酸盐岩中所含燧石结核或条带也是不稳定的，难于以此为据划分岩石地层单位。如在柞水石瓮子，水沟口组之上的碳酸盐岩地层都含燧石，因此陕西区调队（1990）在山阳—柞水一带首先恢复使用石瓮子白云岩①。本次对比研究依据上述原因恢复对石瓮子组和白龙洞组的使用，同时停用蜈蚣丫组、水田河组和吊床沟组。

【现在定义】 以发育灰、浅灰色厚层含燧石白云岩为主要特征，偶夹白云质灰岩或千枚岩。与下伏水沟口组深灰色灰岩或岳家坪组红色白云岩均为整合接触，与上覆白龙洞组薄层灰岩整合接触。

【层型】 正层型为陕西区调队（1985）重测的“石瓮子剖面”（109°10′5″，33°37′45″），剖面位于柞水县石坪乡石瓮子村北侧的乾佑河东岸。

【地质特征及区域变化】 以发育厚层—块状白云岩为主要特征。含燧石结核或条带，而且自下而上逐渐增多。夹薄层灰岩，但各地多寡不一。在山阳以西本组整合于水沟口组灰—黑色硅质灰岩之上，不整合于大枫沟组砾岩之下；山阳以东连续沉积于岳家坪组之上，整合于白龙洞组之下。总厚度 98～1 045 m。因其中生物化石极少，目前仅在石瓮子剖面顶部获腹足类化石 *Eotomaria* sp.。其他地区地层时代仅据上覆、下伏地层之化石推测为早寒武世—早奥陶世。其中山阳以东为晚寒武世—早奥陶世，以西为早寒武世—中奥陶世。顶、底界线均存在穿时特点。沉积环境为碳酸盐潮坪区。

本组广泛见于商南县—宁陕县北部地区。区域上大体有如下变化特点：①地层厚度由南向北逐渐增厚，自 4 m 变为数百米；②变质程度自东向西逐渐增深；③所夹燧石结核或条带自东向西渐增。

鲁家坪组 Z∈*l* （06－61－0209）

【创名及原始定义】 秦岭区测队（1959）在 1∶20 万紫阳幅区调中创名，创名地在紫阳县西南瓦庙乡的鲁家坪。陕西省地质局区测队 1966 年在《1∶20 万紫阳幅地质图说明书》中介绍。原始定义：“厚 700 m，与震旦系下统火山碎屑岩为角度不整合，下部是硅质岩夹碳质页岩、白云质灰岩，中、上部碳质页岩及深灰色页岩夹泥灰岩……为矾、磷含矿层，……与箭竹坝组整合接触……”

【沿革】 在紫阳红椿坝断裂以南（隶属高滩-兵房街地层小区）：地科院三室（1963）在《秦岭化石手册》中将紫阳南部寒武纪地层三分，下部称蒲家坝群，其中包含鲁家坪组。四川区测二队（1973）在《1∶20 万城口、巫溪幅地质图及说明书》中将“鲁家坪组”底界上移，令其仅包括寒武纪地层。四川地层表编写组（1978）将四川区测二队（1973）所划“鲁家坪

---

① 陕西省地质矿产局区域地质调查队，1990，1∶5 万石嘴子幅、1∶5 万凤凰咀幅区域地质调查报告。

组”之下的原鲁家坪组的地层另创名八字坪组。乔僖等（1983）在鲁家坪组中首先发现小壳化石。陕西区调队（1987）[①] 将鲁家坪组四分，自下而上分别是瓦庙组、枸皮湾组、廖家坟组、山坪上组。杨家騄、李育敬等（1991）将本组四分，自下而上分别是四方地组、枸皮湾组、火石湾组、山坪上组。

在紫阳红椿坝断裂以北（隶属紫阳-平利地层小区）：陕西区测队（1966）由于过分强调红椿坝断裂的分割作用，在1∶20万紫阳幅中将相同于鲁家坪组的地层归入洞河群的下部。陕西区调队（1988）在1∶20万紫阳幅重测中将洞河群下部的碳质板岩和硅质岩地层归入鲁家坪组，而洞河群底部的碳质板岩夹灰岩地层（小壳化石层之下）则置于“震旦系”中。杨家騄、李育敬等（1991）将洞河群下部碳质碎屑岩夹硅质岩地层全部归入鲁家坪群中，并自下而上分别对比成四方地组、枸皮湾组、火石湾组和山坪上组。

本次对比研究认为：①原鲁家坪组岩性特殊，上、下界线清楚，本身已构成一个独立的岩石地层单位。1973年以后引起的地层单位划分过细热潮完全是在年代地层理论干扰下进行的。②鲁家坪组出露在扬子陆台与秦岭造山带的交接部位，构造极为复杂，在地层层序尚不完全清楚的情况下不如使用非正式岩石地层单位进行细分更好。③红椿坝断裂以北原洞河群下部地层岩性与鲁家坪组相同，应归入鲁家坪组。

【现在定义】 系耀岭河组变质火山岩或火山碎屑岩之上、箭竹坝组薄层灰岩之下发育的一套黑色板岩为主的碎屑岩地层，夹黑色薄层硅质岩和少量灰岩、粉砂岩等，局部尚含黄铁矿、菱铁矿、磷块岩结核和重晶石、毒重石矿层。与下伏地层为不整合接触，与上覆地层整合连续沉积。

【层型】 正层型为紫阳县瓦庙乡鲁家村北侧的“紫阳瓦庙下白河矮脚沟剖面”(108°9′30″，32°23′15″)，由陕西区调队（1989）实测。

【地质特征及区域变化】 以发育含碳碎屑岩为主要特征。剖面三分性明显，下部为灰黑色、深灰色或黑色板岩夹多层灰岩、泥灰岩，向上灰岩增多，且含小壳化石 *Protohertzina*，*Paramobergella*，Anabaritidae 等，厚43～267 m，这一部分地层在区域上为重晶石、毒重石含矿层位；中部为黑灰色薄层—块状硅质岩偶夹灰岩，厚30～940 m，亦为含重晶石、毒重石的重要层位；上部由黑灰色碳质板岩和钙质板岩、薄层灰岩组成，含 *Protospongia*。该层为我国出口瓦板岩的重要层位，厚39～425 m。上述地层为外陆架深水盆地环境形成，地质时代自震旦纪晚期至寒武纪筇竹寺期。

本组分布于大巴山断裂与通过安康的月河断裂之间，呈带状分布于前震旦纪古老地层的外缘。在区域上自南向北：①灰岩减少，碳质板岩渐多；②地层厚度渐薄，南部一般厚500～800 m之间，北部500～1 500余米；③生物化石渐少。

【其他】 ①鲁家坪组岩石在镜下可见火山碎屑，其沉积应属半活动类型；②鲁家坪组地层厚度因构造重复严重，区域上差异极大；③鲁家坪组金、银的含量明显高于相邻地层，为寻找上述矿产的重要层位。

箭竹坝组 ∈*j* (06-61-0210)

【创名及原始定义】 秦岭区测队（1959）在1∶20万紫阳幅区调中创名，创名地位于四川省城口县北部龙潭河上游的箭竹坝村。陕西区测队1966年在《1∶20万紫阳幅地质图说明

① 陕西省地质矿产局区域地质调查队，1987，1∶20万紫阳幅野外验收汇报提纲。

书》中介绍。原始定义："岩性单一，为青灰色石灰岩，单层厚 5～12 厘米，下部含碳质，夹灰质页岩及泥灰岩条带，厚 183 米"。

【沿革】 在紫阳红椿坝断裂以南，本组自建立后未见更动。在紫阳红椿坝断裂以北，陕西区调队（1988）将洞河群的中段薄层灰岩单独创名为铁炉坝组，其下的洞河群称鲁家坪组。杨家騄、李育敬（1991）将上述铁炉坝组改称箭竹坝组。

本次对比研究认为箭竹坝组岩性特征明显，上、下界线清楚，可以单独建组。北部洞河群中划分的箭竹坝组仍以薄层灰岩为主，且位于鲁家坪组之上。这就具备了与箭竹坝组对比的条件，本书统归箭竹坝组。

【现在定义】 整合于鲁家坪组碳质板岩之上、毛坝关组层纹状灰岩之下。以发育薄层灰岩（单层厚 5～12 cm）为主要特征的碳酸盐岩地层，夹泥灰岩、泥质条带灰岩和极少量碳质板岩。

【层型】 正层型为"四川省城口县箭竹坝狮子崖剖面"（108°41′50″，32°13′20″），由陕西区测队（1958）测制①。

上覆地层：毛坝关组　砂质泥灰岩

——————— 整　合 ———————

箭竹坝组	总厚度 176.00 m
5. 灰色薄层细晶灰岩	34.00 m
4. 薄层泥质条带灰岩	12.00 m
3. 薄层细晶灰岩	60.00 m
2. 薄层泥质条带灰岩	30.00 m
1. 泥灰岩	40.00 m

——————— 整　合 ———————

下伏地层：鲁家坪组　灰黄色千枚岩

【地质特征及区域变化】 本组主要由灰、青灰、深灰色薄层灰岩组成，间夹泥灰岩、泥质条带灰岩和少量碎屑岩，局部尚见石墨层。其中化石稀少，在蒲家坝一带尚发育多层风暴岩，显示近积风暴岩特点，构成了明显的事件地层单位。本组目前仅见三叶虫 *Kootenia yui*。时代包括沧浪铺期无疑，但上覆毛坝关组一般被视为中寒武世地层，故本组在南部可能尚包括了龙王庙期沉积。而北部本组直接位于含三叶虫 *Asaphus* 等的洞河组之下，其顶界可能接近寒武纪晚期。

本组与鲁家坪组相依分布，各地岩性大体有如下变化特点：①自西南向东北碎屑或碳质碎屑岩逐渐增加，碳酸盐岩相对减少；②具丘状层理的风暴岩多分布在本区南部，北部则无反映，可能是海水自南而北渐深之故；③地层厚度由西南向东北逐渐减薄，西南部毛坝关一带厚 165 m，平利胡河 32.1 m，镇坪牛头店 15.4 m。

毛坝关组　∈*mb*　（06－61－0211）

【创名及原始定义】 陕西区测队（1966）创名，创名地位于紫阳县南部任河西岸的毛坝关。原始定义：由灰黑色（风化面褐黄色）厚层泥灰岩组成，间夹石灰岩、灰质页岩、碳质

① 见：西北地质局秦岭区测队，1959，1：20 万紫阳幅（Ⅰ-49-［XXXI］）地质报告。

岩凸镜体。

【沿革】 除项礼文等（1981）将其置于庙子坝组下部之外，创名后一直未有变化。本次对比研究仍沿用原有涵义。

【现在定义】 整合于箭竹坝组与八卦庙组两套薄层灰岩之间的灰、深灰色中厚层泥灰岩地层，夹灰岩和少量碳质板岩、钙质板岩、石煤层。本组据其泥质含量高、风化面褐黄色和水平纹层发育等特征可明显区别相邻地层。

【层型】 创名时未指定正层型，本书确定选层型为紫阳县毛坝关区半边街至大坝村（任何西岸）的“毛坝关剖面”（108°13′25″，32°19′），由陕西省煤田地质勘探公司185煤田地质勘探队（以下简称煤田185队）1978年实测。

【地质特征及区域变化】 本组厚度巨大，出露广泛，又是大巴山区优质石煤层的重要产出层位，多年来一直为地质工作者所重视。但因本组出露区断层密布，岩脉或岩体丛生（岩体外围接触带和断层两侧为高炭石煤层的赋存地），造成地层的多次重复或缺失，故难以形成令人满意的剖面资料。煤田185队（1978）将本组进一步划分五段。杨家騄等（1991）划分四段。本书沿用185队的划分意见。

第五段（板岩段）：下部为灰色薄层灰岩夹钙质板岩，上部为灰色钙质板岩夹薄层灰岩	422.0 m
第四段（含煤段）：灰—深灰色中厚层泥灰岩、含三层石煤，产腕足类化石碎片	102.0 m
第三段（板岩段）：灰色薄层灰岩夹板岩，上部板岩渐多	145.1 m
第二段（灰岩段）：深灰色薄—中厚层灰岩	145.1 m
第一段（碳质板岩段）：灰黑色碳质板岩夹石煤层	48.1 m

毛坝关组因含石煤和发育水平纹层等沉积环境无疑为稳定的外陆架区。毛坝关组的时代因庙子坝剖面本组底部发现三叶虫 *Ptychagnostus seminula* 和上部位于含 *Ptychagnostus atavus* 的八卦庙组之下，故置中寒武世早—中期。

八卦庙组 ∈*b* （06-61-0212）

【创名及原始定义】 秦岭区测队（1959）在1∶20万紫阳幅区调中创名，创名地位于紫阳县洄水区斑鸠关西南（直线）14 km的八卦庙，卢衍豪（1964）在其所著《中国的寒武系》一书中介绍。原始定义：原八卦庙组分上、下两个岩组。上岩组以薄层灰岩为主，下岩组以发育泥灰岩为特征。

【沿革】 地科院三室（1963）在其所编《秦岭化石手册》中曾将八卦庙组所辖地层命名为庙子坝群。1966年《1∶20万紫阳幅地质图及说明书》中所列八卦庙组只相当原八卦庙组的上岩组，而下岩组改称毛坝关组。项礼文等（1981）在所著《中国的寒武系》中将其归人庙子坝组上部。

本次对比研究认为：①陕西区测队（1966）修正后的八卦庙组岩性特征明显，以薄层灰岩为主，上、下界线基本清楚，具有较大的延展性，可以作为独立的岩石地层单位保留；②紫阳—平利南部出露的寒武纪地层经杨家騄等（1985—1989）研究，未见毛坝关组与八卦庙组有相同的生物化石内容（见杨氏1991年著作）；③八卦庙组创名已三十余载，在陕西乃至国内有关单位已有较大影响，并被广泛应用，保留八卦庙组可能有利于生产、科研。

【现在定义】 以发育薄层灰岩为主要特征。地层由灰、深灰色薄层灰岩和少许泥质灰岩、生物碎屑灰岩组成。下与毛坝关组纹层状灰岩、上与黑水河组深灰色厚层砾屑灰岩均系整合接触。

【层型】 创名时未指定正层型，本书确定选层型为“瓦铺子—松树梁剖面”（108°32′53″，32°11′36″），剖面位于紫阳斑鸠关（斑桃）区几家坪乡（松树）南约1 km处①，由陕西区测队（1975）实测。

上覆地层：**黑水河组** 角砾状灰岩

——————— 整 合 ———————

八卦庙组	总厚度 153.20 m
4. 青灰色薄层微粒灰岩	81.30 m
3. 青灰色薄层微粒灰岩和薄—厚层泥质条带状灰岩互层	43.80 m
2. 薄层灰白色砂质灰岩	26.30 m
1. 青灰色厚层角砾状灰岩	1.80 m

——————— 整 合 ———————

下伏地层：**毛坝关组** 灰色薄—中层砂质泥灰岩

【地质特征及区域变化】 ①八卦庙组就其发育薄层灰岩而言与箭竹坝组颇似，所不同的是本组单层厚度更小、泥质含量亦较箭竹坝组为多，且夹砾状灰岩和石煤层等，总厚150～260 m；②八卦庙组为台缘斜坡区沉积，毛坝关组为外陆架环境产物。两者在相环境方面接近，在岩性特征方面过渡，但其总貌不大相同，因此本书所划八卦庙组的底界均以薄层灰岩的首先出现和中厚层泥灰岩的结束作为划界标准；③八卦庙组在大巴山南坡的庙子坝一带产有丰富的三叶虫，其中既有华北型的 *Paranomocarella*，*Eoshengia*，*Aojia* 等，又有江南型的 *Ptychagnostus*，*Linguagnostus*，*Leiopyge* 等，形成底栖类型与浮游类型混生的特点；④八卦庙组下部产 *Ptychagnostus atavus*，顶部产 *Leiopyge laevigata*，*Clavagnostus*（*Paraclavagnostus*）*variatus* 等，其时代一般被视为中寒武世晚期。

本组见于紫阳白果坪、平利江西街、镇坪大雄溪一带（高滩-兵房街地层小区）。在上述区域大体有如下变化特点：①地层厚度以小区东北部的平利佛爷碥一带最大，达250 m，向东、西两侧逐渐变薄，而以西部减薄幅度最大，仅厚百余米；②泥质含量自西向东逐渐减少，如任河两侧夹多层泥质灰岩，而平利、镇坪之间一般为纯净灰岩；③自北而南石煤层逐减、且薄。

黑水河组 ∈$\hat{hs}$ （06－61－0213）

【创名及原始定义】 地科院三室（1963）创名，原称黑水河群，创名地位于紫阳县南部双河区（桥镇）正南约10 km的六河乡。原始定义：薄板状灰岩、角砾状灰岩、白云质灰岩等，厚150～900 m。

【沿革】 四川区测队（1973）在《1∶20万城口、巫溪幅区调报告》中将八卦庙组之上的碳酸盐岩地层称八仙街群。杨家禄等（1991）在四川城口北部的庙子坝至紫阳六河剖面上划分出黑水河群。本次对比研究按命名优先原则使用黑水河群，但降群为组。八仙街群、黑水河群为黑水河组的同物异名。

---

① 徐宝政，1975，陕西早古生代地层研究（未刊）。

【现在定义】 整合于八卦庙组之上、高桥组之下，以普遍发育角砾状灰岩（砾屑灰岩）为主要特征。地层组成主要有薄层灰岩、纹层状灰岩、页片状灰岩、泥质白云质灰岩等，夹钙质板岩。下部以厚层角砾状灰岩的出现或八卦庙组薄层灰岩的结束为底界；上部以高桥组纹层状、或串珠状、泥质条带状灰岩（风化后为土黄色）的出现为顶界。

【层型】 创名时未指定正层型，选层型为杨家騄等（1991）指定的陕西六河乡（六河街）至双河区的简易公路上（公路沿黑水河）的"紫阳县六河剖面"（108°31′30″，32°18′23″）。

【地质特征及区域变化】 本组岩性复杂，在六河一带大体可分上、中、下三段：其中下段以深灰色灰质砾岩（或角砾状灰岩）、薄层灰岩和纹层状灰岩互层为特征，厚 314.7 m；中段由厚层泥质白云质灰岩、含串珠状灰岩和纹层状灰岩夹灰质砾岩组成，厚 153.2 m；上段为泥质条带灰岩，含砂质灰岩、含白云质灰岩，夹灰质砾岩，厚 153.7 m。与下伏八卦庙组界线清楚，易于划分；与上覆高桥组界线一般不易掌握，但高桥组底部灰岩含泥砂质高，具水平纹层，风化后呈页片状或因钙质淋滤形成水平状溶洞，另外高桥组底部一般生物化石明显增多，而黑水河组仅见腕足类碎片。黑水河组的中、下部产三叶虫 *Fenghuangella* 和 *Shengia*。陕西区测队在六河剖面的本组下部获有 *Glyptagnostus* sp.。卢衍豪（1977）亦曾报道紫阳渔溪河口上覆高桥组底部泥质条纹状灰岩产 *Hysterolenus*，故黑水河组可能属于晚寒武世。

本组主要见于紫阳渔溪河、岚皋黄柏沟、平利佛爷碥和镇坪文采沟一带（高滩-兵房街地层小区）。上述各地出露的黑水河组岩性变化较大，一般自西南向东北：①泥砂含量渐增；②地层厚度递减；③角砾状灰岩大增。

【其他】 黑水河组于上述各地断裂构造发育，故地层重复或缺失随处可见，剖面一般发育不全。另外生物化石贫乏，时代暂置晚寒武世。

牛蹄塘组 ∈*n* (06-61-0201)

【创名及原始定义】 刘之远（1942）创名于贵州遵义县城西南约 30 km 处的牛蹄塘村，原称"牛蹄塘黑色页岩"。指该地覆于新土沟石灰岩之上，以黑色页岩为主间夹灰色页岩的地层，厚约 150 米。底部与新土沟石灰岩呈不连续状接触。顶部为明心寺层，居间为一层褐黄色石英松砂岩，具虫迹，厚约 0.5 米，可作二者分界标识。

【沿革】 陕西境内首次引用。本次对比研究认为：①中南大区有关各省（1992，6）在桂林会议做出决议：在扬子地层区，寒武纪下部的含碳碎屑岩地层其区域性命名使用牛蹄塘组。②陕西宁强—镇巴一带（隶属上扬子地层分区米仓山地层小区和摩天岭地层分区的阳平关地层小区）以往使用的郭家坝组、筇竹寺组、选将坪组、凉水井组、康家洞组和双河口组实际包括两部分地层，上部为灰绿色粉砂岩；下部才是含碳碎屑岩，因此相当牛蹄塘组的地层仅为上述地层单位的下部。故在陕西划分的选将坪组、康家洞组、双河口组、郭家坝组、筇竹寺组、凉水井组的涵义已经不同于牛蹄塘组，故建议停用。

【现在定义】 指灯影组与明心寺组间的一套地层。下部为黑色高碳质页岩，偶夹黑色硅质页岩；中、上部为黑色碳质页岩，夹灰绿色含碳质粉砂岩和粉砂质泥岩，含三叶虫 *Tsunyidiscus* 等。下以黑色磷块岩和白云岩的消失及黑色高碳质页岩的出现与灯影组或老堡组整合或平行不整合分界；上以黑色碳质页岩的消失，灰、灰绿色含钙质砂质页岩的出现与明心寺组整合分界。

【层型】 选层型为贵州地质局 108 队（1976）测制的贵州金沙县岩孔寒武纪（牛蹄塘组）实测剖面。省内次层型为李耀西等（1975）实测的陕西省"南郑县福成挂宝岩北坡剖面”（107°19′，32°31′15″），本书牛蹄塘组仅相当原测剖面郭家坝组的第 15—19 层。

【地质特征及区域变化】 省内在南郑县福成一带，本组以含碳为主要特征，底部与灯影组白云岩或含小壳化石的灰岩整合或平行不整合接触，在古风化壳上经常可见含钴、锰的粘土层，其上可划分三部分：下部为黑色微细层状含硅质碳质页岩，厚 117.8 m，夹磷结核和钴土矿层；中部为黑色微细层钙质碳质页岩或钙质页岩，有磷显示，厚 34.6 m；上部为灰黑色或黑色微细层状钙质砂质页岩，产三叶虫 *Tsunyidiscus*，亦有磷显示，厚 101.1 m。上覆为石牌组灰绿色页岩或粉砂岩，界线与贵州省遵义相似，一般不易划分，但两者总貌尚有较大区别。

省内见于宁强阳平关、勉县观山、南郑南部、西乡附近、镇巴以东、紫阳西南部和镇坪鸡心岭地区。上述各地大体有如下变化趋势：①地层厚度以西乡—宁强一线为轴，向东、西两侧逐渐增厚。如西乡附近厚度不足 10 m，宁强赵家坝厚 29.3 m，而西部的宽川铺厚 98 m，东部的镇巴兴隆厚 470 m，而镇坪鸡心岭厚达 764 m。②所夹碳酸盐岩自西向东逐渐增多。③西部含钴、锰、磷等矿层，东部含磷、铀、钒等。④变质程度由西乡—宁强一线往东、西两侧扩展逐渐增高，阳平关和兴隆一带均有轻度变质。

牛蹄塘组的形成环境一般为泥质内陆架。形成时代在宁强、南郑、西乡一带位于含小壳化石的梅树村期地层之上和含 *Eoredlichia* 的粉砂岩地层之下，时代为筇竹寺早期。而镇巴小洋附近位于含 *Kunyangaspis* 的灯影组之上和含 *Redlichia* 的石牌组之下，时代为筇竹寺晚期至沧浪铺早期。

石牌组 $\in\hat{s}$ （06-61-0203）

【创名及原始定义】 李四光（1924）创名，原称石牌页岩。创名地位于湖北省宜昌县长江南岸的石牌村。原始定义：宜昌石灰岩与灯影石灰岩之间的一套灰色砂质和云母质易剥离的页岩，富含石灰质（钙质），其中夹有数层鲕状石灰岩，且愈向上灰岩夹层愈多，含 *Redlichia* 等三叶虫化石，与下伏灯影组石灰岩呈平行不整合关系，厚 200 米，为早寒武世。

【沿革】 杨敬之（1944）首先将石牌页岩一名引入本省镇巴县的九拱坪。张文堂等（1957）将李氏等创名的石牌页岩两分，上部称石牌组，下部称“水井沱组”。北京地院三峡地层队（1960）又将张文堂等（1957）划分的石牌组底界下移至黑色石灰岩或碳质页岩之顶界。“石牌页岩”的顶界多年未见较大变更，均以泥质条带灰岩的出现分界。

陕西与石牌组相当的地层在宁强—西乡一带多被置于郭家坝组（或筇竹寺组）、选将坪组的上部（见上述牛蹄塘组）；在镇巴以东和紫阳西南部，早年，杨敬之（1944）曾置广义的“石牌页岩”上部。60 年代又被置于石龙洞组下部和广义的石牌组上部（陕西磷矿队，1963；陕西区测队，1966）。70 年代，四川区测二队（1970）分别置于天河板组、“石牌组”和水井沱组上部；李耀西等（1975）则置于天河板组和“石牌组”之中；朱兆玲、刘应楷等（1977）、李崇楼（1979）分别置于天河板组、鹰嘴岩组和水井沱组（或凉水井组）上部。本次对比研究认为：①宁强—西乡一带，原郭家坝组（或筇竹寺组）、选将坪组上部因不含碳质，且岩性又以粉砂岩、页岩为主，故改置石牌组。②镇巴以东、紫阳西南部和镇坪鸡心岭一带，清虚洞组与牛蹄塘组之间的地层岩性相同，以往均以生物化石分别划出不同的地层单位，本书统归石牌组之中。

【现在定义】 为一套灰绿色—黄绿色粘土岩、砂质页岩、细砂岩、粉砂岩夹薄层状灰岩、生物碎屑灰岩，产三叶虫化石。底界以砂质页岩与牛蹄塘组（或水井沱组）的黑色页岩夹黑色薄层灰岩整合分界；顶界与清虚洞组、仙女洞组（或天河板组）灰色泥质条带灰岩、页岩、粉砂岩夹灰岩整合分界。

【层型】 正层型为湖北省地质局三峡地层研究组（1975）重测的“宜昌石牌村至天河板剖面”（111°8′41″，30°47′1″），由赵自强等1978年重测。省内次层型为紫阳县西南紫黄乡以西约2 km处的“紫黄剖面”（108°10′，32°16′59″），由朱兆玲、刘应楷等（1977）① 实测。

上覆地层：**清虚洞组** 深灰色薄层灰岩，具豆状结构

——————— 整 合 ———————

石牌组 总厚度 274.50 m

21—17. 黄绿、灰绿色页岩，夹薄—厚层灰岩、鲕状灰岩、泥灰岩及钙质粉砂岩等，上部含三叶虫 *Kootenia* sp.；下部含三叶虫 *Yuehsienszeella* sp. 和 *Kootenia* sp. 39.40 m

16. 灰色薄层灰岩与灰绿、黄绿色页岩略等厚互层，顶部夹一层10～15 cm厚的鲕状生物灰岩，含腕足类及三叶虫 *Megapalaeolenus* sp. 7.70 m

15—14. 黄绿色页岩，间夹暗紫色页状砂岩或页岩和粉砂质灰岩，上部含三叶虫 *Redlichia* sp. 15.60 m

13. 灰、浅灰色薄层灰岩夹灰绿色页岩，含三叶虫 *Redlichia* sp. 10.40 m

12—10. 黄绿、灰绿色页岩，夹粉砂岩和钙质结核或条带，底部为厚4 m的灰色厚层粉砂岩 51.70 m

9—7. 黄色页岩夹砂岩、粉砂岩或泥质粉砂岩条带，含钙质结核 28.40 m

6. 深灰色中—厚层灰岩，含三叶虫 *Metaredlichia* sp. 22.80 m

5—3. 黄绿、灰绿色页岩夹灰色薄层粉砂岩、粉砂质页岩等 65.80 m

2. 灰色薄层粉砂岩，夹泥质粉砂岩 10.70 m

1. 黄灰色含砂质、粉砂质页岩，夹薄层粉砂岩，富含生物碎屑 11.80 m

——————— 整 合 ———————

下伏地层：**牛蹄塘组** 黑灰色中—厚层灰岩

【地质特征及区域变化】 省内以发育黄绿、灰绿、黄灰色页岩、粉砂质页岩为主要特征，夹灰、深灰色薄层（局部中厚层）灰岩、泥质粉砂岩和少许紫红色页状砂岩等，富含三叶虫 *Metaredlichia*，*Redlichia*，*Megapalaeolenus* 等，厚275 m。地貌上常以负地形出现，断裂多在此层穿过，构成大巴山区的软弱地段。本组时代在镇巴以西为筇竹寺晚期；以东则为沧浪铺中、晚期到整个沧浪铺期。

省内广泛见于宁强、南郑、西乡、镇巴西南部和镇坪鸡心岭一带（隶属上扬子地层分区和摩天岭地层分区阳平关地层小区），上述地区大体以宁强—西乡一线为中心，向东、西两侧有如下变化趋势：①岩石由色暗逐渐向色浅变化；②砂岩粒度相对增大；③地层厚度逐渐递增，自150～230 m，变为650～850 m；④所夹碳酸盐岩相对增多。

仙女洞组 ∈*xn* （06-61-0202）

【创名及原始定义】 仙女洞组一名由叶少华（1960）② 创名于四川北部南江县沙滩乡的仙女洞，刘第墉等（1964）在《四川北部南江早古生代地层》中介绍，并改称仙女洞段（隶

① 朱兆玲、刘应楷等，1977，四川城口地区早古生代地层。地层古生物，（5）。
② 叶少华，1960，大巴山南江地区阳坝、沙滩一带震旦系古生物工作简报。

属郭家坝组）。原始定义：以灰色鲕状灰岩为主，富含古怀海绵化石，与下伏牛蹄塘组灰色页岩和上覆阎王碥组灰褐色砂岩均为整合接触，岩性过渡。

【沿革】 四川石油管理局地研所（1969）①首先将仙女洞组引入陕南的宁强、南郑一带，此后来陕研究寒武纪地层者所划仙女洞组未见较大变化。

【现在定义】 以灰、深灰、肉红紫色灰岩、鲕粒灰岩、生物灰岩为主，夹少量砂、页岩，含丰富的古杯类及三叶虫、介形虫类化石，厚 21～145 m。与下伏石牌组深灰色泥、页岩及上覆沧浪铺组灰、紫红等杂色砂、泥岩均为整合接触，界线清楚。

【层型】 正层型为四川二区测队（1966）重测的“四川省南江县沙滩—桥亭剖面”（106°52′20″，32°30′10″），剖面位于沙滩乡的孔明洞—三管坝。省内次层型为“南郑县东南碑坝区福成乡的福成剖面”（107°19′，32°31′15″），由汪明洲等（1985）实测。

【地质特征及区域变化】 以发育含古杯的灰、深灰色、局部红色中—厚层灰岩、鲕状灰岩为主要特征，厚 34～168 m。所含古杯袁克兴（1977、1981）章森桂（1983）称“仙女洞古杯组合”，计有 *Coscinocyathus*，*Rotundocyathus*，*Ajacicyathus*，*Dicthocyathus* 等，时代属沧浪铺早期。其时代又可以其中所含三叶虫化石 *Syndianella*，*Yinnanaspis*，*Yiliangella* 等佐证。仙女洞组的沉积环境一般认为属混合潮坪区。

省内见于宁强以东至西乡县的米仓山区（隶属米仓山地层小区）。区域上大体变化如下：①碎屑岩自东南向西北逐渐增多，碳酸盐岩相对减少，特别是西北部的勉县大河坝一带，砂岩、粉砂岩等约占全部地层的二分之一；②地层厚度自东北向西南逐渐增大，如西乡附近厚 53 m，南郑五郎坝厚 158 m；③所夹白云岩自西北向东南递减而灰岩则相对增加。上述变化可能与本区西北部接近物源区有关。

沧浪铺组　∈c（06－61－0204）

【创名及原始定义】 丁文江、王曰伦（1911）在滇东进行地质调查时将所见寒武纪地层创名为沧浪铺系［资料由尹赞勋（1937）整理介绍］。张文堂（1974）首先在本省引用此单位②。原始定义：主要由杂色的砂岩及页岩组成。

【沿革】 卢衍豪（1941）将所划沧浪铺组限制在丁文江、王曰伦（1913）所建沧浪铺系的上部层位（相当熊秉信 1940 年建立的马村层）。江能人（1964）、许应祥等（1965）、张文堂（1966、1974）、罗惠麟（1976）和云南区测队等经过多年研究与讨论，最终将其顶界上移至卢衍豪（1962）所划原龙王庙组第一次出现灰岩的底界。张文堂等（1966）在许应祥等（1965）工作基础上，将沧浪铺组中的两个非正式“段”，自下而上分别创名红井哨段和乌龙箐段。此后再无较大变化。相同地层 60 年代中期以后在陕西南部被称为阎王碥组③，张文堂等（1974）首次将沧浪铺组一名引入陕西，但将岩性差异极大的仙女洞组亦包括在该组之中，改称仙女洞段。此种划分意见除张文堂等（1979）两次使用之外，其他再无人采纳。本次对比研究认为：前人在陕西划分的阎王碥组其地层总貌相似于沧浪铺组，故区域上的命名应使用沧浪铺组。而阎王碥组仅系沧浪铺组的同物异名。

【现在定义】 位于龙王庙组（或石龙洞组）之下、筇竹寺组、牛蹄塘组（或石牌组）之上含丰富三叶虫化石的一套灰绿、紫红、黄绿等杂色砂岩、粉砂岩、页岩组成的地层序列。按

---

① 四川石油管理局地质研究所，1969，四川盆地北缘震旦系、寒武系地层对比及含油性初步总结。
② 中国科学院南京地质古生物研究所（张文堂等），1974，西南地区地层古生物手册。
③ 叶少华等，1960，创名于四川省南江县沙滩乡的阎王碥。

岩石组合一般可分为两段：下段（红井哨段）为灰绿、紫红色砂岩、粉砂岩及页岩；上段（乌龙箐段）为黄绿色粉砂质页岩、粉砂岩①。本组顶、底分界清楚，上界以龙王庙组（或石龙洞组）底部第一层灰岩的出现为界；下界以筇竹寺组、牛蹄塘组（或石牌组）黑色页岩结束划分。上下均呈整合接触。

【层型】 正层型为张文堂（1964）发表的“马龙县红井哨至乌龙箐下寒武统沧浪铺组剖面”。剖面位于云南省马龙县县城西南的沧浪铺。省内次层型为陈润业、张福有（1987）在南郑县福成乡挂宝岩公路旁测制的“挂宝岩剖面”（107°19′，32°31′15″）。本书沧浪铺组相当该剖面阎王碥组的第10—17层。

【地质特征及区域变化】 陕西境内的沧浪铺组整合于仙女洞组含古杯的灰岩或白云岩（或石牌组黄绿色页岩）之上、石龙洞组白云岩之下（部分地区则在西王庙组厚层白云质砂岩之下或不整合在赵家坝组笔石页岩之下）。地层以发育碎屑岩或粗碎屑岩为主要特征。其中除中、上部夹有大量砂砾岩、砾岩之外，其他相似于正层型。其中含三叶虫 *Palaeolenus*，*Metaredlichioides*，Protolenid，*Drepanuroides*，*Yiliangella* 等。时代为沧浪铺期。沉积环境为近岸的混合潮坪区。

沧浪铺组见于宁强县滴水铺、勉县大河坝、南郑碑坝、西乡三郎铺等地（隶属米仓山地层小区）。区域上大体有如下变化：①在横向分布方面，本组岩石自东南向西北其粒度逐渐变粗，如南郑县南部朱家坝一带（邻近四川通江县），主要由砂岩、石英砂岩和层数不多的页岩和燧石砾岩组成；而西北部的五郎坝附近则相变为砂砾岩或砾岩为主；②地层在垂直变化方面，一般底部岩石粒度较细，而中、上部相对变粗，底部一般为紫红色砂、页岩组成，而上部逐渐变为砂岩→含砾砂岩→砾岩等；③地层厚度自西北向东南逐渐增厚，自198 m到283 m（大河坝一带为残留厚度）。

清虚洞组　∈*q*　（06-61-0205）

【创名及原始定义】 来源于尹赞勋、谌义睿、秦鼐（1945）创立的“清虚洞石灰岩”。尹赞勋等（1945）在刘之远（1942）的分层基础上，将刘之远划分的金顶山层上部和娄山关石灰岩下部另立清虚洞石灰岩和高台石灰岩。并定义清虚洞石灰岩为尹赞勋等（1945）在湄潭城东清虚洞所测剖面的第1—7层。该“石灰岩”发育于高台石灰岩之下和金顶山层黄色云母砂岩或砂质页岩之上，由黑灰、深灰色石灰岩、污斑石灰岩和不纯石灰岩组成，厚100余米。时代相当于鄂西石龙洞组上部。

【沿革】 该单位名称首次引入陕西省。

【现在定义】 指金顶山组与高台组之间的一套地层，自下而上为深灰色鲕状灰岩夹砂质页岩，豹皮状灰岩、含白云质生物屑灰岩，灰岩夹灰质白云岩，白云岩和泥质白云岩夹粉砂岩及鲕状白云岩，含三叶虫 *Redlichia* 和 *Eoptychoparia* 等。下以鲕状灰岩出现或粉砂质页岩的消失与金顶山组分界；上以含云母砂质白云岩出现和鲕粒及泥质团块白云岩的消失与高台组分界。本组与下伏金顶山组或杷榔组，上覆高台组、陡坡寺组或凯里组均为整合接触。

【层型】 正层型为清虚洞至高彬剖面。省内次层型为“镇巴县小洋乡火烧店北侧的火烧店—三义河剖面”（107°55′55″，32°30′），由汪明洲等（1985）实测。

【地质特征及区域变化】 省内地层主要由灰、深灰色薄—中厚层泥质灰岩、白云质灰岩、

---

① 省内尚不具备上述两段的对比条件。

鲕状灰岩组成，岩石以具似豹皮状、网格状、条带状或斑纹状构造为特征，富含古杯类化石，厚度一般百米左右，最厚 280 m，最薄 60 m。沉积环境为碳酸盐潮坪区。本省清虚洞组中、上部所产三叶虫与贵州颇似，计有 *Redlichia*，*Yuehsiensezeella*，*Hofetella* 等，而底部在镇巴小洋一带产 *Palaeolenus*，故清虚洞组的时代应该在沧浪铺晚期至龙王庙期。

清虚洞组仅见于镇巴县城以东的星子山西麓和镇坪县鸡心岭一带（隶属上扬子地层分区的星子山地层小区和褚河地层小区）。区域上有如下变化特点：①地层厚度自北而南逐渐减薄，如镇巴县兴隆场一带本组厚达 273 m，而紫阳县紫黄附近厚仅 97 m；东部鸡心岭厚 120 m，而四川省城口县石溪河厚仅 76 m；②在剖面的垂直变化，下部一般发育单纯的泥质灰岩等，而向上白云质灰岩、白云岩渐增，反映出向非正常海过渡的特点。

石龙洞组　∈$\hat{s}l$　(06－61－0206)

【创名及原始定义】　王钰（1938）创名于湖北省宜昌县西约 18 公里长江南岸的石龙洞（系一岩溶洞名，以产“宜昌石龙”而得名），原称“石龙洞石灰岩”。杨敬之（1944）首先将该单位引入本省镇巴县九拱坪。原始定义：为一套灰—深灰色厚层状石灰岩、鲕状石灰岩、薄层泥质石灰岩及白云质石灰岩组成，含三叶虫化石，厚 183.1 m。

【沿革】　张文堂、李积金（1957）将石龙洞石灰岩两分：下部称天河板灰岩；上部不含古杯的灰岩则称石龙洞灰岩。湖北省地质局三峡地层研究队（1978）指出：石龙洞组几乎全系白云岩组成。陕西省内前人也曾划出过“石龙洞组”，如在 60 年代中期以前，因袭侯德封等（1939）的划法，将沧浪铺组当成奥陶纪地层的底砾岩，误将仙女洞组（古杯灰岩）对比成“石龙洞组”（陕西磷矿队，1961、1963；秦岭区测队，1961；陕西区测队 1965、1967）。其后又因在统一（统到时间上）地层划分理论指导下，将上述清虚洞组（古杯灰岩）对比成“石龙洞组”（陕西区测队，1966、1989；四川第二区测队，1970、1973；西安地质学院，1985）。本次对比研究认为 60 年代中期以后在陕南宁强—西乡一带划分的孔明洞组其岩性特征、所在位置与石龙洞组颇似，故在区域命名的使用上仍称石龙洞组。另外，前人依据时代不同为由（上部属中寒武世部分）将原孔明洞组的部分地层归陡坡寺组，或另建小关子组（四川石油管理局，1969、1970；南古所，1974、1979；李耀西等，1975；成汉均，1980；陈润业等，1987）。本次对比研究则分别归入石龙洞组（白云岩部分）和西王庙组（碎屑岩部分）。

【现在定义】　系一套浅灰、深灰到褐灰色中—厚层白云岩、块状白云岩，上部含钙质，含少量燧石团块的地层序列。底部与天河板组薄层泥质条带灰岩或沧浪铺组粉砂岩整合分界；顶部与覃家庙组薄层状白云岩、西王庙组粉砂岩整合分界，皆为整合接触，厚 99 m。

【层型】　正层型为赵自强等（1978）实测的“宜昌县石龙洞附近天河板—石龙洞剖面”（111°9′49″，30°46′21″），剖面位于湖北省宜昌县长江南岸的石龙洞。省内次层型为陈润业、张福有（1987）实测的“杨家沟剖面”（107°52′10″，32°58′55″），剖面位于西乡县三郎铺乡南约 2 km 之杨家沟的简易公路上。本书石龙洞组相当该剖面孔明洞组的第 20—24 层。

【地质特征及区域变化】　省内以发育白云岩为主要特征。地层主要有灰白色和少量青灰、肉红或深灰色厚层白云岩、泥质白云岩，夹少许白云质砂岩、粉砂质白云岩等，含三叶虫 *Hoffetella*，*Redlichia*，*Kootenia*，*Palaeolenus*，*Chittidilla*，*Kunmingaspis*，*Yuehsienszeella* 等。与下伏沧浪铺组红色碎屑岩为连续沉积；与上覆西王庙组白云质碎屑岩为整合渐变、或与宝塔组龟裂纹灰岩为平行不整合接触。

本组时代范围自沧浪铺晚期至中寒武世早期，顶、底界线在区域上均有穿时现象。沉积环境属于陆架碳酸盐潮坪区。

见于南郑县西河、马元至西乡县三郎铺一带（隶属米仓山地层小区）。上述地区的石龙洞组自东南向西北有如下变化：①碎屑岩逐渐减少，白云岩相对增多；②地层厚度由厚变薄，南郑县挂宝岩厚 218 m，西乡县三郎铺厚 190 m。

【其他】 石龙洞组在西乡县附近穿插于含三叶虫 *Palaeolenus* 的地层之间，而南郑南部的挂宝岩和朱家坝一带，则在含 *Palaeolenus* 或 *Megapalaeolenus* 的地层之上，形成自沧浪铺晚期向龙王庙早期穿插的界线。而石龙洞组的顶界在挂宝岩因该组上部产 *Chittidilla* 和 *Kunmingaspis*，时代为中寒武世早期，而南部西河及其以西地区，本组残留厚度仅 10～25 m，而且紧覆于含有 *Palaeolenus* 的地层之上，石龙洞组的顶界一般不会超出龙王庙期。

西王庙组 ∈*x* （06－61－0207）

【创名及原始定义】 张云湘（1958）创名于四川省会理县清水河的西王庙。原始定义：以紫红色不等厚互层之细粒质砂岩、泥质粉砂岩为主，上部夹有三层白色中—厚层细粒长石石英砂岩，厚 140～243 m。与下伏大槽河组上部灰岩及上部二道水组泥、砂质白云岩均为整合接触。本书所划西王庙组系陕西省内首次引用。

【沿革】 罗惠麟（1976）、夏宗实（1978）曾将发育于滇东北和四川西南部的西王庙组归入陡坡寺组。本书考虑西王庙组与陡坡寺组在岩性特征方面尚有明显区别，故建议上扬子地层分区娄山关组白云岩地层之下以红色碎屑岩、或红色白云质碎屑岩为主要特征的地层使用龙王庙组。

相同地层在陕西曾被命名为下大寨沟组（陕西区测队，1966）、小关子组（南古所，1974）、龙王沟组（李耀西等，1975）。其中下大寨沟组针对上大寨沟组而言，应予停用。而小关子组、龙王庙组因以年代地层划界，亦应停用。覃家庙组（或群）以白云岩为主，与西王庙组不存在对比关系。只有石溪河组（或群）与西王庙组岩性相似，位置相当，因此本书区域性命名仍应使用西王庙组，停用石溪河组。

【现在定义】 岩性以紫、砖红色夹灰绿色粉砂岩及泥岩为主，夹有细砂岩、灰岩、白云岩及石膏等，含少量三叶虫化石，厚 80～255 m。与下伏陡坡寺组上部灰色厚层白云岩、灰岩（或石龙洞组白云岩、清虚洞组灰岩）及上覆娄山关组灰色厚层白云岩均为整合接触，界线清楚。

【层型】 选层型为四川第一区测队（1965）测制的“四川普格县大槽河剖面”①。省内次层型为紫阳县紫黄乡西约 2 km 处的“紫黄剖面”（108°10′，32°16′59″），由汪明洲等（1985）测制。

【地质特征及区域变化】 省内以发育紫红色薄—厚层（以厚层为主）的砂质泥岩、白云质粉砂岩和泥砂质白云岩为主要特征，含石盐假晶、泥裂和黄铁矿结核等，厚 0～290 m。

本组为“哑层”，其时代一般均据层位推测为中寒武世。沉积环境为陆缘泻湖。

本组分布在上扬子地层分区，主要见于镇巴星子山东西两麓。区域上本组自西向东碎屑岩逐渐减少，白云岩相对增多，特别是镇坪鸡心岭一带，地层逐渐向以白云岩为主的覃家庙组过渡。另外地层厚度亦由东向西逐渐增厚。鸡心岭厚 160 m，镇巴梁家桥厚 285 m。

---

① 四川省地质局第一区域地质测量队，1965，1：20 万雷坡幅地质图及说明书。

娄山关组　$\in Ol$　(06-61-0208)

【创名及原始定义】　丁文江（1930）在贵州省遵义市至桐梓间县进行地质调查时创名，原称娄山关石灰岩，刘之远（1942）介绍。原始定义：于“遵义桐梓间娄山关附近见之厚层石灰岩，厚300～100公尺”。

【沿革】　刘之远（1942）在所著《遵义、桐梓两县地质纲要》一书中除将该单位名称公诸于世之外，又将该单位划分上、中、下三部分。尹赞勋等（1945）将上述娄山关石灰岩的下部创名高台组。其上仍称娄山关石灰岩。

陕西境内的相同地层除李耀西等（1975）效仿杨敬之（1944）的划法将其归入覃家庙群上部之外，其他研究者均置三游洞群。本书考虑三游洞群（或组）在本省使用久远，但其创名在娄山关石灰岩之后，故区域性命名使用娄山关组。本书使用的娄山关组系陕西省内首次引用。

【现在定义】　指整合于陡坡寺组（省内为西王庙组）与桐梓组（省内为大湾组、铁矿梁组）之间的一套灰、浅灰色薄层至块状微—细粒白云岩、泥质白云岩夹角砾状白云岩，局部含燧石团块的地层序列。下以灰绿色粉砂质白云质泥岩及鲕状白云岩的消失或灰、浅灰色中层至厚层白云岩的出现与陡坡寺组（省内为西王庙组）分界；上以浅灰、浅灰白色中及薄层白云岩的消失和含海百合茎生物碎屑灰岩出现与桐梓组分界。

【层型】　选层型为贵州地质局108队（1976）测制的“贵州省金沙县岩孔寒武纪娄山关组剖面”。省内次层型为“紫黄剖面”（108°10′，32°16′59″），由朱兆玲、刘应楷等（1977）测制。

【地质特征及区域变化】　省内以发育厚层（局部中层）白云岩为主要特征。地层组成有灰、浅灰色和少许深灰色厚层（局部中层或薄层）白云岩、泥质白云岩，夹少量泥岩、页岩等，上部白云岩中常见直径0.1～0.5 cm之小燧石细粒，未觅得大化石，厚0～150 m。与下伏西王庙组紫红色白云质碎屑岩为整合连续；紫阳县紫黄赵里溪剖面产牙形石 *Tripodus proteus*（安太庠，1987）。本组时代因位于西王庙组之上，又位于含牙形石 *Drepanodus deltifer*（紫黄金鸡湾剖面）的大湾组之下，且其中尚产 Tremadocian 早期牙形石，故时代应为晚寒武世至早奥陶世的早期。娄山关组的沉积环境为陆架碳酸盐潮坪区。

本组见于镇巴县东部的大市川以南、镇巴县城以东的广大区域（隶属星子山地层小区和褚河地层小区）。区域上有如下变化：①北部钙质含量高，并含泥质或夹泥质岩层，向南白云质逐渐增多，且少陆源碎屑。②地层厚度一般西厚东薄，如镇巴县水河沟厚143 m，而紫黄厚110 m。

白龙洞组　Obl　(06-61-0317)

【创名及原始定义】　秦岭区测队（1961）创名，创名地位于山阳县中村街白龙洞。原始定义：系一种薄层状深灰—黑灰色灰岩（有时为中厚层状），击后具（H_2S）臭味，其特点是层理面上往往凹凸不平，且具红色的泥质物，灰岩中夹有燧石条带（长1米至数米，厚1～3厘米），下部夹有灰岩，与奥陶系中上统和志留系下统均为整合接触，故划入上奥陶统。因在山阳白龙洞一带较完整，故创名为白龙洞组。

【沿革】　陕西区测队（1966）因在本组内发现中奥陶世头足类化石（实为早奥陶世——笔者），遂将白龙洞组及下伏地层的白云岩、白云质灰岩重新创名为吊床沟组。本书依据岩石地层单位划分原则，恢复白龙洞组的原始涵义。

【现在定义】 以深灰、黑灰色薄—中层状微晶、细晶灰岩、微晶白云质灰岩（局部含燧石结核或条带）为主，夹泥纹状灰岩和少许砾屑、砂屑灰岩、钙质板岩。以开始出现泥纹状灰岩或砾屑、砂屑灰岩与下伏石瓮子组白云岩（或白云质灰岩）整合分界；与上覆两岔口组千枚岩为整合接触，两者界线清楚。

【层型】 创名时未指定正层型，本书确定选层型为“山阳县中村街烟家沟—白龙洞剖面”(110°11′40″,33°24′20″)①，由陕西省地矿局第十三地质队(以下简称陕十三队)(1985)实测。

上覆地层：两岔口组 方解石绢云千枚岩

———— 整 合 ————

白龙洞组	总厚度 283.97 m
4. 深灰色薄层微晶含灰质白云岩	58.90 m
3. 浅灰色巨厚层细晶白云岩夹泥质灰岩	13.52 m
2. 深灰色中厚层微晶白云质灰岩、砂屑白云质灰岩夹灰质白云岩，含头足类 Endoceratidae，*Manchuroceras* sp.，腹足类 *Maclurites* sp.，牙形刺 *Drepanodus* sp.	175.73 m
1. 灰—灰白色微晶灰岩，含腹足类化石 *Maclurites* ? sp.	35.82 m

———— 整 合 ————

下伏地层：石瓮子组 含燧石条带白云岩

【地质特征及区域变化】 在山阳县中村街及其以东各地，本组可分上、下两部分，下部以灰色、浅灰色中厚层状含燧石白云质灰岩为主，夹灰色微粒白云岩及少量深灰色中薄层状灰岩，底部夹砂屑灰岩，含腹足类和腕足类化石：*Euomphalus* sp.，*E. robusta*，*Nothorthis tianjingshanensis*，*Hesperonomiella helanshanensis*；上部为灰色、深灰色细晶灰岩，条带状微晶灰岩与泥质白云质灰岩互层，夹灰色中薄层生物碎屑灰岩。沉积构造以水平层理为主，脉状、凸镜状层理发育，与下伏石瓮子组的厚层白云岩有明显差别。

该组仅分布于山阳县至商南县湘河一带，其中，在天竺山向斜北翼岩性稳定，厚度有由西向东变厚的趋势，从山阳县的白龙洞到商南县的吊床沟上游，厚度在283.7～449.91 m之间，在梁家坟一带厚达700余米。从山阳的梅子沟、白龙洞向西到小天竺山南的山阳县九路沟板庙一带，相变为以灰岩、泥质灰岩为主，夹钙质千枚岩，产头足类化石 *Armenoceras* sp.，*Sactoceras yokoyamai*，海百合茎化石 *Cyclocyclicus* sp.，*Pentagonocyclicus* sp.，*Micrococlicus* sp.。在口头坪-天竺山向斜南翼的水草坪到阎王乡之间，岩性组合、沉积特征有较为明显的变化，以灰色、深灰色含泥质或细纹状白云质灰岩为主，夹有较多的薄—中层状泥质灰岩、泥质白云岩，层间和层面上普遍含紫红色铁质和泥质，遗迹化石较发育，干裂普遍，常夹有由腕足类等化石碎片组成的介壳类灰岩层。化石丰富，以 *Fascifera* sp.，*Orthis* sp.，*Actinomphalus* sp. 为主，还产牙形石 *Drepanodus* sp.，*Acontiodus* sp.，其时代应属早—中奥陶世。

两岔口组 *Ol* (06-61-0318)

【创名及原始定义】 徐宝政（1977)② 创名，创名地位于山阳县漫川区两岔口乡两岔口

① 陕西省地质矿产局第十三地质队，1985，1∶5万中村幅、1∶5万板岩镇幅区域地质调查报告。
② 徐宝政，1977，东秦岭南坡奥陶纪几个地层剖面的划分和对比。秦岭区测，第1期。

村北公路旁，陕西地层表编写组（1983）介绍。原始定义：代表晚奥陶世壳相地层，与上覆地层志留纪砂岩为整合接触，和下伏中奥陶世吊床沟组为连续沉积。岩性主要是砂岩、板岩、千枚岩、钙质千枚岩、泥灰岩、灰岩和白云质灰岩。厚 270～410 m。

【沿革】 自建组以来，沿用至今。东延入河南称蛮子营组，为两岔口组的同物异名。

【现在定义】 以灰色、绿灰色千枚岩（或粉砂质板岩）、钙质千枚岩（或板岩）为主，夹中薄层状灰岩、泥砂质灰岩。与下伏白龙洞组微—细晶灰岩为整合接触，与上覆斑鸠关组碳质千枚岩或王冠沟组砂岩为整合或平行不整合接触。

【层型】 正层型为“山阳两岔口剖面”（110°4，33°21′），由徐宝政（1975）实测。

【地质特征及区域变化】 底部为灰绿色钙质砂岩、白云质板岩夹钙质千枚岩，向上变为以灰色、绿灰色千枚岩（或粉砂质板岩）、钙质千枚岩（板岩）为主，夹中薄层灰岩、泥质灰岩，含珊瑚 *Agetolites* sp.，*A. shanxiensis*，*A.* cf. *mulitabulatus*，*Catenipora* sp.，*Neowormsipora* sp.，*Streptelasma* sp.，头足类 Onychoceratidae，Westonoceratidae 和腹足类、海百合茎化石。另外还含 *Palaeofavosites* sp.，*Heliolites* aff. *smansis*，*Lophospira* sp. 和苔藓虫等。时代属中—晚奥陶世。

仅分布于山阳县两岔口—商南县湘河一带。由正层型向东到水草坪红崖沟至商南县梁家坟、吊床沟一带，岩性、厚度稳定，其中仅夹较多的中薄层微粒灰岩。向南到板庙、漫川关以南的湖北上津五峪坪一带，相变为云母石英片岩（或千枚岩）、砂质千枚岩夹薄层灰岩、泥灰岩及少量砂岩，厚度达 1 100 m。两岔口组虽有上述变化，但沉积特征未变，仍以发育水平层理为主，属正常浅海陆架到局限盆地内的沉积。

大堡组　*Odb*　（06－61－0351）

【创名及原始定义】 甘肃省地矿局区调队朱永正（1986）创名于甘肃康县大堡，原称大堡群。本书首次引入陕西。原始定义：展布于甘肃省康县长坝至陕西省略阳青杠树断裂带之北侧，以灰色板岩为主，上部夹火山碎屑岩，含 *Paraorthograptus* 动物群。

【沿革】 该群自建立以来，至今涵义未变，这次对比研究将群降为组。

【现在定义】 该组以细碎屑岩为主（板岩、硅质板岩及粉砂岩），中上部夹有中酸性火山熔岩及碎屑岩和少量结晶灰岩、泥质灰岩。粉砂岩及板岩具有放射性元素高强度值。板岩中富产笔石。与上覆迭部组以火山碎屑岩的消失为界呈整合接触，下线不清。沿底部断裂延展仅 75 km。

【层型】 正层型为甘肃“康县大堡朱家坝剖面”（105°34′30″，33°28′20″），由甘肃区调队朱永正等（1982）实测。

【地质特征及区域变化】 省内该组剖面可清楚地划分为上、下两部分。下部以灰色板岩为主，夹含碳粉砂岩、钙质砂岩；上部为灰色、浅灰色板岩与中酸性凝灰岩为不等厚互层，夹砂质灰岩、碳硅质板岩和少量的流纹英安岩。即由下往上火山碎屑岩增多，且出现一些熔岩夹层，在碳硅质板岩中含丰富的笔石。时代为晚奥陶世。

省内主要分布于略阳县秦家坝一带，向西延入甘肃康县一带，在甘肃大堡一带出露较全，厚达 1 894 m。陕西略阳县石坊—秦家坝一带，以深灰色绢云石英千枚岩为主，夹钠长绿泥片岩、大理岩、薄层灰岩和少许硅质岩，厚度小于 500 m。尚未发现化石。

陈家坝组 $O\hat{c}$ (06-61-0326)

【创名及原始定义】 四川第二区测队（1963）建立于四川省广元县陈家坝，原称陈家坝群①，陕西地层表编写组（1983）首次引入本省。1966年该队在《1：20万广元幅地质图说明书》介绍。原始定义：陈家坝群分上、下两段：下段为灰黑色石英碳质千枚岩夹硅质岩屑粉砂岩。顶部碳质千枚岩中产下曲对笔石；上段为灰、灰黑色碳质、钙质绢云石英千枚岩与深灰色不稳定的薄层泥质灰岩互层。下部千枚岩中产褶尾虫、恐正形贝及燕形对笔石等。总厚1 244 m，与下伏寒武系"邱家河组"为平行不整合接触。

【沿革】 陕西地层表编写组（1983）首先将陈家坝群引入我省。陕西区调队（1991）又进一步分为四道水组、南屏组。本次对比研究认为这套地层岩性单一，厚度较大，野外分组无明显的标志，所以将陈家坝群降为陈家坝组。

【现在定义】 平行不整合于茂县群变质岩系或宝塔组结晶灰岩、龟裂纹灰岩之下、油房沟组变质火山碎屑岩和盐井群或牛蹄塘组之上的一套浅变质碎屑岩。主要岩性为砂岩、碳质石英千枚岩，夹不稳定的灰岩、泥灰岩。产笔石、三叶虫、腕足类等化石。

【层型】 正层型为"四川广元陈家坝剖面"（105°50′48″，32°41′），四川第二区测队（1963）② 实测。省内次层型为"宁强县宽川铺白岩河口白鸽子崖四道水剖面"，由陕西区调队（1988）实测。

【地质特征及区域变化】 省内在次层型中，本组可分上、下两段：下段以灰色含碳板岩、粉砂质板岩为主，夹钙质板岩和少许泥质灰岩，粉(细)砂岩，在泥质板岩中产 *Didymograptus* 等化石，厚1 200 m；上段以发育绿灰色千枚状板岩、粉砂质板岩为特征，底部夹硅质板岩，厚1 398 m。

该组分布于宁强县阳平关—勉县西部各地，西延入四川省广元县一带。在区域上岩性单一，且较稳定，上段厚度有由西向东有变薄之趋势，自1 800 m至900 m。沉积构造以水平层理和水平纹层最为发育，局部具条带状构造。生物化石以浮游生物为主，另有三叶虫、腕足类等。沉积环境应属正常浅海陆架沉积。时代应属奥陶纪早期。

洞河组 Odh (06-61-0214)

【创名及原始定义】 来源于陕西区测队（1966）建立的洞河群，创名地在紫阳县的洞河镇一带。原始定义：底部为含碳绢云片岩与碳质板岩及碳质灰岩互层夹重晶石矿层；下部为厚层硅质岩夹碳质板岩及硅质灰岩透镜体；中部为泥灰岩、碳质灰岩与碳质板岩、千枚岩互层；上部为灰质含黄铁矿千枚岩，其下微含灰质并夹千枚岩、绢云母片岩，总厚2 273 m。

【沿革】 万义文（1974）③ 将洞河群自下向上分为下岩系、中岩系、上岩系。下岩系又分为四个岩组：即下碳质板岩组，白云质灰岩组，硅质岩组，上碳质板岩组。前两个岩组分别相当于陡山沱组和灯影组。陕西区调队（1989）将前述三个岩系中的下岩系归入鲁家坪组，中、上岩系分别命名为铁炉坝组和二道桥组。杨家騄等（1991）划分为鲁家坪群、箭竹坝组和二道桥组，后者又细分为三段。本次对比研究认为从原洞河群中分出鲁家坪组、箭竹坝组比较合适，但所余部分仍为洞河群的主体，无必要另建二道桥组。

---

① 四川省地质局第二区域地质测量队，1963，古生代地层专题研究总结报告。
② 四川省地质局第二区域地质测量队，1963，1：20万广元幅地质图说明书。
③ 万义文，1974，洞河群及其有关问题讨论。秦岭区测，第2期。

【现在定义】 整合于箭竹坝组薄层灰岩之上、平行不整合于斑鸠关组笔石页岩（或碳质板岩）之下。主要由粘土质板岩、灰质板岩和部分碳质板岩、千枚状板岩、砂质板岩、灰岩等组成，并夹火山碎屑岩、火山熔岩等。底部以薄层灰岩结束、碎屑岩出现与箭竹坝组分界；顶部以板岩或薄板状灰岩的上界或含碳板岩、含笔石页岩的出现与斑鸠关组划界。

【层型】 选层型为岚皋县民主乡（磨沟口）北侧的“民主坝—大道河剖面”（108°43′55″，32°24′18″），由陕西省区调队“洞河群专题组”（1977）实测。

上覆地层：**斑鸠关组** 碳质千枚岩

——————— 平行不整合 ———————

洞河组上段	总厚度 2 266.1 m
19. 上部为绢云千枚岩，下部为千枚状板岩	48.6 m
18. 灰色千枚状板岩、钙质板岩夹板状微粒灰岩	333.8 m
17. 千枚状板岩	60.8 m
16. 灰质板岩夹千枚状板岩	4.0 m
15. 绢云钙质千枚岩	255.8 m
中段	
14. 碳质板岩、钙质板岩和泥质灰岩	54.9 m
13. 深灰色微粒灰岩夹泥质灰岩	15.4 m
12. 碳质硅质板岩夹灰质板岩	21.9 m
11. 含碳质微粒灰岩夹砂质板岩	66.5 m
10. 黑色碳质板岩夹灰质硅质板岩和砂质灰岩	215.6 m
9. 灰色薄—中层灰岩夹含碳硅质岩	40.8 m
8. 绢云碳质板岩夹少许硅质岩	226.0 m
7. 碳质硅质板岩夹少许碳质板岩	71.0 m
下段	
6. 碳质板岩夹碳质砂岩	104.1 m
5. 灰色中厚层微粒灰质白云岩	62.9 m
4. 碳质板岩	285.1 m
3. 薄—中层微粒灰岩夹少量厚层泥质板岩	64.1 m
2. 碳质板岩	128.8 m
1. 底部以碳质板岩为主，向上为板状硅化含碳硅质岩夹碳质板岩	141.6 m

———— 整　合 ————

下伏地层：**箭竹坝组** 薄层含碳微粒灰岩

【地质特征及区域变化】 以灰色粘土质板岩、砂质板岩为主，夹灰质板岩、千枚状板岩和少许泥质灰岩、碳质板岩。由下往上灰质板岩夹层逐渐增多，部分地段以不等厚互层出现，厚度 1 973.94 m。以水平层理为主，岩石具轻度变质。

分布在石泉、安康、紫阳、平利、岚皋、镇坪一带，在平利背斜两翼约 150 km 的范围内，岩性未见较大变化，只是在大道河以西、紫阳县瓦房店以北地区，火山碎屑岩和火山熔岩夹层较多。从大道河向东，经岚皋到平利的泗王庙、大贵坪、白果坪一带，仅夹有少许的火山碎屑岩（主要是凝灰岩、层凝灰岩），上部多为粉砂质、泥质板岩和钙质板岩、钙质条带状板岩互层。向北到石泉的油房坝—汉王城—安康的洪山寺一带，下部仍然以灰色粉砂质板岩为主；上部多为千枚状板岩，夹钙质条带状板岩和中薄层状泥质灰岩、结晶灰岩，类似于钙屑浊积岩沉积。该组尚无生物化石发现，目前仅据其上下层位推测其时代为奥陶纪。

高桥组　*Ogq*　(06-61-0327)

【创名及原始定义】　徐宝政（1977）① 创名于紫阳县高桥乡的观音坝。陕西地层表编写组（1983）介绍。原始定义：代表早奥陶世早期的沉积。上部为泥质岩夹少量泥质灰岩，含笔石及三叶虫等化石；下部为泥岩和泥质灰岩互层，含钙质较多，动物群以三叶虫和树形笔石为主。

【沿革】　赖才根（1982）将高桥组改为桥镇组。陕西地矿局（1989）改称任河组。这次对比研究采用高桥组，并建议停用任河组和桥镇组。

【现在定义】　以灰、灰黑色板岩（局部含碳）、钙质板岩为主，夹薄层或条带状泥质灰岩。含笔石。与下伏黑水河组角砾状灰岩和上覆权河口组砂岩、黑色碳质板岩均为整合接触。

【层型】　正层型为“紫阳高桥观音坝至权河口剖面”（108°25′，32°27′36″），由陕西区调队（1988）重测。

【地质特征及区域变化】　可分上、下两段。下段以灰色、深灰色板岩为主，夹少许钙质板岩和泥质灰岩条带或薄层。底部小型羽状交错层、泄水构造发育；上段以灰绿色板岩、绿灰色条纹状钙质板岩呈不等厚互层，夹少许泥晶灰岩。产笔石 *Tetragraptus quadribrachiatus*，*Tetragraptus* sp.，三叶虫 *Niobella* sp.，*Hysterolenus* sp.，*Geragnostus* sp.，腕足类 *Obolus* sp. 等。总厚 1·014.1 m。

分布于紫阳县高桥—岚皋县花里溪—镇坪县茅坪一带，岩性稳定，但由西向东灰岩和灰质板岩逐渐增多，厚度增大。到紫阳县松树梁一带，以灰、深灰色板岩、灰质条带状板岩为主，夹泥质条带灰岩，顶部夹 0.5 m 厚的虫迹板岩，底部夹砾屑灰岩，下部含三叶虫，上部含笔石，厚 1 174.5 m。向东到岚皋花里溪大毛家沟一带厚达 1 478 m，以灰、深灰色灰质板岩、板岩为主，夹薄层灰岩、泥质灰岩和泥灰岩，中部含三叶虫化石。镇坪县茅坪—老鸦场—花桥，本组未见顶，可见厚度为 599.8 m，以灰色灰质板岩为主，夹薄层灰岩或灰岩条带。时代归于早奥陶世。

权河口组　*Oq*　(06-61-0328)

【创名及原始定义】　徐宝政（1977）于紫阳县高桥乡权河口创名。陕西地层表编写组（1983）介绍。原始定义：代表早奥陶世晚期的沉积。主要为一套碳质泥质岩系，动物群以笔石为主，其上部为一套粉砂岩、砂质板岩、硅质砂质板岩。

【沿革】　创名后涵义和命名未见更动。

【现在定义】　下部以条带状碳质板岩为主，上部为灰黑色、绿灰色粉砂质板岩夹粉（细）砂岩、长石石英砂岩。碳质板岩中含笔石。底部以一层灰色砂岩与高桥组整合接触，与上覆斑鸠关组碳质硅质板岩也为整合接触。

【层型】　正层型为“紫阳县高桥乡权河口剖面”（108°25′，32°27′26″），由徐宝政等（1977）实测。

【地质特征及区域变化】　区域上一般可划分上、下两部分。其中水平层理较发育，上部

① 徐宝政，1977，东秦岭南坡奥陶纪几个地层剖面的划分和对比。秦岭区测，第1期。

亦可见平行的条带、条纹状构造。另外，代表深水环境的遗迹化石较丰富。该组下部所采笔石组合，时代属 Arenigian 的早—中期，上部虽无化石依据，但与上覆斑鸠关组为整合接触，所以整个权河口组的时代应为早—晚奥陶世。

该组与高桥组的分布相似，岩性较为稳定，仅在西部的紫阳县任河以西，上部夹层数不等的碱性火山岩。地层厚度由西向东有变薄之趋势。在正层型处与下伏高桥组以砂岩分界，而其他剖面两组为渐变关系。

赵家坝组　$O\hat{z}j$　(06-61-0345)

【创名及原始定义】　来源于卢衍豪（1959）创建的赵家坝统，创名地在宁强县滴水铺乡赵家坝双河口。原始定义：上部黑色、暗灰色纸片状页岩夹泥质细砂岩薄层。与上覆西梁寺组黄色页岩夹石灰岩条带为整合关系；中部灰绿色脆页岩；下部石英砂岩与绿灰色及蓝灰色页岩互层，底部为黑色硬砾岩，砾石以深灰色燧石为主。与下伏下寒武统黄色页岩、鲕状石灰岩及绿色砂岩为不整合关系。厚度 0～50 m。

【沿革】　穆恩之（1959）称赵家坝组，并为后人广泛使用。除卢衍豪（1975）将该组上部产 *Ningkianolithus welleri* 的地层归入西梁寺组外，其他人划分的界线均与创名人所划界线相同。本书沿用赵家坝组及原始划分界线。

【现在定义】　超覆在牛蹄塘组、沧浪铺组之上，被西梁寺组钙质页岩夹薄层灰岩整合覆盖。以灰绿色纸片状页岩（泥岩）、含砂质页岩为主，夹粉砂质条带。含丰富的笔石、三叶虫、腕足类、头足类等化石。底部有不稳定的燧石砾岩、含砾砂岩，与下伏牛蹄塘组黑色页岩、沧浪铺组粉砂岩具有明显的平行不整合界线。

【层型】　正层型为“宁强县赵家坝双河口剖面”(106°16′45″，32°55′)，赖才根（1989）重测。该剖面距卢衍豪（1959、1975）所测剖面向东移约 500 m①。

上覆地层：**西梁寺组**　深灰色粉砂质页岩夹灰色粉砂质泥岩及灰岩凸镜体

——————整　合——————

赵家坝组	总厚度 74.78 m
10. 暗灰色、灰黑色页岩，风化后呈纸片状，下部夹土黄色细砂岩和数层粉砂岩，顶部夹黄绿色粉砂质泥岩，含三叶虫和丰富的笔石及微体古植物。顶部产笔石 *Didymograptus hirundo*，*D. nitidus*；底部产笔石 *Didymograptus nitidus*，*Azygograptus suecicus*；三叶虫 *Taihungshania intermedia*	18.58 m
9. 灰绿色与黄绿色页岩互层，夹薄层泥质粉砂岩条带，含较丰富的三叶虫、腕足类和双壳类。在泥质粉砂岩与页岩过渡层中含丰富的笔石，以断笔石为主，对笔石少量。笔石有 *Azygograptus undulatus*，*A.* cf. *suecicus* 等；三叶虫有 *Neseuretus* sp.，*Taihungshania* sp.，*Psilocephalina* sp. 等	12.36 m
8. 下部为深灰色、暗绿色含粉砂质泥岩，风化后呈薄板状；中上部过渡为浅黄绿色、暗绿色粉砂质泥岩，风化后为页片状。含头足类、腕足类、三叶虫及笔石。三叶虫有 *Taihungshania multisegmentata*，*Megalaspides* sp. 等；笔石有 *Azygograptus suecicus*，*A. undulatus* 等	5.44 m
7. 黄绿色致密、质纯性脆泥岩，夹数层褐黄色薄层泥质粉砂岩，在泥岩过渡为粉砂岩中含少量三叶虫、头足类、腕足类及丰富的笔石。笔石有 *Azygograptus suecicus*，*A. undu-*	

① 赖才根，1989，秦巴地区奥陶纪、志留纪地层和古生物群的研究（未刊）。

latus 等；三叶虫有 *Psilocephalina* sp.，*Taihungshania intermedia* 等　0.66 m

6. 深灰色致密、质纯、性脆泥岩，夹灰绿色砂质泥岩和薄层粉砂岩。含头足类、腕足类、三叶虫及分散式保存的笔石碎片。中上部产笔石 *Azygograptus suecicus*，底部产笔石 *Didymograptus deflexus*　10.28 m
5. 灰绿色泥岩夹砂质泥岩。含笔石 *Didymograptus aequabilis*，*D. deflexus*，*D. scanicus*　8.03 m
4. 褐黄色粉砂质页岩及灰绿色页岩，间夹薄层泥质粉砂岩，含三叶虫 *Taihungshania* sp.；笔石 *Didymograptus* cf. *cognatus*，*D. diapason*，*D. protobifidus*　4.31 m
3. 褐黄色、灰绿色泥岩，偶夹铁质粉砂岩。含笔石、三叶虫、双壳类。三叶虫有 *Taihungshania intermedia*　2.59 m
2. 灰绿色、黄绿色泥岩，夹褐黄色薄层粉砂质泥岩，含三叶虫、腕足类、头足类及丰富的笔石。笔石有 *Didymograptus protobifidus*，*D. diapason*，*D. canadensis*，*D. eobifidus*；三叶虫 *Megalaspides* sp.　8.68 m
1. 褐灰色、灰黑色厚层砾岩，砾石成分主要为黑灰色燧石，分选和磨圆度较好。下部含微古植物 *Lophosphaeridium pilosum*　3.85 m

——————— 平行不整合 ———————

下伏地层：**沧浪铺组**　褐黄色厚层含砾粗砂岩

【地质特征及区域变化】　该组超覆于寒武纪的不同层位之上，所见剖面层序清楚，上、下界线明显。岩性均以页岩为主。其中水平层理、纹层构造发育。生物化石丰富，以笔石为主，尚有三叶虫、腕足类、头足类等。其时代从笔石和头足类的属种分析，不会超出早奥陶世，属 Arenigian 早期至中晚期。

本组仅分布于宁强县—南郑县梁山以南各地，岩性稳定，只是各地所夹砂岩层有所差异，在勉县漆树坝一带尚夹多层石英粉砂岩。厚度变化较大，如赵家坝厚 86 m，而梁山只有 4 m，这一点可能与早奥陶世海水自南向北推涌有关。

西梁寺组　O*x*　(06 - 61-0346)

【创名及原始定义】　卢衍豪（1959）创名于南郑县梁山上梁山村的西梁寺，原称西梁寺页岩。原始定义：这层页岩厚度不过三、四十米。在梁山地区，此页岩系上部为黄色页岩夹石灰岩条带或石灰质结核，下部为黄色页岩，其中石灰岩结核或石灰岩条带极少；在宁强地区，如赵家坝，此页岩变为深棕色、黑色及深灰色。

【沿革】　卢衍豪（1959）在创名“西梁寺页岩”的同时，将“页岩”之上，宝塔组龟裂纹灰岩以下的地层与鄂西对比，称扬子贝层。张文堂（1962）改称“西梁寺组”和扬子贝组。“西梁寺组”与扬子贝组在岩性特征方面基本相同，均为含有灰质条带或结核的页岩、灰质页岩，两者的主要区别在于前者产三叶虫 *Ningkianolithus welleri*；后者出现腕足类 *Yangtzeella poloi*。南京地质古生物研究所（1974）为了划分中、下奥陶统的界线，将扬子贝组的大部分地层归入“西梁寺组”，而所余的扬子贝组地层改称大田坝组。与此同时，他们又将“西梁寺组”的底界下移，限定在含灰质结核或条带的页岩最早出现处。后一种划分方案得到了后人的广泛支持，而且至今有关研究者均以此界线划分西梁寺组与赵家坝组。但是有关西梁寺组的上界却为后人带来混乱，如李耀西等（1975）划分的西梁寺组上界系原扬子贝组的顶界，也就是以龟裂纹灰岩的第一次出现为西梁寺组的结束。同年卢衍豪则将原划扬子贝组和部分宝塔组龟裂纹灰岩分别置于扬子贝组、庙坡组及牯牛潭组，扬子贝组之下的奥陶纪地层仍然维持“西梁寺组”和赵家坝组的原有涵义。西安地院成汉钧（1985）将原划扬子贝组分别置于“西梁寺组”上部、牯牛潭组和大田坝组，“西梁寺组”与牯牛潭组之间的界线实际上是笔石 *Glyptograptus austrodentatus* 带与 *Amplexograptus confertus* 带之间的界线，界线上、下的岩性均系含灰质结核或条带的页岩。赖才根等（1989）、李晋僧、赖才根等（1994）将前述大田坝组改称牯牛潭组，其下页岩夹灰岩凸镜体的地层统称“西梁寺组”，但是所划牯牛潭组的岩性特征与鄂西标准地点比较相差甚远。上述分歧的出现，除受统一地层划分观念影响之外，尚有如下客观原因：①原划扬子贝组与上覆宝塔组龟裂纹灰岩在岩性上存在着渐变关系；②原划“西梁寺组”与扬子贝组之间就其碎屑岩而言，绝无截然区别，而扬子贝组所夹灰质结核或条带在区域上不具有稳定层位，给两者的划分增添了人为因素；③“西梁寺组”或扬子贝组在局部地区（如南郑县元坝、镇巴东部）可以相变为泥砂质灰岩或含泥质灰岩等组成的碳酸盐岩地层。由于这些地区所处地理位置偏僻、交通闭塞，长期未进行较为深入的研究，其地层特征与我国西南地区的相似地层（如风洞岗组）是否为相同地层体，仍待进一步工作证实。鉴于上述原因，本书暂将西梁寺组的顶界限定在厚层龟裂纹灰岩第一次出现的底界。

【现在定义】　平行不整合于石牌组或整合于赵家坝组之上，下部为灰色、灰绿色钙质砂质页岩、黄色页岩，夹薄层灰岩或灰岩凸镜体；上部为浅灰色、青灰色中薄层泥质灰岩夹页岩，或二者为互层出现。以薄层灰岩或灰岩凸镜体的出现与下伏赵家坝组分界；以龟裂纹灰岩、泥纹状灰岩夹紫红色砂页岩的出现作为本组的顶界，与上覆宝塔组为整合接触。

【层型】　正层型为“南郑县下梁山剖面”（106°55′10″，33°6′30″），由卢衍豪（1942）实测，1975 年进行了修正和补充，本书所指正层型相当卢衍豪等（1975）发表的该剖面第 1—10 层（包括了卢氏划分的西梁寺组、扬子贝组、“牯牛潭组”和“庙坡组”的下部）。

【地质特征及区域变化】　该组在正层型处，由下往上钙质板岩逐渐减少，泥质灰岩、灰岩相对增多，沉积构造以平行的纹层构造为主，上部凸镜状、脉状层理发育，生物化石丰富，除笔石外，还有大量的三叶虫、腕足类、头足类及其他门类化石。其时代为 Arenigian 晚期到 Llandeilian 晚期。

本组分布于宁强、南郑、西乡一带。岩性基本稳定，各地岩性一般类同于下梁山剖面，只是所夹灰岩、泥灰岩，结核灰岩多寡不一。但在宁强东南部和南郑县的西南部全为泥质灰岩。地层厚度北厚南薄，如宁强县赵家坝仅厚 35.6 m，而北部勉县元墩子厚达 70 m。

宝塔组　*Ob*　（06-61-0349）

【创名及原始定义】　李四光等（1924）在湖北秭归新滩龙马溪雷家山创名。原始定义：宝塔石灰岩一种灰色致密石灰岩，几米厚，以富含巨大直角石即 *Orthoceras sinensis* 个体为特征。中国地质学编辑委员会和中国科学院地质研究所（1956）首先将该单位名称引入本省大巴山--米仓山地区。

【沿革】　在米仓山地区：赵亚曾、黄汲清（1931）在汉中梁山（现划南郑县）将相同地层称直角石石灰岩，其上的碎屑岩地层归入新滩页岩。这一划分意见被张伯声（1948）①、郁士元（1954）②、西北大学（1954）等所引用。中国地质学编辑委员会和中科院地质所（1956）称“宝塔灰岩”。卢衍豪（1959）将前述直角石石灰岩改称宝塔石灰岩组。南古所（1973）将卢衍豪划分的宝塔石灰岩组下部，也就是霍世诚（1960）发现笔石（*Glyptograptus*

① 张伯声，1948，陕西城固地质略志。
② 郁士元，1954，汉中梁山地质。

teretiusculus）的灰岩夹页岩、粉砂岩地层改划大田坝组；中、上部称为宝塔组。卢衍豪（1975）在四川石油管理局（1969、1970）工作的基础上，将上述大田坝组连同其上的部分龟裂纹灰岩改称“庙坡组”和“牯牛潭组”。同年李耀西等在总结这一地区早古生代地层时指出：“宝塔组到处均见三分现象：下部为褐红色龟裂纹灰岩，中部为灰色龟裂纹灰岩，上部为灰白色瘤状灰岩……三者连续过渡”，是说上述三种地层之间不具明显的岩石地层界线，应该归一个地层单位。而龟裂纹灰岩以下的地层，李耀西等也指出：“赵家坝组纸片状页岩至龟裂纹灰岩之间的地层在本区岩性变化很大，时而页岩，时而灰岩，岩性一变，颜色也变，其中缺乏明显的标志层……应该统置于西梁寺组”。由此可知，西梁寺组在区域上是不易细分的。但是此后仍有人试图从生物的或以局部的划分为依据进行细分（见表 3-1），总之均是不可取的方案。夏树芳（1990）在西乡县东部创建西乡组，该组分布范围极小，为极薄的碎屑岩，前人多将其视为宝塔组底部的底砾岩，西安地质学校师生（1975）首次提出这一部分地层属于庙坡期，并归入大田坝组。其后问津者亦不多见，本书认为，这一部分极薄又无特殊地质意义的地层作为独立的地层单位是不合适的，而且也与前寒武纪的西乡群重名，因此应该停用。

在星子山地区：杨敬之（1944）、秦岭区测队（1959）、四川达县地质队（1958）等都曾划分出龟裂纹灰岩，但是未见具体命名。四川第二区测队（1970）首先划分出宝塔组，其范围仅包括龟裂纹灰岩，龟裂纹灰岩以上的瘤状灰岩和黄绿色页岩等则归入临湘组。李耀西等（1975）采用米仓山区的划分方案，将龟裂纹灰岩和瘤状灰岩合并，统称宝塔灰岩组，瘤状灰岩之上的黄绿色页岩夹瘤状灰岩则称涧草沟组。此后陕西地层表编写组（1977—1983），马润华（1982—1990），成汉钧等（1985、1988、1989），陕西地矿局（1989），陕西区调队（1990），赖才根等（1989），李晋僧、赖才根（1994）等划分的宝塔组均不外乎上述两种方案（表 3-1）。

表 3-1　陕南星子山地区大湾组—龙马溪组划分沿革表

四川第二区测队 1970		李耀西等 1975		陕西地层表编写组 1977—1983		马润华 1982—1990		成汉钧等 1988		李晋僧、赖才根 1994		本书	
镇巴		镇巴水河沟		镇巴—紫阳		镇巴—紫阳		镇巴—紫阳		镇巴马家湾		镇巴—紫阳	
S_1	龙马溪组	S_1	龙马溪组	S_1	龙马溪组	S_1	龙马溪组	S_1	龙马溪组	S_1	龙马溪组	S_1	龙马溪组（观音桥层）
						O_2	观音桥组	O_3	五峰组：观音桥组	O_3	观音桥组	O_3	
O_2	五峰组						五峰组		五峰组：笔石页岩段		五峰组		
	临湘组	O_3	涧草沟组	O_2	临湘组		涧草沟组		涧草沟组		临湘组	O_2	宝塔组（涧草沟层）
	宝塔组	O_2	宝塔组		宝塔组		宝塔组	O_2	宝塔组与大田坝组	O_2	宝塔组		
O_1	未名	O_1	西梁寺组	O_1	未名		大田坝组		牯牛潭组		大田坝组	O_1	大湾组
						O_1	牯牛潭组	O_1	湄潭组	O_1	金鸡湾组		
							金鸡湾组				三游洞组		
$∈_3$	三游洞群	$∈_3$—$∈_2$	罩家庙群	$∈_3$	三游洞群	$∈_3$	三游洞群	$∈_3$	三游洞群	$∈_3$		$∈_3$	娄山关组

本次对比研究认为：(1) 大田坝组在标准地点——川东南秀山一带，本来就是宝塔组的一部分，其划分完全是依据生物化石确定的，应予停用；(2) 省内目前尚未发现可与庙坡组（黑色页岩）或牯牛潭组（青灰色或微红色瘤状灰岩与灰岩互层）对比的地层，其命名应该停用；(3) 前述临湘组就其发育瘤状灰岩而言，似乎比较接近标准地点——湖南临湘五里碑的临湘组；但是这一部分地层与宝塔组不易划分，故采用李耀西等（1975）的意见，归入宝塔组中；(4) 前人在陕南宁强—镇巴一带划分的涧草沟组或临湘组（见下文）因岩性接近宝塔组，故作为该组的一个层级地层单位看待。划分后的宝塔组其底界以龟裂纹灰岩的出现划分；顶界以瘤状灰岩的结束为界线。

【现在定义】 整合于庙坡组黑色页岩或西梁寺组灰岩夹页岩、粉砂岩、大湾组灰岩之上、龙马溪组黑色页岩之下的一套地层序列。上部以灰绿色泥质瘤状灰岩为主；下部以厚层灰白及褐色“龟裂纹”灰岩为主，夹少量薄层泥质灰岩或页岩。含鹦鹉螺、三叶虫等化石。

【层型】 选层型位于“湖北省新滩龙马溪下滩头沿江剖面”，为湖北三峡地层组（1978）所测。省内次层型为“镇巴县高桥水河沟剖面”（110°49′16″，30°56′17″），由李耀西等（1971）测制。

【地质特征及区域变化】 省内该组岩性特征明显，以紫红色含泥质生物碎屑灰岩为主，普遍具龟裂纹，在较完整的剖面上，自下而上可进一步划分为三部分：下部灰色泥纹状灰岩夹紫红色页岩或砂岩；中部为灰色、紫红色中厚层状龟裂纹灰岩，无夹层；上部为灰白色、灰色泥质网纹状、瘤状灰岩。厚度在省内一般 14～29 m。含丰富的头足类 *Sinoceras chinense*；牙形石 *Hamarodus europaeus*，*Pygodus anserinus*，*Eoplacognathus jianyeensis* 和三叶虫等。时代为中—晚奥陶世。

该组分布于宁强—镇巴和紫阳—紫黄一带。岩性、岩相稳定。

涧草沟层 Ob^j (06-61-0350)

【创名及原始定义】 王钰、陈梦熊（1945）创名于贵州遵义市北七公里董公寺涧草沟，卢衍豪（1959）介绍。原称涧草沟层。原始定义：“涧草沟层”覆于龟裂纹石灰岩之上，由黄色砂质页岩组成，厚度不过一米，三叶虫化石经卢衍豪鉴定有 *Nankinolithus* 及 *Lonchodomas* 两属，同产的有少数笔石，如 *Climacograptus putillus* 和 *Diplograptus* 等。

【沿革】 张文堂（1962）改为涧草沟组，陈润业、蒯万筹（1961）据三叶虫化石，肯定了四川万源至陕西镇巴司上一带有涧草沟组或临湘组的存在。1967 年四川石油管理局地调处 103 队首先引入本省①，之后涧草沟组或临湘组被后人（见表 3-1）广泛使用。本书考虑省内宝塔组厚层瘤状灰岩与龙马溪组黑色页岩之间发育的地层主要以钙质泥岩为主，薄层或凸镜状的瘤状灰岩夹层极少，故称涧草沟层为宜，置于宝塔组顶部。

【现在定义】 位于宝塔组顶部，伏于龙马溪组下段（即原五峰组）之下，由一套黄灰、浅灰色薄层泥质岩、泥质灰岩组成。含丰富的三叶虫及少量笔石化石，底界以厚层瘤状灰岩结束、薄层泥质岩集中出现划分；顶界以黑色页岩或硅质页岩的底界为划分标志。

【层型】 正层型为贵州省遵义市北 7 公里董公寺涧草沟剖面，贵州省地质局 108 队（1976）重测。省内次层型为“镇巴县青狮乡马家湾剖面”（107°55′，27°46′），马润华（1981）实测。

---

① 四川石油管理局地质调查处 103 队，1967，陕南宁强及川北广元一带下古生界，1967 年度工作小结。

【地质特征及区域变化】 省内该组以发育浅灰、浅黄、黄绿色、灰绿色页岩、铝土质页岩为特征，厚度一般小于 6 m。在宁强—镇巴一带，底部常见有贫而薄的钴锰土矿层，虽然厚度小，但全区较稳定，有一定的地质意义，富含三叶虫 *Nankinolithus* sp.，*Hammatocnemis decorosus* 等化石。时代置晚奥陶世。

广泛见于宁强以东各地，区域上岩性、厚度均很稳定，是宝塔组顶部明显的标志层。

大湾组 O*d*　(06-61-0347)

【创名及原始定义】 由张文堂（1957）在湖北宜昌县分乡场女娲庙大湾村创建的大湾层演变而来。西安地质学院成汉钧等（1985）首次将该单位使用于陕西省镇巴县一带。原始定义：大湾层（厚约 11 m）灰绿色瘤状灰岩为主，间夹有稃绿色页岩多层，产腕足类、笔石、三叶虫。与上覆扬子贝层、下伏 *Cameroceras* 石灰岩，均呈整合接触。

【沿革】 《陕西省区域地质志》(1989)、《陕西的奥陶系》(1990) 将镇巴星子山区上述地层划分为金鸡湾组和牯牛潭组。这两个组的界线难以划分，在区域上岩性变化大，而且与湖北三峡地区的牯牛潭石灰岩有较为明显的差别。从岩性组合、生物化石特征与上、下地层的接触关系分析，与鄂西的大湾组有相似之处。所以将上述两个组合并，统称大湾组。

【现在定义】 为一套富含腕足类、三叶虫、笔石等的泥质较高的碳酸盐岩地层，下部为灰、灰绿色薄至中厚层状泥质瘤状生物灰岩夹黄绿、灰绿色泥岩；中部为紫红、暗红色生屑灰岩、泥灰岩；上部为灰、灰绿色薄至中厚层状泥质瘤状生物灰岩夹泥岩。与上覆牯牛潭组中厚层灰岩（或宝塔组龟裂纹灰岩）和下伏红花园组深灰色厚层含头足类粗生屑灰岩（或娄山关组厚层白云岩均呈整合接触。

【层型】 正层型位于湖北宜昌县分乡场女娲庙大湾村，由张文堂、朱兆玲等（1956）测制。省内次层型为“紫阳县紫黄金鸡湾剖面”(108°9′5″, 32°18′20″)，由徐宝政（1974）实测。

上覆地层：**宝塔组**　紫红色厚层龟裂纹灰岩

———————— 整　合 ————————

大湾组	总厚度 21.33 m
4. 灰、灰绿色中厚层瘤状泥质灰岩，含腕足类化石 *Nicolella* sp.，*Glyptorthis* sp.，*Lepidorthis* sp. 等	4.11 m
3. 灰绿色钙质粉砂质泥岩，夹褐灰色泥砂质灰岩凸镜体，含三叶虫和笔石 *Didymograptus nicholsoni*，*Azygograptus* sp.，*Janograptus* sp.	9.24 m
2. 灰白色中厚层生物碎屑灰岩，含牙形刺 *Oistodus lingouatus*，*O. forceps*，*Gothodus costulatus*	3.08 m
1. 灰色中—厚层钙质石英砂岩，夹灰绿色页岩，含牙形刺 *Drepanodus deltifer*，*D. homocurvatus* 等	4.90 m

———————— 整　合 ————————

下伏地层：**娄山关组**　灰色中厚层状白云岩

【地质特征及区域变化】 省内该组在剖面上可划分为两个明显的沉积韵律层，其中碎屑岩和碳酸盐岩基本相等。由灰色中厚层状钙质石英砂岩夹页岩到灰白色生物碎屑灰岩和灰绿色钙质砂质泥岩夹砂质灰岩凸镜体到瘤状泥质灰岩组成。以水平层理为主，波状、凸镜状层理发育，砾屑、砂屑、生物碎屑灰岩夹层多。含腕足类、三叶虫、笔石和牙形石等化石，其时代相当于红花园期到庙坡期。仅分布于镇巴的星子山到紫阳县紫黄乡一带。由剖面向北到镇巴马家湾以北，整个剖面以泥质碳酸盐岩为主，夹少许细砂岩和页岩。厚度一般22～30 m。向南到万源曹家双岔口一带，厚度达142.3 m，岩性与前述剖面相似。

白龙江群 *SB* (06-61-0412)

【创名及原始定义】 叶连俊、关士聪（1944）创名于甘肃武都县附近的白龙江。原称白龙江系。陕西区测队（1967）首次引入略阳西部的秦家坝、西淮坝一带。原始定义：本系地层不整合伏于泥盆纪地层之下，分布于白龙江上游西固武都一带。岩石以黑色页岩为主，以薄层砂质千枚岩副之，上部每间夹黑灰色结晶石灰岩（或白云岩），内产链子珊瑚等化石，中部有时含劣质烟煤。因变质关系页岩大部变为千枚岩及绿色片岩。

【沿革】 陕西区测队（1968）将甘肃虞关—陕西留坝以南一带巨厚浅变质沉积岩自下而上分为磨坝组（千枚岩）、中川组（碳质板岩）、二沟组（砂岩）、大河店组（灰岩）。陕西地层表编写组（1983）自下而上划分为迭部群、舟曲群、白龙江群（狭义）。甘肃区调队（1986）将原划白龙江群底部的中基性火山碎屑岩等单独划出，创名大堡群。四川省地矿局川西北地质大队（简称川西北地质大队，1992）① 在四川若尔盖将舟曲群之上的地层创名卓乌阔组。陕西区调队（1994）② 将白龙江群改为白龙江岩群，自下而上分为迭部岩组、舟曲岩组、上部灰岩划归泥盆纪大河店组，各岩组间均为断层接触。本书恢复使用白龙江群，但不包括大堡群。

【现在定义】 由下而上划分为迭部组、舟曲组、卓乌阔组。

迭部组 *Sdb* (06-61-0413)

【创名及原始定义】 甘肃地层表编写组（1976）在甘肃迭部创名，原称迭部群，翟玉沛（1977）介绍。原始定义：迭部群为海相碎屑岩夹少量硅质岩及火山岩沉积，与上覆地层中志留统舟曲群呈整合接触，其下伏地层屡遭破坏，出露不全，仅在四川省若尔盖县白依沟与白依沟群呈平行不整合。

【沿革】 陕西区调队（1968）将略阳徐家坪至观音寺一带的一套绢云千枚岩—板岩夹灰质、砂质千枚岩地层创名为磨坝组。将马蹄湾至中川两河口一线的砂质板岩夹片理化变质砂岩创名为中川组。陕西地层表编写组（1983）第一次将迭部组一名引入我省。本书将原划迭部群下部火山岩系归入大堡组，其上部地层划为迭部组（大体相当原划磨坝组、中川组）。由于磨坝组和中川组在陕西无完整剖面，层序不清，自创名后无人使用，建议停用。

【现在定义】 迭部组为一套浅灰、黑灰色含碳硅质板岩、碳质岩、变砂岩、千枚岩、白云岩、白云质灰岩等，为笔石相地层。其与上覆舟曲组的主要区别是出现含硅质及白云质岩石，与下伏大堡组的区别是不夹火山岩或火山碎屑岩，上、下均呈整合接触。

【层型】 正层型为“甘肃迭部尖泥沟剖面”（103°34′，34°1′），由翟玉沛等（1977）测制。省内次层型为“略阳秦家坝—窑坪河剖面”（105°56′57″，33°23′16″），由陕西区调队李育敬等（1994）③ 测制。

---

① 四川省地质矿产局川西北地质大队，1992，1∶5万贡巴、扎杂那、占哇、祖爱、郎木寺、迭部县、降札、白云八幅区调报告。
② 陕西省地质矿产局区域地质调查队，1994，1∶5万两河口、徐家坪、窑坪、上两河口、白水江等五幅区调报告。
③ 陕西省地质矿产局区域地质调查队李育敬等，1994，1∶5万I-48-93-c（徐家坪）等五幅区调联测报告。

【地质特征及区域变化】 省内岩性可分两部分：下部为黑色碳质板岩，含碳粉砂质板岩夹薄层含碳泥灰岩，厚 500～1 073.48 m，以西部秦家坝厚度最大。上部为变质砂、板岩，厚 1 393～1 888 m，由下向上粒度由粗变细，可分两段：下段为粉砂质板岩与薄层粉砂岩互层，夹泥灰岩；上段为绢云千枚岩与薄层石英粉砂岩。与下伏大堡组和上覆舟曲组均为断层接触。经对指相元素 V/Ni 比值计算，多数比值大于 1，为海相沉积。在康县大堡的迭部组上部采到笔石化石 *Monograptus sedgwicki*，*Spirograptus turriculatus*，时代为早志留世。

分布于略阳秦家坝、八渡河、黑河观音寺及二沟等地。由西向东厚度逐渐增大，自1 800 m 至 2 700 m，下部岩性较稳定，以砂质千枚岩、含碳板岩为主；上部岩性以粉砂质板岩为主，局部夹粗面熔岩和灰岩，东部在黑河因靠近光头山岩体，岩性变为云母石英片岩。

【其他】 本组南部靠近略阳-马道区域大断裂带，岩石遭受强烈面理置换，局部形成糜棱岩，具拉丝、拖尾、旋转构造等，因此地层厚度不可能十分准确。

舟曲组 Sẑ (06-61-0414)

【创名及原始定义】 甘肃地层表编写组（1976）在甘肃省舟曲县城附近创名，翟玉沛（1977）介绍，原称舟曲群。陕西地层表编写组（1977）首先引入留坝县城以西各地。原始定义：下部以中厚层变砂岩为主，夹少量板岩及粉砂质千枚岩；上部以含碳板岩及粉砂质千枚岩为主，夹硅质岩及灰岩。为混合相沉积，厚 892～2 105 m。富含腕足类、珊瑚，仅在甘肃舟曲庙沟发现笔石一处，与上覆白龙江群，下伏迭部群均呈整合接触。

【沿革】 陕西区测队（1968）将甘肃虞关—陕西留坝以南一套砂岩为主的碎屑岩创名为二沟组。陕西地层表编写组（1977）将舟曲群一名引入我省。本次对比研究考虑到二沟组的创名地区岩石变质深、构造复杂、地层层序不清故使用舟曲组，属于白龙江群的中部，原划二沟组为舟曲组的同物异名。

【现在定义】 舟曲组下部以中厚层变砂岩为主，夹少量板岩及粉砂质千枚岩；上部以含碳板岩及粉砂质千枚岩为主，夹硅质岩及灰岩。厚 892～2 105 m。富含腕足类、珊瑚化石，与上覆卓乌阔组、下伏迭部组均呈整合接触。

【层型】 创名时未指定正层型，现指定选层型为甘肃省舟曲县西南 6km 的“小梁沟剖面”（104°18′，34°46′），由甘肃区调队（1980）实测。省内次层型为“略阳白水江铁炉沟—黑山沟口剖面”（106°2′24″，33°32′19″），由陕西区调队李育敬等（1994）测制。

【地质特征及区域变化】 省内岩性可分两部：下部以长石石英砂岩、长石石英粉砂岩为主，夹少量粉砂质板岩；上部为含碳粉砂质板岩、粉砂质板岩夹薄层灰岩、含碳硅质板岩、粉砂岩。与下伏迭部组、上覆卓乌阔组均为断层接触。时代暂置中志留世。

分布同迭部组。下部长石石英砂岩为本组的标志层，纵横向变化不大，嘉陵江以西砂岩以薄层为主，砂质板岩夹层较多；以东砂岩为中厚层状，砂质板岩夹层较少，由西向东厚度加大，自 200 m 至 918 m。上部岩性为含碳粉砂质板岩夹薄层灰岩，岩性变化大。在西南部徐家坪地区上部岩性可分两段：下段为灰岩夹粉砂质板岩；上段为碳质板岩夹褐铁矿凸镜体，厚 448.0～642.7 m。

卓乌阔组 Sẑw (06-61-0415)

【创名及原始定义】 四川地质局川西北地质大队闵永明（1992）在四川若尔盖县占哇乡创名卓乌阔组。本书首次引入陕西省。原始定义：整合伏于普通沟组之下，覆于马尔组之上。

岩性下部以绢云板岩、硅质绢云板岩、粉砂质板岩及含碳质板岩为主，夹少量变质粉砂—细粒石英砂岩、含长石石英砂岩、灰岩凸镜体。上部为微晶灰岩、生物碎屑灰岩、礁生物灰岩与黑色板岩互层或以板岩为主夹灰岩。产笔石、珊瑚。厚634～816 m。归属上志留统。

【沿革】 陕西区测队（1968）将甘肃徽县虞关—陕西留坝一线以南，由千枚岩、碳质板岩、灰岩组成的多旋回式沉积物创名为大河店组。甘肃地层表编写组（1980）将其创名为狭义的白龙江群。本次对比研究考虑该套地层在甘肃发育完全且连续，统一使用甘肃的地层名称，但由于群名与组名不能共用，故将白龙江群（狭义）改用卓乌阔组。另外大河店组（石炭纪）与叶连俊、关士聪（1944）命名的大河店系重名，故应停用。

【现在定义】 整合伏于普通沟组之下，覆于舟曲组之上。岩性下部以绢云板岩、硅质绢云板岩、粉砂质板岩及含碳质板岩为主，夹少量变质粉砂—细粒石英砂岩、含长石石英砂岩、灰岩凸镜体。上部为微晶灰岩、生物碎屑灰岩、礁生物灰岩与黑色板岩互层，或以板岩为主夹灰岩、产笔石、珊瑚。厚634～816 m。

【层型】 正层型为“四川若尔盖县占哇乡剖面”（102°58′，34°14′），由川西北地质大队（1992）测制。

【地质特征及区域变化】 省内岩性分两部分：下部为硅质条带灰岩、深灰色微粒灰岩，夹含碳质灰岩、厚层硅质岩、泥灰岩、千枚岩等；上部为粉砂质板岩夹砂岩、千枚岩、板岩、薄层灰岩。厚约400 m。与下伏舟曲组碳质绢云板岩、上覆大枫沟组白云岩均为断层接触，所见地层仅相当于正层型的上部岩性。

分布同迭部组。上部粉砂岩仅在甘肃省徽县虞关孔家沟、吊坝出露。下部灰岩分布较广，北部吊坝一带灰岩中硅质碎屑、假鲕粒、碳质成分、硅质团块、硅质条带较多，吊坝以南灰岩底部常出现厚1～5 m不等的硅质岩夹层。由于灰岩属强能干岩层，在造山作用下，北部主要表现为“飞来峰”、“构造窗”；南部地层表现为拉长减薄，局部出现重结晶和大理岩化。

【其他】 该组在陕西无完整剖面，采用临近陕西的甘肃虞关徐家坝—孔家沟剖面进行对比。在略阳以北的卓乌阔组灰岩中，陕西区调队（1994）采到 *Thamnopora* sp.，*Cladopora palaeogracilis*，说明本组中尚有一定数量的泥盆纪地层呈断块形式混入。时代暂置中—晚志留世。

水洞沟组　Sŝ　（06-61-0417）

【创名及原始定义】 西北地质科学研究所（1970）① 创名水洞沟组，创名地位于旬阳县双河乡水洞沟，陕西地层表编写组（1983）介绍。原始定义：由灰、灰绿色千枚岩、砂质千枚岩和少量砂岩、泥质灰岩组成，底部为砾岩；上部夹暗紫色千枚岩，含珊瑚、腕足类等化石。

【沿革】 1970年西北地质科学研究所（现西安地矿所）在创名水洞沟组的同时，将出露在旬阳一带的相同地层创名为双河组。陕西地层表编写组（1983）依据化石，将双河组置于水洞沟组之下。陕西区调队（1989）将双河组、水洞沟组合并，划归西岔河组下部。本次对比研究，根据原划双河组、水洞沟组岩性组合全是千枚岩，故将两个组合并，统称水洞沟组。

【现在定义】 整合于梅子垭组之上、平行不整合于西岔河组之下，以千枚岩为主体的地层序列。可分两部分：下部为灰色千枚岩夹含碳千枚岩、变石英砂岩；上部为灰绿色及紫灰

① 西北地质科学研究所，1970，秦岭志留系地层组1970年踏勘工作总结。

色粉砂质千枚岩夹砂岩、砾岩。该组底部砾岩之底面为该组底界，西岔河组砾岩之底为该组(水洞沟组)顶界。

【层型】 正层型为“旬阳县双河镇水洞沟剖面”(109°34′20″，33°2′7″)，由西北地质科学研究所(1970)测制。

【地质特征及区域变化】 本组以发育泥质或粉砂质千枚岩为主要特征，可分两部分：下部为深灰色千枚岩，底部有砾岩；上部为杂色千枚岩(灰绿色及紫灰色)。岩石的颜色表明早期海水较深，晚期较浅，氧化环境较强，可能为海退阶段的沉积物。本组下部泥质灰岩中含珊瑚 *Heliolites decipiens*，*Somphopora* sp.，*Stereoxylodes* sp.，*Mesofavosites multitabulatus*；腕足类 *Spiriferina* sp.。

分布于旬阳县乾佑河小河口至双河镇、湖北郧西大泥沟各地。地层由西向东厚度逐渐加大，自 1 243 m 至 2 290 m；上部杂色千枚岩中砂岩夹层由少变多，至潘家乡大夹沟岩性变为千枚岩与石英砂岩互层。

【其他】 ①由于西岔河组底部砾岩与水洞沟组上部砾岩夹层不易区分，因此陕西区调队(1989)将水洞沟组归入西岔河组。②本组化石产于灰岩砾石中，而且灰岩具有明显的搬运特征。另外陕西区调队还在其中采到泥盆纪化石，故前人对其时代归属认识不一，本书鉴于该组位于早泥盆世西岔河组之下，暂时归入中、晚志留世。

斑鸠关组　OS*b*　(06-61-0405)

【创名及原始定义】 地科院三室(1961)① 创建，原称斑鸠关段，1963 年在《秦岭化石手册》中介绍。原始定义：以黑色碳质页岩、灰绿色、灰黑色钙质页岩及粉砂岩为主夹火山岩系。富含笔石 *Glyptograptus persculptus*，*Pristiograptus cyphus*，*Spirograptus turriculatus* 等。厚 300～600 m。

【沿革】 在紫阳—平利一带：地科院三室(1961)在南秦岭一带工作时曾建龙马溪统斑鸠关段、堰沟段，代表紫阳县斑鸠关一带出露的一套灰绿色及黑色中厚层石英砂岩。该室(1963)又用斑鸠关组代表上述地层下部的碳质、硅质板岩(相当 1961 年建立的堰沟段)，而上部(相当原斑鸠关段)则改称陡山沟组。陕西区测队(1965)在平利县大贵坪建立了大贵坪组，代表紫阳—平利一带早志留世沉积的碳质板岩夹少量泥质碳质板岩及碳质粉砂岩。傅力浦(1983)将斑鸠关组上部改称下斑鸠关组，斑鸠关组下部地层因时代属晚奥陶世而称为芭蕉口组。葛梅钰、李崇楼(1984)认为“斑鸠关组”仅包括 *Akidograptus ascensus* 带—*Spirograptus minor* 带的地层，其岩性在紫阳瓦房店以南为灰、灰黑色碳质页岩、泥岩与硅质泥质粉砂岩互层，中、上部夹中薄层砂岩。傅力浦(1986)将下斑鸠关组改称麻柳树湾组。陕西区调队(1989)将斑鸠关组分为晚奥陶世芭蕉口组和早志留世“斑鸠关组”，“斑鸠关组”代表 *Glyptograptus persculptus* 带至 *Monograptus sedgwickii* 带的地层，其岩性下部为碳硅质板岩；上部为长石石英粉砂岩夹板岩。在白河县冷水河、旬阳县大泥沟以及安康大河口、石泉县饶峰、洋县金水河一带，陕西区调队(1988)将前人划分的竹山系(李捷、朱森，1930)或水沟口组、下寒武统等(陕西区测队，1967)改划大贵坪组。本书认为，1963 年建立的斑鸠关组及 1965 年建立的大贵坪组均属岩石地层单位，二者地层位置相当、岩性相同、生物组合一致，应当归并。按命名优先原则，采用斑鸠关组，大贵坪组属同物异名。而下斑鸠关组、芭

---

① 中国地质科学研究院第三研究室，1961，东秦岭古生代地层(油印稿)。

蕉口组、麻柳树湾组有的以生物带进行划分，有的是不符合有关确定岩石地层单位名称的规定，故应停用。

【现在定义】 以黑色碳质板岩、碳质硅质板岩为主的地层序列；夹砂岩及火山岩。底部以碳质板岩始现为该组的底界，与下伏权河口组或洞河组整合接触；顶部以碳质板岩结束或厚层砂岩出现为该组的顶界，与上覆陡山沟组或梅子垭组整合接触。

【层型】 正层型为“紫阳县斑鸠关剖面”（108°39′，32°19′），由傅力浦、宋礼生（1986）重测。

【地质特征及区域变化】 岩石组合单一，以含碳板岩为主，局部夹火山岩，含丰富的笔石，下部有 *Dicellograptus szechuangensis*，中、上部有 *Glyptograptus persculptus*，*Pristiograptus leei*，*Cyrtograptus sakmaricus* 等。时代为晚奥陶世—中志留世。

分布在紫阳县高桥—岚皋县官元、紫阳县芭蕉口—岚皋县城—麦溪街、紫阳县焕古滩—平利县大贵坪—湖北竹溪县以及白河县、安康、洋县一带，均呈 NW－SE 向条带状分布。

该组于高滩-兵房街地层小区岩性稳定，但厚度变化大，如芭蕉口剖面为 140 m、斑鸠关剖面为 135m、紫阳县高桥皮家坝达 664 m。紫阳-平利地层小区该组岩性变化大，在大贵坪及以东地区和安康水田坪一带为一套正常沉积的硅质、碳质板岩。紫阳县城—焕古滩一带为碳质硅质板岩、钙质板岩夹粗面岩、角砾熔岩、粗面质凝灰岩等，火山岩常与正常地层互成韵律，并富含钒、钴、镍等，而且往往形成石煤，厚度可达 1 000～1 600 m。在白河县、旬阳县和安康、石泉县、洋县北部，本组主要由含碳的硅质岩、泥质板岩、千枚岩，绢云片岩夹硅质细晶灰岩、薄层砂岩组成，含磷、铀、钒、重晶石等矿产，厚度在 30～220 m 之间。洋县金水河产头足类化石 *Pseudorthoceratace*ae（周茂成，1984）。

高滩-兵房街地层小区，该组含笔石 *Amplexograptus disjunctus yangtzensis*，*Pristiograptus leei*，时代为晚奥陶世—早志留世。紫阳-平利地层小区，下部无晚奥陶世笔石，而上部具中志留世笔石，有 *Parakidograptus acuminatus* 和 *Cyrtograpus sakmaricus* 等，时代为早志留世—中志留世。因此本组时代由西南向东北呈现穿时性。

【其他】 堰沟段、大贵坪组与斑鸠关组为同物异名。麻柳树湾组、下斑鸠关组、芭蕉口组为用年代划分的地层单位，均应停用。旬阳、安康、白河、石泉一带的含碳硅质板岩和碳质板岩，前人一般都归入水沟口组或未名的下寒武统。近年由于在其上覆岩层中发现早志留世晚期化石，遂将这部分地层归入大贵坪组。

陡山沟组 *Sd* （06－61－0406）

【创名及原始定义】 地科院三室（1963）创名，创名地在紫阳县斑鸠关南 2 km 的陡山沟村。1963 年在《秦岭化石手册》中介绍。原始定义：灰绿色的中厚层石英砂岩及粉砂岩。厚 90～120 m。

【沿革】 地科院三室（1961）在南秦岭工作时创立斑鸠关段，1963 年改称陡山沟组。傅力浦（1983）将上述陡山沟组按化石带自下而上分为上斑鸠关组、“陡山沟组”、“吴家河组”及仙中沟组（指下部）。上斑鸠关组为中—薄层砂岩、砂质板岩与板岩互层；“陡山沟组”以厚层砂质板岩和砂岩为主；“吴家河组”以厚层及块状石英砂岩为特征；仙中沟组下部为中厚层粗粒砂岩，向上变为板岩和砂质板岩。葛梅钰、李崇楼（1984）用生物带对陡山沟组重新进行划分，下部称“斑鸠关组”，中部称“陡山沟组”、上部称“五峡河组”。傅力浦（1986）将上斑鸠关组改为“斑鸠关组”。

本书认为傅力浦在芭蕉口剖面上划分的“上斑鸠关组”、“陡山沟组”、仙中沟组下部，实际上是陡山沟组的进一步再分，在其他剖面上不能展开。而葛梅钰等用生物带划分陡山沟组属非岩石地层。所以本书均不采用。1963 年建组时所描述的岩性与上、下地层明显不同，区域上分布稳定，不易再进行分割，应属独立的岩石地层单位——陡山沟组。

【现在定义】 指整合于斑鸠关组之上、五峡河组之下的地层序列，以灰色砂岩、粉砂岩为主，夹少量板岩。以中厚层砂岩及粉砂岩的出现或碳质硅质板岩的结束为该组的底界；以中厚层砂岩的结束或含碳板岩夹粉砂岩的出现为该组顶界。

【层型】 正层型为“紫阳斑鸠关剖面”(108°39′，32°19′)，由傅力浦、宋礼生（1986）重测。

【地质特征及区域变化】 岩石组合以厚层—巨厚层长石石英粉砂岩、粉砂质细砂岩为主，夹粘板岩。发育大量沟模、槽模、重荷模及小型沙纹层理、包卷层理，代表浊积岩相，相当浊积扇沉积。含丰富的笔石，主要有 *Spirograptus minor*，*S. turriculatus*，*Monograptus priodon*，*Cyrtograptus sakmaricus*，*C. lapworthi* 等。时代属早志留世—中志留世，具穿时性。

分布在紫阳县高桥、官元、芭蕉口和岚皋县麦溪街一带，呈条带状 NW－SE 向展布。厚度变化大。芭蕉口达 1 070 m，斑鸠关为 728 m，高桥不足 100 m。岩性变化主要表现在砂岩粒度及单层厚度不同，但规律性不明显。

【其他】 上斑鸠关组的命名不符合地层规范的有关规定，仙中沟组为用年代划分的地层单位，而且只相当陡山沟组的一部分，应当停用。

五峡河组 Sw (06－61－0407)

【创名及原始定义】 地科院三室（1963）创建，取名于岚皋县五峡河。原始定义：灰绿色、灰黑色的页岩及粉砂岩，含笔石 *Oktavites spiralis*。厚 270～5 000 m。

【沿革】 地科院三室（1961）在秦岭工作时，曾称龙马溪组双河段。陕西地层表编写组（1983）因行政区改为吴家河，而将五峡河组改为吴家河组。傅力浦（1983）用仙中沟组代表中志留世的地层，其中包括 1963 年创名时的五峡河组及陡山沟组顶部地层。葛梅钰、李崇楼（1984）将五峡河组上部属于中志留世的地层称为安坪梁组；将五峡河组下部及陡山沟组上部，含 *Oktavites spiralis* 带的地层称“五峡河组”。傅力浦（1986）将瓦房店出露的晚志留世（?）五峡河组称为瓦房店组。本书认为，1963 年建立的五峡河组是岩石地层单位，应当予以保留，继续使用。其他以生物或年代建立的地层单位，如仙中沟组、安坪梁组及属非原始命名的吴家河组均应停用。双河段建名后无人使用，也当在停用之列。

【现在定义】 指整合于陡山沟组或白崖垭组之上的一套地层序列，为灰色粉砂质板岩、黑色碳质板岩夹粉砂岩、碳质粉砂岩。顶部出露不全。以中厚层砂岩或灰岩的消失为该组的底界。

【层型】 创名时未指定正层型，本书指定“紫阳县斑鸠关剖面”(108°39′，32°19′）为选层型，由傅力浦、宋礼生（1986）测制。

【地质特征及区域变化】 为一套浅变质的粘土岩、粉砂岩。下部多以含碳质板岩夹粉砂岩为主，中、上部以灰色板岩为主夹粉砂岩。具小型沙纹层理，属正常的斜坡相沉积。含丰富的化石，主要有笔石 *Oktavites spiralis*，*Cyrtograptus murchisoni* 等，时代为早志留世—中志留世。

分布于高滩-兵房街地层小区北部，见于紫阳县芭蕉口、高桥、斑鸠关和岚皋县麦溪街、官元一带，呈条带状NW-SE南东向展布。由于顶部被断层破坏，保存不全，可见厚度为130～350 m。

白崖垭组　Sb　(06-61-0408)

【创名及原始定义】　地科院三室（1961）在秦岭工作时创建，1963年在《秦岭化石手册》中介绍。创名地在岚皋镇白崖垭。原始定义：以生物灰岩为主，局部夹钙质砂岩，灰岩中富含珊瑚 *Favosites gothlandicus*，*F.* aff. *tachlowitzensis*，*Stauria prolitera*，*Multisolenia* sp. 等。厚25～315 m。

【沿革】　地科院三室（1963）将白崖垭组置于五峡河组之上，认为属中志留世，其上为晚志留世方家垭组。陕西区测队（1966）证实方家垭组为红椿坝断层以北的洞河群。陕西地层表编写组（1983）将五峡河组改为吴家河组，同时认为白崖垭组与吴家河组为同期异相产物，白崖垭组因断层破坏，顶部缺失。陕西区调队（1988）在进行1∶20万紫阳幅修编时，将上部灰、青灰色生物灰岩及钙质砂岩部分称为“白崖垭组”，下部灰绿色钙质胶结的辉石玢岩质砂砾岩夹灰岩及灰岩凸镜体部分称为滔河口组。并认为这两部分地层在区域上为陡山沟组的相变产物。而在1989年出版地质图说明书时，又统称陡山沟组。李育敬（1989）保留上述“白崖垭组”、滔河口组，并指出滔河口组与下伏斑鸠关组整合接触，白崖垭组与上覆五峡河组亦为整合接触。雒昆利（1992）认为“白崖垭组”是五峡河组的夹层，分布范围小，不具备建组条件，统称五峡河组。本书认为白崖垭组的岩性及生物组合与上、下地层明显不同，在地质发展史中有很重要作用，应当保留。

【现在定义】　整合于陡山沟组之上、五峡河组之下，为一套以灰岩、生物碎屑灰岩为主体的地层序列，局部地区下部夹数层辉石玢岩质的砂砾岩。以碳酸盐岩的出现和消失为本组的底界和顶界。

【层型】　正层型为“岚皋小镇白崖垭剖面”（108°49′，32°22′），由李育敬等（1989）重测。

【地质特征及区域变化】　在岚皋县白崖垭为以碳酸盐岩夹碎屑岩为主的岩石组合，含大量珊瑚、层孔虫，主要有 *Tryplasma* sp.，*Lebechia* sp. 等。在滔河口一带为灰岩、板岩及辉石玢岩质砂砾岩。与陡山沟组存在部分相变。时代依据上覆地层所产笔石确定为早志留世。

在高滩-兵房街地层小区，沿红椿坝断裂断续出露。主要分布在紫阳县洞河中坝、岚皋县明珠坝、小镇、溢河等地。因上部保存不全，实际厚度不详。

【其他】　本书认为滔河口组含灰岩，与白崖垭组主要特征相同，应归入白崖垭组之中，不应单独建组。吴家河组不符合地层规范的规定，应予以停用。

梅子垭组　Sm　(06-61-0411)

【创名及原始定义】　陕西区测队（1965）在湖北省竹溪县李家河梅子垭创名，同年刊于《1∶20万平利幅（I-49-[XXXII]）地质图说明书》。原始定义：与大贵坪组为连续沉积，由泥质板岩组成，地层在下部主要为砂质板岩，往上夹砂岩；上部以泥质板岩为主与砂质板岩互层夹碳质条带状泥质板岩。大贵坪北见其底部夹厚20 m凝灰质砂岩。老县、坝河等地在剖面中部夹一层厚0.5～4 m石灰岩（或沿走向变为灰质板岩）可作标志层。

【沿革】　在紫阳县、平利县一带本组自创名以来，涵意无变化。在旬阳县尖山、白河县麻虎沟、安康茨沟、汉阴县铁佛寺、石泉县大河坝、洋县八里关一带，陕西区调队（1989）将原未名志留系（陕西区测队，1967）中的大部分地层划归梅子垭组。

【现在定义】 位于竹溪组之下、斑鸠关组之上，均为整合接触。岩性主要为砂质板岩、绢云板岩、泥质板岩或绿泥绢云千枚岩夹少量粉砂岩、绢云石英千枚岩、凝灰砂岩，顶部夹少量钙质板岩。下界以大量泥质板岩出现与斑鸠关组分界；顶部以灰岩底面作为竹溪组的底界。

【层型】 正层型为湖北省“竹溪县岱王沟—杨家山剖面”（109°47′38″，32°4′15″）。省内次层型为“平利县坝河—中坝剖面”（109°22′8″，32°28′33″），均由陕西区测队（1965）测制。

【地质特征及区域变化】 省内岩性以平利县坝河剖面为代表，主要为泥质板岩、砂质板岩夹薄层砂岩和很少量灰岩，偶夹碳质砂质板岩。在平利县坝河、老县等地厚度最大，约 2 311 m，向两侧变薄，约厚 1 000～1 500 m。在平利县大贵坪以北，底部夹凝灰质砂岩，向东到陕鄂边界，下部变为粗面质火山岩。在白河县、旬阳县和安康—洋县北部各地，本组为千枚岩、二云石英片岩、粉砂质板岩组成，夹薄层灰岩、硅质岩等。含磷、钒、铀等。厚 50～300 m。石泉县二郎沟产珊瑚 *Multisolenia* sp.。湖北郧西县大泥沟同生灰质砾岩中产腕足类*Eospirifer radiatus*，*Nalivkinia* sp.；头足类 *Michelinoceras* sp.；三叶虫 *Illalnus* sp.。在紫阳县蒿坪含笔石 *Spirograptus proteus*，*S. tallerg*，*Oktavites spiralis*；焕古滩含 *Cyrtograptus lungreni*，*C. sakmaricus* 等，时代为早志留世—中志留世。

见于紫阳县、平利县、岚皋县、湖北竹溪县等地。厚度变化大。平利县坝河厚度最大，约 2 900 m，向两侧变薄，一般厚 1 000～1 500 m。平利县大贵坪该组底部夹凝灰质砂岩，东延至陕鄂交界，岩性变为粗面质火山岩。

【其他】 前人曾将湖北郧西县、白河县一带的梅子垭组划为岳家坪组、蜈蚣丫组和未名的奥陶系、志留系等。将旬阳县—洋县一带的该地层归入未名的中寒武统—奥陶系或笼统地置于志留系。陕西区调队（1989）改称为梅子垭组。本书认为，鉴于该套地层位于斑鸠关组之上，岩性以千枚岩为主，夹少量灰岩和硅质岩，故与梅子垭组对比。

茂县群 *SM* （06-61-0409）

【创名及原始定义】 谭锡畴、李春昱（1935）创名茂县系。创名地在四川省茂县。原始定义：在松理平茂区路线地质调查时，在茂县城东北水磨坝沟见有灰岩颇厚，夹于黑色片岩内，含珊瑚颇多，属泥盆纪，尚有头足类化石，似为志留纪之产物，均称为茂县系。

【沿革】 秦岭区测队（1961）将宁强阳平关—勉县新铺一带的志留纪地层统归元古界东房沟组。陕西区测队（1967）将燕子砭以西的志留纪地层下部称滑天坡组，上部称黄坪组。1977年陕西地层表编写组将该单位名称引入陕西境内的宁强北部。陕西区调队（1991）测制了“宽川铺—烈金坝剖面”，将下部碳质、硅质板岩称为大贵坪组，上部砂质板岩、长石石英砂岩称为梅子垭组。本书从岩性特征及大地构造位置分析，将宁强宽川铺一带及燕子砭西南等地，以发育碳质页岩为主要特征的地层归入茂县群。

【现在定义】 整合覆于危关组或棒打组陕西为侏罗纪的洪水沟组之下①，与下伏地层为整合、平行不整合或超覆不整合接触。岩性以碳质千枚岩、千枚岩、板岩为主，夹变质砂岩、砂泥质结晶灰岩、泥灰岩、微晶灰岩，大理岩组成的大套砂泥质—碳酸盐岩建造。产笔石、珊瑚、腕足类化石。厚度大于 743～4 138 m。

【层型】 创名时未指定正层型。选层型为“四川省茂县石鼓乡剖面”（103°50′，31°35′），

① 本省无危关组和棒打组。

由四川地矿局区测队（1975）测制。

【地质特征及区域变化】　省内在“宁强县烈金坝”剖面，下部以碳硅质板岩为主，具水平层理、板状交错层理、流水波痕，属局限盆地沉积。上部以砂岩、粉砂质板岩为主，夹白云岩，局部发育少量砾岩。具大型交错层理、楔状层理，砾岩具递变层理，为滨海相沉积。在烈金坝总厚1 423 m，未发现化石。该群在本省顶部出露不全，下部与陈家坝组平行不整合接触。

分布在阳平关地层小区的阳平关—青羊驿一带，以及燕子砭西南等地，阳平关以东两分性明显，燕子砭以西为绢云千枚岩及变质细砂岩，未见下部含碳硅质板岩，厚度不详。

【其他】　该群研究甚少，除宽川铺—烈金坝测有剖面外，其他地区资料欠缺，只能笼统地与层型对比。东房沟组包括不同岩性不同时代（从元古代到志留纪）的地层，应当停用。滑天坡组、黄坪组是从四川引进的单位名称，与本省具体对比差异较大，建议停止使用。时代暂置早—中志留世。

龙马溪组　OS*l*　（06－61－0401）

【创名及原始定义】　李四光、赵亚曾（1924）创名龙马溪页岩（Lungma Shale），创名地在湖北省秭归县新滩龙马溪村。原属“新滩页岩”的下部。为一套黑色含沥青质页岩，它比其上的新滩页岩要坚硬一些。含大量剑笔石、栅笔石、单笔石，和少量零星的直角石在一起。黑色页岩的厚度不超过32米，但它向上消失于巧克力色的风化黑蓝色页岩中。……不知道是否应将这层黑蓝色页岩包括在龙马页岩中，……有待于它含笔石性质的进一步证明。无论如何，龙马页岩总厚度不会超过200 m。”“龙马页岩为早蓝多维列世（Llandovery，早志留世早期）。”

【沿革】　赵亚曾、黄汲清（1931）在川陕一带工作时，将宁强一带的志留纪地层称为“新滩页岩”。尹赞勋（1949）、西北大学地质系（1954）依据笔石化石将上述新滩页岩对比为龙马溪页岩。中国地质学编辑委员会和中科院地质所（1956）改称龙马溪组。南京地质古生物研究所（1974）将宁强一带宝塔组灰岩之上的黑色页岩按时代分为两个组，下部称五峰组，属晚奥陶世；上部称“龙马溪组”，属早志留世。陕西地层表编写组（1983）将南古所称为龙马溪组的部分，又分为两个组，下部称南郑组、上部称龙马溪组。林宝玉（1984）将陕南一带上述黑色页岩部分称为龙马溪组。本书同意林宝玉的意见，将宝塔组或涧草沟层之上，以黑色为特征的页岩称为龙马溪组，其中含三叶虫和腕足类化石的砂砾岩夹灰岩凸镜体的地层，称为观音桥层。

【现在定义】　指整合于宝塔组瘤状灰岩之上、新滩组黄绿色页岩之下的一套富含笔石黑色页岩、碳质页岩、硅质岩、碳质硅质页岩夹泥灰岩或硅质灰岩凸镜体（观音桥层）含腕足类和三叶虫化石。在区域上往往被风化呈淡红色至褐紫色、紫灰色。包括前人在我省划分的五峰组、观音桥组（或南郑组）或狭义的龙马溪组。

【层型】　选层型为湖北省“秭归县新滩龙马溪村边剖面”（110°49′16″，30°56′17″），由湖北三峡地层组（1978）测制。

【地质特征及区域变化】　岩石组合单一，为含碳的粘土岩，局部有粗碎屑岩，具水平薄层理，富含笔石，为浅海—半深海相。笔石主要为 *Dicellograptus elegans*，*Glyptograptus persculptus*，*Spirogratus turriculatus*，*Oktavites involutus* var. *sinica* 等。腕足类和三叶虫有 *Hirnantia sagittifera*，*H. kielanae*，*Dalmanitina nanchengensis* 等。时代为晚奥陶世—早志留世。

分布在米仓山地层小区的南郑县法慈院、天池梁、福成、挂宝岩及西乡县入海坪、镇巴县清狮，以及紫阳县金鸡湾等地。岩性稳定，厚度一般 20～30 m，紫阳、镇巴一带可达 40～50 m。宁强县大竹坝将军山、二郎坝等地未见沉积。

【其他】 五峰组为用年代划分的地层单位，应停止使用，其地层现归入龙马溪组。

观音桥层 OSl^{g} (06-61-0402)

【创名及原始定义】 卢衍豪（1959）将张鸣韶、盛莘夫（1939）创名的黄连树页岩下部的泥质灰岩单独划出，另立观音桥层①，仍隶属于五峰组。创名地在四川省綦江县观音桥之南 2 km 处。原始定义：在黑色页岩（指五峰组下部——笔者）之上，有 0.4 m 或 0.5 m 厚的暗灰色石灰岩或泥质灰岩、黄色页岩，产腕足类 *Hebertella* aff. *occidentalis* 等，时代属晚奥陶世。此石灰岩或页岩与产单笔石化石的下志留纪页岩之间有一假整合存在。

【沿革】 卢衍豪（1959）将南郑梁山奥陶纪地层之上的一层富产达尔曼虫等三叶虫的黄色页岩，称为南郑页岩。李耀西等（1975）将南郑挂宝岩含达尔曼虫的含砾砂岩称达尔曼虫层。马润华（1981）首先在镇巴县东部的“马家湾剖面”发现该层，遂将观音桥层上升为组引入陕西②。陕西地层表编写组（1983）将南郑组使用地区范围扩大，包括了宁强—镇巴一带含达尔曼虫的砂砾岩层。朱兆铃等（1986）重新研究了南郑组的正层型，认为由三部分岩性组成，下部为泥页岩夹硅质岩，中部为砂岩层，上部为泥灰岩层，产三叶虫、头足类、腕足类、笔石。本书认为，过去我省称之为达尔曼虫层的地层与广泛分布在我国华中、西南地区的观音桥层岩性相似，生物组合特征相同。因此使用观音桥层，停用以生物命名的达尔曼虫层，此外南郑组因分布范围小，不宜作为单独的填图单位，将其归入观音桥层统一表示。

【现在定义】 指现划为龙马溪组中部（即原称五峰组与原称龙马溪组之间）的一套灰、深灰色薄至中厚层泥质灰岩、生物碎屑灰岩及泥灰岩，风化后似泥岩的岩层，含丰富的腕足类、三叶虫及少量笔石。

【层型】 正层型位于四川綦江县南 90 km 的观音村南 2 km 公路上，称为“四川綦江县观音桥剖面”（107°46′，28°38′），由贵州地质局 108 队（1978）重测。

【地质特征及区域变化】 省内总体为一含钙的粗碎屑岩层。含三叶虫、腕足类，主要有 *Dalmatina*，*Hirnantia* 等，属海水较浅生成的沉积物。时代置晚奥陶世—早志留世。

分布在米仓山地层小区和星子山地层小区。南郑梁山、福成挂宝岩、西乡县三郎铺及镇巴县清狮、紫阳县赵里溪等地有出露。除梁山为砂岩及泥质灰岩外，其他地区主要为含钙的砂砾岩。厚度最大 6 m，一般 1 m 以下。

【其他】 本书划分的观音桥层与我国华南广大地区的岩性略有差异，除南郑梁山含泥灰岩外，其他地区均为砂砾岩，但均以产三叶虫为主。本书认为，这种差异是处于地台边缘所致，属单位内部的岩性变化。为了便于对比，亦使用观音桥层一名，南郑组为同物异名。

新滩组 Sx (06-61-0403)

【创名及原始定义】 Blackwelder（1907）建立于湖北省秭归县新滩，原称新滩页岩。原始定义：厚层绿色页岩，局部夹薄层石英砂岩和结晶灰岩。页岩甚软，常含砂质，无化石。最底部在苏家坝一带是黑色和棕色的粘土页岩，在天目树坪最顶部是红色页岩，在大宁县其上

① 盛莘夫（1958）将他与张鸣韶（1939）共同调查的成果发表时，将黄连树页岩废弃，改称五峰页岩。
② 马润华，1983，陕西的奥陶系（初稿）。

部偶见含橄榄绿色石英岩和泥质石灰岩。在大庙寺不仅含绿色而且含具有薄煤层的棕色和灰色泥岩。沿长江出现于巫山峡、宜昌峡和新滩。以最后地名作为此地层名称。

【沿革】 赵亚曾、黄汲清（1931）在川陕一带工作时，首先将宁强附近志留纪的绿色页岩夹石灰岩称为新滩页岩。陕西区测队（1961）将上述新滩页岩分为两部分，下部属早志留世的绿色砂岩，砂质页岩称为“龙马溪组”。南京地质古生物研究所（1974）将新滩页岩底部黑色页岩称龙马溪组，下部黄绿色页岩称崔家沟组，中部黄绿色页岩、砂质页岩、粉砂岩夹少量的灰岩，称王家湾组。李耀西等（1975）将黄绿色页岩及其下的黑色页岩、含达尔曼虫的砂岩合称龙马溪群。在宁强地区还包括夹灰岩凸镜体的部分，龙马溪群的涵义实际指早志留世的地层。林宝玉（1984）将上述崔家沟组、王家湾组合称小河坝组。本书用新滩组代表黑色页岩以上、灰岩之下的黄绿色碎屑岩。

【现在定义】 指黄绿色页岩、砂质页岩、薄层粉砂岩夹少量薄层粉砂岩，波痕发育，含笔石。下与龙马溪组黑色页岩分界，上与罗惹坪组（或汶头组）泥质粉砂岩、泥质灰岩及灰岩凸镜体分界，皆为整合接触。

【层型】 选层型为湖北省秭归县新滩长江南岸的“湖北秭归新滩剖面”（110°49′16″，30°56′17″），由刘淑梅、李晋僧、郝树声、吴顺宝等（1958）测制（1959 年发表）。

【地质特征及区域变化】 省内岩石组合较单一，为黄绿色粘土岩及细碎屑岩。总体趋势为上部较下部砂质成分高。为浅海或滨海相沉积。含笔石，主要有 *Orthograptus vesiculosus*，*Streptograptus nodifer*，*Pristiograptus cyphus orientalis*，*Spirograptus minor* 等。时代为早志留世。

分布在米仓山地层小区和星子山地层小区的勉县阜川、南郑县梁山、福成、法慈院—西乡县三郎铺、宁强县黄坝驿、大竹坝、将军山—水田坪一带。多呈条带状分布，但因构造破坏，方向杂乱。南郑县梁山、镇巴县高桥、清狮等地以页岩为主，其他地方为砂质页岩夹粉砂岩。宁强一带还常夹紫色、猪肝色、浅蓝色页岩。厚度变化大，宁强大竹坝厚度最大，可达 621 m，南郑福成只有 160 m。在宁强、汉中、紫阳等地，上覆沉积了具灰岩夹层的罗惹坪组，而梁山、西乡等地该组顶部长期处于剥蚀状态，二叠纪梁山组平行不整合在该组之上。

【其他】 崔家沟组与新滩组岩性相同，由于新滩组创名早，具有优先权，故崔家沟组将停用，王家湾组因含灰岩，部分地层应归入罗惹坪组，所以也在停用之列。

罗惹坪组 *Sl* （06－61－0404）

【创名及原始定义】 谢家荣、赵亚曾（1925）创名于湖北省宜昌罗惹坪，原称罗惹坪系。原始定义：宜昌罗惹坪纱帽山剖面的第 7—10 层，由薄层石灰岩与黄色页岩互层开始，渐上为黄色页岩夹石灰岩和钙质页岩，含珊瑚、瓣鳃类化石。厚约 60 m。与下伏龙马页岩和上覆纱帽山层均为连续沉积，为志留纪。1949 年尹赞勋首先将罗惹坪灰岩一名引入陕西宁强一带。

【沿革】 赵亚曾、黄汲清（1931）将宁强一带志留纪地层统称为新滩页岩。1949 年尹赞勋将上述新滩页岩中含灰岩地层对比为罗惹坪灰岩。1956 年在《中国区域地层表（草案）》中称罗惹坪统。1970 年四川区测二队在《1∶20 万镇巴幅区测报告》中称罗惹坪群。南古所（1974）在宁强县大竹坝建立了王家湾组、杨坡湾组、宁强组。王家湾组以黄灰、黄绿色页岩、砂质页岩为主，下部有蜂窝状砂质灰岩、块状灰岩，时代属早志留世；杨坡湾组为黄灰、绿灰色页岩，顶部有结晶灰岩，属中志留世早期；宁强组为蓝灰色页岩及灰岩，属中志留世晚期。李耀西、宋礼生、周志强（1975）将上述杨坡湾组和宁强组合并，称为宁强群，但在论文中又提出一般以首次出现含珊瑚、腕足类化石的灰岩凸镜体作为宁强群的底界。实际上宁强群还包括了王家湾组。林宝玉（1983）仍使用杨坡湾组、宁强组，但在宁强县水田坪乡罗家坝村南小西沟剖面上，将相当王家湾组、崔家沟组的地层合称为小河坝组。本书认为李耀西等称为宁强群的岩性，与罗惹坪组的总体特征一致，均为黄绿色页岩、砂质页岩夹灰岩，按命名优先的原则，使用罗惹坪组，宁强群为其同物异名。

【现在定义】 指整合于新滩组与纱帽组之间的地层序列。下部为黄绿色泥岩、页岩夹生物灰岩、泥灰岩或凸镜体，产腕足类、笔石等混合相生物群；中部为黄灰色泥岩、钙质泥岩与灰岩或泥灰岩互层，渐上为灰岩夹层，产珊瑚、腕足类等壳相生物群；上部为黄绿色泥岩、粉砂质泥岩，不含灰岩。底以灰岩出现为始，顶以砂岩底面为止。

【层型】 正层型为“湖北宜昌罗惹坪王家湾至马鞍山风子口剖面”（111°25′21″，30°58′51″），由汪啸风、倪世钊、曾庆銮（1987）重测。

【地质特征及区域变化】 省内岩石组合为一套细碎屑岩夹灰岩。灰岩中含大量的珊瑚、腕足类、三叶虫、页岩中含笔石。珊瑚主要有 *Zdiophyllum*，*Ningqiangophyllum*，*Gyalophylloides*，*Favosites*，*Mesofavosites*，*Multisolenia*，*Heliolites* 等；腕足类主要有 *Atrypa lauta*，*Dubaria varians*，*Nikiforovaena nigqiangensis* 等；三叶虫主要有 *Codonocephalus*，*Encrinuroides* 等；笔石有 *Monograptus biformatus* 等。时代为早志留世。由于常有紫红色夹层及瘤状灰岩，表明属正常浅海—滨海相沉积。

分布在米仓山地层小区和星子山地层小区的勉县阜川、宁强县大竹坝、将军山—水田坪，南郑县法慈院、天池梁、福成，西乡县河西、镇巴县高桥等地，呈条带状分布，但无一定方向性。岩性变化不大，总的趋势是东南部及西部砂质成分少，中部砂质成分高，局部变为细砂岩。厚度变化很大，如宁强县大竹坝一带厚达800余米，而相距几十公里的将军山、二郎坝等地只有100～200 m。

【其他】 本书认为王家湾组、杨坡湾组、宁强组是建立在生物地层基础上的产物，实为罗惹坪组的一部分，应停用。

第二节　生物地层

一、寒武纪生物地层

陕西的寒武纪与其他地区一样仍以三叶虫最为丰富，其次是高肌虫、小壳化石、古杯类和腕足类、海绵、藻类、原始的腹足类等。其中三叶虫数量多、演化快、分布广、地质历程延续较长，成为各地区划分对比寒武纪地层和研究寒武纪生物群最重要的化石，其他如高肌虫、小壳化石在局部地区也有较大价值。古杯类在陕西虽然数量丰富、分布广泛，但目前研究尚欠深入，具体的划分和对比仍有待进一步工作。现将三叶虫、高肌虫和小壳化石的生物地层划分简述如下：

1. 三叶虫

早寒武世三叶虫仅有滇东型和峡东型两类，滇东型主要见于上扬子地层分区的西部；峡东型则见于南秦岭-大别山地层区的东北部山阳、商南一带。而上扬子地层分区东部的镇巴、镇坪地区，滇东型和峡东型共存，形成两者的过渡区域，为两种类型的对比提供了依据。华北地层大区的早寒武世三叶虫为滇东型，但因目前发现数量少，种属有限，在生物地层划分方面尚难进行大范围的对比。中、晚寒武世三叶虫既有华北型、又有江南型，前者除个别的属种见于上扬子地层分区外，其它则产于华北地层大区。现将上述各地三叶虫的分带简述如下：

(1) 早寒武世生物地层单位

前已述及，陕西省早寒武世的生物地层单位目前仅限于华南地层大区，其中在上扬子地层分区中，刘第墉（1964）、李耀西等（1975）、张文堂等（1979）、李善姬（1980）、成汉钧（1980）、项礼文等（1980）、周志毅、袁金良（1980）、卢衍豪等（1982）、陈润业、张福有（1987）、杨家騄等（1990）均有研究。现仅将其中具有生物地层意义的分带方案自下而上简列如下：

①*Parabadiella* 带

张文堂等（1979）建带于陕南和川北的原郭家坝组。*Parabadiella* 带在陕西南部，分布在南郑梁山、勉县大河坝，宁强双河口一带，其层位在牛蹄塘组的中部，厚度一般不超过 100 m，共生的三叶虫只有 *Mianxiandiscus*，*Pachyredlichia*，但高肌虫比较丰富，有 *Nanchengella*，*Hanchiangella*，*Shensiella* 等，其上与 *Eoredlichia* 带连续，其下未见三叶虫化石，时代为筇竹寺早期。同名带见于滇东，两者可以直接对比。

②*Eoredlichia* 带

由卢衍豪（1941）在昆明附近建立的 *Redlichia intermedia* 亚带演变而来，代表筇竹寺组上部的三叶虫群体。在滇东该带的成员有三叶虫 *Wutingaspis*，*Yunnanocephalus*，*Kunyangia*，*Malungia*，*Fumingaspis*，*Eoredlichia*，*Eopararedlichia* 等，高肌虫类 *Kunmingella*，*Liangshanella*，腕足类 *Diandongia*，软舌螺 *Ambrolinevites*，*Coleoloides*，微古植物 *Micrhystridium* 等。

陕西境内李耀西、周志强（1975）在陕南的宁强—镇巴一带建立了 *Eoredlichia-Yunnanocephalus* 带，成汉钧等（1980）首先建立了 *Eoredlichia* 带。在发育比较好的“陕西勉县大河坝剖面”，*Eoredlichia* 带出现在第 4 层，即牛蹄塘组的上部蓝灰色砂质泥岩夹灰岩凸镜体中，厚 60 m，共生的三叶虫有 *Metaredlichia*，*Wutingaspis*，*Eoredlichia*，*Pachyredlichia*，*Tsunyidiscus* 等，其下紧覆 *Parabadiella* 带之上，其上厚 28 m 的绿灰色砂质页岩未见化石，再上出现仙女洞组的灰岩。在宁强、勉县、南郑、镇巴和镇坪等地，本带均在牛蹄塘组上部，与之共生的三叶虫除前述大河坝剖面所列之外，尚有三叶虫 *Zhenbaspis*，*Yunnanocephalus*，*Malungia* 和腕足类 *Neobolus*，*Lingulepis* 以及高肌虫、软舌螺等。地层厚度在赵家坝厚 10.4 m，南郑西河厚 58 m，挂宝岩厚 32.48 m，白玉园子厚 74.5 m，镇巴小洋厚 13 m，镇坪大河厚 156 m。

同名带广泛见于我国西南地区的滇东、川西、川北等地，其间可以直接对比，时代均为筇竹寺晚期。

③*Yiliangella-Yunnanaspis* 带

许应详等（1965）创立，创名地位于滇东马龙县西南的小高龙，计有三叶虫 *Yunnanaspis bilongispinus*，*Yiliangella forficula* 等。

陕西境内本带见于勉县大河坝、南郑县西河、西乡县三郎铺一带。“勉县大河坝剖面”本带见于第 4 层，即仙女洞组顶部厚 3.5 m 的灰绿色砂质页岩和黄色薄层粉砂岩之中，上、下地层均系不含化石的白云岩。所产三叶虫有 *Yiliangella* sp.，*Yiliangellina* sp.，*Yunnanaspis* sp. 和 *Syndianella* sp.。相同组合化石见于南郑县西河拱桥沟剖面的沧浪铺组底部和西乡县三郎铺杨家沟—堰口石板沟石牌组顶部，前者厚 4 m，后者厚 18.7 m。本带在陕西分布总体特点是：a. 产于碎屑岩地层之中；b. 化石稀少，且单调；c. 均位于 *Eoredlichia* 带之上。

同名带见于滇东各地，时代均在沧浪铺早期。

④*Drepanuroides* 带

许应详(1965)创名。创名地相同于 *Yiliangella - Yunnanaspis* 带。共生的三叶虫有 *Drepanuroides bilongispina*，*D. mirabilis*，*Paramalungia lubrica*，*Syndianella yunnanensis* 等。

陕西境内本带仅见于南郑县挂宝岩、西河石板沟、西乡县三郎铺等地。在陈润业、张福有（1987）测制的“西乡县三郎铺杨家沟剖面”，本带分布在第 12 层，其岩性为灰绿色中层粉砂岩、钙质粉砂岩夹同色页岩和少量白色石英细砂岩，厚 30.4 m。下伏地层为紫红色页岩；上覆地层为含燧石小砾的石英砂岩。全部地层位于沧浪铺组底部。其中产三叶虫 *Drepanuroides* sp.，*Shatania* sp.，*Mianxianella expansa*，*M. angusta*，*Qingzhenaspis* sp.，*Paramalungia* sp.，*Longduia* sp.，*Redlichia* sp.。相同三叶虫组合在南郑县挂宝岩剖面出现在沧浪铺组底部厚 28.5 m 的地层中，在南郑县西河石板沟剖面厚 5.05 m，其层位仍在沧浪铺组底部的 *Yiliangella - Yunannaspis* 带之上。

同名带见于滇东、川西、川北、黔西等地，时代均为沧浪铺期。

⑤*Palaeolenus* 带

J Deprat（戴普拉）1912 年在滇东创立 *Palaeolenus douvillei* 带（Grabau，1924 刊出），卢衍豪（1941）将其范围扩大，并创立 *Palaeolenus* 带，其中含三叶虫化石 *Redlichia* (*Pteroredlichia*) *chinensis*，*Palaeolenus lantenoisi*，*P. douvillei*，*P. tingi* 和腕足类 *Lingulella* sp.，*Obolus* sp. 等。

陕西境内本带大体在两个地区分布，其一在陕南的宁强、西乡、镇巴至镇坪一带；另在商南、山阳等地。在李耀西、周志强等（1971）测制（1975 年发表）的“陕西省西乡县三郎铺盛家沟剖面”上，本带发育在剖面的第 12 层至第 15 层的下部。该段地层的下部为浅褐色、紫红色粉砂岩、页岩；上部为白云质砂岩、白云岩等，厚 282.2 m，相当现划沧浪铺组的上部至石龙洞组的中部。下伏地层为不含化石的淡绿色页岩，含砾砂岩（仍为沧浪铺组）；上覆地层仍为块状白云岩，其间的地层含三叶虫 *Palaeolenus lantenoisi*，*Pseudoichangia damiaoensis*，*Megapalaeolenus xixiangensis* 和 *Redlichia* (*Pteroredlichia*) sp.。

在宁强—镇巴一带广泛见于沧浪铺组、石牌组的上部，偶见于上覆的清虚洞组或石龙洞组的下部，地层厚 23～98.5 m，总体上形成东厚西薄之趋势。在商南、山阳一带见于水沟口组的中部，本带厚 12～31 m。上述各地在本带中共生的三叶虫还有 *Redlichia* (*Redlichia*) *nobilis*，*R.* (*R.*) *hupehensis*，*R. shijiangjunensis*，*R. major*，*R.* (*Pteroredlichia*) *dahouensis* 和 *Paokannia*，*Kootenia*，*Yuehsienszella*，*Xilingxia*，*Shifangia* 等。

同名带见于我国的西南、华中和淮南、山东沂河区以及北方的燕辽等地。国外则在俄罗斯的西伯利亚、西班牙和欧洲的其他一些地区均有该带的存在，其间可以直接对比，时代均在沧浪铺晚期。

⑥*Hoffetella - Redlichia* (*Pteroredlichia*) *murakamii* 带

李耀西、周志强等（1975）以 *Hoffetella - Pteroredlichia* 作为宁强—镇巴一带龙王庙期三叶虫的代表。张文堂等（1979）将前人惯用的 *R.* (*Pteroredlichia*) *chinensis* 与 *Hoffetella* 组合建带。周志毅、袁金良（1980）在陕南、川北一带则以 *Redlichia* (*P.*) *murakamii* 单独建带。项礼文等(1981)认为我国龙王庙期仅能建一个化石带 *Hoffetella - Redlichia* (*P.*) *murakamii* 带。本书考虑当前我国各地有关龙王庙期的建带化石比较混乱，并且 *Hoffetella*，*R.* (*P.*)

murakamii, *R.*（*P.*）*chinensis* 等化石都有可能出现在龙王庙期以前，故暂以 *Hoffetella* - *Redlichia*（*P.*）*murakamii* 建带为好。

在陕西属于 *Hoffetella* - *Redlichia*（*Pteroredlichia*）*murakamii* 带的化石比较贫乏，如陕南的宁强—西乡一带发育的石龙洞组上部，仅见本带的重要分子 *Hoffetella*、*Redlichia* 等。在镇巴以东的星子山西麓，本带出现在清虚洞组，计有三叶虫 *Hoffetella gaoqiaoensis*, *Chuchiaspis heifengmiaoensis*, *C. ichangensis*, *R.*（*Pteroredlichia*）*murakamii*, *Redlichia*（*R.*）*chengkouensis*, *Yuehsienszella* sp. 和古杯类 *Retecyathus* sp.，*Archaeocyathus* sp. 等。在华南地层大区北缘的商南、山阳一带，本带分布在水沟口组的上部，共生的三叶虫有 *R.*（*P.*）*chinensis*, *R.*（*R.*）*nobilis* 等。在华北地层大区的韩城和邻近陕西洛南的河南灵宝王家村等地也有本带的分布，但化石稀少，目前在馒头组的底部仅见本带的重要成员 *R.*（*P.*）*chinensis*。

Hoffetella - *R.*（*Pteroredlichia*）*murakamii* 带在我国的华北及东北南部、华中和华南地区广泛分布，其间可以直接对比。

（2）中、晚寒武世生物地层单位

(i) 华北类型

这一类型三叶虫的分带前人研究较少，其中上扬子地层分区和迭部-旬阳地层分区的东北部因沉积环境特殊，生物化石保存较少，目前仅能建立 *Chittidilla* - *Kunmingaspis* 一个组合带。而华北地层大区除晚期地层白云岩化强烈、化石较少之外，早期三叶虫丰富，生物地层分带较细。现由下而上分述如下：

①*Chittidilla* - *Kunmingaspis* 带

首先见于卢衍豪（1974）所著《生物-环境控制论及其在寒武纪生物地层学上和古动物地理上的应用》一文。代表“扬子区”中、西部 *Redlichia*（*R.*）*guizhouensis* 带与 *Kaotaia* - *Kuetsingocephalus* 带之间的生物组合。共生的三叶虫有 *Kunmingaspis*, *Chittidilla*, *Paragraulos*, *Probowmaniella*, *Bathynotus* 等。

陕西省内该组合带仅见于南郑县南部和山阳县、商南县一带的岳家坪组的底部。在南郑县的挂宝岩剖面，本组合带见于石龙洞组近顶部，相当该剖面的第 13 层，厚 31 m，岩性为浅灰色中—厚层泥质白云岩夹泥质砂岩，含白铁矿结核及石盐假晶，所产三叶虫有 *Kunmingaspis yunnanensis*, *Chittidilla plana*, *C. nanjiangensis*。上覆地层为不含化石的粉砂岩，厚仅 13 m，再上则为奥陶纪的宝塔组，下伏地层仍为泥质白云岩，其中未见化石。在山阳的梅子沟剖面和商南岳家坪剖面本带均位于岳家坪组的底部，厚 8.47～100.75 m 的紫红色钙质粉砂岩与泥灰岩、白云岩互层的地层中，共生的三叶虫仅有 *Chittidilla* 和 *Kunmingaspis*，另有遗迹化石 *Chondrites*, *Planolites* 等。

同名带见于我国西南各地，其中的 *Kunmingaspis* 尚可出现在鄂西覃家庙组，与本组合带均可直接或间接对比。

②*Shantungaspis* 带

命名由远藤隆次（R Endo，1943）建立的 *Ptychoparia orientalis* 带演变而来。卢衍豪、董南庭（1953）将该带改称“*Ptychoparia*”带，其中含三叶虫 *Shantungaspis aclis*, *S. orientalis*, *Psilostracus mantoensis* 和软舌螺 *Hyolithes* sp. 等。

陕西省境内本带广泛见于洛南北部的桑坪、石坡、韩城东北部的紫荆山、华子山和陇县西部的景福山等地。在陇县的水眼沟剖面分布于馒头组中、下部的暗紫色，浅棕色粉砂质页岩夹同色厚层泥质灰岩或鲕状灰岩之中，厚 33 m，共生的三叶虫有 *Probowmania*, *Psilostra-*

cus，“*Ptychoparia*”和腕足类 *Obolus* 等，上（覆）、下（伏）岩性相同于本带，而且均不含化石。在桑坪、石坡一带本带仍位于馒头组的中部，岩性相同于水眼沟剖面。

同名带在我国华北地区多处可见，其间可直接对比，另可通过 *Probowmania* 的存在与我国南方的相当生物带进行间接对比。在国外本带见于塔吉克、乌兹别克等地，其间亦可进行对比。

③*Sunaspis* 带

卢衍豪、董南庭（1953）在山东张夏剖面的“徐庄组”中建立 *Sunaspis laevis* 带。王钰等（1954）证实该带在辽宁太子河流域的“当十组”亦有产出，卢衍豪（1962）将其改称 *Sunaspis* 带。

在陕西，*Sunaspis* 带的分布范围相同于 *Shantungaspis* 带，其中发育较好的为陇县牛心山剖面。该剖面本带见于馒头组中部厚 17.6 m 的灰紫色、灰黄色页岩和灰岩、鲕状灰岩之中，共生的三叶虫有 *Holanshania*，Proasaphyscidae，Ordosiidae，*Pseudinoyia*，*Sunaspidella* 和 *Wuania*，*Sunaspis* 等。下伏地层为石英砂岩，上覆为紫色页岩。在韩城的华子山剖面，本带分布在厚 1.5 m 的地层中，岩性为紫灰色鲕状灰岩，下伏地层仍为石英砂岩；上覆岩性与陇县相同。在洛南的桑坪、石坡等地，本带见于馒头组中部的石英砂岩和灰绿色页岩中，厚 13～18 m。

Sunaspis 带延续时间长、地方色彩浓，因此目前除在我国华北和辽东地区的馒头组中部产出外，与国外或我国其他地区对比尚有较多困难。

④*Bailiella* 带

1937 年远藤隆次（R Endo）在辽东“当十组”建立 *Bailiella ulrichi* 带。卢衍豪、董南庭（1953）将其改称 *Bailiella* 带。

陕西境内该带仅见于陇县牛心山剖面张夏组的底部，岩性为灰色薄层灰岩和竹叶状砾屑灰岩等，厚 4.1 m，仅含三叶虫 *Bailiella* 一属。

Bailiella 在我国的华北，辽东和贺兰山区均有产出，互相可直接对比。与国外目前尚欠直接对比资料，一般只据其中的 *Liaoyangaspis* 相似于北美的 *Bolaspidella*，而与 *Bolaspidella* 带或北欧的 *Atavus* - *Laevigata* 带对比。

⑤*Blackwelderia* 带

由孙云铸（1937）在山东泰安大汶口剖面建立的 *B. sinensis* 带演变而来。卢衍豪、董南庭（1953）改称 *Blackwelderia* 带，共生的三叶虫有 *B. sinensis*，*Cyclolorenzella*。

陕西境内本带见于洛南陈耳、韩城华子山和陇县水眼沟一带。在华子山位于张夏组顶部厚 7.9 m 的深灰色厚层白云质砾屑灰岩夹竹叶状灰岩之中，共生的三叶虫有 *Cyclolorenzella* sp.。在洛南陈耳和陇县水眼沟等地，本带位于三山子组中，前者见于底部的灰岩夹层中，厚度不足 10 m，后者见于上部厚 24 m 的灰紫色白云岩夹页岩之中（再上为剥蚀面）。

同名带在我国华北、东北南部、皖南和宁夏贺兰山均有见及，并可直接对比。国外在俄罗斯西伯利亚东北部、澳大利亚等国均有产出，亦可进行对比。

(ii) 江南类型

这一类型三叶虫仅见于南秦岭-大别山地层区的十堰-随州地层分区。这一地区早在 50 年代后期已经发现该类三叶虫的存在（地科院三室，1961；陕西区测队，1965），但是有关生物地层的划分直到 1990 年才由杨家騄等完成。本书暂在杨家騄等研究基础上进行如下划分：

①*Ptychagnostus atavus* 带

Westergard (1946) 创名于北欧瑞典。杨家騄等 (1991) 划分于四川万源县与陕西紫阳县交界地区的"蒲家坝、庙子坝、高桥沟剖面"，本带位于该剖面八卦庙组下部的第 1—4 层，岩性主要为灰、深灰色薄层泥质灰岩夹少量泥灰岩等，总厚 36 m。与下伏毛坝关组顶部具水平纹层的厚层泥灰岩界线清楚；与上覆地层岩性相同，界线不易划定，一般以本带的消失为准。*Ptychagnostus atavus* 带内生物门类单一(仅见三叶虫)，属种单调，计有 *Ptychagnostus atavus*，*P. leptus*，*Triplagnostus gibbus posterus*，但所含化石丰度较高，其中尤以 *P. atavus* 最多，而且分布较广，故以其为典型分子。

本延限带在陕西境内仅此一处，横向延展尚待进一步研究。

同名带见于浙江江山的杨柳岗组下部。另外本带中因同产 *Triplagnostus gibbus posterus*，故可与湘西、黔东北保靖组下部的巨库段和那洞组顶部万山段中的 *Ptychagnostus atavus* 带—*Hypagnostus nepos* 带对比。还可与瑞典的 *T. fissus* - *P. atavus* 带—*T. gibbus* 带、澳大利亚昆士兰的 *P. atavus* 带—*T. gibbus* 带、哈萨克斯坦小卡拉套的 *P. atavus* 带—*P. ultimus* 带对比。时代均为中寒武世中—晚期。

②*Xystridura jielingensis* 带

杨家騄等 (1991) 创名于四川万源县与陕西紫阳县交界地区的"蒲家坝、庙子坝、高桥沟剖面"。本带见于该剖面的第 8—11 层，层位在八卦庙组的下部，下与上述 *Ptychagnostus atavus* 带之间有 24 m 厚的间隔不具生物化石，上与 *Doryagnostus incertus* 带之间仍有 16 m 的间隔不含化石。本带所在地层厚 28 m，以深灰色薄层灰岩为主，其中生物化石门类单调，数量较少，仅见三叶虫 *Xystridura jielingensis*，*Hypagnostus parvifrons*，*Dorypyge* sp.。因 *X. jielingensis* 较为特殊，且地层延限不超过本带，故以此为代表。

Xystridura jielingensis 带大体相当湘西、黔东保靖组的 *Dorypyge* cf. *richthofeni* 带下部含 *Hypagnostus parvifrons* 的地层。同时亦可与瑞典 *H. parvifrons* 带对比。或相当澳大利亚昆士兰的 *Euagnostus opimus* 带 (Opik，1979 年曾论证 *E. opimus* 带与 *H. parvifrons* 带相当)。时代为中寒武世晚期。

③*Doryagnostus incertus* 带

杨家騄等 (1991) 创立于四川万源县与陕西紫阳县交界地区的"蒲家坝、庙子坝、高桥沟剖面"。本带分布在该剖面的第 14—16 层，厚 24 m，为深灰色薄层泥晶灰岩组成，下与 *Xystridura jielingensis* 带之间有 16m 厚的间隔不具生物地层特点；上与 *Hypagnostus vulgarus* 带之间有 5 m 宽的岩体相隔，其中生物化石不但数量少，而且属种也不多，仅见 *Doryagnostus incertus*，*Hypagnostus parvifrons*。因 *D. incertus* 分布局限 (不超越本带)，并具良好的地层对比性，故以此为典型。

Doryagnostus. incertus 见于瑞典、挪威、英国、加拿大纽芬兰、澳大利亚昆士兰、哈萨克斯坦和我国新疆北天山西段中寒武世的 *Ptychagnostus punctuosus* 带至 *Goniagnostus nathorsti* 带，湘西、黔东北保靖组的 *Dorypyge* cf. *richthofeni* 带，河南淅川秀子沟习家店组的 *Triplagnostus gibbus* - *Doryagnostus incertus* 组合带。*Hypagnostus parvifrons* 在瑞典始于 *Ptychagnostus atavus* 带，上延可达 *Ptychagnostus punctuosus* 带，一般为 *Hypagnostus parvifrons* 带的主要化石。因此本带可与瑞典、哈萨克斯坦和澳大利亚的 *Ptychagnostus punctuosus* 带对比。相当湘西、黔东 *Dorypyge* cf. *richthofeni* 带的上部和河南淅川的 *T. gibbus posterus* - *Doryagnostus incertus* 带的中上部。

④*Hypagnostus vulgarus* 带

杨家驿等（1991）创立于四川万源县与陕西紫阳交界地区的“蒲家坝、庙子坝、高桥沟剖面”。分布在该剖面第18层下部厚约10 m的深灰色或灰色薄层灰岩中，上与*Hypagnostus brevifrons - Phoidagnostus bituberculatus*组合带整合连续；下与*Doryagnostus incertus*带之间有5 m宽的岩床相隔，其中含有丰富的三叶虫，计有*Peronopsis fallax ferox*，*Hypagnostus vulgarus*，*H. parvifrons*，*Cotalagnostus lens claudicans*，*Abagnostus circularis*，*Eoshengia* sp.，*Aojia wanyuanensis*，*Pianaspis sinensis*，*Fuchouia chiai*等。其中除*H. parvifrons*为下伏上延分子外，其余全系新生分子，本带中因*H. vulgarus*最丰富，而且仅限于本带，故为代表。

*Hypagnostus vulgarus*为仇洪安等（1983）描述的新种，见于浙西、皖南青阳的杨柳岗组、河南淅川习家店组*Aspidagnostus primitivus - A. orientalis*组合带至*Xichuania - Eoshengia dongqinlingia*组合带。另外*Peronopsis fallax ferox*与瑞典的*Doryagnostus incertus*带产出层位一致。湘西、黔东*Paraphoton*带和*Lisania tungjenensis*带产大量的*Fuchouia*，*Pianaspis*，*Aojia*等。故本带大体相当浙西的*Lejopege armata*带下部，湘西、黔东的*Paraphoton*带，河南淅川的*A. primitivus - A. orientalis*带和瑞典的*Ptychagnostus*（*P.*）*punctuosus*带—*P.*（*T.*）*lundgreni - Goniagnostus nathorsti*带。

⑤*Hypagnostus brevifrons - Phoidagnostus bituberculatus*组合带

杨家驿等（1991）创立于四川万源县与陕西紫阳县交界地区的“蒲家坝、庙子坝、高桥沟剖面”。该带分布在该剖面八卦庙组第18层的中部厚约10 m的深灰色、灰色薄层灰岩中，上与*Lejopyge laevigata - Clavagnostus*（*Paraclavagnostus*）*variatus*带整合接触；下与*H. vulgarus*带连续沉积。本带富含三叶虫达16属24种之多，主要有*Hypagnostus brevifrons*，*H. correctus*，*Lejopyge laevigata*，*Cotalagnostus confusus*，*Linguagnostus transversus*，*Diplagnostus planicauda*，*Ciceragnostus cicer*，*Phoidagnostus bituberculatus*，*Abagnostus circularis*，*Paranomocarella pujianbaensis*，*Pianaspis sinensis*，*Eoshengia tenuis*，*Bilimbataia conica*，*Clavagnostus repandus*，*Peronopsis fallax minor*，*Fuchouia chiai*等，其中除有5个种由下伏*H. vulgarus*带延入而来外，其他全系新生分子，是八卦庙组中三叶虫分异度和丰度最高的生物地层单位。上述三叶虫中以*H. brevifrons*，*P. bituberculatus*数量最多，而且垂直延限不超过本组合带范围，故以此为代表。

本组合带中的*Paranomocarella transversa*，*P. pujianbaensis*与湘西、黔东的*P. parapolita*极为相似，两者可直接对比。*Hypagnostus brevifrons*，*Lejopyge laevigata*，*Diplagnostus planicauda*，*Fuchouia chiai*，*Pianaspis sinensis*等为浙西杨柳岗组*Lejopyge armata*组合带的常见分子，*L. armata*组合带与本组合带亦可对比。另外，*H. brevifrons*，*Phoidagnostus bituberculatus*，*Diplagnostus planicauda*，*Tomagnostus exsculptus*等在瑞典仅局限在*Solenopleura brachymetopa*带，故可与本组合带对比。时代均在中寒武世晚期。

⑥*Lejopyge laevigata - Clavagnostus*（*Paraclavagnostus*）*variatus*组合带

杨家驿等（1991）创立于四川万源县与陕西紫阳县交界地区的“蒲家坝、庙子坝、高桥沟剖面”。本带分布在该剖面八卦庙组第18—21层共42 m厚的深灰色或黑色薄层泥质灰岩地层中。下与*Hypagnostus brevifrons - Phoidagnostus bituberculatus*组合带整合连续，上以薄层灰岩结束和角砾状厚层灰岩出现而告终。其中已经采获的11属（或亚属）14种中，主要有*Clavagnostus*（*Paraclavagnostus*）*variatus*，*Diplagnostus planicauda*，*Peronopsis*（*Armagnostus*）*sinensis*，*Lejopyge laevigata*，*Innitagnostus neglectus*，*Hypagnostus correctus*，*Pianaspis* *dictyodroma*，*Eoshengia tenuis*，*Metalisania subquadrata*，*Dazhuia dazhuensis* 等。上述三叶虫有 6 个属种为下伏带的上延分子，8 个属种为新生分子，说明上、下两个组合带之间亲缘关系密切，生物之间的连续性极强，故其界线一般不易划分。另外由于 *L. laevigata*，*C.* (*Paraclavagnostus*) *variatus* 在本组合带内纵向分布广泛，故选用其名。虽然 *L. laevigata* 在 *H. brevifrons* - *P. bituberculatus* 组合带中已有出现，但考虑它主要见于本带，故仍可作为代表使用。

本组合带中的 *Lejopyge laevigata* 在瑞典、哈萨克斯坦和澳大利亚均为建带化石或为组合带中的重要分子出现。故可直接对比。另外，湘西、黔东的 *Paradamesops jimaensis* - *Cyclolorenzella tuma* 带中的 *Eoshengia*，*Lejopyge laevigata*，*Hypagnostus correctus*，*Diplagnostus planicauda* 在本组合带亦为主要分子，故与本组合带可以对比。时代均在中寒武世晚期。

2. 小壳化石

系指前三叶虫时期带硬体骨骼的软舌螺、单板类、腹足类、喙壳类等分类位置不明的一些微体化石。早在 50 年代的中后期，伴随我国磷矿工作的开展，陕西境内的宁强、南郑、西乡等地已有该类化石的报道。但是真正对该类生物化石的深入研究，是始于 70 年代中期。自 1977 年至今，先后有陈孟莪（1977）、钱逸（1977）、(1988)、岳昭（1983）、乔僖（1984）、丁莲芳（1983）、骆凤恒（1984）、李中平（1984、1988、1992）、何廷贵（1987、1992）、秦洪滨（1988）等在这方面发表论文或进行专题研究，其中骆凤恒等在何廷贵协助下，曾将宁强、南郑、西乡一带的小壳化石划分为上、下两个组合：上部为 *Paragloborilus* - *Tiksitheca* - *Zhijinites* 组合；下部为 *Anabarites* - *Protohertzina* - *Eoconularia* 组合。何廷贵、张运芬（1992）将前人研究成果进行了全面总结，将宁强—西乡一带的小壳化石划分为三个带（或组合带），即上带为 *Heraultipegma yunnanensis* 带；中带为 *Paragloborilus subglobosus* 带；下带为 *Anabarites trisulcatus* - *Protohertzina anabarica* 组合带。这一划分意见，从目前陕西境内各地的研究程度看，很难在区域上展开，因此本文参照何廷贵（1984）协助陕二队在"宽川铺剖面"的研究资料，将宁强—西乡一带的梅树村期小壳化石划分两个组合：即 *Anabarites* - *Protohertzina* 组合和 *Tiksitheca* - *Paragloborilus* 组合，现分述如下：

①*Anabarites* - *Protohertzina* 组合

罗惠麟、武希彻等（1988）建立于滇东晋宁梅树村。在宽川铺，本组合位于该剖面的第 15—22 层，为距灯影组顶界 19.3 m 的深灰色、灰黑色硅质岩，含磷臭灰岩和少量页岩、磷块岩条带（或结核）等，厚 24.33 m。含小壳化石 *Anabarites*，*Protohertzina*，*Coleoloides*，*Siphogonuchites*，*Carinachites*，*Ovalitheca* 等。其中下部化石属种较少，个体较小，而且结构简单；中部（第 16—18 层）化石数量大增，属种迅速加多，而个体稍有增大；上部（第 19—22 层）化石属种明显减少，这可能与环境变化有关。本组合与上覆 *Tiksitheca* - *Paragloborilus* 组合之间岩性界线明显，以上覆角砾状亮晶灰岩的底界为分界线，下界以厚层白云岩的顶面划分。

本组合在陕西南郑县梁山见于距灯影组顶界 0.61 m 之下，厚 17.32 m 的灰白色厚层灰岩、白云质灰岩地层。在南郑县朱家坝厚 15.23 m，岩性为含磷白云质灰岩。

同名组合在滇东、黔北、川西、鄂西等均有广泛的分布。时代为梅树村早期。

②*Tiksitheca* - *Paragloborilus* 组合

为陕二队骆凤恒等（1984）建立，建名地位于宁强县宽川铺。该组合位于灯影组顶部，厚

19.3 m，岩性为深灰色厚层状角砾状亮晶灰岩（相当该剖面的第23—26层），含丰富的小壳化石，计有 *Circotheca*，*Turcutheca*，*Paragloborilus*，*Tiksitheca*，*Igorella*，*Bemella*，*Ginella*，*Sanella*，*Lativostratus*，*Rhabdochites* 等，与上覆牛蹄塘组碳质页岩之间为平行不整合接触，与下伏 *Anabarites* - *Protohertzina* 组合之间以角砾状灰岩的底面划界。

本组合在梁山剖面由浅灰色厚层含海绿石白云质灰岩组成，厚0.61 m。在西乡县三郎铺杨家沟为浅灰、灰色含磷砾状灰岩，厚仅0.16 m。南郑县西河剖面厚0.6 m，岩性仍为白云质灰岩。南郑县白玉圆坪子厚9.1 m，岩性为隐晶质灰岩。上述各地发育的本组合其所在层位均在灯影组的顶部，其上又均与牛蹄塘组为平行不整合接触，故厚度变化较大。

Tiksitheca - *Paragloborilus* 组合大体可与滇东的 *Sinosachites* 带和 *Paragloborilus* - *Siphogonuchites* 组合带对比（罗惠麟等，1988）或与川西的 *Paragloborilus* - *Siphogonuchites* - *Sachites* 组合带和 *Ebianotheca* - *Sinosachites* 组合带对比（何廷贵，1984）。上述各地相当本组合的时代均为梅树村中、晚期。

3. 高肌虫

在陕西研究该类化石者先后有霍世诚（1956、1957、1965、1982、1983、1984、1985、1986）、卢衍豪（1957）、张文堂（1974、1979）、李玉文（1975）、舒德干（1985、1986、1990）等，其中首推霍世诚，自1956年开始研究高肌虫化石，先后描述百余属、种，新建（或与他人合作）科、属、种等99个。上述成果的基本资料主要来自他在陕南汉中地区的研究工作，为陕西该类化石和生物地层的研究做出了卓越贡献。1985年他与舒德干合作，将我国南方高肌虫划分五个带，由下而上为：

a. *Hanchiangella* - *Nanchengella* 组合带；

b. *Hanchungella* - *Emeiella* 组合带；

c. *Pseudokunmingella* - *Kunmingella*（*Angustacostatella*）*angustacostata* 组合带；

d. *Kunmingella*（*Validocostatella*）*maotianshanensis* 带；

e. *Kunmingella*（*Validocostatella*）*acuta* 带。

舒德干（1990）将上述c、d、e带（或组合带）合并为一个"大带或超带"——*Kunmingella* 带。

本书考虑到高肌虫类对于环境的适应性有限，因而造成该类生物具有浓郁的地方色彩，如果划分过细，不利于区域性对比，故同意舒德干将上述三个带合并的意见。另外，舒德干（1990）创立的 *Kunmingella* 大带或超带，与现行地层指南不符，以建立 *Kunmingella* 带比较合适。如此，存在于我国早寒武世早期的高肌虫应为下述三个带：

①*Hanchiangella* - *Nanchengella* 组合带；

②*Hanchungella* - *Emeiella* 组合带；

③*Kunmingella* 带。

现分述如下：

①*Hanchiangella* - *Nanchengella* 组合带

霍世诚、舒德干（1985）创名于"南郑县的梁山大南沟剖面"。本组合带位于该剖面牛蹄塘组的中部（相当张文堂等1979年刊出该剖面的第4—5层），厚88.3 m。上覆为 *Nanchengeflla* - *Emeiella* 组合带（位于牛蹄塘组的上部）；下伏为基本不含化石的地层（仍为牛蹄塘组）。所含化石有高肌虫 *Shensiella crassa*，*Hanchiangella alta*，*H. minor*，*H. minor sulea*，*Nanchengella elongata*，三叶虫 *Parabadiella huoi*，*Pachyredlichia* sp.，*Wutingaspis* sp. 以及

腕足类、软舌螺等，其中以 *Hanchiangella*，*Nanchengella* 最为丰富，而且保存完好。

本组合带在陕西仅见于南郑县梁山—勉县大河坝一带。在大河坝，位于牛蹄塘组中部厚 167 m 的地层中（相当张文堂等 1979 年刊出该剖面的第 2 层），所含化石相同于梁山剖面，惟梁山剖面本组合带以粉砂质泥岩为主；而大河坝剖面则以粉砂岩为主，夹页岩。

同名带见于四川乐山的牛蹄塘组顶部、滇东筇竹寺组（或牛蹄塘组）底部，上述两地的 *Hanchiangella* - *Nanchengella* 组合带中，高肌虫数量丰富，但属种单一，其中仍有三叶虫 *Parabadiella*。

依据本组合带在上述各地发育的情况可以看出，本组合带的沉积环境为水动力条件不高的海湾或近海陆架区。时代因与三叶虫 *Parabadiella* 共生，一般被认为属于早寒武世筇竹寺早期。

②*Hanchungella* - *Emeiella* 组合带

霍世诚、舒德干(1985)创名于南郑县的梁山"大南沟剖面"。本组合带位于上述 *Hanchiangella* - *Nanchengella* 组合带之上，厚 122.2 m 的牛蹄塘组中—上部（相当张文堂等 1979 年刊出该剖面的第 6—8 层），岩性以黄绿色、灰绿色或蓝绿色页岩、粉砂岩为主，夹灰岩团块，其上还有 35.8 m 厚的地层不含高肌虫，再上才是仙女洞组。本组合带所含化石较丰富，且种属较多，计有高肌虫 *Hanchungella rotundata*，*Aluta aulaca*，*Emeiella shaanxiensis*，*E. lianshanensis*，*Auriculatella typica*，*A. typica shaanxiensis*，*Kunmingella* sp.，*Songlinella* sp.，三叶虫 *Eoredlichia* sp.，*Malungia* sp.，*Yunnanocephalus* sp.，*Wutingapsis* sp.，*Hupeidiscus* sp.，*Mianxiandiscus* sp.，腕足类 *Neobolus* sp.，软舌螺 *Hyolithes* sp. 等。其中以 *Hanchungella*，*Emeiella* 和三叶虫化石最为丰富，而 *Kunmingella* 则较少见。

本组合带在陕西境内见于宁强县赵家坝、勉县大沙坝，向南可达川北南江县沙滩一带。在赵家坝和大河坝，其所在层位相同于梁山剖面，惟地层中偶有小的燧石砾石出现，前者厚 93.8 m，后者厚 110 m。自大河坝向南，本组合带所在层位逐渐降低为牛蹄塘组下部，至南郑县朱家坝、南江（四川省）北部，包括了牛蹄塘组的顶部碳质页岩地层。

同名带见于滇东筇竹寺组（或牛蹄塘组）下部，四川、峨眉、乐山的牛蹄塘组上部，湖北三峡的水井沱组（或牛蹄塘组）的中部。在滇东和川西本组合带中一般可见三叶虫 *Eoredlichia*，在三峡则与三叶虫 *Tsunyidiscus* 共生。上述各地本组合带的时代为筇竹寺中、晚期，形成环境自滨岸相直至滞流盆地相。

③*Kunmingella* 带

舒德干（1990）创名 *Kunmingella* 带。本次对比研究认为 *Kunmingella* 及与它共生的高肌虫在前述第 2 组合带中已有见及，另在川北广元县上寺、陕西宁强县赵家坝等地也有此种出现。而在本带之上的地层中则又有与 *Kunmingella* 经常共存的高肌虫，如陕西镇巴县小洋剖面、滇东沾益均有类似情况存在，故本书划分的 *Kunmingella* 带，代表该属高肌虫最频繁出现之地层体。

本带在陕西见于镇巴县的小洋剖面，向南可抵川北南江县的沙滩一带。在小洋，富含 *Kunmingella* 的地层厚 7.37 m（相当火烧店—三义河剖面牛蹄塘组的第 1—2 层），岩性为黑色灰岩、串珠状灰岩等。所含化石有高肌虫 *Kunmingella xiaoyangensis*，*K. fusina zhenbaensis*，*Parakunmingella naviformis*，*Kunmingelloides bulbosus*，*Alutella duplicata*，*Dabashanella hemicyclica*，*Parahoulongdongella bashanensis*，*Beyrichona rotunda*，*Pseudobeyrichona longquanxiensis*，*Liangshanella liangshanensis*，*Eohesslandona usualis*，*Taociella shaansien-*

sis；三叶虫 *Shizhudiscus* sp.，*Zhenbaspis* sp. 和放射虫、腕足类及小壳化石。其中以盘虫类三叶虫和高肌虫 Kunmingellidae 数量最多，而且保存完好，下伏为含高肌虫 *Haoia shaanxiensis*，*Eotuzoia minima*，*Indiana* sp. 和三叶虫 *Kunyangia*，*Mianxiandiscus* 的灯影组；上覆为产高肌虫 *Zepaera*，*Alutella* 和三叶虫 *Tsunyidiscus*，*Eoredlichia* 等的牛蹄塘组中上部。

本带向南延入川北，在南江沙滩存在于厚达百米的牛蹄塘组粉砂岩中，与三叶虫 *Eoredlichia* 共生。

同名带广泛见于滇东、川西和鄂西三峡牛蹄塘组的三叶虫*Eoredlichia*带，时代均系筇竹寺晚期。

二、奥陶纪生物地层

省内奥陶纪生物化石丰富，属种繁多，各种类型的生物群落特征明显，主要有笔石、头足类、三叶虫、腕足类、珊瑚、牙形石、腹足类等 10 余门类，现将其中的几个主要门类的生物地层划分情况简介如下：

1. 笔石类

主要见于扬子地层区和南秦岭-大别山地层区的南部，另在华北地层大区的西南缘也有少量分布。其中可进一步划分为扬子型和东南型两类笔石群，现分述如下：

(1) 扬子类型笔石群

分布于大巴山西段的宁强县、镇巴县等地，卢衍豪（1959）将宁强一带的奥陶纪地层自下而上建立三个笔石带：

①*Didymograptus bifidus* 带

②*D. grandis* 带

③*D. deflexus* 带

霍世诚（1960）在梁山区的 *Sinoceras chinense* 带之下发现 Llandeilian 期的 *Glyptograptus teretiusculus* 带。其后穆恩之等（1974、1979）、李耀西（1975）、卢衍豪（1975）、赖才根等（1982、1985、1989）、朱兆玲等（1986）、李积金（1988）、成汉钧（1988、1989）、马润华（1990）、李晋僧、赖才根等（1994）先后对该区奥陶纪笔石进行研究，并建立了各自的笔石带，本文依据前人成果划分十个笔石带，由下而上分述如下：

①*Didymograptus deflexus* - *D. eobifidus* 组合带

卢衍豪等（1976）创立，替代目前在国内外尚有争议的下垂对笔石动物群。本书考虑到 *D. deflexus*，*D. eobifidus*，*D. protobifidus* 之间的共生关系，故采用卢衍豪（1975）划分意见。

在赵家坝剖面，本带位于赵家坝组下部的第 2—6 层，厚 33.89 m，岩性为灰绿色、黄绿色、褐黄色泥岩、粉砂质页岩等，风化后呈纸片状，含笔石、三叶虫、双壳类、头足类、腕足类等，其中笔石有 *Didymograptus protobifidus*，*D. subtilis*，*D. wudangensis*，*D. nobilis*，*D. diapason*，*D. parallelus*，*D. inflexus*，*D. aequabilis*，*D. nicholsoni*，*Dictyonema* sp. 等。上述笔石群在本组合带中、下部除有少量网格笔石碎片之外，几乎全由下垂类对笔石组成，上部则由下曲、下斜类对笔石所代替，并以 *D. deflexus* 最为丰富。上述笔石组合除在宁强县赵家坝、黄坝驿、胡家坝一带具有广泛的分布之外，向南亦可延入川北广元等地。地层厚 21～55 m，岩性相同于赵家坝剖面，惟所含化石研究程度较低。

同名带在我国川滇和黔北具有广泛的分布，而且层位稳定，时代相同。在西欧、北美和澳大利亚也有产出，且可直接对比。

②*Azygograptus suecicus* 带

Moberg（1892）创立于瑞典Scania的*Isograptus gibberulus*带中互层的页岩中，杨敬之、穆恩之（1954）对比于鄂西三峡大湾组下部的同名带。

陕西境内本带发育最好的当属宁强县赵家坝剖面，在该剖面*Azygograptus suecicus*等分布在赵家坝组中、上部的第6层上部至第10层，厚27 m，岩性为黄绿色与深灰色、暗绿色含粉砂质页岩互层，夹砂质条带，所含笔石有*A. suecicus*，*A. lapworthi*，*A. flexilis*，*Didymograptus nicholsoni*，*D. grandis*，*D. fearnsidesi*，*D. protobifidus*，另有三叶虫、腕足类、头足类等。相同地层见于宁强县胡家坝、黄坝驿等地，厚1～20 m。

本带在我国东南地区产于宁国组下部的*Didymograptus vacillans*带及*D. hirundo*带的底部，在浙西产于*Didymograptus vacillans*带及*D. hirundo*带的底部，在浙西产于*D. abnormis*带，在赣东北产于*D. hirundo*带的*Azygograptus suecicus*亚带及*D. praenuntius*亚带。在扬子区*Agygograptus suecicus*等不但分布广泛，而且划分清楚，与本带均可对比。

*Azygograptus suecicus*在挪威见于Oslo地区的*Phyllograptus angustifolius elongatus*带，相当英国的*Isograptus gibberulus*带和*Didymograptus nitidus*带下部。

③*Didymograptus nitidus* 带

本书使用的*D. nitidus*带为赖才根、黄枝高等（1985）在赵家坝剖面建立的，它位于赵家坝组的上部第10层中，厚18 m，岩性为灰黑色页岩，顶部夹黄绿色页岩，共生的笔石有*Didymograptus hirundo*，*D. mundus*，*D.* cf. *enshiensis*，*D. scalenus*，*D.* cf. *patulus*等。

该带大体相当我国东南地区的*D. extensus*带。与英国的同名带可以直接对比。

④*Didymograptus nexus* 带

*D. nexus*为汪啸风（1965）建立的新种，穆恩之（1979）在研究陈均远等（1970）所测川南沿河剖面时，首先在“紫台组”中建立*D. nexus*带。

陕西境内本带由赖才根、黄枝高（1985）建立在宁强县赵家坝剖面，该剖面的*D. nexus*带产于西梁寺组的下部（相当第11层下部），厚约10 m，岩性为深灰色粉砂质页岩夹灰色凸镜状灰岩。共生的笔石有*Didymograptus* cf. *extensus lineasis*，*D. hirundo*，*D. mundus*，*D. nexus*，*D. patullus*，*D.* cf. *enshiensis*，*D. shuanghekouensis*，*Tetragraptus* cf. *rigidus*等。

同名带见于黔北、川东南、湘西等地的双河组、紫台组等，为典型的扬子类型群体。

⑤*Glyptograptus austrodentatus* 带

穆恩之、李积金（1957）建带于东南地区江山、常山的“宁国页岩”。

陕西省境内穆恩之等（1979）首先在宁强县赵家坝剖面划分出该带。在赵家坝剖面，本带位于西梁寺组中部（相当第11层上部），岩性为深灰色砂质页岩夹粉砂质泥岩和灰岩条带，厚11 m。共生的笔石有*Glyptograptus austrodentatus*，*G. austrodentatus major*，*G.* cf. *tongziensis*，*G. nobustus*，*G. qijiangensis*，*Amplexograptus* sp.，*Pseudoclimacograptus* sp. 等。这一群落与前述以对笔石为主体的组合具有明显的差异，属于两个性质截然有别的新一代群落。上述笔石群尚可在南郑县梁山和川北广元县潭家沟见及，在梁山厚15 m，岩性相同于赵家坝。

同名带在我国南方的上扬子，宁镇山脉和浙西、赣东北的广大地区均可见及，并可直接对比。在澳大利亚，该带出现的层位与我国相似，并以此间接与欧洲相当层位对比。

⑥*Amplexograptus confertus* 带

许杰（1934）首先将英国早期建立的 *A. confertus* 带引入皖南的“宁国页岩”。陕西境内系穆恩之等（1979）首先在南郑县梁山剖面发现此带。在梁山该带出现在西梁寺组的中下部，岩性为黄色页岩夹灰岩条带或结核，厚 12.5 m。共生的笔石有 *Phyllograptus* aff. *anna*，*Aulograptus leeszekuangi*，另有三叶虫、苔藓虫等。

本带在我国的东南地区和祁连山区具有较为广泛的分布，其间可直接对比；在北美和加拿大它是 *Paraglossograptus etheridei* 带的重要分子，亦可进行对比。

⑦*Glyptograptus teretiusculus* 带

孙云铸（1933）首先建带于甘肃省平凉银洞官庄。田在艺（1948）将该带引入陕西陇县西北部的龙门洞。霍世诚（1960）在南郑县梁山亦发现该带。在龙门洞剖面，本带位于平凉组底部，厚 29.4 m，相当该剖面的第 1—2 层，岩性为黑色页岩夹灰绿色页岩、硅质页岩和角砾状灰岩等，下伏为马家沟组灰岩，上覆为 *Nemagraptus gracilis* 带的黑色板状页岩。本带共生的笔石有 *Climacograptus* sp.，*Orthograptus* sp.，*Dicellograptus* sp.，*Leptograptus* sp.，*Pseudoclimacograptus shanrenbergi*，*P. demittolabiosus*，*Glyptograptus* cf. *teretiusculus* 等。在南郑县梁山本带位于西梁寺组顶部厚约 10 m 的灰白色不纯灰岩之中。

同名带见于我国南方的胡乐组、庙坡组、十字铺组、蒲漂组。另外在西欧、澳洲、北美均有本带的产出，其间可以直接对比。

⑧*Dicellograptus szechuanensis* 带

穆恩之（1949）建带于四川江北华蓥山。陕西境内马润华（1981）首先见于镇巴县青狮乡西约 3 km 的马家湾剖面。在该剖面本带产于龙马溪组（原称五峰组）底部厚 0.02 m 的黑色页岩之中，共生的笔石有 *Paraorthograptus* sp.，*Climacograptus supernus*，*Orthograptus* sp.，*Pleurograptus lui*，*Dicellograptus szechuanensis*，*D. ornatus*，*D. reflexus*，*D.* sp. 等。另有腕足类 *Philhedrella* sp.，*Lingulella* sp.，*Triplesia* sp.。下伏地层为含三叶虫 *Nankinolithus* 的涧草沟层；上覆为产于黑色页岩中的 *Paraorthograptus typicus* 带。陕西产出本带的另一地点为紫阳县瓦房店芭蕉口剖面的斑鸠关组底部。

本带几乎遍及扬子地层区，在国外大体相当英国的 *Dicellograptus anceps* 带。

⑨*Paraorthograptus typicus* 带

穆恩之等（1974）创立。代表五峰期 6 个笔石带中的第 5 个笔石带。

在陕西，该带马润华（1981）首先发现于镇巴马家湾剖面，在此剖面上位于原五峰组的第 2 层，厚 0.03 m，岩性为富含粉砂质和云母碎片的黑色页岩，上覆为含 *Hirnantia*，*Dalmanitia* 的观音桥层；下伏为含 *Dicellograptus szechuanensis* 带的黑色页岩。其中产笔石 *Paraorthograptus typicus*，*Climacograptus supernus*，*C.* sp.，*Pararetiograptus* sp.，*Amplexograptus* sp. 等。

同名带见于川南、黔北和鄂西等地的龙马溪组底部。国外大体相当产 *Climacograptus pacificus* 和 *C. pacificus pilosus* 的层位。

⑩*Diplograptus bohemicus* 带

该带最早建立于斯洛伐克 Kosov 组顶部并与“*Hirnantia* 动物群”共生。其上部被 *Akidograptus ascensus* 带直接覆盖。国内首先由穆恩之等（1979）引入扬子地层区的原五峰组顶部，作为五峰期最高的一个笔石带。

陕西省首先见于南郑梁山剖面和镇巴星子山的梁家桥剖面（朱兆玲、林尧坤等，1986），其后在南郑县元坝、西乡县三郎铺等地亦有见及。在元坝大佛崖剖面，本带产于龙马溪组的底部（即观音桥层中）厚1.7 m的黑色硅质岩与深灰色薄层含硅质、泥质粉砂岩和粉砂质泥岩中，其中产笔石 *Glyptograptus alternantis*，*G*. cf. *siccatus latus*，*G*. cf. *elegantulus*，*Climacograptus miserabilis*，*C*. cf. *normalis*，*Diplograptus* cf. *bohemicus*，*D*. cf. *beigongensis*，*D*. cf. *spanis*，*Amplexograptus* cf. *suni*，*Orthograptus* cf. *anhuiensis* 等。上覆为产 *Glyptograptus* cf. *persculptus* 的黑色硅质板岩，下伏地层为产笔石的暗紫灰色粉砂质页岩。

同名带除我国南方之外，尚见于哈萨克斯坦、俄罗斯西伯利亚东部等地，其间均可直接对比。

(2) **东南类型笔石群**

分布于南秦岭-大别山地层区和华北地层大区的西南缘，前者仅见于紫阳、岚皋和平利南部的权河口组，即 *Didymograptus abnormis* 带和 *Tetragraptus* (*Etagraptus*) *approximatus* 带。陇县龙门洞一带，傅力浦（1979）曾将平凉组划分5个笔石带，由上而下为：

⑤*Climacograptus spiniferus* 带

④*C*. *longxianensis* 带

③*C*. *peltifer* 带

②*Nemagraptus gracilis* 带

①*Glyptograptus teretiusculus* 带

本书考虑其中 *Climacograptus longxianensis* 是一个未经考验的新种，区域上能否对比，尚待进一步研究，故目前仅划分4个带。现将上述地区的笔石带自下而上分述如下：

①*Etagraptus approximatus* 带

陈旭（1964）建带于江西崇义、玉山的宁国组底部。

陕西省内本带仅见于紫阳县南部的权河口剖面。该剖面第2层厚57 m，岩性为碳质板岩，其中产笔石 *Etagraptus approximatus*，*E*. *lavalensis*，*Tetragraptus pendens*，*T*. cf. *fruticosus*，*T*. sp.，另有甲壳类 *Caryocaris* sp. 等。

本带在我国南方贵州三都、广西平南、湖南祁东、江西崇义和新疆的霍城等地均有产出，在国外亦可见于澳大利亚、哈萨克斯坦、北美等国家，其间均可直接对比。

②*Didymograptus abnormis* 带

李积金（1961）建带于贵州都匀、麻江剖面的“大湾组”中、下部。含笔石 *Didymograptus abnormis*，*D*. *lofuensis*，*Phyllograptus anna*，*Dichograptus erectus* 等。

陕西省境内该带仅见于紫阳县南部，在权河口剖面的权河口组中部，岩性为碳质板岩，产笔石 *Didymograptus abnormis*，*D*. sp.，*Phyllograptus ilicifolius* 带。

同名带见于我国江南区、东南区、祁连山区和新疆的霍城一带，其间可以直接对比，另外还可与我国华中、西南地区的 *Azygograptus suecicus* 带进行间接对比。

③*Glyptograptus teretiusculus* 带

见前述扬子类型笔石群的⑦。

④*Nemagraptus gracilis* 带

孙云铸（1933）在研究袁复礼（1925）采自甘肃平凉官庄的笔石后首先建立 *N*. *gracilis* 带。田在艺（1948）将该带引入陕西陇县的龙门洞一带，其后在陕西的其他地区从未找到该带笔石。

在龙门洞剖面，本带位于第5层，厚9.4 m，岩性为黑色板状页岩、钙质页岩夹砂质薄层灰岩，含笔石 *Dicellograptus* sp.，*D*. *sextans*，*Dicranograptus* sp.，*Climacograptus* sp.，*Pseu-*

doclimacograptus shanrenbergi，*Didymograptus yuani*，*D. euodus*，*Retiograptus* sp. 等。

本带广泛见于我国南方的扬子区、江南区和西北区的新疆、祁连山等地。在国外亦可见于英国、澳大利亚、北美、哈萨克斯坦和西伯利亚等地，这些地区所产 *N. gracilis* 带均可与我国的同名带直接对比。

⑤*Climacograptus peltifer* 带

孙云铸、司徒穗卿（1947）首先建带于云南保山的"下蒲漂组"，陕西省境内首先建带者为傅力浦(1979)。他在研究陇县龙门洞剖面时于 *Nemagraptus gracilis* 带之上建立了本带。在龙门沟剖面，本带分布在第11层，厚9.6 m，岩性为黑色页岩夹薄层砂质灰岩、钙质泥岩。共生的笔石有 *Climacograptus peltifer*，*C. bicornis*，*C. tridentatus*，*Pseudoclimacograptus* sp.，*P. shanrenbergi*，*Glyptograptus* sp.，*Orthograptus* sp.，*Dicellograptus sextans*，*Dicranograptus kansuensis*，*Didymograptus sagitticulis*，*D. yuani*，*Leptograptus ascendens* 等。

本带在我国除前述保山之外，在广西临桂、祁连山尚有分布，其他地点见诸不多。国外在欧洲、北美、澳大利亚等地均有产出，其间可以直接对比。

⑥*Climacograptus spiniferus* 带

为魏吉秀（1966）建立的 *Dicellograptus angulatus*－*Climacograptus spiniferus* 带的重要分子。傅力浦（1979）在陕西省陇县龙门洞剖面建立 *C. spiniferus* 带，该带位于上述剖面的第16层，厚37 m，岩性为黄绿色粉砂质页岩夹砂质灰岩扁豆体，共生笔石有 *Climacograptus caudatus*，*C. curtus*，*C. spiniferus*，*Glyptograptus* sp.，*Orthograptus* sp. 等。

C. spiniferus 为北美地区 Canajoharie 页岩中的重要分子，并为该岩组最上部一个化石带，上覆为 Utica 页岩，其层位与我国的盐津组或黄泥岗组相当。

2. 三叶虫

陕西奥陶纪的三叶虫数量极其丰富，属种繁多，各分区均有分布，经卢衍豪（1975)、周志强（1975)、赖才根（1982)、穆恩之等（1979)、马润华（1990)、李晋僧、赖才根等(1994)研究，大体有如下特点：早奥陶世早期分异明显，在华北西缘地层分区以 Pseudokainelliidae 和 *Koraipsis* 最为特征；南秦岭-大别山地层区 *Hysterolenus* 和 *Niobella* 出现频繁；上扬子地层分区出现有 *Tungtzuella* 动物群等，而且各地之间少见相同属种。早奥陶世晚期到中奥陶世分异模糊，华北西缘地层分区以 *Eoisotelus* 最为显著，但仍有南方或欧洲三叶虫 *Taihungshania* 和 *Ningkianolithus* 等，又有东南区常见的 *Niobella* 出现，形成不同生物区三叶虫相互混合过渡的特点。上扬子地层分区分布着相当数量的亲欧洲型三叶虫分子，但仍有大量的地方特产，其中最典型是三瘤虫类，此类三瘤虫在宁强、镇巴、南郑一带特别发育，而且分布稳定，构成 *Ningkianolithus* 带。这一组合仅出现在长江流域，构成既不同于欧洲，也不同于北美的另一动物群——扬子动物群。至晚奥陶世临湘期开始分异明显，扬子地层区以 *Nankinolithus* 带和 *Dalmanitina* 带的出现为特色，而省内其他地区不存在这两个属。本省各地三叶虫化石虽然繁多，但实际只有三个明显的带，现自下而上分述如下：

①*Ningkianolithus* 带

由卢衍豪（1959）建立的 *N. welleri* 带演变而来。陕西发育较好的地点在南郑县下梁山剖面，*Ningkianolithus* 带位于该剖面西梁寺组的第2—3层，岩性为黄色页岩，含少量灰质条带，底部为结晶灰岩。厚15.6 m。共生的三叶虫有 *Nesenuretus expansus*，*Ningkianites*，*Hanchungolithus multiseriatus*，*Remopleurides nasutus*，*Isoteloides liangshanensis* 等。此外在宁强赵家坝也有见及，其层位大体在笔石的 *Glyptograptus austrodentatus* 带和 *Amplexograp-*

tus confertus 带。但是在川、鄂边界一带，本带则位于 *Azygograptus suecicus* 带或其上的 *G. austrodentatus* 带。因此本带自东南向西北有一个明显的穿时过程，其时代自大湾期到牯牛潭期。

②*Nankinolithus* 带

卢衍豪（1959）建带于皖南黄泥岗组。陕西境内以南郑还相子剖面最好，分布在该剖面的西梁寺组第 2—3 层，以发育黄色粘土质页岩为特征，厚 0.8 m。此带在南郑县福成挂宝岩和紫阳县的紫黄赵里溪金鸡湾等地也有分布。厚度一般小于 6 m。共生的三叶虫主要有 *Liangshanocephalus shanxiensis*，*Telephina convexa*，*Calymenesun granulosa*，*Hammatocnemis decorosus*，*Nankinolithus wanyuanensis*。上述组合向东延入四川、鄂西及下扬子等地，其间可以直接对比。

③*Dalmanitina* 带

主要发育在五峰期，陕西境内见于龙马溪组的观音桥层，并在该层中与 *Hirnantia* 共同组成 *Dalmanitina* - *Hirnantia* 动物群，该动物群可直接或间接地进行洲际对比。但本带因向上可延入志留纪（卢衍豪，1957；张文堂，1964）、下可与 *Nankinolithus* 带共生（胡荣民，1976；盛莘夫，1974），一般被视为 Caradocian 晚期—Llandeilian 早期的化石带。

3. 腕足类

省内分布不均，扬子地层区数量最多，达 40 余属。祁连-北秦岭地层分区中的红花铺组和迭部-旬阳地层分区的两岔口组也有存在。华北西缘地层分区到中奥陶世才开始出现，而且数量较少。上述各地前人（张文堂，1979；傅力浦，1981；朱兆玲等，1986；俞建华等，1986；成汉钧，1989；马润华，1990）曾由上而下划分如下生物组合：

⑥五峰晚期 *Hirnantia* - *Kinnella* 动物群

⑤临湘-五峰早期 *Christiania* - *Cyclospira* 组合

④庙坡-宝塔期 *Leptelloidea* - *Sowerbyella* 组合

③牯牛潭期 *Tetraodontella* - *Nicolella* 组合

②大湾期 *Sinorthis* - *Martellia* 组合

①红花园期 *Plectorthis* - *Orthis* 组合

以上生物组合在生物地层划分和区域对比方面较有意义的莫过于 *Hirnantia* - *Kinnella* 动物群。在陕西，这一动物群的成员首先被李耀西等（1975）发现于南郑县福成挂宝岩剖面和元坝槐树院西剖面，其后又在西乡县（戎嘉余，1979）、镇巴县（马润华，1981）等地找到。马润华（1990）首先在大巴山区划分出 *Hirnantia magna*，*H.* cf. *sagittifera*，*Aegiromena finxiangensis*，*A.* cf. *ultima*，*Sericoidea shanxiensis*，*Paromalomena polonica* 等，这一组合在我国华中—西南、乃至东南地区均有产出，在北美、西欧和北非等地区亦有分布，其间可以直接对比，时代均在晚奥陶世晚期。

4. 珊瑚

陕西奥陶纪珊瑚动物群分布特点如下：

(1) 珊瑚主要分布在华北西缘地层分区的陇县、耀县和铜川陈炉一带，其他如陇山地层小区的唐藏、张家庄和天竺山地层小区的山阳两岔也有零星分布。

(2) 珊瑚出现最低的层位是马家沟组的中段，相当牯牛潭期，是我省惟一中奥陶世早期珊瑚化石的产出层位，有 *Lichenaria*，*Rhabdotetradium*，*Yaoxianopora* 等，前两属系北美早奥陶世晚期到中奥陶世早期的常见分子，后一属为陇县—铜川地区特产。这一动物群林宝玉

(1980) 称之为 *Lichenaria - Rhabdotetradium - Yaoxianopora* 组合，代表我国北方马家沟组或相当层位的珊瑚属群，其分区属西伯利亚-北美动物地理区，但是这一组合仅在铜川陈炉剖面上较发育，耀县桃曲坡剖面少见，其他地区尚未发现，在区域上的展布不甚清楚。

(3) 中奥陶世庙坡期和宝塔期珊瑚的分布范围仍然局限在陇县—铜川一带，宝塔期以后扩展到秦岭海槽北部的凤县、山阳县等地。在渭北一带主要有 *Favistella*，*Catenipora*，*Tryplasma*，*Plasmoporella*，*Yaoxianopora*，*Lichenaria*，*Troedssonites* 等，其中 *Favistella*，*Lichenaria*，*Troedssonites* 为西伯利亚-北美动物地理区的典型分子，*Plasmoporella*，*Catenipora*，*Tryplasma* 为我国北方或西欧-波罗的海沿岸动物地理区的成员，上述两个不同生物群在一起共生，无疑说明上述地区为不同生物群混生的过渡性生物地理区。

(4) 晚奥陶世的临湘期，*Favistella*，*Plasmoporella*，*Catenipora*，*Tryplasma* 等仍然活跃在陇县—铜川一带，同时还有新生分子出现，如 *Wormsipora*，*Neowormsipora* 等。这一组合中的 *Plasmoporella*，*Wormsipora*，*Tryplasma* 等是我国南方和欧洲所特有，而 *Favistella* 则是我国南方和欧洲绝无存在的属，所以仍然没有改变陇县—铜川一带珊瑚混生的基本面貌。

(5) 五峰早期为省内珊瑚动物空前繁盛时期，此时的陇县—铜川一带和秦岭的凤县、山阳地区都有大量珊瑚分布，局部已达到造礁程度，其属有 *Agetolites*，*Favistella*，*Sarcinula*，*Agetolitella*，*Tetradium*，*Rhabdotetradium*，*Heliolites*，*Plasmoporella*，*Lichenaria*，*Fletcheriella*，*Amsassia*，*Brachyelasma*，*Streptelasma*，*Proheliolites*，*Palaeofavosites*，*Syringoporella* 等。上述珊瑚组合中的绝大多数为全球分布，或为南方及波罗的海沿岸专有，但也有生活于北美—西伯利亚地区的特有分子，如 *Amsassia*，*Tetradium*，*Favistella*，因此这一组合仍然是不同生物群混生类型，或者是不同地理区的过渡群落。

5. 头足类

省内奥陶纪的头足类主要分布于铜川—韩城一带，其次是宁强、南郑和镇巴等地，其他地区较少。

(1) 早奥陶世的头足类

发育在陇县、铜川及黄河沿岸各地，属种较多，主要在马家沟组中产出，有 *Manchuroceras*，*Coreanoceras*，*Yehlioceras*，*Kaipingoceras* 等。在红花园期以后，华北的头足类大量增加，属种和数量增多，前人称“珠角石动物群”，常见珠角石类有 *Polydesmia*，*Wutinoceras*，*Armenoceras*，*Discoactinoceras*，*Nybyoceras*，*Ormoceras* 等，直角石类有 *Stereoplasmoceras*，假直角石类有 *Parahogenoceras*，内角石类有 *Linchengoceras* 和少量属于南方前环角石-内角石动物群的 *Michelinoceras*，*Kotoceras* 等。

上扬子地层分区早奥陶世的头足类较少。宜昌期尚未发现。红花园期开始，在宁强一带赵家坝剖面中出现 *Ellesmeroceras*，*Catoraphiceras* 和 *Anelcoceras* 等。*Ellesmeroceras* 出现的层位在宁强一带比南方其他地区高，可能是爱丽斯曼角石动物的残存分子，与我国北方同期的属种虽不完全相同，就分布而言，区别不大，因而前人认为我国红花园期南、北头足类组合相似或为同一生物地理区。在大湾期和牯牛潭期，该区保存下来的头足类只有 *Chisiloceras* 和 *Michelinoceras* 两属，其数量不多，但两属在华中、西南为早奥陶世晚期—中奥陶世初期的典型分子，或者是前环角石-内角石类动物群的重要成分，显示了华北与扬子区头足类有明显的分异。

南秦岭天竺山地层小区的山阳一带，红花园期有 *Hopeioceras* 和 *Kaipingoceras*，这一组合归入满洲角石动物群。大湾期和牯牛潭期的头足类数量不多，计有 *Armenoceras*，*Sactoceras* 和

"*Cameroceras*" *hsiehi*。*Armenoceras* 是全球性的头足类，*Sactoceras* 主要集中在华北和东北南部，"*Cameroceras*" *hsiehi* 是华中大湾期的头足类，目前北方尚未报导，所以大湾—牯牛潭期这一地区构成南北方两个动物群相互过渡类型。

(2) 中晚奥陶世头足类

在陇县、铜川一带混入大量欧洲喇叭角石动物群分子，其中马家沟组上段的 *Aluveroceras*、背锅山组的 *Kiaeroceras* 和 *Temperoceras* 等都是北欧常见的属，说明这个具有欧洲和北美的喇叭角石动物群与棱角石-盘珠角石动物群相互混生，即过渡型动物群。

上扬子地层分区的宁强—镇巴一带主要分布着直角石类的特征分子——喇叭角石动物群，以 *Cyclolituites* 和 *Lituites* 为代表，在庙坡期最为特征。*Sinoceras chinense* 在宝塔期最为突出，所测剖面均可见到，即稳定分布于该分区的两个小区内，构成角石带，是我国特有的分子，广布于长江流域。现将上述两个角石带自下而上叙述如下：

①*Lituites ningkiangense* 带

此带是赖才根（1989）新建立于赵家坝剖面的一个带，与其共生的有 *Lituites* sp.，*Cycloceras* sp.，产在宝塔组的第 3 层，为暗紫红色厚层生物灰岩夹泥质条带，厚约 2 m。在镇巴青狮马家湾剖面也有 *Lituites* sp.，*Orthoceras* sp. 等。

②*Sinoceras chinense* 带

穆恩之、杨敬之（1954）建立于鄂西三峡，是宝塔组的重要带化石。省内广布于上扬子地层分区，以南郑县下梁山剖面为代表，位于宝塔组第 3—4 层，为紫红色、灰色龟裂纹灰岩，厚 16 m，与之共生的有 *Orthoceras*，*Lituites*，*Vaginoceras* 等。与广布于长江流域，甘、青、藏及新疆等地的该带可以直接对比。

三、志留纪生物地层

陕西省志留纪生物地层工作开展较早，且以笔石带为主。卢衍豪（1943）在南郑县梁山发现"志留纪共含单笔石五带，皆为早志留世产物，与欧洲及我国南方各省均可比较"，霍世诚（1959）将梁山"志留纪页岩"分为九个单笔石带，李耀西等（1975）在大巴山龙马溪组、新滩组中新发现六个笔石带，至此，除 *Akidograptus acuminatus* 带未发现外，我国南方早志留世笔石带在该地区全部存在。傅力浦（1980—1986）先后发表紫阳芭蕉口及紫阳地区志留纪地层中的笔石序列，在斑鸠关组、陡山沟组、五峡河组中共建立 19 个笔石带。

陕西省志留纪笔石生物地层主要发育在上扬子地层分区及十堰-随州地层分区。岚皋-竹溪地层分区的紫阳芭蕉口剖面笔石化石最为丰富，序列最齐全，研究程度也高。本书对该剖面志留纪含笔石地层重点进行叙述。现自下而上简述如下：

①*Glyptograptus persculptus* 带

李耀西等（1975）首先在镇巴高桥水河沟剖面龙马溪组底部发现 *Glyptograptus persculptus* 带。傅力浦（1980）在紫阳焕古滩南，斑鸠关组中发现产有丰富的 *G. persculptus*，建立了 *G. persculptus* 带。傅力浦（1986）以紫阳芭蕉口剖面为代表，对该带在紫阳地区的分布进行了详细论述。

Glyptograptus persculptus 带是以 *G. persculptus* 出现为本带的开始，以 *G. persculptus* 的消失为该带顶界。*G. persculptus* 的主要特征为具 S 形弯曲的胞管。

在紫阳芭蕉口剖面，该带位于斑鸠关组下部，距底 3.5 m 开始出现，垂直分布 3.5 m，其中含 *Glyptograptus* cf. *persculptus*，*G. gracilis*，*G. sinuatus*，*Diplograptus modestus*，*Cli-*

macograptus miserabilis，*C. normalis*，*C. medius*，*Orthograptus lonchoformis* 等，产于碳质硅质岩和泥板岩中。紫阳县皮家坝剖面该带位于斑鸠关组下部，距底 30.9 m 处开始出现，垂直分布小于 3 m。

上扬子地层分区的镇巴县高桥水河沟剖面、西乡县三郎铺及堰口剖面，该带均见于龙马溪组底部黑色片状碳质页岩夹薄层硅质岩中。

②*Parakidograptus acuminatus* 带

傅力浦（1983）在紫阳芭蕉口剖面“下斑鸠关组”（即本书的斑鸠关组）中建立。以发育尖笔石类为特点，以 *P. acuminatus* 及特征分子的出现和消失为该带的底界和顶界。

在紫阳县芭蕉口剖面，该带于距斑鸠关组底界 8.8 m 开始出现，垂直分布 27.8 m，与带化石共生的有 *Dimorphograptus* sp.，*Diplograptus modestus tenuis*，*Parakidograptus acuminatus minimus*，*Orthograptus parvulus*，*O. sinitzini*，*Glyptograptus tamariscus*，*Climacograptus normalis* 等，产于碳质硅质板岩中。在紫阳皮家坝剖面，该带位于斑鸠关组底部，垂直分布不及 3 m。在西乡县三郎铺及堰口剖面该带位于龙马溪组底部的页岩夹硅质岩中。

③*Orthograptus vesiculosus* 带

霍世诚（1959）首先在南郑县梁山新滩组中建立 *Orthograptus vesiculosus* 带。李耀西等（1975）在镇巴县高桥发现该带，但未报道具体层位，傅力浦（1980）列述了南郑县梁山该带的共生笔石。傅力浦（1986）以紫阳县芭蕉口剖面为主，在紫阳地区“麻柳树湾组”（即本书斑鸠关组）中建立了 *O. vesiculosus* 带。

带化石 *Orthograptus vesiculosus* 为两枝向上攀合、双列胞管，笔石体粗大，长 30～60 mm，宽 3～4 mm，中轴常伸出笔石体末端之外，且逐渐膨大，并伴生 *Climacograptus* 和 *Diplograptus* 等分子。该带以 *O. vesiculosus* 和该带特征分子出现和消失为底、顶界。

在芭蕉口剖面，距斑鸠关组底界 36.6 m 开始出现，垂直分布 27.4 m，共生的有 *Diplograptus* cf. *modestus*，*Atavograptus atavus*，*Rhaphidograptus* sp.，*Climacograptus* sp.，*Orthograptus* sp. 等，产于黑色粉砂质板岩中。紫阳斑鸠关剖面，带化石产在距斑鸠关组底界 113.5 m 处的含碳板岩中。在紫阳县皮家坝产于距斑鸠关组底界 42.9 m 的含碳的硅板岩中。南郑县梁山产于距新滩组底部 25～27 m 黄色页岩中。在西乡县三郎铺及堰口剖面，该带产于龙马溪组下部灰黑色页岩与硅质岩中。

④*Pristiograptus cyphus* 带

卢衍豪（1943）在南郑县梁山新滩组中首先建立。认为是新滩组下部第一个笔石带，尹赞勋（1949）发表。地科院三室（1961）在秦岭工作时，在岚皋县堰溪沟斑鸠关组中也发现该带，但具体分布范围不详。傅力浦（1980）在叙述秦岭地区早、中志留世的笔石带时，也对该带做了列述，但未报道具体层位。

⑤*Pristiograptus leei* 带

地科院三室（1963）在秦岭工作时，在岚皋县斑鸠关组中及下部、李耀西等（1975）在南郑县元坝、傅力浦（1980）在湖北竹溪梅子垭均发现了 *Pristiograptus leei* 带。傅力浦（1986）以紫阳县芭蕉口剖面为代表详细叙述了该带的产出层位及共生化石。

带化石 *Pristiograptus leei* 笔石体细小，向背部弯曲成弧形，胞管细长，管身略呈波形。伴生有 *Climacograptus* 及少量 *Diplograptus*，*Orthograptus*，*Glyptograptus* 等。以 *P. leei* 和该带特征分子的出现和消失为该带底、顶界。

Pristiograptus leei 带在紫阳县芭蕉口剖面位于斑鸠关组顶部，距顶 36.7～55.1 m 范围

内。含 *P. leei*，*Glyptograptus tamariscus linearis*，*Diplograptus* sp.，*D. tcherskyi*，*Orthograptus* sp.，*Climacograptus* sp.，岩性为含碳板岩。

⑥*Demirastrites triangulatus* 带

傅力浦（1980）在紫阳县瓦房店南发现该带存在。1986 年又以紫阳县芭蕉口剖面为代表进行详细叙述。

带化石 *Demirastrites triangulatus* 笔石体小，始部向背侧弯曲，胞管始端孤立，末端为三角形。伴有 *Demirastrites*，*Rastrites*，*Pristiograptus*，*Glyptograptus* 及 *Pseudoclimacograptus* 等分子。以 *D. triangulatus* 和该带特征分子的出现和消失为该带的底界和顶界。

在紫阳县芭蕉口剖面，*Demirastrites triangulatus* 带位于陡山沟组底部，垂直分布约 30 m。与带化石共生的有 *Demirastrites denticulatus*，*Rastrites guizhouensis*，*R. peregrinus*，*Pernerograptus revolutus*，*Spirograptus mirus*，*Pseudoclimacograptus hughesi*，岩性为中厚层粉砂岩夹板岩。在紫阳县皮家坝剖面，该带位于五峡河组下部，垂直分布 65.3 m。岩性为板岩。

⑦*Demirastrites convolutus* 带

卢衍豪（1943）在南郑县梁山新滩组中建立了 *D. convolutus* 带，尹赞勋（1949）发表。傅力浦（1980）在平利县大贵坪北，陈旭（1983）在宁强县龙马溪组中部均发现了该带的存在。傅力浦（1986）以紫阳县芭蕉口剖面为代表，详细叙述了紫阳地区 *D. convolutus* 带的发育情况。

带化石 *Demirastrites convolutus* 笔石体向背部弯曲，旋转呈盘香状。胞管呈三角形，末端胞管大部分伸出。伴有 *Pristiograptus*，*Streptograptus*，*Rastrites*，*Oktavites*，*Monograptus*，*Climacograptus* 等分子。以 *D. convolutus* 及该带特征分子的出现和消失为该带的底、顶界。

该带位于紫阳县芭蕉口剖面陡山沟组下部，距陡山沟组底界 30 m 开始出现，垂直分布约 50 m。含 *Demirastrites* cf. *convolutus*，*D. denticulatus*，*Rastrites peregrinus*，*Streptograptus* cf. *lobiferus*，*Monoclimacis* cf. *badongensis*，*Pristiograptus gregarius*，*Glyptograptus tamariscus linearis*，*G. tangshanensis*，*Climacograptus premedius*，*Pseudoplegmatograptus* sp.，*Pseudoclimacograptus hughesi*，岩性为中—薄层粉砂岩、粉砂质板岩。在紫阳县高桥皮家坝剖面，该带位于五峡河组，距该组底界 65.3 m 开始出现，垂直分布 14.9 m。

⑧*Monograptus sedgwickii* 带

卢衍豪（1943）首先在南郑县梁山新滩组中建立 *Monograptus sedgwickii* 带，1949 年尹赞勋发表。1975 年李耀西在南郑元坝、1984 年陈旭在宁强龙马溪组也发现此带。1986 年傅力浦以紫阳芭蕉口剖面为代表，在紫阳地区建立 *M. sedgwickii* 带。

带化石 *Monograptus sedgwickii* 笔石体直或微弯曲，始端细，末端宽度递增，胞管口部弯曲不大，胞管伸出部分占笔石体宽度 1/2，每 10 mm 中有 8～10 个胞管。伴生有 *Demirastrites*，*Rastrites*，*Cephalograptus*，*Petalolithus*，*Diplograptus*，*Glyptograptus*，*Pseudoplegmatograptus* 等分子，以 *M. sedgwickii* 及该带特征分子出现和消失为该带的底界和顶界。

在紫阳斑鸠关剖面，该带位于斑鸠关组顶部厚 138 m 的黑色砂岩、粉砂岩夹板岩的中部。含 *Rastrites distans*，*Demirastrites* sp.，*Oktavites planus*，*Streptograptus becki filiformis*，*Pristiograptus jaculum*，*Monograptus marri*，*M. sedgwickii*，*Petalolithus minor* 等。在紫阳县皮家坝剖面，该带位于五峡河组，距该组顶界 80 m 开始出现，垂直分布 150 m，产于灰色粉砂岩与黑色粉砂岩互层中。紫阳县芭蕉口剖面该带位于陡山沟组，距该组底界 158.8 m，垂直

分布 42 m。在宁强县大竹坝—崔家沟剖面，该带位于龙马溪组顶部含碳硅板岩中，此外，平利县大贵坪斑鸠关组顶部也有该带存在。

⑨*Rastrites linnaei* 带

傅力浦（1980）首先认为 *Rastrites linnaei* 带在大巴山地区广泛分布，1986 年又在紫阳地区发现该带的存在。

以 *Rastrites linnaei* 出现为该带开始，*Streptograptus exiguus* 的出现为本带的结束。

在紫阳县芭蕉口剖面，该带位于陡山沟组中下部含碳粉砂岩及板岩中，距该组底界 248 m 开始出现，垂直分布 43.5 m。含 *R. linnaei*，*R. distans*，*Spirograptus minor*，*Streptograptus becki filiformis*，*S. gracilis*，*Oktavites planus*，*Monograptus capillaris*，*M. halli*，*Pristiograptus variabilis*，*P. jaculum*，*Petalolithus palmeus*，*P. tenuis*，*P. minor*，*Glyptograptus supernus*，*Pseudoretiolites daironi*，*Diversograptus liantanensis*，*Demirastrites decipiens* 等。

⑩*Spirograptus turriculatus* 带

卢衍豪（1943）首先在南郑县梁山发现 *Spirograptus turriculatus* 的存在，将其作为新滩组最顶部的一个化石带，地科院三室（1961）在秦岭工作时，在紫阳县斑鸠关剖面发现于斑鸠关组黑色页岩中；李耀西等（1975）在镇巴高桥水河沟剖面的龙马溪组中均发现该带。傅力浦（1986）以紫阳县芭蕉口剖面为代表，对紫阳地区 *S. turriculatus* 带进行论述。

带化石 *Spirograptus turriculatus* 笔石体为螺旋形旋转，构成圆锥形，胞管位于锥外尖端。以 *S. turriculatus* 及该带中的特征分子出现和消失为该带的底界和顶界。

在芭蕉口剖面，*Spirograptus turriculatus* 带位于陡山沟组中部粉砂岩及砂质板岩中，距该组底界约 300 m，垂直分布 90 m，含 *S. turriculatus*，*Streptograptus exiguus*，*Stomatograptus liangshanensis*，*Monograptus priodon*，*Pristiograptus nudus*。在紫阳县瓦房店剖面，距陡山沟组底部 427.7 m 开始出现，垂直分布 56.7 m，岩性为灰黑色碳质硅质泥岩。

⑪*Streptograptus crispus* 带

傅力浦（1986）以紫阳县芭蕉口剖面为代表，在紫阳地区建立 *Streptograptus crispus* 带。

带化石 *Streptograptus crispus* 笔石体细小，最宽不及 1 mm，尤以始端最细，始端微向背部弯曲，末端向腹部弯曲；胞管向外卷曲。该带中卷笔石极发育，以 *S. crispus* 及该带特征分子的出现和消失为该带的底、顶界。

在紫阳县芭蕉口剖面，*Streptograptus crispus* 带位于陡山沟组中部的含碳粉砂质板岩夹层中，距陡山沟组底界 456.1 m，垂直分布 11 m。含 *Streptograptus exiguus*，*S. exiguus primulus*，*S. crispus*，*S. singularis*，*Monograptus priodon*，*Oktavites gansuensis*，*Pristiograptus nudus*。以卷笔石发育为特征。

⑫*Monoclimacis griestoniensis* 带

傅力浦（1986）以紫阳县芭蕉口剖面为代表，在紫阳地区建立了 *Monoclimacis griestoniensis* 带。

Streptograptus exiguus 的消失是本带的一个特点。

在芭蕉口剖面，该带位于陡山沟组中部的含碳板岩夹层中，距底界 494.7 m，垂直分布 10.8 m。含 *Monoclimacis griestoniensis*，*Monoclimacis subgeinitzi*，*Oktavites spiralis contortus*，*O. yini*，*Spirograptus tullbergi spiraloides*，*Monograptus priodon*，*Stomatograptus asiaticus* 等。

⑬*Oktavites spiralis* 部分延限带

地科院三室（1961）在秦岭工作时，首先在紫阳斑鸠关剖面五峡河组中发现 *Oktavites spiralis* 带。李耀西等（1975）在南郑县梁山新滩组中发现该带。傅力浦（1980）认为在秦岭 *O. spiralis* 和 *Stomatograptus grandis* 经常共生，称 *O. spiralis* 和 *S. grandis* 带。傅力浦（1986）以紫阳县芭蕉口剖面为研究重点，在紫阳地区建立了 *O. spiralis* 部分延限带。取自 *O. spiralis* 和 *Stomatograptus grandis* 开始出现至 *Monoclimacis geinitzi* 还未出现的间隔时限。

在芭蕉口剖面该带位于陡山沟组的上部，距陡山沟组顶界 383.7 m，垂直分布 264.7 m。含 *Stomatograptus grandis*，*S. sinensis*，*Oktavites spiralis*，*Monoclimacis* sp.，*Monograptus praecedens*，*Pristiograptus* cf. *prantli*，*Pseudoretiolites* sp.，*Monoclimacis* sp.，岩性为石英粗粉砂岩夹板岩，碳质板岩。在紫阳县斑鸠关剖面该带位于陡山沟组底部，从底界开始，垂直分布 446.4 m，产于厚层石英砂岩、粗砂岩夹板岩中。

⑭*Monoclimacis geinitzi* 带

傅力浦（1980）在紫阳县瓦房店建立 *Monoclimacis geinitzi* 带，1986 年又以紫阳县芭蕉口剖面为研究重点，详细论述了紫阳地区该带的地层位置及特点。

在芭蕉口剖面，该带位于陡山沟组上部，该带顶界距陡山沟组顶界 83.9 m，垂直分布 285 m，产于粉砂岩夹泥板岩中。含 *Monograptus priodon*，*M. ronneburgensis*，*Monoclimacis geinitzi*，*Spirograptus proteus*，*Retiolites geinitzianus*，*R. angustidens* 等。在紫阳县瓦房店剖面，该带位于陡山沟组上部，距顶 199.1～289.1 m，垂直分布 90 m，岩性为厚层砂岩。

⑮*Cyrtograptus lapworthi* 带

傅力浦（1980）在紫阳县瓦房店建立，1986 年以紫阳芭蕉口剖面为研究重点，详细叙述了紫阳地区该带的分布、特点及共生的笔石。该带化石具浓郁的地方色彩，在国内其他地区少见，地层位置与 *Stomatograptus grandis* 带相当，并指出本带的特点是 *Cyrtograptus* 与 *Oktavites spiralis* 共生。

在芭蕉口剖面，该带位于陡山沟组，距顶部 36.3 m，垂直分布 36.7 m，含 *Diversograptus ramosus bohemicus*，*Monograptus priodon*，*M. praecedens*，*Cyrtograptus lapworthi*，*Stomatograptus grandis*，*Retiolites geinitzianus*，*R. angustidens*，岩性为粗粉砂岩夹板岩。

⑯*Cyrtograptus sakmaricus* 带

傅力浦（1980）在紫阳县瓦房店建立，1986 年以紫阳县芭蕉口剖面为重点，详述了该带在紫阳地区的分布及特点等。

在芭蕉口剖面该带位于陡山沟组顶部，垂直分布 36.7 m。含 *Cyrtograptus sakmaricus*，*Streptograptus minimus* 等，岩性为厚层粗粉砂岩。在瓦房店水磨沟剖面可见于陡山沟组顶部。

⑰*Cyrtograptus insectus* 带

傅力浦（1980）在紫阳县瓦房店发现，1986 年以紫阳县芭蕉口剖面为研究重点，对该带进行了论述。

在芭蕉口剖面该带产于五峡河组底部，垂直分布 34.5 m，含 *Cyrtograptus insectus*，*Monograptus priodon*，*Barrandeograptus* sp.。岩性为薄层粉砂岩与粉砂质板岩互层。

⑱*Cyrtograptus centrifugus* 带

傅力浦（1980）在紫阳县瓦房店发现该带，1986 年又以紫阳县芭蕉口剖面为重点，对紫阳地区该带的分布及共生化石进行了系统的研究。

在芭蕉口剖面，该带位于五峡河组，距底 34.5 m 开始出现，因剖面出露不全，只见 11.5 m。岩性为粉砂岩与板岩互层，含 *Cyrtograptus centrifugus*，*C. bohemicus* 等。

⑲*Cyrtograptus murchisoni* 带

傅力浦（1980）在紫阳县瓦房店发现该带，1986 年又进行了深入的研究。

在紫阳县瓦房店剖面，该带位于五峡河组，距该组底界 71.1 m 开始出现，垂直分布 86.7 m。岩性为砂岩与板岩互层，含 *Cyrtograptus murchisoni*，*C. bohemicus*，*Monograptus belaphorus*。

此外，傅力浦（1980）在紫阳县瓦房店还建立了 *Cyrtograptus ramosus* 带，在紫阳焕古滩建立了 *Cyrtograptus lundgreni* 带。因未报道具体层位，暂不作为正式生物地层单位使用。

陈旭（1984）在宁强县、南郑县梁山自下而上建立了 3 个与紫阳地区不同的笔石带：

①*Pristiograptus cyphus - Monoclimacis lunata* 带

产于宁强龙马溪组下部。可与黔北同名带进行对比，大致相当紫阳地区 *Parakidograptus acuminatus - Demirastrites triangulatus* 带。

②*Pristiograptus gregarius* 带

根据南郑县梁山中梁寺剖面第 9—15 层所采笔石建立。产于新滩组，厚 17.8 m。大致相当紫阳地区 *Demirastrites triangulatus* 带的一部分。

③*Streptograptus sinicus* 带

建立于宁强县王家湾的宁强组（现划罗惹坪组）含珊瑚灰岩之上，与紫阳地区 *Monoclimacis griestoniensis* 带对比。

第三节　年代地层

一、寒武系的底界

关于寒武系的底界，也就是寒武系与震旦系（或相当地层）之间的界线，在国内、外至少有十种以上的分界设想。有的以三叶虫的最初出现划界，有的以带壳动物化石的最初出现划界，还有的以后生动物（或 Ediacara 动物群）的首次出现划界。甚至有人主张以冰碛层（覆冰纪）的上、下界或富铱层的出现位置等事件地层划界。为此，国际地层委员会（1972）建立了前寒武系-寒武系界线工作组，检查和讨论有关国家提供的界线剖面，并在其中选择世界公认的界线层型。在 1974 年举行的巴黎会议上，决定前寒武系与寒武系之间“所选界线点的任何岩序必须是海相的，并尽可能是连续和单相的，指导选择的主要方法应当是生物地层学，但应采用各种可能的对比方法”。同时还同意“埃迪卡拉动物群属于前寒武纪，而把 Olenellid - Fallotospid 三叶虫动物群看作是寒武纪的化石”。1978 年 1 月在英国剑桥会议上决定：界线应选择在“以多门类带壳动物化石为标志的演化变革附近”。这一决定在 1983 年的布里斯托（英国）会议上被改写成“前寒武系-寒武系界线层型点应尽可能地接近具有良好对比潜力。并具多门类带壳动物化石组合最早层序的底部”。也就是在这次会议上，决定将我国云南梅树村剖面第 6、7 层或 Ⅰ、Ⅱ 小壳化石带分界处（B 点），作为前寒武系-寒武系界线层型，报国际地层委员会批准，此后国际地层委员会以压倒的多数批准；并决定将这一决定报请 27 届国际地质大会通过。但在 1984 年 8 月 5、6 日召开的莫斯科国际地质大会的工作会议上，由于众所周知的原因而被无理搁置。此后地质工作者对这一界线的使用仍处于各持己见的状态。

当前我国地质工作者对于这一界线的使用主要有三种意见：①置于多门类硬体骨骼化石出现的最低层位的底界（即 A 点）。这一界线的使用目前广泛见于各类地层文献之中，可以说是主流；②置于梅树村剖面的B点。这一界线由于国际前寒武系-寒武系界线工作组的“决定”和国际地层委员会的支持，在理论和道义上似乎占有上风。但目前使用者甚少；③以粘土层中的铱异常为分界标志（即C点）。这一界线实际上是80年代以前使用的传统界线，目前在具体从事生产的地质单位中仍有广泛的使用价值，并且得到了张勤文（1984）、许靖华（1985）、钟富道（1986）等的支持。总观上述三种划分方案既有其利，也有其弊。如A点方案，以云南梅树村剖面的第一层为寒武系的开始（罗惠麟等，1987），界线之上为小壳化石的 *Anabarites*－*Circotheca* 带（或 *Anabarites*－*Protohertzina* 带）。这一界线的优点是在生物地层上有较大的对比潜力，这一化石带至少在我国川西、鄂西、陕南等地均有产出，并可直接对比，而且界线之下在鄂西和陕西仍有蠕虫类化石产出（西陵峡生物群或高家山生物群），从生物地层分析是有依据的。问题是在这个化石带之下仍有硬体骨骼化石的出现。如三峡陡山沱组中产钙质和硅质海绵类 *Eospicula*? *yichangensis*，*Hajelia*? *liantuoensis*（赵自强等，1985），灯影组下部产Circothecidae（邢裕盛、刘桂芝，1978）。在非洲纳米比亚相当埃迪卡拉动物群的Nama统有硬体骨骼的古杯化石产出，俄罗斯西伯利亚在文德期地层中有软舌螺的出现。而且随着研究工作的逐渐深入，带壳动物化石的出现层位可能还会降低，因此目前所确定的A点界线可能会成为难于固定的可变界线。B点方案是目前呼声比较高的界线。其优点是克服了A点方案的不足，但是由于各地研究程度的差异，目前仍存在区域或洲际如何对比的问题。C点方案的优点是野外易于掌握，而且随着测试手段的提高和方法的改进，有可能成为分层划界的主要依据。但是目前的研究使这一方法过于简单化。如许靖华（1985）提出的“生物劫难海”，通过几年的实践并不存在。而且Awramk（1986）就指出：“在中国C点附近不存在小壳化石、浮游植物的大量死亡和群集绝灭”。事实上小壳化石并未绝灭，而是喜氧的小壳动物进入筇竹寺早期的还原环境需要一定的适应阶段，也就是说在全球“缺氧事件”这一大气候下所有的生物都有一个重新调整过程。另外所谓的“全球缺氧”并非地球上所有地区都缺氧，如前述及的镇巴至湖北房县，乃至湖北钟祥县一带的前寒武系-寒武系的C点是在灯影组白云岩中通过的，这里不但有氧化环境下形成的灰岩，而且繁衍着内容丰富的“西蒿坪动物群”（钱逸等，1983），如果在该动物群中或其下找一条富铱界线，可能并非易事。

综合上述，不难看出前寒武系与寒武系之间的界线的确定目前仍有一定困难，其中最主要的原因在于：①由于小壳化石和遗迹化石的分类位置未定，势必出现对于这些化石在鉴定标准上的分歧，和属、种定名方面的混乱。随之而来的是缺少地层对比上的共同标准。②剖面选择仍需向单一岩性发展，也就是说有过硬的生物地层剖面，才有完善的生物化石；有了保存较好的化石才能在生物谱系的研究方面取得令人信服的证据。

在上述界线的研究陕西省也是全国几个重点地区之一，目前发现小壳化石的地点不下20余处，正式测制剖面者已有10余处。其中最具竞争力的莫过于宽川铺选将坪至石钟沟剖面（106°15′30″，32°55′10″）。该剖面位于陕西省宁强县的五丁关下，距宽直的“川陕公路”不足300 m，离最近的火车站——大安站24 km，交通极为方便，而且区内（指汉中一带）旅游景点众多，汉代遗址随处可见。南郑县梁山这座天然的地质公园可谓“扬子地台”的缩影。由西安到此沿途各地尚可领略秦岭造山带的雄伟奇观，是一处既可增长知识，又可对比界线的极好去处。另外这条剖面与梅树村剖面相比是化石点连续，种类繁多，露头不但未经人工破坏，而且剖面全部裸露。现将该剖面介绍如下[①]：

---

① 本书略做归并。详细资料见：陕西省地质矿产局第二地质大队，1984，陕西省宁强县宽川铺震旦系-寒武系界线研究。

上覆地层：牛蹄塘组

28. 含碳粉砂质页岩，含有磷结核；距底部0.05 m处夹有0.15 m厚的结核状磷块岩。产软舌螺 *Turcutheca badaowanensis*，海绵骨针 *Protospongia* sp.

——————— 整　合 ———————

灯影组 总厚度67.85 m

27. 灰黑色薄—中厚层微晶泥灰岩，含微量黄铁矿。产微古植物化石 *Lophosphaeridium* 3.42 m

26. 深灰色中厚层泥质砂屑微晶灰岩。含少量海绿石及细晶黄铁矿。下部岩石具平行层理，上部层面有瘤状构造。产软舌螺：*Turcutheca maxima*，*T.* sp.；似软舌螺类：*Hyolithellus tenuis*；单板类 *Ginella* cf. *simplex*，*G. granda*；原始海绵骨针：*Protospongia* sp. 4.18 m

25. 深灰色薄—中厚层亮晶砂屑灰岩与海绿石砂屑灰岩。产软舌螺：*Circotheca longiconica*，*Tiksitheca korobovi*，*Turcutheca lubrica*，*Conotheca dahaiensis*，*Paragloborilus mirus*；单板类：*Chancellorira* sp.，*Rhobodochites exespertus*；分类位置不明的化石：*Ningqiangochites* sp. 5.22 m

24. 灰、深灰色厚层角砾状含胶磷矿亮晶灰岩，含少量细晶黄铁矿及微量海绿石。产软舌螺：*Circotheca longiconica*，*C.* sp.，*Turcutheca maxima*，*T. crasseocochlia*，*T. lubrica*，*T. anuoe*，*Paragloborilus mirus*，*P. subglobosus*，*Tiksitheca lisis*，*T. korobovi*；单板类：*Igorella hamata*，*I.* sp.，*Bemella simplex*，*Latirostratus amploperatus*，*Scenella* sp.，*Maidipingoconus maidipingensis*；腹足类：*Archaeospira ornata*，*Yangtzespira exima*；球壳类：*Ambarchaaeooides tianzhushanensis*；腕足类：*Hanshuiella primitiva* 及其他类：*Huangshandongella bella* 1.00 m

23. 深灰色薄层细晶灰岩、钙质粘土岩及硅质岩互层。局部夹砂屑结构灰质磷块岩。产软舌螺：*Turcutheca lubrica*，*T.* sp.，*Tiksitheca* sp.；单板类：*Igorella cyrtoliformis*；球藻类：*Protosphaerites ningqiangensis* 5.48 m

22. 灰黑色薄层硅质岩夹深灰色薄层细晶灰岩 2.00 m

21. 灰黑色粉砂质水云母页岩，含磷结核及硅质条带 0～0.90 m

20. 灰黑色假亮晶砂屑灰岩，钙质粘土岩及灰黑色硅质岩。局部夹胶磷矿条带，下部有透镜状交错层理。产软舌螺：*Circotheca longiconica*，*C.* sp.，*Turcutheca* sp.；似牙形刺类：*Protohertzina anabarica*；球壳类：*Protosphaerites ninqiangensis* 5.19 m

19. 灰、深灰色含砂白云母粘土岩，偶夹结晶灰岩扁豆体。产软舌螺：*Circotheca longiconica*，*C. nana*，*Turcutheca* sp.；管壳类：*Palaeosulcachites* sp.，*P. biformis*；似牙形刺类：*Protohertzina anabarica*；微古植物：*Asperatopsophosphaera* sp.，*Lophosphaeridium* sp.，*Leiopsophosphaera* sp. 2.10 m

18. 灰黑色薄层硅质岩与砂屑粉晶灰岩，具平行纹层理。产软舌螺：*Circotheca nana*；似牙形刺类：*Protohertzina anabarica*；硅质岩中含凝源类 1.85 m

17. 深灰色中厚层含胶磷矿砂屑细晶灰岩，夹少量硅质岩凸镜体或团块。下部有凸镜状交错层理。产似软舌螺类：*Hyolithellus tenuis*，*H. isiticus*，*H. vladimirovae*，*Anabarites trisulcatus*，*A. obliquasulcatus*，*A. sulcoconvex*；管壳类：*Lopochites* sp.，*Siphogonuchites triangularis*，*S.* sp.，*Palaeosulcachites irregularis*，*P.* sp.，*Dabashanites mirus*；似牙形刺类：*Protohertzina anabarica*；锥石类：*Carinachites tetrastichus*，*Eoconularia* sp.；球壳类：*Protosphaerites ningqiangensis*，*Archaeooides granulatus* 及管状体等 2.80 m

16. 深灰色薄层细砂屑灰质磷块岩，夹灰黑色硅质磷块岩。产软舌螺：*Cicotheca longiconi-*

ca, *C. subcurvata*, *C. nana*, *C.* sp.;似软舌螺类:*Anabarites trisulcatus*, *A. obliquasulcatus*, *A. sulcoconvex*, *Spinulitheca billingsi*, *Hyolithellus isiticus*, *H. tenuis*;管壳类:*Siphogonuchites triangularis*, *S.* sp., *Lopochites* sp., *L. concavum*, *Palaeosulcachites irregularis*;似牙形刺:*Protohertzina anabarica*, *P. robusta*, *P. siciformis*;锥石类:*Carinachites tetrastichus*, *C. curvatornatus*, *Hexangulaconularia* sp., *Mabianoconullus octosulcata*;球形类:*Protosphaerites ninqiangensis*, *Nephrooides* sp.;海绵类 *Rhobochites exaspertus* 及其他化石:*Pyrgites mirabilis*, *P.* sp. 及管状体等。另有微古植物:*Micrhystridium* sp., *Myxococcoides* sp., *Bigeminococcus* sp., *Yetraphycus* sp. 1～2.45 m

15. 深灰色薄层含磷砂屑细晶臭灰岩与黑色薄层硅质岩互层，上部有虫迹。产软舌螺:*Circotheca longiconica*, *C. nana*;似软舌螺:*Hyolithellus isiticus*, *H. vladimirovae*, *H.* sp.;似牙形刺:*Protohertzina anabarites*;管壳类:*Siphogonuchites* sp.;球壳类:*Protosphaerites ningqiangensis* 及管状体等 3.55～3.86 m
14. 深灰色薄—中厚层砂屑结晶臭白云岩与砂屑硅质岩互层。下部以臭白云岩为主，有时沿走向全变为硅质岩。顶部有 0.5 m 厚的硅质岩夹砾状磷块岩 13.83 m
13. 灰黑色薄—中厚层砂屑硅质岩及深灰色臭白云岩。下部以臭白云岩为主，中上部以硅质岩为主 7.87 m
12. 浅灰色中—厚层砂屑微晶白云岩，上部为亮晶砂屑白云岩。产 *Sinotubulites baimatuoensis* 5.70 m

(以下层位未附录)

以上剖面所反映的沉积环境系由早期的潮间逐渐向潮下或浅海陆架转化。地层可以划分 4 部分。其中第 12—14 层以深灰色、灰黑色硅质岩为主夹白云岩，厚 27.4 m，产蠕虫类 *Sinotubulites baimatuoensis*。第 15—22 层主要为硅质岩，含磷细晶臭灰岩、页岩及磷块岩等，厚 24.33 m，产小壳化石 *Circotheca*, *Hyolithellus*, *Siphogonuchites*, *Turcutheca*, *Protohertzina*, *Anabarites*, *Palaeosulcachites*, *Lopochites*, *Eoconularia*, *Hexangulaconularia*, *Mabianoconullus*, *Carinachites*, *Spinulitheca*, *Dabashanites*, *Archaeooides*, *Protosphaerites*, *Nephrooides*, *Rhabdochites* 等。第 23—27 层岩性为深灰色角砾状砂屑亮晶灰岩，含泥砂屑灰岩，厚 19.3 m，产 *Circotheca*, *Turcutheca*, *Conotheca*, *Paragloborilus*, *Tiksitheca*, *Igorella*, *Bemella*, *Ginella*, *Scenella*, *Latirostratus*, *Maidipingoconus*, *Rhobodochites*, *Ningqiangochites*, *Huangshandongella*, *Ambarchaaeooides* 等。第 28 层为牛蹄塘组含碳页岩，产 *Turcutheca badaowanensis* 和 *Protospongia* sp.。

上述剖面就生物组合而言亦可划分 4 部分:

d. *Turcutheca badaowanensis*;(相当第 28 层)

c. *Tiksitheca* - *Paragloborilus* 组合;(相当第 23—27 层)

b. *Anabarites* - *Protohertzina* 组合;(相当第 15—22 层)

a. *Sinotubulites baimatuoensis* 组合;(相当第 12—14 层)

这四个组合中的 d 组合为滇东筇竹寺组（或牛蹄塘组）八道湾段的重要分子。两者可以直接对比，同属筇竹寺期产物。a 组合中的蠕虫类为三峡灯影组白马沱段的重要化石，系白马沱段与上覆天柱山段的重要划分标志，一般被视为震旦纪末期的重要代表。宽川铺剖面 a 组合的产出为与三峡的对比提供了依据。b 组合与滇东、川西、鄂西、贵州织金的同名组合或生物带对比一般不会有较大问题，只是本组合中的 *Siphogonuchites* 似乎出现过早。该属在我国已发现的小壳动物化石点中，仅出现在梅树村阶下组合之上的 *Siphogonuchites - Paragloborilus* 组合带之中，而下组合带——*Anabarites - Protohertzina* 组合带中目前尚无该属的报道。因而罗惠麟等（1988）曾怀疑宽川铺剖面的小壳化石只相当梅树村剖面Ⅱ带。此问题仍有待今后进一步研究。c 组合从上、下层位观察，与滇东的Ⅱ带对比也是有一定依据的，在生物群内容方面几乎也是相同的。而问题是梅树村剖面的Ⅲ带又在宽川铺选将坪—石钟沟剖面的何处呢？是在 c 组合之中还是在 d 组合之内，仍然是一个悬而未决的问题。但这一问题并不会影响前寒武系与寒武系之间的分界问题。

综合上述，宽川铺剖面虽然各化石组合的具体界线与滇东梅树村阶和川西麦地坪段的划分尚有一定的差异，但各组合总体涵义大体相同，其间一般可以对比。因此无论是将震旦系与寒武系之间的界线放在 A 点还是 B 点，在宽川铺剖面上都可寻得相应点。

二、奥陶系与志留系的分界

国际地层委员会（1984）批准了国际奥陶-志留系界线工作组提交的正式报告，即以苏格兰 Dob's Linnu 剖面作为 O－S 界线层型。并以该剖面 *Parakidograptus acuminatus* 带的底界作为 O－S 的分界线。我国学者认为该界线层型有严重缺陷，晚奥陶世笔石序列发育不全，而且缺失 *Hirnantia* 动物群，不能反映该动物群与早志留世早期 *Glyptograptus persculptus* 带之间的关系。

目前我国使用的传统界线是将 *Glyptograptus persculptus* 带的下限作为志留系的底界。这条界线反映了叉笔石的大量衰亡、*Hirnantia* 动物群及球结子、三瘤虫类的绝灭，以及单笔石类开始出现等生物演化中的重大事件。因而我国学者积极推荐这条界线。但对界线附近的 *Hirnantia* 动物群时代的认识，尚未统一。因此在有 *Hirnantia* 动物群的地层中，如何确定界线是目前争论的焦点。

Hirnantia 动物群在我省发育在扬子地层区，卢衍豪（1943）首先在南郑县梁山发现。1959年称为“南郑页岩”（即观音桥层）。卢衍豪依据上覆地层含早志留世的笔石，将该地层时代归入早志留世。李耀西等（1975）认为，大巴山西段的“*Hirnantia* 层”是在沉积间断面之上，与上覆早志留世地层连续沉积，与早志留世地层底部笔石带地层为同期异相，时代应属早志留世。傅力浦（1977）进一步明确了“在不同地点可与早志留世早期几个笔石带呈程度不等的相变关系”。赖才根（1979）认为南郑县福成挂宝岩剖面“南郑组”属奥陶纪，即 O－S 界线位于“南郑组”之上。梁山地区 O－S 界线从“南郑组”顶部 0.3 m 处通过。穆恩之（1983）认为扬子海盆内部“*Hirnantia* 层”属奥陶纪，称为观音桥层。盆地边缘（包括南郑梁山）的“*Hirnantia* 层”整合在“涧草沟组”之上，属志留纪，称为“南郑层”。俞剑华等（1986）在西乡县三郎铺剖面发现“*Hirnantia* 层”位于 *Diplograptus bohemicus* 带之下，从而认为该层时代应归奥陶纪。同年朱兆玲等人对南郑梁山“南郑页岩”重新进行研究，在“*Hirnantia* 层”中发现有 *D. bohemicus*，所以将该层时代归属晚奥陶世晚期。

观音桥层在我省主要分布在西乡县三郎铺、南郑县梁山、福成、元坝、镇巴县清狮马家湾、高桥水河沟以及紫阳县紫黄赵里溪等地，对“*Hirnantia*”动物群的研究主要在前四处。西乡县三郎铺及南郑县福成、元坝等地，该动物群以腕足类 *Hirnantia sagittifera*（Mccoy），*Kinnella kielanae*（Temple）为主。这两种是中国也是世界上 *Hirnantia* 动物群中的常见分子，在三峡东部汪啸风（1983）认为时代为 *Glyptograptus persculptus* 带与 *Diplograptus bohemicus* 带之间。此外还有 *Aegiromena ultima* Marek et Havlicek，该化石见于亚洲、欧洲 *Hirnantia* 动物群。南郑县梁山以含三叶虫为主，伴有腕足类、头足类及少量双壳类、介形虫。三叶虫有 *Plathycoryphe sinensis*，*Dalmanitina* sp.，*D. nanchengensis*。前者数量最多，还有少量 *Leonaspis* sp.，*Otarion* sp.，*Kweichowilla* sp.，*Shumardia* sp. 等。*Dalmanitina*，*Plathycoryphe* 是我国 *Hirnantia* 动物群中常见分子，腕足类中 *Paromalomena* 与 *Aegiromena* 也是 *Hirnantia* 动物群中的常见分子，只产在晚奥陶世地层。

在南郑梁山发现 *Hirnantia* 动物群上部有 *Diplograptus bohemicus* 产出，下部又与 *Dicellograptus szechuanensis* 带共生。在福成剖面①，该动物群位于 *Glyptograptus persculptus* 带之下、*Diceratogrptus mirus* 带之上。西乡县三郎铺是介于 *Diplograptus bohemicus* 带与 *Paraorthograptus uniformis* 带之间，镇巴青狮介于 *Diceratograptus mirus* - *Diplograptus bohemicus* 之间，从以上可以看出，*Hirnantia* 动物群在不同地点出现早晚略有差别，是具穿时性的。

由本省乃至全国的数十条奥陶纪地层为壳相、志留纪地层为笔石相的连续沉积剖面中，至今尚未发现 *Hirnantia* 动物群与早志留世地层中的笔石带分子共生或位于早志留世笔石带之上。相反，在不同地点，与奥陶世晚期的不同笔石带有相变关系。所以，*Hirnantia* 动物群属晚奥陶世是应当肯定的。因此，在无 *Hirnantia* 动物群的地方，如紫阳、平利、宁强等地 O - S 界线置于 *Glyptograptus persculptus* 带的下限，从斑鸠关组或龙马溪组的下部通过。在有 *Hirnantia* 动物群的地方，界线位于 *Glyptograptus persculptus* 带与 *Hirnantia* 动物群之间，即观音桥层顶部。

三、关于志留系建“阶”的讨论

1. 陡山沟阶

霍世诚与傅力浦（1983）建议建立陡山沟阶。其以紫阳县芭蕉口剖面为基础，范围包括笔石 *Rastrites linnaei* 带—*Monoclimacis griestoniensis* 带。葛梅钰与李崇楼（1984）以紫阳瓦房店剖面为基础，建立陡山沟阶，范围相当 *Rastrites linnaei*（或 *Rastrites maximus* 带）至 *Streptograptus exiguus*（或 *Streptograptus crispus* 带）。

2. 吴家河阶或五峡河阶

霍世诚与傅力浦（1983）以紫阳县芭蕉口剖面为基础建立吴家河阶，指 *Oktavites spiralis* 部分延限带—*Cyrtograptus lapworthi* 带范围内。李崇楼（1984）以紫阳县瓦房店剖面为基础，建立五峡河阶，范围仅包括 *O. spiralis* 带（包括 *Monoclimacis griestoniensis*，*Stomatograptus grandis*，*Cyrtograptus lapworthi* 三个亚带）。

本书认为：紫阳地区芭蕉口剖面笔石化石丰富，序列完整，是建立层型的理想剖面。但由于对时代认识的不一致，及与壳相地层对比问题等还需进一步工作。

第四节　沉积特征分析

一、奥陶纪沉积特征

陕西奥陶纪大体上承袭了寒武纪的构造轮廓，在不同地区其沉积物形成的环境和分布特

---

① 成汉钧、陈淑娥、许安东，1987，南郑福成上奥陶统及下志留统下部的划分（未刊）。

征不尽相同。在扬子地层区和晋冀鲁豫地层区基本上属相对稳定型沉积区，而秦祁昆地层区和南秦岭-大别山地层区属相对活动型的沉积区。

1. 早奥陶世

在省内基本上保持了晚寒武世末期相对稳定的古地理景观，海水缓慢侵入，到大湾期达到空前规模。宜昌期海水自东北和东南方向侵入我省，海域较寒武纪末期明显扩大，促成华北古海和秦岭海槽连为一体。但并未改变省内存在着三大古陆（即汉南、华北、鄂尔多斯）和秦岭西高东低的古地势特征。下面按区概述如下：

（1）华北地层大区

①晋冀鲁豫地层区：从宜昌期到大湾期，华北古海沉降幅度较小，地势平缓，形成了大面积稳定型碳酸盐沉积，主要有白云岩、白云质灰岩和灰岩，局部地段夹有石膏和钾盐矿。其中沉积构造简单（以水平纹层为主），块状层理不发育，叠层构造多呈半球状，局部地段有冲刷现象。另外藻砂屑发育，生物群单调，化石稀少。气候干热潮湿。海水处于咸化或半咸化状态。

②秦祁昆地层区：因处于华北板块的边缘地带，因此构造活动强烈，火山活动较频繁，沉积了厚度较大的中基性—中酸性火山岩、火山碎屑岩和正常沉积岩层。生物化石稀少，属活动类型沉积。

（2）华南地层大区

①南秦岭-大别山地层区：位于扬子板块的北部边缘地带，基底构造复杂，沉降幅度与沉积的速度较快。所以地层厚度巨大，属活动类型沉积。这一地层区除天竺山地层小区外，其余地层小区内均以泥质碎屑岩为主，其中夹钙质砂板岩，厚度都超过千余米。岩性、岩相变化较大，生物化石贫乏，除在高滩-兵房街和阳平关地层小区内有笔石发育外，其他地区化石稀少。但生物群的内容复杂，有营漂浮生活的笔石和营浮游生活的头足类，还有固着生活的笔石和底栖类型的三叶虫。属浅海潮下到浅海陆架再到盆地的沉积，部分地段有钙屑浊积岩出现。但在山阳一带自宜昌期开始形成的水下隆起依然存在。隆起的南北两侧继续升高水面，形成三面高、中心低洼的闭塞区，沉积了厚度较大的白云岩、白云质灰岩地层。属局限台地性质。

②扬子地层区：依然维持着晚寒武世末期的地貌景观。汉南古隆略有抬升。在紫阳县紫黄一带从宜昌期到大湾期，沉积了厚度不大的碎屑岩、泥质碳酸盐岩夹少量的鲕状灰岩，属潮下低能带（局部有潮下高能带沉积）到浅海的环境。而在宁强、镇巴一带，宜昌早期仍然处于隆起状态，未接受沉积。到红花园期，海侵进一步扩大，使长期遭受剥蚀的汉南古陆开始下沉，形成了面积不大的海湾，沉积了浅海海湾潮下低能带的笔石页岩相地层。再到大湾中期，沉积了以钙质页岩为主夹或互泥质灰岩的混合型地层。由下而上碳酸盐岩增多，并逐渐变为碳酸盐台地相沉积，显示了潮间带的特征。生物群全系扬子型笔石、三叶虫、腕足类等。生物门类和属种达到空前繁盛时期。

2. 中奥陶世

省内仍然保持早奥陶世晚期的沉积特征，到中奥陶世中晚期开始分异，使各地层区在沉积岩相方面发生了明显差异。简述如下：

（1）华北地层大区

①晋冀鲁豫地层区：早期仍然以碳酸盐台地沉积为主。到中、晚期，东、西部开始分异。此时的鄂尔多斯古陆上升，与华北古陆连为一体，隔断了东部海水的入侵。另外由于海岸线

南移，构造活动强烈，北西向和近南北向同生断裂发育。海水主要是由西南向北入侵，而且生物群不再有黄河型出现，而以扬子型生物占统治地位。沉积物比早期复杂，岩相变化大。大致以泾河为界，明显分东西两部分。西部下降的幅度大，主要以碎屑岩为主，还有少量泥质碳酸盐岩和火山碎屑岩。沉积厚度大（如段家峡组、唐陵组），由西向东，形成了从斜坡相到盆地相再到浊积扇的沉积序列；东部相对下降幅度较小，仍然处于台地边缘海水较深部位，以潮下到潮间带沉积的中薄层泥晶灰岩、生物碎屑灰岩为主，夹钙质泥岩。形成了以深水碳酸盐岩组成的台缘斜坡相沉积序列（图 3－2）。

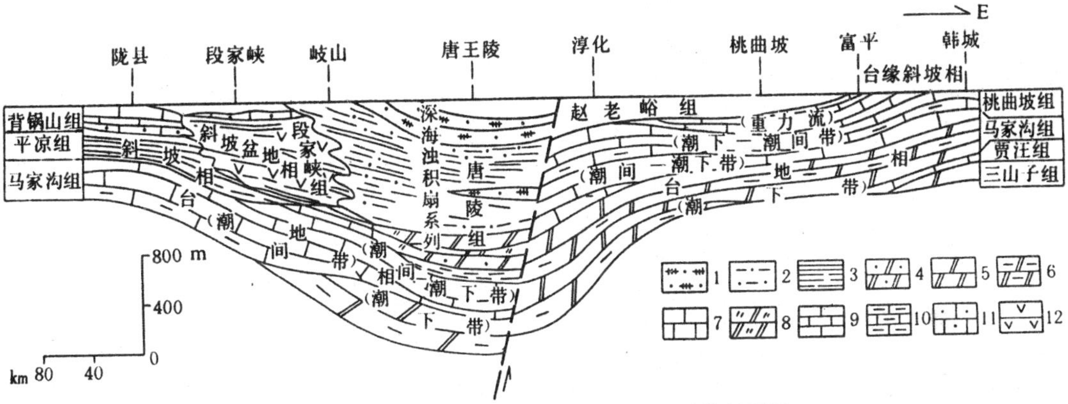

图 3－2 华北西缘地层分区奥陶纪地层横剖面图

1. 复成分砾岩；2. 含砾泥岩；3. 页岩、砂质页岩；4. 白云质砾岩；5. 白云岩；6. 泥质白云岩；7. 灰岩；8. 白云质灰岩；9. 薄层灰岩；10. 泥质灰岩；11. 砾状灰岩；12. 凝灰岩

②秦祁昆地层区：到中奥陶世更为复杂，海盆的基底构造活动强烈，以往形成的水下隆起消失，海域面积扩大，沉积了大面积的碎屑岩和具有一定规模的火山岩、砂质灰岩和大理岩层。含少量腕足类、三叶虫化石，属正常浅海相火山碎屑沉积建造。

（2）华南地层大区

①南秦岭-大别山地层区：继承了早奥陶世的沉积特征，沉积了一套细碎屑岩夹含碳钙质粉砂岩和少量的凝灰岩地层。仍然属浅海陆架到盆地相的沉积，与秦祁昆地层区的岩性有明显的差别。在天竺山地层小区内还以碳酸盐岩为主，夹少许碎屑岩。属局限台地相沉积。

②扬子地层区：海侵有所扩大，汉南古陆开始解体，只残留小面积的孤岛，沉积物主要为浅海潮下中低能环境下形成的泥质生物碎屑灰岩、瘤状泥质灰岩。以生物介屑灰岩为主体，岩性、岩相、厚度、层位在区内均较稳定，收缩裂隙较发育，底栖生物比较贫乏。漂游、游泳类型、形态特异的头足类繁盛，形成与奥陶纪早期易于区别的沉积（图 3－3）。

3. 晚奥陶世

总的趋势是海域面积逐渐缩小，海水变浅，沉积物除华北西缘地层分区陇县—铜川一带沉积了小面积的泥质碳酸盐岩外，其他地区仍然以碎屑岩为主，生物群只有扬子型或过渡型。

（1）华北地层大区

①华北西缘地层分区：承袭了宝塔期的古地理景观。在陇县一带，地壳不断上升，海水变浅，由斜坡相变为局限台地相的浅水潮下带和潮间带沉积，以泥质碳酸盐岩夹砾状灰岩为主，有大量的三叶虫、珊瑚、头足类、腕足类等在此繁衍。但在陇县、千阳一带仍有火山碎屑岩夹层。到泾河以东的铜川—赵老峪一带，仍然为碳酸盐台地边缘深水斜坡相沉积，形成一些碳酸盐岩碎屑流和浊流沉积。岩性以薄板状、页片状的泥晶灰岩夹砂屑灰岩为特征，生

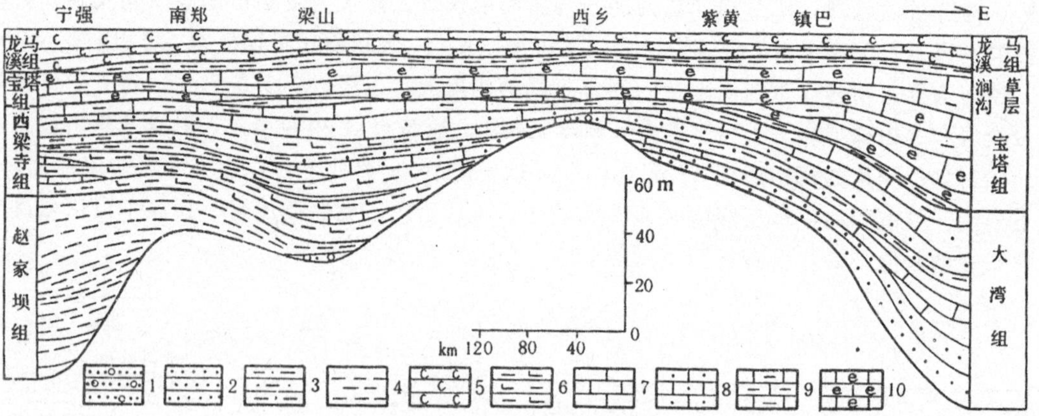

图 3-3 上扬子地层分区奥陶纪地层横剖面图

1. 砂砾岩；2. 砂岩；3. 砂质页岩；4. 页岩（泥岩）；5. 碳质页岩；6. 钙质页岩；7. 灰岩；8. 砂质灰岩；9. 泥质灰岩；10. 生物灰岩

物化石单调，仅有少量的笔石、牙形刺、介形虫、遗迹化石发育。到五峰期整个华北出现大规模的海退，并上升为陆，长期遭受剥蚀。

②秦祁昆地层区：仍然以火山喷发沉积岩为主体，以发育细碧-石英角斑质的熔岩为特征，夹少许的火山碎屑岩、大理岩层。喷发沉积韵律清楚。火山岩以钠质钙碱性系列为主，以高铁富钠贫钾为特点，接近大陆边缘活动带的组合类型。含珊瑚和层孔虫、腕足类。在终南山地层小区内以泥砂质大理岩为主体，夹少许千枚岩。晚期逐渐向正常沉积的粉砂岩过渡。

（2）华南地层大区

①南秦岭-大别山地层区：仅在高滩-兵房街地层小区出现一些笔石页岩相地层。其他地区仍然是以泥质、钙质的细碎屑岩为主。在山阳一带夹少量的灰岩、泥质灰岩。其中含大量的珊瑚化石，属正常浅海陆架到局限盆地相沉积。

②扬子地层区：从临湘期到五峰早期，由滨浅海环境逐渐变为浅海半封闭的滞流盆地环境，以沉积泥质细碎屑岩为主，厚度很小，但在区域上很稳定，是明显的饥饿段沉积。生物群主要是扬子型的笔石、三叶虫和个体小、体壁薄的腕足类。到五峰晚期，海水一度变浅，海域有所缩小。沉积物主要是砂岩、页岩、钙质砾岩。生物群以腕足类、三叶虫为主，有少量笔石出现，说明局部尚有水体较浅，宁静的滞流盆地存在。

总之，陕西奥陶纪的沉积特征和沉积演化在华北地层大区和华南地层大区有明显的差别。属于华北地层大区的奥陶纪地层主要出露在华北板块的南部边缘地带。地壳的伸展、张裂作用较为强烈，火山活动频繁。其中的秦祁昆地层区，以火山喷发沉积为主体。早、中、晚奥陶世沉积难分。而晋冀鲁豫地层区，早奥陶世到中奥陶世早期广泛发育碳酸盐台地相沉积。中奥陶世中晚期到晚奥陶世则以陆源碎屑沉积为主体，夹有少量火山碎屑岩。局部地段有少许的泥质碳酸盐岩。岩性、岩相变化较大，早、中奥陶世沉积界线难分。中奥陶世早期地层与中晚期地层多为突变接触（平凉组/马家沟组）。中奥陶世地层与晚奥陶世地层之间界线清楚（平凉组\背锅山组）。总观，华北地层大区奥陶纪的沉积环境由南向北，有由裂陷海槽→次级裂陷盆地群→台缘斜坡→台地的过渡特征；在沉积类型上，相应地由活动类型→过渡类型→稳定类型的变化，但稳定类型沉积较少，可能是由于接近大陆边缘活动带之故。在扬子地层区内，由北向南，由过渡类型向稳定类型过渡。其中南秦岭-大别山地层区，以地壳的拉张作用为主，沉积物以陆源细碎屑为主，火山活动不强，生物化石少，生物群属过渡类型，属被动大陆边缘的相对沉降区。向南越过大巴山弧形断裂，变为稳定的台地相沉积。

陕西省奥陶纪的沉积矿产最有经济价值的是石灰岩和白云岩，其次是铝土矿。此外，还有进一步找矿意义的铁、锰、石膏、石油和天然气等。现分述如下：

①石灰岩和白云岩矿：主要见于晋冀鲁豫地层区的马家沟组。其中以马家沟组的中段、上段最为丰富，而且质量最佳，构成陕西水泥原料的重要产出层位。熔剂白云岩、耐火材料等则主要产于马家沟组和石瓮子组内，在山阳一带局部可以达到炼镁白云岩的工业要求。

②铝土矿：产于南郑、城固南部和西乡一带的晚奥陶世涧草沟层的底部接触面上。

③铁矿：见于镇巴—南郑一带的宝塔组底部，构成宁乡式铁矿化。

④锰矿：见于镇巴—紫阳南部的大湾组中、上部，目前仅有矿化线索。

⑤石膏矿：见于山西西部的离石、偏关一带地表出露的马家沟组下、中段内。在韩城一带相当此层位的钻孔中也见有石膏夹层，在陕北可构成矿体。

⑥石油和天然气：马家沟组和平凉组均具有较好的生油指数，是良好的生油层，有进一步找矿价值。目前陕北发现的石油、天然气层，大部分是在马家沟组灰岩、白云质灰岩中。所以对马家沟组的岩石组合特征及其沉积环境应予以认真研究。

二、志留纪沉积物特征及与构造的关系

在陕西志留纪大体可分为三个发展阶段：

在志留纪初期，本省南部继承了奥陶纪晚期的构造格局。扬子地台仍处于紧缩阶段，汉南古陆开始抬升，造成海域缩小，形成了闭塞盆地。在这种闭塞环境下，沉积了含笔石的碳质页岩等。而扬子地台北缘裂谷活动昌盛，在紫阳—平利一带形成阶梯状的地堑（图 3－4）。

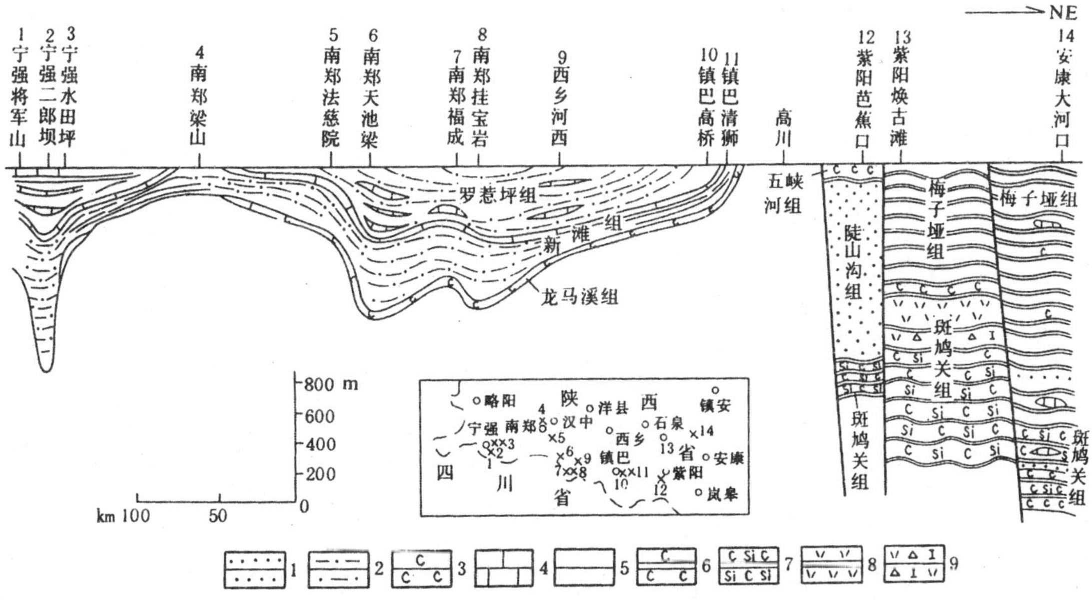

图 3－4 陕西宁强—安康志留纪地层沉积断面图

1. 砂岩；2. 砂质页岩；3. 碳质页岩；4. 灰岩；5. 板岩（千枚岩）；6. 碳质板岩；7. 碳硅质板岩；8. 凝灰质板岩；9. 粗面岩

受大巴山北缘断裂、红椿坝-曾家坝断裂及安康断裂控制，沉积了次深海相的碳质硅质板岩。其中含丰富的笔石。

从 *Pristiograptus leei* 年限带开始，扬子地台发生大规模海侵，结束了闭塞环境，形成了广海，沉积了页岩、砂质页岩或细砂岩。地台北缘继续扩张，裂谷中心北移。焕古滩一带沉积了巨厚的深海相沉积，为碳质、硅质板岩，并伴有火山岩、火山熔岩、碱性粗面岩等，是裂谷强烈活动的产物。红椿坝断裂以南，处于大陆斜坡位置，发育了浊流相沉积。浊积岩中鲍马序列的 C、D 段最发育，A 段极少见，E 段不发育。单层厚度大，具包卷层理、小型沙纹层理、水平层理。沉积构造发育，有槽模、沟模、重荷模等。

Monoclimacis griestoniensis 年限带开始，扬子海发育了一套海退型的沉积序列，灰岩中的珊瑚，海百合茎、层孔虫、腕足类、藻类等组成生物丘。大约与此同时，扬子地台北缘裂谷也由南向北迅速消亡。红椿坝断裂带以南还残留小面积深水盆地，发育有碳质板岩。安康断裂以北为海相碎屑岩夹灰岩。砂岩中发育平行层理、凸镜状层理、斜层理、波痕等。裂谷消亡最后时代为 *Cyrtograptus ramosus* 年限带。

第四章
泥盆纪—三叠纪

这一时期的地层以山阳-凤镇-核桃坝断裂为界可分两大部分（图4-1）。其北的华北地层大区，除南部边缘地带发育泥盆纪前陆盆地沉积之外，其他地区则由石炭—二叠纪的海陆交替相至陆相的含煤沉积组成；以南的扬子地层区以发育稳定类型的碳酸盐岩和少量碎屑岩为特征，局部含煤层或煤线。沉积物虽以海相为主，但早、晚期均有陆相地层出现。而南秦岭-大别山地层区以发育半稳定—活动类型的沉积为主体，其中晚古生代地层由碎屑岩向碳酸盐岩逐渐过渡，而三叠纪开始发育复理石沉积。岩石地层的具体划分详见表1-1。

第一节　岩石地层单位

一、华北地层大区

刘岭群　*DL*　（05-61-0515）

【创名及原始定义】　秦岭区测队（1961）[①]。创名于山阳、丹凤交界之刘岭（亦称流岭），原称刘岭组。原始定义：主要由变质砂岩、片岩、角岩和紧密之条带状角岩化岩石（原为砂岩、碳酸盐岩、页岩、灰岩等互层之次复理石沉积建造）组成。

【沿革】　本群曾属赵亚曾、黄汲清（1931）所称柞水系的一部分。陕西地层表编写组（1983）改称刘岭群（表4-1）。

【现在定义】　由四个组构成。由下而上为牛耳川组、池沟组、青石垭组、桐峪寺组。

牛耳川组　D*n*　（05-61-0511）

【创名及原始定义】　牛耳川组由陕西区测队（1969）[②] 创名于山阳县牛耳川。杜定汉等（1987）介绍。原始定义：以山阳县户家垣区牛耳川（公社）得名。剖面的下部为泥质板岩、钙质板岩夹粉砂质板岩及2～3层厚度不大的泥质灰岩或白云质灰岩；上部以粉砂质板岩及泥

① 参见1∶20万商南幅（I-49-[XXI]）地质图及矿产图说明书。
② 陕西省地质局区域地质测量队，1969，山阳县小河口地区1∶5万区域地质矿产调查报告。

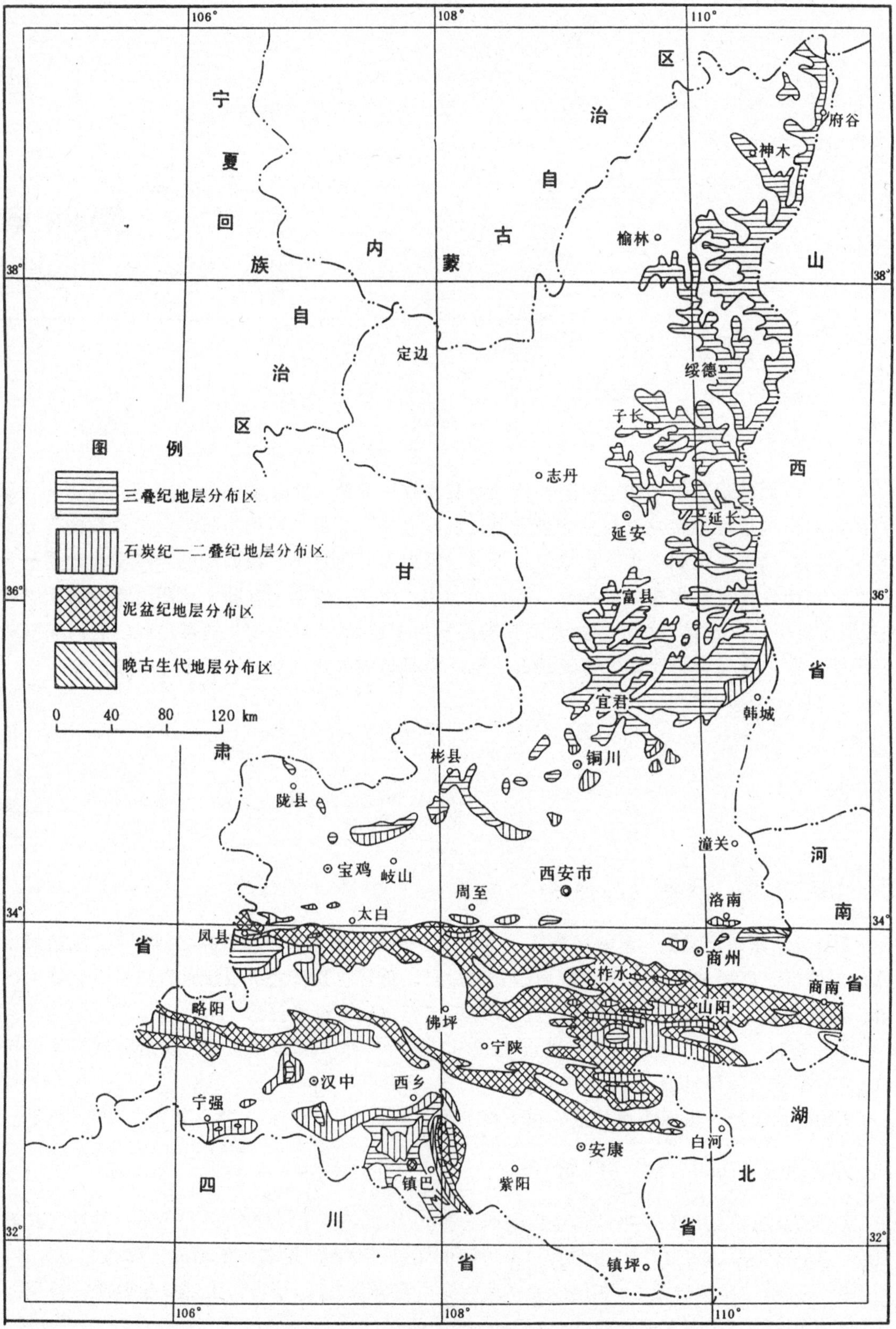

图 4-1 陕西省泥盆纪—三叠纪地层分布图

表 4－1　刘岭群划分沿革表

作者	年份	时代及划分（自上而下）
赵亚曾 黄汲清	1931	O—Z：柞水系
秦岭区测队	1961	（未名） Pt_1：芦院沟组；刘岭组
陕西区测队	1966	C_2：二峪河组 C_1：下东沟组 D_3：刘岭组
陕西区调队	1978	C_1：二峪河组 D_3：下东沟组 D_2：青石垭组；池沟组；牛耳川组
陕西区调队	1980	C_1：二峪河组 D_3：桐峪寺组 D_2：青石垭组；池沟组；牛耳川组
陕西地层表编写组	1983	C_1：二峪河组；下东沟组 D_{2-3}：刘岭群
杜定汉等	1987	C_1：二峪河组 D_3：桐峪寺组；下东沟组 D_2：青石垭组；池沟组；牛耳川组
陕西区调队	1989	C_1：红岩寺组 D_2：桐峪寺组；下东沟组；青石垭组；娘娘庙组；沙坪组
陕西区调队	1990	D_3：穆沟组；黄泗组；石泉沟组；干沟组；下东沟组 D_2：青石垭组；水井沟组；皂河砂岩；牛耳川组
杨志华等	1991	（未名） D_2：大西沟组；车房沟组；凤镇组
本书		C_1：红岩寺组 D_{2+3}：刘岭群 　D_3：桐峪寺组；青石垭组（下部） 　D_2：青石垭组（上部）；池沟组；牛耳川组

质板岩为主与薄层粉砂岩、长石质砂岩呈不等厚互层。下伏层与下部层位被区域断裂破坏。

【沿革】 陕西区调队（1989）在《1：20万商县幅（Ⅰ—49—[20]）地质图说明书》中，用沙坪组替代牛耳川组。杨志华等（1991）将柞水车房沟的牛耳川组划归所建凤镇组的下部。

本次对比研究，保留牛耳川组一名及其基本涵义，上述沙坪组被视为本组的同物异名。建议停用沙坪组、凤镇组。

【现在定义】 指凤镇-山阳断裂北侧，整合于池沟组砂岩之下的一套以板岩或千枚岩夹粉砂岩、砂岩及少量灰岩的地层序列。底界因区域性断裂关系不清；顶界以板岩或板岩夹砂岩、粉砂岩的结束或石英砂岩的出现分界。

【层型】 选层型为“山阳县武王沟姜家大院—五龙寨剖面”（109°37′，33°28′30″），由陕西区调队（1978）测制。

【地质特征及区域变化】 以发育粘土岩为主，夹碎屑岩及少量碳酸盐岩。粘土岩多为泥质板岩、钙质板岩、粉砂质板岩、绢云母板岩等。所夹碎屑岩及碳酸盐岩有长石、石英质粉砂岩、砂岩及少量泥质灰岩、灰岩。岩石普遍具低级区域变质。厚800～3 514 m。底部与凤镇-山阳区域性断裂接触，顶部与池沟组整合连续。岩石成分以泥质、粉砂质为主，部分地区见有水平层理、沙纹层理、凸镜状层理等沉积构造，总体显示出浅海陆架的沉积特点。

呈东西向带状展布于凤镇-山阳断裂北侧的丹凤至柞水一带。在山阳县桐峪口，下部碳酸盐岩夹层增多，板岩和粉砂岩出现角岩化；上部砂岩、粉砂岩减少，出现少量千枚岩，厚1 045.9 m。山阳县洛峪桥灰岩夹层消失，中部砂岩增多，厚度递减为803.8 m。柞水县肖台小红岭附近碎屑岩增多，碳酸盐岩夹层消失，厚度达3 514 m。柞水小岭车房沟一带，以板岩夹砂岩、粉砂岩为主，碳酸盐岩夹层基本消失，厚1 462.5 m。综上所述，本组以柞水县肖台（金钱河）一线为界，向东西两侧厚度逐渐减薄，东侧具碳酸盐岩夹层，西侧碳酸盐岩夹层基本消失。本组未获可靠化石，目前仅据层位推测时代为中泥盆世。

池沟组 Dĉ (05－61－0512)

【创名及原始定义】 陕西区测队（1969）① 创名于山阳县牛耳川以北（3 km）之池沟。杜定汉等（1987）介绍。原始定义：下部碎屑岩，中部泥质岩，上部则以碳酸盐岩为主。自下而上可分为：①细粒石英砂岩及粉砂岩，②粉砂岩与粉砂质板岩，③泥质板岩、钙质板岩夹粉砂岩、泥质灰岩，④粉砂泥灰岩、铁质白云岩与钙质板岩等4段。

【沿革】 杜定汉等（1987）划分上、下两段。陕西区调队（1989）将池沟组上段归入青石垭组，下段称娘娘庙组。陕西区调队（1990）将该组下段称皂河砂岩。杨志华等（1991）将柞水车房沟一带本组下段置于凤镇组上部。本次对比研究采纳陕西区调队（1989）划分意见，将上部以碳酸盐岩为主的地层归入青石垭组，下部以碎屑岩为主的部分仍称池沟组。娘娘庙组、皂河砂岩为池沟组的同物异名，应停用。

【现在定义】 指整合于牛耳川组之上、青石垭组之下的一套以砂岩、粉砂岩为主，夹少量板岩、千枚岩的地层序列。以大套碎屑岩出现和消失作为底界和顶界的识别标志。

【层型】 正层型为“柞水县柴庄周沟—山阳县娘娘庙牛家沟剖面”（109°35′，33°29′45″），由杜定汉等（1987）重测②。

【地质特征及区域变化】 以碎屑岩为主夹粘土岩。碎屑岩多为长石、石英质粉砂岩、砂

① 陕西省地质局区域地质测量队，1969，1：5万小河口幅区域地质调查报告（送审稿）。
② 现划池沟组只包括杜定汉等所列剖面的下段。

岩，岩石多具低级区域变质。厚度大于 981 m。部分地段见有大型交错层理、楔状交错层理、大型板状层理等沉积构造，显示出浅海近岸的沉积特点。

主要分布于柞水至商南一带。在山阳县三里鱼翅沟和洛峪一带，出现了长石石英岩、二云石英片岩、二云千枚岩等。颜色以灰白—深灰色为主，厚 1 638～3 120 m。柞水肖台、车房沟等地，碎屑岩颗粒变粗，粘土岩夹层减少，以中层状长石石英杂砂岩为主，夹少量粉砂质绢云板岩。颜色以浅灰色、浅褐色、浅棕色为主，厚度在 787～1 408 m 之间。本组未见可靠化石，目前仅据伏于青石垭组之下，暂置中泥盆统。

青石垭组　Dq　(05-61-0513)

【创名及原始定义】　陕西区测队（1969）创名于山阳县小河口青石垭。原始定义：根据岩石特征划分为两个岩段。下段由具粉砂条纹、条带的板岩、钙质板岩及不纯灰岩组成；上段由具砂质条带的各种泥灰岩、泥质板岩、含菱铁矿泥质板岩（部分为千枚岩）组成，为菱铁矿及铁绿泥石矿层层位。

【沿革】　陕西区调队（1980）将本组与岩相相同的下东沟组合并，统称青石垭组。陕西区调队（1989）因本组与原池沟组上部岩性相同，而将底界移至原池沟组上部之底界。杨志华等（1991）将柞水车房沟一带的本组下部地层归入车房沟组上部，上部则归入大西沟组下部。本次对比研究采用陕西区调队（1989）的划分方案，并建议停用车房沟组和大西沟组。

【现在定义】　指池沟组与桐峪寺组之间的一套以板岩、千枚岩为主，夹砂岩、粉砂岩和灰岩的地层序列。与下伏和上覆地层均为整合接触。底部以发育板岩与池沟组砂岩、粉砂岩相区别；顶部以板岩或灰岩的结束或砂岩、粉砂岩的出现与桐峪寺组分界。

【层型】　正层型为“山阳县小河口青石垭—二峪河东坪剖面”(109°43′30″, 33°32′)，由杜定汉等（1987）重测。

【地质特征及区域变化】　以粘土岩为主，夹碎屑岩及碳酸盐岩。粘土岩多为粉砂质绢云板岩、粉砂质板岩、绢云板岩，局部见有绢云千枚岩、菱铁千枚岩等。下部含腕足类化石，靠上部赋存菱铁矿层，最厚达 3 542 m。部分地段发育低角度板状斜层理、凸镜状层理、脉状层理等沉积构造，显示潮坪沉积特点。据所含珊瑚、腕足类化石，时代置于中泥盆世晚期至晚泥盆世早期。

分布于商南至太白一带。山阳以东粉砂质成分增多，钙质减少，区域变质程度随之加深，厚度在 1 830～2 726 m 之间。向西至柞水肖台一带，上部灰岩夹层厚度增大，厚度达 3 534 m。柞水车房沟一带，上部多以绢云千枚岩、菱铁千枚岩为主，夹泥质灰岩及菱铁矿层，厚约 2 569.8 m。太白鲁家崖一带，上部灰岩增多，厚仅 757.9 m。

桐峪寺组　Dty　(05-61-0514)

【创名及原始定义】　陕西区调队（1980）① 创名于山阳县桐峪寺。杜定汉等（1987）介绍。原始定义：以砂岩、板岩为主。纹层理发育，有小型流水痕。下部碳酸盐岩较发育，产海相动物化石；上部碎屑岩中长石和绿泥石含量较高，产植物化石。

【沿革】　该组为陕西区测队（1966）所创二峪河组的一部分。陕西区调队（1990）将本组下、中部分别称为干沟组、石泉沟组、黄泗沟组和穆沟组。本次对比研究，恢复陕西区调

---

① 陕西省地质矿产局区域地质调查队，1980，1：5 万黑山幅（I-49-76-J）、山阳幅（I-49-88-Z）区域地质调查报告。

队（1980）划分的涵义，仍采用桐峪寺组一名，建议停用干沟组、石泉沟组、黄泗沟组和穆沟组。

【现在定义】 指位于青石垭组与红岩寺组之间以砂岩、粉砂岩为主，夹板岩、灰岩的地层序列。底部与青石垭组整合接触，以发育的砂岩与青石垭组板岩或板岩夹灰岩相区别；顶部与红岩寺组为断层接触。

【层型】 正层型为“山阳县桐峪河剖面”(109°46′30″，33°36′20″)，剖面位于山阳县元子街乡老虎沟—商县黑山乡柏树坪，由陕西区调队（1980）测制。

【地质特征及区域变化】 以碎屑岩为主，夹粘土岩及少量碳酸盐岩，岩石普遍为低级区域变质。下部灰岩夹层中含少量腕足类 *Cyrtospirifer* sp. 及海百合茎化石；上部偶见植物化石 *Leptophloeum rhombicum*，厚度大于 2 480 m。常见沉积构造有楔状、板状交错层理及双向交错层理，总体显示出浅海近岸的沉积特点。据所含化石，时代为晚泥盆世。

分布于太白县白云至山阳县一带，以柞水县、山阳县间发育较全，出露厚度亦大。在商县红岩寺、黑山以北，粉砂岩、砂岩中含凝灰质，其他地区岩性较稳定。

月门沟群　CPY　（05－61－0610）

【创名及原始定义】 由 E Norin（1922）创名的月门沟煤系演变而来，指太原西山、东山平行不整合覆于奥陶系风化面以上，伏于骆驼脖砂岩之下的一套含煤地层。在骆驼脖子沟，以斜道灰岩顶面为界，将月门沟煤系分为上、下两部分。下部：太原系；上部：山西系①。

【沿革】 本次对比研究首次将月门沟群一名引入我省。

【现在定义】 指平行不整合于马家沟组之上的一套海陆交互相—陆相的含煤岩系。由下部——太原组和上部——山西组组成。底界以马家沟组顶部的古风化面为界，顶界以上覆石盒子组最下部的灰绿色砂岩底面为界。

【层型】 正层型为山西省“太原市西山七里沟剖面”(112°23′，37°53′)，1987 年由煤炭科学研究院山西省煤田地质勘探公司重测。本省次层型为“韩城涺水河剖面”（110°26′，35°28′)，由陕西省 131 煤田地质勘探队（1977）测制。

【地质特征及区域变化】 为一套以灰、灰黑色为主的细碎屑岩地层，下部为具灰岩夹层的太原组；上部为不具灰岩夹层的山西组。时代中石炭世—早二叠世。

分布在横山、淳化以东，三原、蒲城以北的广大区域（地表露头仅见于耀县、韩城一带）。其中洛河以东月门沟群包括太原组、山西组；以西只包括太原组（图 4－2）。

湖田段（本溪组）　Cb^h　（05－61－0611）

【创名及原始定义】 关士聪、李星学、张文堂（1952）创名，创名地在山东省淄博煤田湖田矿区，该地湖田段隶属本溪组。丁培榛、范嘉松、郝树声、沙庆安等（1961）介绍。原始定义：关士聪、张文堂等（1952）将本溪统下部铁铝岩层创名为湖田统，是一个多次沉积与侵蚀的产物，时代为前中石炭纪，本溪统上部仍用日本人小贯义男的地层名称称章邱统，时代为中石炭纪，两者呈假整合接触。

本文划分的湖田段系省内首次使用。

【沿革】 霍世诚（1951）曾将陕西渭北地区的该套地层单独分出，称“钙质结核及铝土

① 骆驼脖砂岩、斜道灰岩，陕西省从未使用。

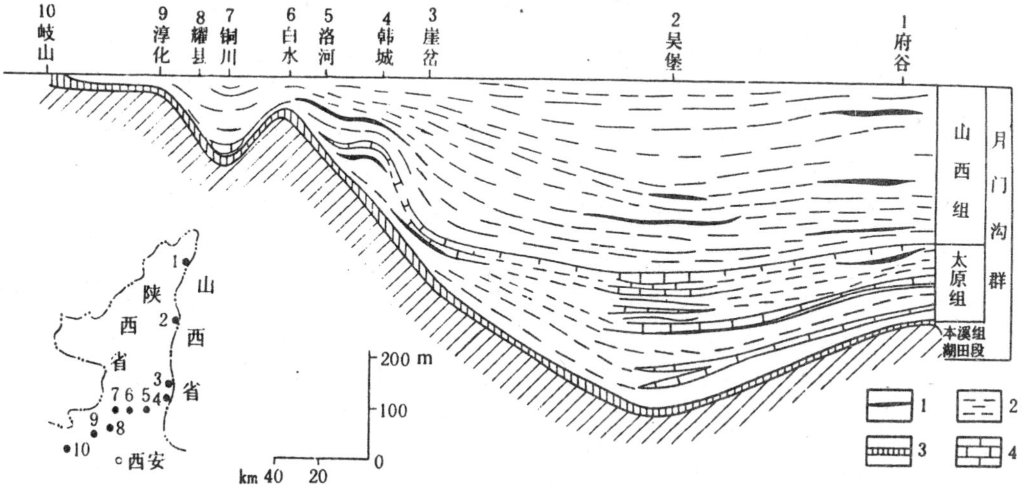

图 4-2 月门沟群沉积断面图

1. 煤层 2. 粘土层 3. 铁铝质泥岩和粘土岩 4. 灰岩

岩”层，但未命名。其后的各家都归入上覆地层“本溪组”或“太原组”。本书认为，该部分地层的岩性及生成环境与上覆地层不同，具有独特的成矿意义，应当单独分出，但不够建组条件，故称湖田段，隶属本溪组。

【现在定义】 指马家沟组侵蚀面之上，太原组之下，本溪组之内的一套铁铝岩系，由紫红色铁质泥岩、灰白色铝土质泥岩、紫灰色粘土岩等组成，区域延伸夹有砂岩。与上覆岩层（本溪组中、上部）呈整合接触，与下伏马家沟组呈平行不整合接触。

【层型】 选层型为“山东淄博东万山—冯儿峪剖面”。由刘汉南、张志敏、牛保祥（1974）测制。省内次层型为“韩城湨水河剖面”（110°26′，35°28′），由陕西省131煤田地质勘探队（1977）测制。

【地质特征及区域变化】 省内该段主要由含铁的铝土质泥岩或粘土岩组成。

分布范围与太原组大致相同，厚度受古地形影响差别较大，厚度为0～50 m。总体为东（韩城一带）、西部（铜川以西）厚，中部（白水、澄城地区）薄。地质时代为晚石炭世早期。

太原组 *Ct* （05-61-0601）

【创名及原始定义】 由翁文灏、A W Grabau（1922）创名于山西太原市附近，原称太原系。原始定义：指华北晚古生代含煤地层的下部。

【沿革】 王竹泉（1937）首先将该单位引入陕西省。王竹泉（1937）在韩城一带调查煤系地层时称为太原系。岩性为“黑色页岩、白色砂岩及薄层石灰岩等相间，而石灰岩内含海相化石”。1949年以后，在陕北开展了大规模煤、石油普查工作，许多学者前来我省工作。但划分地层意见不尽相同。霍世诚（1951）① 将湖田段以上的含煤地层称为太原系，顶部界线大致相当现划石盒子组下部。沈乃菁、谢庆辉（1954）② 认为山西组与太原组间无显著界线，而统称“太原系”，岩性为黑色、灰黑色页岩及棕黄色砂岩。吕翕声、季成龙（1959）③、陕西省

① 霍世诚，1951，陕西省韩城县崖岔煤田地质。
② 沈乃菁、谢庆辉，1954，陕北盆地东部地层对比报告。
③ 吕翕声、季成龙，1959，陕北盆地南部石炭纪二叠纪地层。

185 煤田地质勘探队（1966）①、陕西省 131 煤田地质勘探队（1977）② 都将太原组顶界放在灰岩之上的一层中粗粒砂岩的底面。陕西省 131 煤田地质勘探队还将太原组时代限定在晚石炭世晚期；而晚石炭世早期的部分地层，称为本溪组。

【现在定义】 指华北地区平行不整合于马家沟组灰岩之上、月门沟煤群中部的地层。由海陆交互相的页岩夹砂岩、煤、石灰岩构成的旋回层（多个）组成。其底界在正层型剖面上即本溪组湖田段铝土岩顶面，其上以最上部一层灰岩的顶面与同属月门沟煤群的山西组分界。

【层型】 正层型为山西省“太原市西山七里沟剖面”（112°23′，37°53′），由煤炭科学院山西省煤田地质勘探公司（1987）重测。本省的次层型为“韩城浖水河剖面”（110°26′，35°28′），由陕西省 131 煤田地质勘探队（1977）测制。

【地质特征及区域变化】 省内由灰色、灰黑色粘土岩、泥岩夹石英砂岩、砂质页岩及石灰岩组成，是渭北一带重要含煤地层。碎屑岩中含植物化石，主要有 *Neuropteris ovata*，*Lepidodendron nanpiaoense*，*Annulana pseudostellata*，*Neuropteris gigantea*，*N. kaipingiana* 等。灰岩中含䗴 *Fusulina konnoi*，*Triticites bashkiricus*，*Rugosofusulina intermedia* 及腕足类 *Dictyoclostus taiyuanfuensis* 等。尚有少量腹足类、双壳类。厚 10～60 m，属海陆交互相。洛河以东及府谷地区，时代属晚石炭世早期—晚石炭世晚期；洛河以西为晚石炭世晚期。该组与上覆山西组为整合接触，与下伏马家沟组或赵老峪组、桃曲坡组为平行不整合接触。

出露在韩城附近的黄河西岸、铜川漆水河以及府谷一带。据井下资料，黄陵—横山一线以东也有存在。北部府谷地区砂岩夹层较多、碎屑粒度较大。厚度有北厚南薄、东厚西薄的变化趋势。

粉笔沟组 Pz*f* （05－61－0329）

【创名及原始定义】 由陕西区调队（1979）创名于丹凤县粉笔沟，见于 1979 年提交的《北宽坪幅、三要街幅、官坡幅区域地质报告》送审稿中。肖思云、张维吉、宋子季（1988）介绍。原始定义：粉笔沟组划分为上、下两个岩性段，下岩性段为变质砂岩段；上岩性段为片岩夹大理岩段，上、下两段间以断层为界，与下伏月牙沟组为平行不整合接触，与上覆三叠系碳质砂板岩为断层关系。

【沿革】 自创名以来，其涵义和顶、底的界线均无变化。

【现在定义】 为一套变质碎屑岩。下部主要为变质石英砂岩、变粒岩夹云母石英片岩；上部由下向上为砂质砾岩，变砂岩，云母石英片岩夹少量大理岩层。与下伏干江河组大理岩为平行不整合接触，与上覆五里川组砂岩或砂质板岩为断层关系。

【层型】 创名时未指定正层型，本书确定选层型为“丹凤县炉道粉笔沟剖面”（110°27′20″，33°54′35″），由陕西区调队（1983）实测。

【地质特征及区域变化】 该组以轻变质的碎屑岩为主，上部夹少量大理岩。由下往上，由砾岩、变石英砂岩、云母石英片岩组成若干个沉积韵律。韵律层的厚度一般 40～80 余米。地层的总厚度大于 759.2 m。

分布于户县甘峪到丹凤县的粉笔沟一带。在商州北部云架山向斜的核部稳定分布，惟上部的大理岩夹层由东向西逐渐增多。户县甘峪一带，下部以变质石英砂岩为主，夹绢云石英片岩，底部有石英砾岩。砂岩中斜层理特别发育，以冲洗层理为主，还有一些槽状、板状交

---

① 陕西省 185 煤田地质勘探队，1966，陕西省渭北石炭二叠纪煤田地质初步总结。
② 陕西省 131 煤田地质勘探队，1977，陕西省渭北煤田石炭二叠纪地层古生物。

错层理；上部以绢云黑云石英片岩，含堇青石红柱石橄榄石石英片岩为主，局部夹碳质石英片岩；顶部为中厚层状大理岩夹白云质大理岩。总厚度大于 414 m。

【其他】 本组到目前为止，尚未获得任何生物化石，目前仅据上、下地层的接触关系，时代暂置晚古生代，但也有人认为可能属石炭—二叠纪。

草凉驿组 *Cc*（05－61－0602）

【创名及原始定义】 赵亚曾、黄汲清（1931）建立，原称草凉驿系。原始定义：凤县草凉驿地方，在元古界岩层之上，有含煤之地层出现。下部为砾岩，上部为页岩及砂岩，中含二叠纪植物化石，本系与较古老岩层呈不整合。

【沿革】 该组自建立以来，有草凉驿煤系（叶连俊、关士聪，1944）、草凉驿群（李星学，1963）之称。对其时代虽有不同认识，但是涵义及界线均未发生变化。陕西区测队（1967）曾以草凉驿村无上述地层出露为由更名为“草滩沟组”，但一直未被后人接受。陕西地层表编写组（1983）使用草滩沟组一名，代表草凉驿组的下伏地层。本书认为，草凉驿组命名早，广为世人引用，且涵义清晰，具有优先权，不应更改。

【现在定义】 为不整合于草滩沟群火山岩之上的一套含煤粗碎屑岩。下部以块状石英砾岩为主，夹砂岩、泥岩与煤层；上部以细粒石英砂岩、泥岩、砂质泥岩互层为主，夹石英砾岩及凸镜状煤。不整合面为该组的底界，顶部出露不全。

【层型】 选层型为“凤县红花铺萝卜庵剖面”（106°49′，34°7′），由邓宝、吴秀元（1979）测制。

【地质特征及区域变化】 为一套以粗碎屑岩为主的地层，在凤县草滩沟一带含可采煤，煤层呈凸镜状、蜂巢状或似层状产出。含植物化石，主要有 *Mesocalamites* sp.，*Sphenophyllum tenerrinum*，*Anisopteris petiolata*，*Neuropteris gigantea*，*Linopteris neuropteroides* 等。时代为晚石炭世早期。属近海的河流相沉积。

分布在凤县草凉驿北侧、太白县东山梁、周至柳叶河一带。向西延入甘肃，呈东西向条带状分布，绵延 190 km 以上。由于岩体的侵入和后期构造的破坏，分布零星、出露不全、厚度变化大。太白东山梁为碳质片岩、碳质粉砂岩，厚度巨大，可达 3 447 m。周至柳叶河为砾岩，含砾长石石英砂岩、石英砂岩及碳质粉砂岩组成的韵律层，均不含煤层。

红岩寺组 *Ch*　（05－61－0603）

【创名及原始定义】 陕西区调队（1984）创名，创名地点在柞水县红岩寺①，1989 年在该队出版的《1：20 万商州幅（I－49－[20]）》中介绍。原始定义：总体为一套含碳粘土岩、碎屑岩、碳酸盐岩和沉积组合。根据山阳县二峪河剖面，其岩性可以二分，下部为黑色碳质板岩、碳质粉砂质绢云板岩夹含碳千枚状板岩、绢云千枚岩、石英粉砂岩、石英杂砂岩、绿泥绢云千枚岩及薄层灰岩；上部为灰色中—薄层状灰岩、含碳灰岩、条带状含泥质灰岩，偶夹含铁白云岩和粉砂岩。总厚大于 504 m。

【沿革】 见二峪河组。

【现在定义】 与下伏桐峪寺组呈断层接触，整合伏于二峪河组之下。由三种岩石构成：下部为碳质千枚岩；中部为粉砂岩及灰绿色千枚岩；上部为中—薄层状灰岩。以碳质岩石的

---

① 陕西省地质矿产局区域地质调查队，1984，1：5 万曹家坪幅、红岩寺幅区域地质调查报告（送审稿）。

出现为该组顶界。

【层型】 正层型为山阳县东凹至韭莱沟之间的“二峪河东凹剖面”(109°43′，33°42′)，由陕西区调队（1984）测制。

上覆地层：**二峪河组** 碳质板岩

═══════════ 断层接触 ═══════════

红岩寺组	总厚度 361.67 m
46. 灰—灰黄色薄板状泥晶灰岩	17.48 m
47. 深灰色薄层状含碳质粉晶灰岩	90.29 m
48. 灰色中层状粉晶灰岩	46.10 m
49. 褐色块状灰质角砾岩	15.37 m
50. 浅灰色—灰白色中层状细晶灰岩	46.72 m
51. 绿灰色石英粉砂岩，绿灰—深灰色千枚岩，二者呈条带状互层，夹绿灰色细晶灰岩条带	122.16 m
52. 碎裂石英砂岩夹灰色碎裂千枚状粉砂质板岩	23.55 m
═══════════ 断层接触 ═══════════	
53. 黑色粉砂质板岩	22.07 m

═══════════ 断层接触 ═══════════

下伏地层：**桐峪寺组** 浅棕色厚层状含钙长石石英砂岩

【地质特征及区域变化】 上部为碳酸盐岩，中、下部为细碎屑岩及泥质岩。由于断层破坏，常保存不全。可见最大厚度，灰岩及砂岩各为 300 m，碳质千枚岩为 150～200 m。灰岩中含介形类化石 *Microcheilinella distortus*，*Bythocypris* aff. *huaitoutalaensis*；腹足类 *Cadiendruna vittatum* 等。时代为早石炭世。

主要出露在山阳县二峪河—柞水县红岩寺一带，向西延伸，在周至县小王涧为砂质千枚岩、长石石英砂岩及结晶灰岩。含珊瑚化石 *Lithostrotion irregulare*，*Dibunophyllum* cf. *reticuliforme* 等。

【其他】 在周至县小王涧与二峪河一带，地层三分性不明显，且变质深，由于出露范围很小，不能单独建组，暂归入本组中。

二峪河组 Ce (05-61-0604)

【创名及原始定义】 陕西区测队（1966）创建，同年在《1：20 万商州幅（Ⅰ-49-［ⅩⅩ］）地质图说明书》中刊出。本组“因在二峪河一带发育而创名。为一套具复理石韵律的条带状灰质砂岩、板岩及泥灰岩组成，岩石已轻微变质，根据岩性特点，又可分为上、下两部：下部二峪河组主要由灰质粉砂岩及板岩、泥灰岩组成，具复理石韵律条带。上部二峪河组由棕灰色中—细粒砂岩，钠长石英板岩及泥砂质板岩组成，具复理石韵律及象形印模。”

【沿革】 陕西区测队（1966）建组时认为“二峪河组分布于山阳县西芦山以西至大枫沟脑一带，组成大向斜槽部，并指出下部二峪河组岩性变化较大，在向斜北翼，该层靠上部相变为灰色灰岩夹碳质千枚岩及砂质千枚状页岩，并含凸镜状煤层，其中含植物化石 *Car-*

diopteridium sp. 等”。陕西省 186 煤田地质队（1974）① 认为向斜南北两翼岩性根本不同，将南翼称为“下东沟组”、北翼相变部分称为“二峪河组”。二峪河组又分为“下部二峪河组”，以灰岩为主；“上部二峪河组”下部为灰—灰黑色板岩夹碳质板岩和凸镜状煤层，上部为板岩夹石英砂岩。186 煤田地质队与西安矿业学院（1979）② 合作，将“二峪河组”分为上含煤段、下含煤段和灰岩段。陕西区调队（1984）将“二峪河组”分为两个岩性段，1989 年又将第二岩性段称为二峪河组，第一岩性段新建红岩寺组。本书同意此种划分方案。

【现在定义】 整合在红岩寺组灰岩之上的一套含煤碎屑岩，由碳质板岩夹石英砂岩组成，含可采煤。以下伏地层——红岩寺组灰岩的顶面为该组底界，顶部出露不全。

【层型】 本次对比研究将位于山阳县二峪河陈家湾至商县药王坪张家院之间的“山阳县二峪河剖面”（109°42′，33°40′）作为选层型，由陕西区调队（1984）测制。

二峪河组	总厚度 354.29 m
40. 碳质粉砂质板岩为主，夹深灰色厚层状含砾石英砂岩凸镜体。（未见顶）	>15.50 m
40a. 碳质粉砂质板岩为主，夹较多的深灰色中—薄层状石英砂岩凸镜体	65.88 m
40b. 碳质粉砂质板岩为主，夹数厘米宽的砂岩凸镜体	48.53 m
41. 碎裂碳质板岩（见有灰岩角砾）	7.61 m
42. 碳质粉砂岩夹深灰色中—厚层状石英砂岩凸镜体	69.70 m
43. 碳质细砂岩或碳质含细砂粉砂岩	4.87 m
44. 碳质粉砂质板岩、碳质粉砂岩为主，夹较多灰—深灰色厚层状石英砂岩凸镜体	69.70 m
45. 碳质板岩	72.50 m

══════ 断　层 ══════

下伏地层：**红岩寺组**　灰—灰黄色薄板状泥晶灰岩

【地质特征及区域变化】 以发育碳质碎屑岩为主，以含可采煤层为重要特征，所产植物化石主要有 *Rhodea hsianghsiangensis*，*Triphyllopteris collombiana*，*Cardiopteridium spetsbergense*，*Archaeocalamites scrobiculatus* 等。属典型的陆相沉积。

出露于柞水鼓山—商州金瓜塬一带，呈东西向分布。受断层影响常常出露不全。

【其他】 二峪河组与红岩寺组的岩性及所产植物化石，与我国华南地区同期地层颇似，一般被视为板块对接之前，率先由华南板块漂移到华北板块的零星碎块（刘本培等，1992）。时代属早石炭世。

山西组　**P$\hat{s}$**　（05－61－0701）

【创名及原始定义】 E Blackwelder（1907）创名于山西省，指山西广泛分布的晚古生代含煤地层及其上的红色岩层。整合于寒武系—奥陶系之上，上覆地层不明。

【沿革】 1927 年美国人王国栋（E G Clapp）首先将山西系一名引入陕西省，代表陕西北部石炭—二叠纪地层，并分为上煤层（二叠纪）、下煤层（早、中石炭世）。王竹泉（1937）将韩城煤田黑色或绿色页岩、白色砂岩等称为山西系。霍世诚（1951）将山西组与石盒子组等同使用。沈乃菁、谢庆辉（1954）将山西组、太原组合称“太原系”。吕翕声、季成龙（1959）将山西组的一部分划归石盒子组。陕西省 185 煤田地质勘探队（1966）划分的山

① 陕西 186 煤田地质勘探队，1974，陕西省山阳县二峪河煤产地普查找矿报告。
② 陕西 186 煤田地质勘探队、西安矿业学院，1979，陕西省山阳县，早石炭世植物群之发现及地层意义。

西组包括了石盒子组下部的部分地层。陕西省131煤田地质勘探队（1977）将山西组的底界放在太原组顶部灰岩之上的一层中粗粒砂岩的底面。本书采用山西省地层对比研究小组厘订的定义划分（见下文）。

【现在定义】 指平行不整合于马家沟组之上的月门沟煤群上部地层。由陆相砂岩、页岩、煤构成的旋回层（多个）组成，夹层数不等的含舌形贝及双壳类化石的非正常海相层。其下界为同属月门沟群的太原组最上一层石灰岩顶面，其上界为石盒子组最底部灰绿色长石石英砂岩的底面。

【层型】 正层型为“山西太原市西山七里沟剖面”（112°23′，37°53′），由煤炭科学院地质分院山西省煤炭地质勘探公司（1987）重测。省内次层型为“韩城涺水河剖面”（110°26′，35°28′），由陕西省131煤田地质勘探队（1977）测制。

【地质特征及区域变化】 省内山西组由灰色、灰黑色泥岩、粉砂岩与砂岩组成，含煤层。产丰富的植物化石，主要有 *Emplectopteridium alatum*，*Emplepctopteris triangularis*，*Taeniopteris multinervis*，*Sphenophyllum thonii* 等，时代为早二叠世。由于以泥岩为主，夹煤层及局部有砂质灰岩凸镜体，表明总体为近海沼泽相，上部常常表现了向河流相过渡的趋势。

省内山西组出露于渭河以北的韩城—铜川—耀县一带，以及北部的府谷地区，据井下资料表明，黄陵—榆林一线以东均有沉积。府谷一带厚度最大，为181 m，而且含数层可采煤。韩城—铜川一带为50～60 m，向西厚度递减，以至尖灭，煤层也越来越少，而且不是主要含煤地层。泾河以东与太原组连续沉积，在泾河以西，山西组超覆在奥陶纪地层的古风化面上。

石盒子组 P*ŝh* (05－61－0702)

【创名及原始定义】 瑞典人诺林（E Norin）(1922) 创名于山西省太原市西山，原称石盒子系。原始定义如下：石盒子系分为下石盒子系和上石盒子系，下石盒子系几乎全由灰、绿、黄等色的泥质沉积物和淡色的砂岩所组成；上石盒子系则以巧克力色的沉积物为主要成分。以骆驼脖杂砂岩为下界，以大羽羊齿带为上界。

【沿革】 米泰恒（1950）① 首先将“石盒子系”一名引入陕西省，岩性为“以脏灰、绿、灰黄砂岩、砂页岩及杂色页岩之交互为主”，大体与现划石盒子组相当。50—60年代许多地质工作者在渭北测制了剖面，但具体界线差异很大。霍世诚（1951）所指“石盒子系”指相当现划石盒子组上部（除去顶部含砾砂岩），同时将石盒子组下部称为“山西系”，又称“下石盒子系”。陕西省185煤田地质勘探队（1966）分为上石盒子组、下石盒子组，这两部分地层只相当现划石盒子组的中上部。吕翕声、季成龙（1959）及陕西省131煤田地质勘探队（1977）划分的上石盒子组与下石盒子组相当现划石盒子组顶部含砾粗砂岩之下的部分。本次对比研究认为，上石盒子组、下石盒子组的名称不符合《中国地层指南及中国地层指南说明书》的有关规定，而且这两部分岩性区分难度较大，根据山西省地层对比研究小组的意见，停用以上两个地层名称，统称石盒子组。

【现在定义】 指华北地层大区上古生界上部由灰绿、灰白色砂岩、黄绿、杏黄、巧克力、灰紫、暗紫红色粉砂质泥岩、页岩等组成，夹黑色页岩、煤（层）线的近海平原河湖相沉积岩系。下伏地层为以灰、灰黑色为特征的含煤岩系——月门沟群，以出现绿色砂岩为本组底界；上覆地层为以红色碎屑岩为特征的石千峰群，以出现鲜红色泥岩为界。

---

① 米泰恒，1950，陕西韩城煤田地质初勘总结报告（未刊）。

【层型】 新层型为“山西太原西山骆驼脖子沟—石千峰山剖面”，由山西区调队（1976）测制①。省内次层型为“韩城涺水河剖面”（110°26′，35°28′），由陕西省131煤田地质勘探队（1977）测制。

【地质特征及区域变化】 省内出露的石盒子组以黄绿色、灰绿色砂岩为主，下部夹灰、灰黑色泥岩，上部夹紫杂色泥岩或粉砂岩，常见铁质结核。砂岩中具大型板状交错层理，且侧向变化大，表明属河湖相沉积。含丰富的植物化石，主要有 *Emplectopteridium alatum*，*Lobatannularia sinensis*，*Gigantonoclea hallei*，*Sphenophyllum thonii* 等，时代为早二叠世晚期至晚二叠世早期。

省内主要出露于渭河以北的韩城—岐山一带，呈东西向条带状分布，另在北部府谷一带也有零星出露。据钻井资料表明，榆林—黄陵一线以东均有沉积。厚度变化不大，一般300～400 m。此外，商州、洛南一带也有小面积出露，但常发育不全，而且砂岩风化后常呈灰色、灰白色，局部夹泥灰岩，含可采煤。韩城—耀县一带与下伏山西组连续沉积，岐山、麟游一带平行不整合于奥陶纪地层之上，商州、洛南地区平行不整合于宽坪(岩)群或陶湾组之上。与上覆地层为整合接触。

石千峰群 PTŜ (05-61-0801)

【创名及原始定义】 诺琳1922年创名于山西省太原市西山石千峰山，原称石千峰系。原始定义：太原石千峰山、关头村一带，石盒子系以上的巧克力色、暗红色砂岩、泥灰岩层，包括1）银杏植物带；2）石膏泥灰岩带；3）砂岩带三部分。1924年诺林将银杏带下移归入石盒子系。

【沿革】 潘钟祥（1934）在陕北进行石油调查时，首次将延长层以下的红色砂岩、泥质岩地层称为石千峰系。中国科学院山西地层队（1959）② 改称石千峰群，自下而上进一步划分为孙家沟组、刘家沟组及和尚沟组。1980年地科院地质所在陕北调研时，将石千峰群分解，划分为石千峰组（相当孙家沟组）、刘家沟组及和尚沟组。本书认为，石千峰群代表一套岩性组合相似的地层序列，早已为广大地质工作者熟悉和使用，再改用“石千峰组”代表早二叠世地层，不仅不符合《中国地层指南及中国地层指南说明书》的有关命名原则，也易造成不必要的混乱。因此本书采用中国科学院山西地层队（1959）的命名方案。

【现在定义】 指石盒子组之上，以发育鲜红色碎屑岩为特征，由红色泥岩和红色长石砂岩组成的一套内陆干旱盆地河湖相沉积岩系。自下而上包括孙家沟组、刘家沟组、和尚沟组。下伏地层为石盒子组，上覆地层为二马营组，均系整合接触。

【层型】 正层型为“太原石千峰剖面”，位于山西省太原市西山石千峰山。

【地质特征及区域变化】 省内由鲜艳的紫红、棕红色泥岩、泥质碎屑岩夹砂岩组成，碎屑颗粒自下而上由细—粗—细构成。据所含脊椎动物、叶肢介、孢粉及海相双壳类等化石，时代归属于晚二叠世—早三叠世。

出露于陕北府谷、神木，向南至吴堡、韩城、铜川、岐山等地，并沿侏罗纪地层的外缘呈弧形展布。上述地区本群尚有东北厚、西南薄；东北粗、西南细；东北色艳，西南色暗之变化趋势。

---

① 山西省地质矿产局区域地质调查队，1976，1∶20万榆次幅（J-49-[23]）区域地质调查报告。
② 中国科学院山西地层队，1959，山西石炭二叠及三叠纪地层。

孙家沟组 PT_s (05-61-0703)

【创名及原始定义】 中国科学院山西地层队(1959)创名，1963年全国地层委员会介绍，创名地在山西省宁武县二马营村孙家沟。“是一套紫红色中粗粒长石石英砂岩，与砂质泥岩、粉砂岩和细粒砂岩的互层；泥岩和粉砂岩、细砂岩中具钙质结核及瘤状泥灰岩的凸镜体或条带。它和下伏石盒子群以一层稳定的黄绿色或灰紫色含砾粗砂岩为界。由该层往上，岩石颜色和石盒子群者迥然不同。”

【沿革】 “石千峰系”一名引入陕西省后，使用者较多，但划分的具体界线差异很大。沈乃菁、谢庆辉（1954）划分的“石千峰系”，包括了现划石盒子组上部、孙家沟组及刘家沟组的部分地层。陕西省185煤田地质勘探队（1965）将“石千峰系”分为四个段，其中薛峰段大体与现划孙家沟组相当。陕西省地质局石油普查队（1974）将李星学（1963）所划“孙家沟段”的部分称为“石千峰组”。陕西地矿局（1989）又改称孙家沟组。本书认为，“石千峰组”与孙家沟组为同物异名，也应停用。本书依据山西省地层对比研究小组厘定的定义划分，将过去划归孙家沟组底部灰绿色砂岩归入下伏石盒子组。由于在岐山后周公庙发现早三叠世海相双壳类，杨遵仪等（1981）建立了“岐山组”。本书认为，产海相化石的泥灰岩与典型地区的孙家沟组虽有差别，但总体岩性相似，不具备单独建组条件，属孙家沟组的夹层，因此建议停用岐山组。

【现在定义】 指石千峰群下部地层，主要由红色、砖红色泥岩、粉砂质泥岩夹长石砂岩组成，红色泥岩中常含钙质结核，有时夹泥灰岩凸镜体。底界划在首次出现红色泥岩（或红色砂岩）的底面，分界线上、下常可见黑色、白色燧石层；顶界划在上覆地层刘家沟组砂岩之底面。顶、底均为整合分界。

【层型】 正层型为山西“宁武孙家沟剖面”(112°4′，38°45′)，由中国科学院山西地层队（1959）测制。省内次层型为“韩城涺水河剖面”(110°26′，35°28′)，由陕西省131煤田地质勘探队（1977）测制。

【地质特征及区域变化】 省内为一套紫红、棕红色泥岩、粉砂岩，含不规则的钙质结核或薄层泥灰岩、石膏层。植物化石稀少，而且保存极不完整，只见个别地方含 *Neoggerathiopsis* 和 *Glossopteris*。在泥灰岩中含介形类 *Cypridea* sp.，叶肢介 *Palaeolimnoadiopsis subalata* 等，时代为晚二叠世。岐山后周公庙泥灰岩夹层中产双壳类 *Eumorphotis multiformis*，*Leptochondria* aff. *virgalensis*，*Promyalina putiatinensis* 等，时代为早三叠世。说明自北向南，孙家沟组有穿时现象。总体时代应为晚二叠世—早三叠世。渭河以北泥岩中具水平层理，属内陆湖泊相。夹含海相化石的泥灰岩，表示曾一度有海水波及。渭河以南发育大型直线型斜层理，属河流相沉积。

分布范围与石盒子组相同，厚度一般70～120 m。北部府谷及东南部韩城—淳化一带为鲜红色，而西部岐山、麟游一带以灰绿色、紫红色为主。陕北府谷比渭北一带岩石颗粒粗；商州、洛南一带颗粒更粗，而且无钙质结核或石膏层，厚度大，顶部保存不全。与下伏、上覆地层均为整合接触。

刘家沟组 Tl_j (05-61-0803)

【创名及原始定义】 中国科学院山西地层队（1959）创名于山西宁武县东寨乡刘家沟。全国地层委员会（1963）介绍。原始定义：以一套较为单一的灰白色和浅紫红色的细粒砂岩为主，夹有薄层泥岩及层间砾岩。砂岩具有非常发育的交错层，砂岩层面上有暗紫色砂质团块，并有微层理。

【沿革】 地质部第三石油普查勘探大队（1963）引入陕西省。本单位自建立后其创名和涵义未见较大变化。本次清理仍采用原有涵义。

【现在定义】 为石千峰群中部地层。由数十个交错层极发育的红色、浅灰红色长石砂岩（厚数米）、红色粉砂质泥岩（厚数十厘米）构成的基本层组成。下伏地层是以红色泥岩为主的孙家沟组，上覆地层为以红色泥岩为主的和尚沟组，下伏、上覆地层与本组均系整合接触。

【层型】 正层型为“宁武县孙家沟石千峰群剖面”（112°4′，38°45′），位于山西宁武县东寨乡孙家沟村东，中国科学院山西地层队（1959）测制。省内次层型为韩城薛峰川涺水河“涺水河剖面”（110°19′，35°32′），由地质部第三石油普查勘探大队（1963）测制①。

【地质特征及区域变化】 省内以发育砂岩为主，以岩石普遍具紫红色为特征，区域上岩性较稳定，惟南部粒度略粗，且砾岩含量稍有增多，厚度 94～408 m。本组因产叶肢介 *Leptolimnadia shanxiensis*，*Palaeolimnadia komiana*，*Lioestheria jiachengensis*；植物化石 *Pleuromeia jiaochengensis*，*Neocalamites* sp.，*Crematopteris* sp.；孢粉 *Lundbladispora* 和 *Punctatisporites* 等，时代属早三叠世。

分布范围同石千峰群，各地厚度变化明显，从南向北、由西向东均有增厚之趋势，如泾河一带厚 96 m 到府谷厚 470 m。

和尚沟组 T*h* （05-61-0804）

【创名及原始定义】 中国科学院山西地层队（1959）创名于山西宁武县东寨乡和尚沟。全国地层委员会（1963）介绍。原始定义：是一套鲜红色砂质泥岩、泥质粉砂岩夹钙质泥质细砂岩系。该组与上覆二马营统以底部一层灰黄色、红绿色中细粒石英砂岩底面为界。

【沿革】 创名后未见变化。

【现在定义】 主要以发育砖红色泥岩、粉砂质泥岩夹少量长石砂岩所组成，并以此区别于上、下相邻地层。与上覆二马营组整合接触，以一层灰绿色夹紫灰色的巨厚层砂岩底面为界；与下伏刘家沟组为连续沉积，二者以砖红色泥质岩层结束，并出现灰绿、灰紫色长石砂岩分界。

【层型】 正层型为“宁武孙家沟石千峰群剖面”（112°4′，38°45′），位于山西宁武县东寨乡孙家沟村东，中国科学院山西地层队（1959）测制。省内次层型为吴堡县张家焉乡清水河“清水河剖面”，（110°38′，37°30′3″），地质部第三石油普查勘探大队（1962）测制②。

【地质特征及区域变化】 省内以发育紫红色、棕红色泥岩、粉砂质泥岩为主，以含灰质结核为主要特征。分层标志明显，厚 41～159 m。在府谷一带本组中部产介形类化石 *Darwinula gracilis*，下部产叶肢介化石 *Cornia guchengensis*，*Gabonesheria clinotuberica*，中、上部产脊椎动物化石 Benthosuchidae，*Fugusuchus hejiapanensis* 等；在耀县产轮藻 *Porosphaera maxima* 等。时代为早三叠世晚期。

分布范围同于石千峰群。厚度变化东北厚、西南薄，如府谷、吴堡厚 111～159 m，麟游、耀县厚 42～97 m，韩城厚 128 m。

---

① 地质部第三石油普查勘探大队，1963，1963 年地质工作总结报告。
② 地质部第三石油普查勘探大队，1962，1962 年地质工作总结报告。

二马营组 Te (05-61-0805)

【创名及原始定义】 中国科学院山西地层队（1959）创建于山西省宁武县二马营，原称二马营统。全国地层委员会（1963）介绍。原始定义：上为延长群所覆，下以灰黄色杂红绿色中细粒石英砂岩与和尚沟组分界，其下部为灰黄色杂有红、绿色中细粒砂岩夹紫红色钙质砂质泥岩薄层或凸镜体，上部为肉红微绿色中粗粒长石砂岩夹暗紫淡绿色钙质粉砂质泥岩。泥岩中含有钙质结核及石膏质结核。

【沿革】 甘克文、姚长保（1959）① 将吕梁山以西陕甘宁盆地分布的以红色泥岩为主的地层创名为纸坊统。地科院地质所（1980）于陕甘宁盆地东部将纸坊统归入二马营组。陕西地层表编写组（1983）依旧使用了纸坊组名称。本次对比研究认为二马营组与纸坊组是同物异名单位。依据命名优先原则，本书使用二马营组。

【现在定义】 指华北地层大区石千峰群之上、主要由灰绿色长石砂岩夹红色泥岩的一套地层。所夹红色泥岩自北向南逐渐增多，红色泥岩中含大量钙质结核（层）。底界以厚层灰绿色长石砂岩之底面与下伏的和尚沟组为界；上界以最上一层红色泥岩顶面，与上覆地层延长组底部浅红黄色厚层长石砂岩划界，与下伏、上覆地层均系整合接触。

【层型】 正层型为“宁武二马营孙家沟剖面”(112°4′，38°45′)，位于山西宁武县东寨乡二马营村西南之孙家沟，由中科院山西地层队（1959）测制。省内次层型为吴堡县张家焉乡后王家山—石沙焉“清水河剖面”（110°38′，37°30′3″)，由地质部第三石油普查勘探大队（1962）测制。

【地质特征及区域变化】 省内岩性组合分为上、下两段：下段为灰紫、紫红色夹灰紫绿色巨厚层长石石英砂岩，夹泥砾和砂砾岩凸镜体或条带等，靠近底部夹层增多；上段为灰绿、紫灰色长石砂岩与紫红色含灰质结核泥岩、粉砂质泥岩不等厚互层。铜川以西上部夹煤线，地质部第三石油普查勘探大队称“黑纸坊组”。厚 109～813 m。二马营组产中国肯氏兽动物群等重要化石。地科院地质所（1980）指出：“……事实说明中国肯氏兽（*Sinokannemeyeria*）动物群的时代定为中三叠世远比定为早三叠世更为合理。……从脊椎动物化石本身将二马营组时代定为中三叠世早期是比较适宜的。就其层位而言，二马营组位于和尚沟组之上，延长组之下”。因此，将二马营组时代定为中三叠世早期是正确的。

该组在我省较为发育，从府谷、神木、吴堡到南部的铜川、韩城、麟游都有出露。厚度自北向南，由薄变厚。府谷、吴堡一带厚 109～533 m，铜川厚 813 m，麟游厚 414 m，韩城厚 651 m。

延长组 Ty (05-61-0806)

【创名及原始定义】 M L Fuller 和 F G Clapp（1927）创建于延长地区。原始定义：岩性为灰色或灰绿色砂岩与页岩。发现于延长地区，可称为陕西系之延长带。

【沿革】 王竹泉、潘钟祥（1933）将陕西系上部归入瓦窑堡煤系，下部延长带改为延长层。以甘克文（1959）为代表，将王竹泉、潘钟祥建立的延长层及上部的瓦窑堡煤系的一部分（1950 年王尚文在瓦窑堡煤系中发现侵蚀面以下部分）称延长统，并进一步划分为 1 至 5 段：砂岩段（T_3y^1）、油页岩段（T_3y^2）、含油砂岩页岩段（$T_3y^{3\cdot4}$）、含煤岩段（T_3y^5）。地科

---

① 甘克文、姚长保，1959，鄂尔多斯地台石炭—二叠纪的分层问题。全国地层会议文件。

院地研所（1980）将甘克文（1959）划分的延长统改称延长组，仍细分1至5段，但将第1、2段命名为“铜川组”，第3至5段为狭义延长组的下、中、上3段，使“延长组”范围限制在晚三叠世之内。陕西地层表编写组（1983）依据1976年“西北中新生代地层会议”的意见，恢复延长群，自下而上进一步划分为铜川组、胡家村组、永坪组、瓦窑堡组。本次对比研究认为：①铜川组是以生物和年代划界的地层单位，应予停用。②延长组岩性单一，上、下地层无显著变化，若进一步细分，其间界线不易划分，也不易在区域上展开，故仍统称延长组，停用铜川组、胡家村组、永坪组。

【现在定义】 是一套以灰绿、灰黄绿色、浅肉红色长石砂岩为主，夹深灰绿色页岩及煤线的陆相地层。下部夹黑色油页岩层，中、上部含石油，且以颜色浅区别于上、下地层。与上、下地层均为整合接触。底界以二马营组顶部紫红色泥质岩的结束为标志，以一互层状含煤层或含煤线砂泥岩之底面为上覆瓦窑堡组开始。

【层型】 正层型为延长县胡家村至张家滩南庄“延河剖面”（109°53′44″，36°36′48″），由延长油矿地质勘探队（1961）重测①。

延长组	总厚度 771.00 m
中段	厚度 328.00 m
51. 浅灰、灰绿色粉、细砂岩、砂质泥岩、泥质砂岩互层。（未见顶）	12.00 m
50—44. 浅灰色（局部灰色）细、中粒石英长石砂岩，夹灰绿色细砂岩、薄层泥岩，深灰色、黄绿色泥岩、砂质泥岩及煤线	103.00 m
43. 灰绿色砂质泥岩与浅灰色、灰绿色细砂岩互层	4.00 m
42. 灰白、黄灰、深灰色块状交错层砂岩	59.00 m
41—37. 绿色、灰绿色、蓝灰色页岩、泥岩，灰白色砂岩、粉砂岩、石英长石砂岩互层	43.00 m
36. 灰白色交错层砂岩	13.00 m
35. 灰白色、蓝灰色中、粗粒砂岩与灰绿色、黑色砂质泥岩互层	17.00 m
34—31. 灰白色、灰绿色中、细粒砂岩与灰绿色、蓝灰色泥岩、砂质泥岩互层，夹黑灰色页岩或煤线	66.00 m
30. 灰白色细、中粒含肉红色长石砂岩	11.00 m
———— 整　合 ————	
下段	厚度 443.00 m
29. 灰绿色块状中粒长石砂岩与灰绿色块状砂质泥岩互层，夹黑色页岩。产 *Glossophyllum* sp.，*Thinnfeldia* sp.	22.00 m
28—26. 灰绿色薄层—块状细砂岩，灰绿色粉砂质泥岩夹黑色页岩	33.00 m
25—19. 灰绿、黄绿色、灰色微带肉红色细粒长石砂岩与灰绿色粉砂质泥岩、粉砂岩互层，含植物化石 *Neocalamites* sp.，*Danaeopsis fecunda*	167.00 m
18—9. 灰绿色、肉红色、浅砖红色块状细粒长石砂岩，暗紫、灰绿、紫红等杂色泥岩、粉砂质泥岩，夹薄层粉砂岩	129.00 m
8—6. 灰绿色块状中粒长石砂岩，中厚层细砂岩与杂色粉砂质泥岩互层	28.00 m
5—1. 肉红色块状中粒长石砂岩夹灰绿色、灰紫色粉砂岩、细砂岩与紫红色、杂色砂质泥岩	70.00 m
———— 整　合 ————	

① 延长油矿地质勘探队，1961，延安桥儿沟至延长地质详查总结报告。

下伏地层：**二马营组**　粉砂质泥岩

【地质特征及区域变化】　以灰白、浅灰绿色中细粒长石砂岩为主，夹粉砂岩及页岩。延安以南至铜川，下段顶部夹黑色页岩及油页岩，中、上部是石油矿主要产段。厚度变化在200～1 016 m之间。地科院地质所（1980）曾指出“延长群中存在两个不同的植物组合，下部铜川组为一植物组合，上部的胡家村组、永坪组、瓦窑堡组为另一植物组合。斯行健（1956）所指‘延长层植物群’，实际上是上部植物组合，并不包括下部铜川组植物组合，时代为晚二叠世”。而下部植物组合面貌接近下伏二马营组的组合面貌，时代为中三叠世晚期。由此可见，延长组时代应为中三叠世晚期—晚三叠世。

自北向南沿黄河西侧出露，至韩城禹门口则西折向铜川、麟游一带伸展。西部的志丹、富县、黄陵等地在钻孔中亦有见及。厚度各地变化较大，神木、佳县、米脂、吴堡一带厚200～411 m，子长、延长一带厚684～771 m，韩城、铜川、陇县一带厚250～1 016 m，鄂尔多斯盆地中部的钻孔中厚184～226 m。

瓦窑堡组　T*w*　（05－61－0807）

【创名及原始定义】　王竹泉、潘钟祥（1933）创建于子长县（瓦窑堡）栾家坪，原称瓦窑堡煤系。原始定义：瓦窑堡煤系整合于延长层之上，岩层大部均为灰色砂岩、页岩及黑色页岩，煤层（厚一尺以下者不计外）共计四十层，均产于此系下部，总厚约800 m。

【沿革】　王尚文（1950）在延长一带于“瓦窑堡煤系”中发现一个侵蚀面，遂将侵蚀面以上的地层划为侏罗纪，其下仍归瓦窑堡煤系之中。地科院地质所（1980）将其置延长组上段。陕西地层表编写组（1983）划分为延长群的瓦窑堡组。本书依据岩石地层划分原则，划分为延长组、瓦窑堡组两部分。其中瓦窑堡组保持王尚文（1950）修订的范围。

【现在定义】　以灰黄、灰黑色泥质岩与粉、细砂岩互层为主，以发育多层煤线、薄煤层或黑色页岩为主要特征，并以此区别于上、下相邻地层。与下伏延长组为整合接触，其间以一层含煤（或煤线）砂、泥岩底面为本组开始；与上覆富县组为平行不整合接触。

【层型】　创名时未指定正层型，本书确定选层型为子长县石家川，经子长县城至丹头的“清涧河剖面”（109°35′，37°10′），由第三石油普查勘探大队（1963）测制。

上覆地层：**富县组**　砂砾岩

———————　平行不整合　———————

瓦窑堡组　　总厚度 378.00 m

五段　　厚度 72.00 m

24. 浅灰色厚层—块状细粒长石砂岩，夹少量黑灰—深灰色泥质粉砂岩及粉砂质页岩。含腹足类化石　　45.00 m

23. 灰色中厚层状粉—细粒长石砂岩及杂砂岩与深灰—黑灰色泥质粉砂岩、粉砂质泥岩及黑色页岩略等厚互层。含小个体的双壳类、鱼鳞及腹足类化石　　27.00 m

———————　整　合　———————

四段　　厚度 90.00 m

22. 黑色、黑灰色板状油页岩及页岩，夹较多的白色粘土条带及两层较厚的粘土层。含鱼鳞、鱼骨化石　　8.00 m

21. 深灰—黄绿色粉砂岩、泥岩或泥质粉砂岩，顶部夹一层煤，产植物化石 *Neocalamites*

sp. 8.00 m

20. 深灰色泥质粉砂岩、粉砂质泥岩、页岩、粘土质页岩，夹浅灰色中厚层状细、粉砂岩及煤线，顶部有一层煤。产植物化石 *Neocalamites* sp.，*Cladophlebis* sp. 12.00 m

19. 灰白色块状中细粒杂砂岩。产植物化石 *Cladophlebis* sp. 8.00 m

18. 深灰色粉砂质泥岩夹粉砂岩条带 1.00 m

17. 灰白色块状中—细粒杂砂岩，底部含菱铁矿团块 7.00 m

16. 黑灰、深灰、黄绿色粉砂质泥岩、泥质粉砂岩与浅灰色中层状细—粉砂岩互层，夹煤线及薄煤层 9.00 m

15. 浅灰、浅黄灰色块状细粒长石砂岩 11.00 m

14. 浅灰色中层状粉—细砂岩与深灰—黄绿色粉砂质泥岩互层。产植物化石 *Cladophlebis* aff. *grabauiana*，*Danaeopsis fecunda*，*Glossophyllum*? *shensiensis* 9.00 m

13. 浅灰色块状细—中粒长石砂岩。产双壳类 *Shaanxiconcha* sp. 及植物化石 *Podozamites lanceolatus*，*Equisetites* sp.，*Desmiophyllum* sp. 17.00 m

———— 整　合 ————

三、二段 厚度 99.00 m

12. 深灰—黄绿色粉砂质泥岩、泥质粉砂岩与灰白、黄灰色厚层状粉、细砂岩互层，夹煤线及薄煤层。产植物化石 *Neocalamites* cf. *carrerei*，*Desmiophyllum* sp.，*Danaeopsis fecunda* 19.00 m

11. 灰色厚层—块状细粒长石石英砂岩 4.00 m

10. 浅灰、浅黄灰色厚层状粉—细粒长石石英砂岩与深灰、黑灰色粉砂质泥岩、暗灰色粉砂质页岩互层，夹煤层或煤线。产植物化石 *Neocalamites carrerei*，*Equisetites* sp. 和介形虫化石 *Darwinula* sp. 27.00 m

9. 浅灰色中层状粉砂岩与深灰色粉砂质泥岩互层，夹煤线、碳质页岩及菱铁矿质泥灰岩。产植物化石 *Equisetites* sp.，*Neocalamites* sp. 和双壳类化石 *Shaanxiconcha longa*，*Sh. elliptica* 16.00 m

8. 灰白、黄灰色厚层—块状细粒长石石英砂岩。产双壳类化石 *Shaanxiconcha* cf. *subelliptica*，*Sh. subrhomboidalis* 5.00 m

7. 灰色中层状长石质石英粉砂岩、灰质粉砂岩与深灰色粉砂质泥岩、暗灰色粉砂质页岩互层。产植物化石 *Danaeopsis fecunda* 19.00 m

6. 深灰、暗褐灰或灰黄色灰质页岩，夹泥灰岩扁豆体。产植物化石 *Danaeopsis fecunda*，*Glossophyllum*? *shensiensis*，*Sagenopteris* sp.，*Cladophlebis paralobifolia*，*Selaginellites* sp. 9.00 m

———— 整　合 ————

一段 厚度 117.00 m

5. 浅灰色块状粉、细粒长石质石英砂岩 10.00 m

4. 深灰、黄绿色泥质粉砂岩、粉砂质泥岩，夹浅灰色中—厚层状粉砂岩、灰质粉砂岩和浅灰黄色厚层—块状细粒长石质石英砂岩凸镜体、泥灰岩扁豆体。产植物化石 *Neocalamites carrerei* 和双壳类化石 *Shaanxiconcha elliptica* 37.00 m

3. 浅灰色中—厚层状粉、细粒长石质石英砂岩与深灰、黄绿色泥质粉砂岩、粉砂质泥岩、页岩互层，夹煤线、薄煤层及泥灰岩凸镜体。产植物化石 *Neocalamites carrerei*，*N. carcinoides* 27.00 m

2. 浅黄灰色块状细粒长石质石英砂岩。产植物化石 *Equisetites sarrani*，*Desmiophyllum* sp. 12.00 m

1. 浅灰、浅黄灰色厚层状粉—细粒长石质石英砂岩与深灰、黑灰—黄绿色泥质粉砂岩、粉砂质泥岩、页岩互层，夹煤线或薄煤层及泥灰岩扁豆体。产植物化石 *Neocalamites rugosus*，介形类 *Darwinula liulingchuanensis* 31.00 m

——————— 整　合 ———————

下伏地层：延长组　长石砂岩

【地质特征及区域变化】　典型地点自下而上可分为五段。第一段为碳质泥岩与砂泥岩互层，含煤层，夹泥灰岩凸镜体；第二、三段为浅灰色中厚层粉、细砂岩与深灰色泥质岩互层，含煤层或煤线；第四段为灰白色块状中细粒长石砂岩与深灰、黄绿色泥质岩互层，夹煤层或煤线，泥质岩中含黄铁矿结核；第五段为底部长石砂岩夹油页岩、黑色页岩，向上长石砂岩与砂质页岩互层。在铜川、韩城地区岩性为淡黄、黄绿、灰黄色中厚层泥质岩、粉细砂岩及泥岩互层夹碳质页岩及煤层或煤线。上部以泥质岩为主，下部以砂泥岩互层为主。厚度96～412 m。上述各地产双壳类 *Shaanxiconcha elliptica*，*Sh. subrhomboidalis*，叶肢介及大量植物化石 *Danaeopsis*，*Bernoullia*。时代为晚三叠世晚期。

在神木、米脂、子长、铜川、韩城等地较为发育。由于各地剥蚀程度不同，其厚度变化较大。大体以佳县—横山一线为界，其北厚 227 m 左右，其南厚 166～378 m，而铜川、韩城一带厚 96～412 m。

五里川组　Twl　(05－61－0808)

【创名及原始定义】　河南地研所（1962）创名于河南省卢氏县五里川。原始定义：上部千枚岩与粉砂岩互层夹碳质页岩、泥灰岩；下部灰色砂岩；底部紫红色砾岩夹砂砾岩。与下伏宽坪组不整合接触，未见顶。归晚三叠世。

【沿革】　创名后未见更动。本次对比研究保留原有涵义。

【现在定义】　上部为千枚岩与粉砂岩互层，夹碳质页岩、泥灰岩；下部灰色砂岩；底部紫色砾岩夹砂砾岩。下以紫色砾岩为标志与粉笔沟组不整合接触。未见顶。

【层型】　选层型为“卢氏西茄子河五里川组剖面”，位于卢氏县双槐树乡西茄子河（110°56′，33°50′）。由河南地质矿产局区域地质调查一队（以下简称河南地调一队）1980 年测制①。

【地质特征及区域变化】　省内本组上部发育深灰色含碳粉砂质板岩夹砂岩，下部则为砂岩，未见底部紫红色砾岩或砂砾岩。其顶、底岩层均被断层破坏而缺失。厚度124～1 723 m。产植物 *Cladophlebis*，*Neocalamites* 等化石。时代为晚三叠世。

呈断续状出露在周至柳叶河、商州石道峪、丹凤三里曼到河南卢氏五里川一带，岩性变化不大。周至、商州厚 124～590 m；丹凤三里曼厚 1 723 m。

二、华南地层大区

西岔河组　Dxĉ　(06－61－0521)

【创名及原始定义】　陕西区调队（1979）② 创名于旬阳县双河镇之西的西岔河，西安地矿所（1983）介绍。原始定义：本组总的岩性以粗碎屑岩开始，往上渐变为细碎屑岩夹少量泥质灰岩、白云质灰岩，顶部往往以碳酸盐岩出现而结束。

---

① 河南省地质矿产局地质调查一队，1980，1∶5 万五里川—官坡地区地质报告。
② 陕西省地质矿产局区域地质调查队，1979，陕南的泥盆系专题总结报告。

【沿革】 本组曾属陕西区调队（1966）所称公馆组的一部分，西安地矿所（1983）将顶界下移至碳酸盐岩开始出现处，陕西区调队（1989）将下伏水洞沟组纳入其内，统称西岔河组①。本书采用西安地矿所（1983）之划分意见，将原划西岔河组顶部碳酸盐岩划归公馆组，使本组与上覆公馆组岩性界线位于碎屑岩与碳酸盐岩之间（表 4－2）。

【现在定义】 指水洞沟组（或白龙江群）与公馆组（或石家沟组）之间的一套以砾岩、砂岩为主的碎屑岩地层，其中偶夹板岩、白云岩。底部与水洞沟组或白龙江群呈平行不整合或断层接触，底界以砾岩出现为分层标志；上部与公馆组或石家沟组整合接触，顶界以碎屑岩（或粘土岩）消失和碳酸盐岩出现划界。

【层型】 正层型为“旬阳县潘家乡大夹沟剖面”（109°34′35″，33°4′15″），由陕西区调队（1979）测制。

【地质特征及区域变化】 以碎屑岩为主，偶夹板岩、白云岩，下部一般多为复成分砾岩、硅质砾岩、砂砾岩；上部多为砂岩、砂砾岩夹砾岩。岩石以灰、灰绿、紫灰色为主，剖面结构均显示由粗到细的沉积特点。厚度变化在 31.4～486.5 m 之间，下部含铜。

主要分布于山阳、旬阳、镇安一带，零星见于凤县东部。由南向北厚度逐渐减少，板岩夹层增多，并出现少量白云岩夹层。

【其他】 前人在本组所列双壳类 *Grammysia* 组合，实为现划公馆组所产，目前仅据本组伏于含早泥盆世晚期化石的公馆组之下，将其时代置于早泥盆世。

公馆组 D*gg* （06－61－0522）

【创名及原始定义】 陕西省地质局第一地质队（以下简称陕西一队）1963 年创名于旬阳县公馆②，原称公馆段。陕西区测队（1966）在《1：20 万商州幅（Ⅰ－49－［XX］）地质图说明书》中介绍。原始定义：下部灰白、灰黑色钙质白云岩；上部为一套泥质灰岩。岩性从下而上泥质增多、镁质含量减少。

【沿革】 陕西区测队（1966）将本组涵义扩大，指水洞沟组之上至铁山组以下的全部地层。西安地矿所（1983）将本组限制在西岔河组之上的白云岩地层。杜定汉等（1987）将本组下、中部称公馆组，上部划为龙家河组。本书采用西安地矿所（1983）的划分方案，称公馆组（表 4－2）。

【现在定义】 指整合于西岔河组之上、石家沟组之下的一套以白云岩为主的地层序列，局部夹少量板岩、灰岩及砂岩。以大套白云岩的出现和结束作为该组底界和顶界的识别标志。

【层型】 创名时未指定正层型，本书确定选层型为“旬阳县公馆徐家槽剖面”（109°20′15″，33°6′30″），由陕西区调队（1988）测制。

【地质特征及区域变化】 以发育白云岩为主要特征。其中有泥晶白云岩、泥质白云岩、粉—细晶白云岩、藻白云岩、砂质白云岩等。颜色以浅灰、灰、深灰色为主。岩石达低级区域变质程度。在旬阳、镇安一带是汞锑矿的主要赋存层位。下部含层孔虫，上部含介形类、腹足类、珊瑚等。厚度在 47～737 m 之间。具凸镜状层理、波状层理、脉状层理、水平层理等沉积构造，局部具有鸟眼及窗孔等暴露标志，属局限台地相。依据本组含介形虫 *Paramoelleritia subtrapezoidalis*，将时代定为早泥盆世晚期。

---

① 陕西省地质矿产局区域地质调查队，1989，1：20 万安康幅（Ⅰ－49－［26］）区域地质调查报告。
② 陕西省地质局第一地质队，1963，陕西省旬阳县公馆—回龙汞矿田普查报告。

表 4-2 西岔河组—铁山组划分沿革表

（各栏地层单位按表中自上而下顺序列出）

地区	研究者	年代	地层划分（自上而下）
凤县—镇安地区	赵亚曾 黄汲清	1931	C_1 略阳灰岩；C—D 疙瘩寺板岩；D 古道岭灰岩；S 石瓮子石灰岩
凤县—镇安地区	陕西区测队	1966	C_1 界河街组；D_3 九里坪组；D_2 星红铺组、古道岭组；O_{1-2}（未名）
凤县—镇安地区	杜定汉等	1987	C_1 界河街组、熊家山组；D_3 铁山群（南羊山组、冷水河组）、星红铺组；D_2 古道岭组、大枫沟组、石家沟组
凤县—镇安地区	陕西区调队	1989	C_1 界河街组；C_1—D_3 九里坪组；D_3 星红铺组；D_2 玉皇山组、瓦房坝组
凤县—镇安地区	陕西区调队	1989	D_3 火星沟组、云镇组、古道岭组；O_2—ϵ_2（未名）
凤县—镇安地区	陕西区调队	1990	D_3 沙湾组、火星沟组、星红铺组；D_2 古道岭灰岩、龙洞沟组；O_2—ϵ_2 石瓮子白云岩
凤县—镇安地区	杨志华等	1991	D_3 疙瘩寺组；D_2 二台子组、石坪组；O—ϵ（未名）
凤县—镇安地区	杨志华等	1991	C_1 界河街组；C_1—D_3 姜家沟组、三官殿组；D_2 长沟组、东岔河组、西岔河组
	本书		C_1 袁家沟组；C_1—D_3 九里坪组 / 铁山组；D_3 星红铺组；D_{2-3} 古道岭组；D_2 大枫沟组、石家沟组；D_1 公馆组、西岔河组；S_{2-3} 水洞沟组 / 卓乌阔组
留坝—白河地区	陕西区调队	1989	C_1 袁家沟组；C_1—D_3 铁山群（南羊山组、冷水河组、落驾河组）；D_2 杨岭沟组、大枫沟组、石家沟组、公馆组；D_{1-2} 西岔河组
留坝—白河地区	杜定汉等	1987	C_1 熊家山组；D_3 铁山群（南羊山组、冷水河组）、星红铺组；D_2 古道岭组、大枫沟组、石家沟组；D_1 龙家河组、公馆组、西岔河组；S_{2-3}
留坝—白河地区	西安地矿所	1983	C_1 袁家沟组；D_3 南羊山组、冷水河组；D_2 杨岭沟组、石家沟组、龙家河组、公馆组、西岔河组；S_{2-3} 水洞沟组
留坝—白河地区	陕西区测队	1968	C_1；D_3 铁山组；D_2 猫儿川组、公馆组、韩城沟组；S_{2-3} 大河店组
留坝—白河地区	陕西区测队	1966	C_1 袁家沟组；D_3 铁山组；D_2 公馆组；韩城沟组
留坝—白河地区	陕西一队	1963	D_3（未名）；D_2 韩城沟组（腰庄河段、天星河段、杨岭沟段、大枫沟段、石家沟段、公馆段、庙沟段）；D_1（未名）
留坝—白河地区	秦岭区测队	1961	D_3 铁山组；D_{1-2} 韩城沟组；D_1（未名）；S_3（未名）

仅分布于旬阳、镇安、山阳一带。岩性较单一，夹层所占剖面厚度比例均小于1/10。旬阳公馆最厚达737 m。向北至山阳松树坪、两岔一带，所夹板岩相对增多，厚度减为47～160 m。

石家沟组　Dŝ　(06-61-0523)

【创名及原始定义】　陕西一队（1963）创名于旬阳县洛河乡石家沟，原称石家沟段。西安地矿所（1983）介绍。原始定义：分上、下两部分，下部由薄层—中厚层状灰岩、生物灰岩及泥灰岩、千枚岩组成；上部主要为灰色、灰白色厚层状含化石结晶灰岩，顶部为灰岩、泥灰岩。

【沿革】　陕西区测队（1966）将其划为公馆组的下部。西安地矿所（1983）因见本组底部二十余米泥、砂质灰岩内所含化石不同，而单独划出，称为龙家河组。杜定汉等（1987）将本组底、顶界线明确在白云岩之上、含铁石英砂岩之下。本书仍采用杜定汉等（1987）的划分方案。同时建议停用以生物划分的龙家河组。

【现在定义】　指整合于公馆组或西岔河组之上、大枫沟组之下的一套以灰岩为主，夹少量白云岩、板岩及砂岩的地层序列。底部以灰岩的出现与公馆组或西岔河组分界，顶部以灰岩或板岩的结束与大枫沟组底部砂岩相区别。

【层型】　创名时未指定正层型，本书确定选层型为“旬阳县洛河蜂子沟剖面”(109°22′50″，33°6′10″)，由杜定汉等（1987）测制。

【地质特征及区域变化】　以灰、深灰色泥质灰岩、泥砂质灰岩为主，夹少量白云岩、板岩及砂岩，局部赋存汞矿。富含珊瑚和腕足类化石，厚度在46～400 m之间。沉积构造以平行层理、沙纹层理为主，所见化石均为底栖型，具浅海陆架沉积特点。时代为中泥盆世早期。

主要分布于镇安、山阳、旬阳一带，零星出露于凤县东部、镇安以东地区。岩性稳定，板岩、砂岩为主，夹层较少，厚度自南向北有变薄之趋势，如镇安县旬河北岸厚284 m，向北至山阳县松树坪减为130 m。凤县瓦房坝、留坝县闸口石及紫柏山南坡一带，板岩、千枚岩增多，厚度仅46～108 m。

大枫沟组　D*d*　(06-61-0524)

【创名及原始定义】　陕西一队（1963）创名于旬阳县洛河乡大枫沟，原称大枫沟段。杜定汉、王武原、周之军（1987）介绍。原始定义：主要由砂岩、白云质灰岩、灰岩组成，按岩性和层位关系，可将本地层划为上、下两部分。

【沿革】　秦岭区测队（1961）将该组划为韩城沟组的一部分。陕西区测队（1966）以镇安断裂为界，以南划为公馆组的一部分，以北划为古道岭组的一部分。西安地矿所（1983）划归杨岭沟组的一部分。陕西区调队（1989）在山阳老沟一带称为瓦房店组。陕西区调队（1990）在柞水—镇安之间的乾佑河沿岸称龙洞沟组。杨志华等（1991）将山阳县老沟一带出露不全的本组下部称为西岔河组，上部称为东岔河组，同时将柞水县乾佑河的本组称为石坪组。本书仅将原始定义所指上部碳酸盐岩划为古道岭组，同时建议停用龙洞沟组、石坪组、东岔河组及瓦房店组。

【现在定义】　指石家沟组或石瓮子组之上、古道岭组之下的一套以砂岩、粉砂岩为主，夹灰岩、板岩及砾岩的地层序列。下部与石家沟组或石瓮子组分别为整合或平行不整合接触。以砂岩或砾岩的出现与石家沟组或石瓮子组分界；顶部以砂岩、粉砂岩或板岩的结束与古道岭组整合划界。

【层型】 创名时未指定正层型，本书确定选层型为“旬阳小岭峡—五字沟口剖面”（109°15′45″，33°8′45″）。由杜定汉等（1987）测制。

【地质特征及区域变化】 以长石石英砂岩、石英砂岩为主，夹粘土岩、碳酸盐岩，局部有含铁长石石英砂岩、含铁石英砂岩、砾岩、砂砾岩。所夹粘土岩多以粉砂质板岩、粉砂质绢云母板岩为主，碳酸盐岩以灰岩为主，次有白云岩。岩石以灰绿、灰褐、灰色为主。厚度变化在48～923 m之间。局部含菱铁矿、磁铁矿。灰岩夹层中常见有珊瑚、腕足类、海百合茎等化石。以发育的碎屑岩区别于下伏和上覆两套碳酸盐岩地层。时代置于中泥盆世。

主要分布在凤县、留坝、宁陕、山阳、旬阳一带。岩性变化主要表现在南北方向上。大致以镇安断裂为界，以南普遍整合于石家沟组之上，所夹碳酸盐岩较多，碎屑岩相对较细，多以细粒砂岩为主，厚度较大；以北所夹碳酸盐岩相对减少，碎屑岩颗粒变粗，并见有砾岩、砂砾岩，厚度锐减，最薄处仅48 m，并普遍缺失石家沟组及其以下地层，平行不整合覆于石瓮子组之上。

古道岭组 Dg (06-61-0525)

【创名及原始定义】 赵亚曾、黄汲清（1931）创建于镇安县回龙乡古道岭，原称古道岭灰岩。原始定义：大部为厚层之石灰岩，因曾见于乾佑河谷之古道岭见之故名。灰岩厚约五百公尺，下与石瓮子灰岩接合处，有页岩及砂岩，且有一层底砾岩。灰岩之上与一甚厚之页岩相接。

【沿革】 秦岭区测队（1961）将山阳县鹘岭南坡古道岭灰岩连同部分上覆地层统称古道岭组。陕西区测队（1966）将古道岭组底界下移（约18 m）至“石瓮子灰岩”不整合面之上。西安地矿所（1983）将留坝—白河一带的古道岭组划为杨岭沟组的一部分。杜定汉等（1987）将典型地点的古道岭组划为星红铺组。陕西区调队（1989）将山阳县长沟一带的古道岭组称为玉皇山组。陕西地矿局第十三地质队（以下简称陕西十三地质队）1989年将山阳县馒头山一带部分古道岭组称为馒头山灰岩。陕西区调队（1990）在典型地点恢复了古道岭组一名，并将原定义所指底部一层砾岩划为龙洞沟组。杨志华等（1991）将典型地点的古道岭组称为二台子组，并将山阳县长沟的古道岭组称为长沟组。本书将原始定义所指的一层底砾岩（10余米厚）划为大枫沟组。底界上移至大套灰岩出现之底，此与陕西区调队（1990）划分意见相同。将上述玉皇山组、长沟组均视为古道岭组的同物异名。同时建议停用杨岭沟组、馒头山灰岩、二台子组。

【现在定义】 指整合于大枫沟组之上、星红铺组之下的一套以灰岩为主的碳酸盐岩地层，局部夹少量白云岩、板岩、砂岩、砾岩。以大套灰岩的出现和消失作为底界、顶界的识别标志。

【层型】 正层型为“镇安古道岭—二台子剖面”（109°9′45″，33°33′15″），由杨志华等（1991）重测。

【地质特征及区域变化】 以发育各种灰岩为特征，其中以泥质灰岩、泥质生物灰岩、生物灰岩、生物碎屑灰岩最为常见，局部夹少量白云岩、板岩、砂岩、砾岩。颜色以灰、深灰色为主。厚340～863 m。富含珊瑚、腕足类、层孔虫化石，局部含有牙形刺、叠层石等化石。部分地段本组顶部赋存铅锌、铜矿。古道岭组下部与大枫沟组整合接触，上部与星红铺组整合接触或局部侧向相变。时代为中泥盆世晚期至晚泥盆世早期。

广布于凤县至山阳、旬阳一带，岩性稳定。镇安及山阳县馒头山一带，上部见有晚泥盆世早期牙形刺 *Ancyrodella*，而南部旬阳和凤县地区多见中泥盆世晚期 *Stringocephalus*。反映出自南向北的穿时现象。

星红铺组 Dx (06-61-0526)

【创名及原始定义】 秦岭区测队（1960）① 创名于凤县星红铺。陕西区测队（1965）在《1∶20 万佛坪幅地质图说明书》中介绍。原始定义：岩性以绿灰色的绢云母千枚岩、灰绿色绢云母石英片岩及钙质绢云母千枚岩与绢云母千枚岩为主，在下部常夹有 2～4 层中厚层至薄层的灰岩，上部夹薄板状之灰岩。

【沿革】 秦岭区测队（1961）将商州一带相同地层称为太吉河组。陕西区测队（1968）将凤县紫柏山南部的星红铺组划归猫儿川组，西安地矿所（1983）将留坝—白河一带的星红铺组划归杨岭沟组上部。陕西区调队（1989）将旬阳一带的星红铺组称为落驾河组，同时又将镇安—九里坪一线以北的星红铺组称为云镇组。陕西区调队（1990）将镇安县回龙二台子附近的星红铺组称为二台子板岩。杨志华等（1991）将山阳长沟一带的星红铺组划为三官殿组的一部分。本书仍维持星红铺组的原始定义，但将猫儿川组、落驾河组、云镇组视为星红铺组的同物异名，并建议停用太吉河组和二台子板岩。

【现在定义】 指整合于古道岭组之上、九里坪组或铁山组之下的一套浅变质粘土岩夹（互）碳酸盐岩和碎屑岩的地层序列。粘土岩以千枚岩或板岩为主，碳酸盐岩以灰岩为主，碎屑岩为砂岩或粉砂岩。底部以粘土岩或粘土岩夹碳酸盐岩与下伏古道岭组灰岩分界；顶部以灰岩或板岩夹灰岩分别与九里坪组砂岩或铁山组相区别。

【层型】 正层型为“凤县星红峡乱石窑—高坡子剖面”（106°39′25″，33°51′30″），由陕西区调队（1968）重测。

【地质特征及区域变化】 以千枚岩、板岩夹（或互）灰岩、砂岩、粉砂岩为特征。千枚岩、板岩多具钙质、粉砂质。灰岩常含泥质。颜色以灰、灰绿色为主，厚 476～1 803 m。富含腕足类、珊瑚、层孔虫化石。下部与古道岭组整合接触或局部侧向相变。属浅海陆架沉积。据所含化石，时代可归晚泥盆世。

主要分布于凤县至山阳、旬阳一带。在宁陕以西，砂岩、粉砂岩较少，灰岩相对较多；以东砂岩、粉砂岩相对较多，灰岩少，反映出西部沉积物相对较细之特点。厚度变化也反映出东厚（1 015～1 803 m）西薄（476—700 余米）之特点。本组的另一变化表现在南北方向上，以留坝县江口镇—镇安一线为界，南部与上覆铁山组灰岩整合接触，顶部往往以板岩夹灰岩结束；北部均与上覆九里坪组（粉）砂岩整合接触，顶部常以厚数十米的灰岩结束，显示南细北粗的沉积特点。

九里坪组 DCj (06-61-0527)

【创名及原始定义】 陕西区测队（1966）创名于山阳县户家垣九里坪，可参见《1∶20 万商州幅（Ⅰ-49-[ⅩⅩ]）地质图说明书》。原始定义：与星红铺组整合接触，共分两部分：下部为石英粉砂岩偶夹少许板岩；上部为灰色千枚岩夹薄层灰岩。

【沿革】 本组曾属赵亚曾、黄汲清（1931）所创“疙瘩寺板岩”的一部分。秦岭区测队

① 陕西秦岭区域地质测量队，1960，1∶20 万凤县幅（Ⅰ-48-[ⅩⅩⅢ]）地质报告。

(1961) 曾将本组下部的一部分划为太吉河组。陕西区测队 (1965) 曾划归王家楞组的一部分。杜定汉等 (1987) 将九里坪组下部划归冷水河组，上部大部分划归南羊山组，近顶部含早石炭世化石部分称为熊家山组 (杜定汉、郭洪祥，1985)。陕西区调队 (1989) 将镇安县云镇一带的九里坪组称为火星沟组。次年，该队又将同一地点之火星沟组再分为下部火星沟组、上部沙湾组。杨志华等 (1991) 将镇安乾佑河一带的本组划归疙瘩寺组的一部分，同时又将山阳县长沟一带九里坪组下部划为三官殿组的一部分，上部称为姜家沟组。本书鉴于九里坪组下部和上部侧向延展性差，故恢复原始涵义，仍采用九里坪组一名，同时建议停用王家楞组、火星沟组、沙湾组、三官殿组、姜家沟组、疙瘩寺板岩。

【现在定义】 指整合于星红铺组之上、袁家沟组或夹山沟组之下的一套地层序列，下部以浅变质碎屑岩为主夹粘土岩，上部以浅变质板岩或千枚岩为主夹灰岩、砂岩、粉砂岩。底界以本组大套碎屑岩出现划界，顶界以袁家沟组大套灰岩出现之底或夹山沟组含碳板岩出现之底为划分标志。

【层型】 创名时未指定正层型，本书确定选层型为山阳县十里铺乡至长沟乡的长沟口"山阳长沟—老沟剖面"(109°57′，33°28′)，由陕西区调队 (1988)① 重测。

上覆地层：**袁家沟组** 黑色薄—中层微晶灰岩

——————— 整 合 ———————

九里坪组　　总厚度 1 696.8 m

33—31. 深灰色含钙粉砂质绢云板岩夹薄层—条带状含砂质粉晶灰岩、深灰色绢云板岩	120.6 m
30—27. 灰色薄层状含砂质粉晶灰岩、深灰色千枚状含钙绢云板岩、含钙粉砂质绢云板岩。灰岩中含牙形刺 *Palmatolepis minuta*, *Polygnathus* sp., *Hindeodella germana*, *Apatognathus* sp.	312.5 m
26—23. 深灰色粉砂质绢云板岩夹中—厚层状变质石英粉砂岩、深灰色钙质绢云板岩、薄—中厚层粉晶灰岩及少量泥晶灰岩。灰岩中含牙形刺 *Polygnathus* sp.	215.0 m
22—20. 灰色粉砂质绢云板岩夹灰色薄层状含砂细晶灰岩。灰岩中含牙形刺 *Palmatolepis* sp., *Polygnathus* sp.	91.7 m
19—17. 灰色中—厚层状粉—微晶灰岩，夹灰色绢云板岩、薄层状粉—微晶灰岩	16.0 m
16—11. 灰色绢云板岩夹少量薄层粉晶灰岩、砂质灰岩、粉砂质板岩、灰色钙质绢云板岩	202.9 m
10—8. 浅灰色薄层状变钙质细粒石英杂砂岩夹少量粉砂质绢云板岩及薄层微晶灰岩	186.6 m
7—6. 灰色薄—厚层状变钙质细粒长石石英杂砂岩夹粉砂质绢云板岩	121.1 m
5. 灰色厚层状变细粒石英杂砂岩夹粉砂质绢云板岩	62.2 m
4. 浅灰色中—厚层状变钙质细粒长石石英杂砂岩夹少量粉砂质绢云板岩	141.2 m
3. 深灰色含钙绢云板岩夹少量薄层变细粒长石石英杂砂岩	188.3 m
2. 深灰色粉砂质绢云板岩夹中—厚层变细粒长石石英杂砂岩	49.4 m
1. 浅灰色中—厚层状变细粒长石石英杂砂岩夹少量深灰色粉砂质绢云板岩	59.3 m

——————— 整 合 ———————

下伏地层：**星红铺组** 灰色薄层状含生物碎屑微晶灰岩

【地质特征及区域变化】 下部以碎屑岩为主夹粘土岩，上部以粘土岩为主夹碳酸盐岩或

① 陕西省地质矿产局区域地质调查队，1988，1:20万商州幅 (I-49-[XX]) 区域地质调查报告。

碎屑岩。剖面结构均有下部沉积物粗、上部沉积物相对较细之特点。颜色以灰、灰绿、紫灰为主。岩石多为低级区域变质。局部地段上部灰岩夹层中富含牙形刺 *Palmatolepis* 和 *Polygnathus*。厚度在 896～1 696 m 之间变化。

仅分布于镇安—山阳县板岩镇以北和凤县酒奠梁—留坝县江口镇一线以北。岩性变化主要表现在南北方向上，大致以云镇—九里坪一线为界，以南下部以砂岩为主；以北以板岩为主。总体显示出南粗北细之沉积特点。九里坪组上部含晚泥盆世牙形刺 *Palmatolepis delicatula delicatula*，*Palmatolepis marginifera*，*Palmatolepis gracilis sigmoidalis*，近顶部数十米内含早石炭世初期牙形刺 *Siphonodella duplicata*，*S. cooperi* 等。因而将其时代定为晚泥盆世至早石炭世。

铁山组　DC*t*　(06-61-0528)

【创名及原始定义】　由叶连俊、关士聪（1944）由甘肃省徽县创名的“铁山层”而来，创名地点在徽县东南约 15 km 的铁山，原始定义：由蓝灰以及灰白色石灰岩组成之，中部夹砂岩及页岩，全厚均数百公尺。在铁山东三全寺附近之相似地层中曾采到 *Pachypora* 及 *Sinospirifer* 之化石，故其时代属晚泥盆世。

【沿革】　秦岭区测队（1961）在山阳县大天竺山一带，将本组连同上覆袁家沟组部分地层统称铁山组。陕西区测队（1966）将旬阳一带星红铺组与袁家沟组之间的地层称为铁山组。王六合（1978）将旬阳一带前人划分的铁山组下部称为冷水河组，上部称为南羊山组①。陕西区调队（1982）在凤县瓦房坝熊家山一带称南羊山组。杜定汉等（1987）将凤县瓦房坝熊家山一带铁山组顶部一段地层称熊家山组，余者称南羊山组。陕西区调队（1989）将旬阳一带的铁山组连同下伏星红铺组统称铁山群，由下而上再分为落驾河组、冷水河组、南羊山组。本书采纳甘肃省地层对比研究小组意见，保留组级单位，仍称铁山组，同时停用冷水河组、南羊山组及熊家山组。

【现在定义】　位于星红铺组与益哇沟组之间的一套碳酸盐岩夹少量细碎屑岩的地层序列。岩性主要为灰岩、含碳灰岩、泥质灰岩、泥质条带灰岩夹页岩、粉砂质页岩或板岩。富产腕足类、珊瑚化石。底部以灰岩或灰岩夹页岩与星红铺组薄—中厚层灰岩、砂岩、板岩等韵律层分层，顶部以灰岩中板岩或页岩夹层的消失与益哇沟组灰岩分界，其间皆为整合接触。

【层型】　选层型为“甘肃省徽县虞关—高家崖剖面”，位于甘肃省徽县铁山东 3 公里之宝成铁路沿线，由陕西区测队（1968）测制。省内次层型为“凤县瓦房坝杨家河剖面”，位于陕西省凤县瓦房坝乡小观音沟口—熊家山北坡（106°35′30″，33°39′45″），由陕西地质矿产局区调队（1982）② 测制。

【地质特征及区域变化】　以碳酸盐岩为主，夹少量板岩、砂岩，局部偶见极少量砾岩、含砾砂岩。碳酸盐岩以灰岩为主，次有少量白云岩。颜色以灰、浅灰色为主。岩石具低级区域变质。含珊瑚、腕足类、牙形刺等。厚度在 347～1 119 m 之间。

分布于凤县酒奠梁—山阳县板岩镇一线以南。主要变化表现在西部凤县、留坝一带岩石中泥质含量高，所夹岩石多为板岩。而东部镇安、山阳一带岩石中砂质含量相对较高，灰岩多具砂质，所夹岩石除少量板岩外，常见有钙质砂岩。总体显示出西部沉积物相对较细，东部沉积物相对较粗之特点。铁山组因中上部含腕足类 *Yunnanella*，*Yunnanellina*，顶部含牙形

---

① 王六合，1978，旬阳双河地区泥盆纪地层及有关问题初步探讨。
② 陕西省地质矿产局区域地质调查队，1982，陕西秦巴地区泥盆系研究。

刺 *Palmatolepis gracilis expansa*，*Siphonodella sulcata*，*S. duplicata*，*S. cooperi* 以及有孔虫 *Textularia* sp. 等，时代为晚泥盆世至早石炭世。

王冠沟组　Dw　(06-61-0531)

【创名及原始定义】　北京地质学院豫南区测队（1961）创名于河南省淅川县下集王冠沟村。原始定义：岩性为砂岩、页岩、泥灰岩互层，下与白山沟组，上与葫芦山组均为整合接触。时代划归中泥盆世。

【沿革】　陕西区调队（1980）将其下部称为杨岭沟组，上部统称铁山群。本书依据上述地层与省内同期地层并无直接联系，故采用河南省已有名称，仍称王冠沟组。

【现在定义】　下部为灰黄色中厚层中粒长石石英砂岩、含云母细砂岩与灰黄色粘土岩、礁灰岩互层，底部以紫色砂质白云岩夹少量土黄色钙质粘土岩及泥质条带灰岩与白山沟组（或石瓮子组）整合（或平行不整合）接触。中部为灰黄色中厚层中粒长石石英砂岩与灰紫色粘土岩互层，上部为灰紫色粘土岩夹灰黄色细砂岩、灰岩。上与葫芦山组（或四峡口组）整合接触，时代为晚泥盆世。

【层型】　正层型为河南省“淅川县魏营东北白山沟王冠沟组剖面”（110°30′，33°1′），由北京地质学院豫南区测队（1961）测制。该组在本省分布面积很小，约 10 km^2，故暂不设次层型。

【地质特征及区域变化】　由河南省淅川县延入本省，岩石组合以灰岩、泥质灰岩、砂质灰岩、泥灰岩为主夹钙质砂岩。颜色以桔黄、棕灰为主。泥灰岩和介壳灰岩中分别含珊瑚 *Disphyllum* sp. 和腕足类 *Tenticospirifer* sp.。厚 231 m 左右。底部有 1 m 厚的钙质砾岩层，直接平行不整合于寒武纪—奥陶纪石瓮子组含燧石结核白云岩（或白云质灰岩）之上，上部未见顶。据其所含珊瑚、腕足类化石，时代置晚泥盆世。

分布在商南县湘河、汪家店、白浪一带。岩性无较大变化。

三河口群　DS　(06-61-0532)

【创名及原始定义】　甘肃综合地质大队西秦岭地质队（1964）① 创名三河口组。创名地点位于甘肃省武都县东南约 25 km 之三河口，陕西区测队（1967）在《1∶20 万成县幅地质图说明书》中介绍。原始定义：代表康县以北至武都三河口一带的类复理石沉积。岩性组合单调以灰岩、绢云石英片岩为主，夹少量长石绢云片岩及白色大理岩。整合覆于咀台组之上，不整合于上石炭统之下。

【沿革】　杜定汉等（1987）在略阳以北将其划为灵岩寺组。本书采用甘肃地层对比研究意见，称三河口群。

【现在定义】　三河口群是跨时的岩石地层单位。为碳酸盐岩、陆源碎屑岩夹基性—酸性火山岩、火山碎屑岩沉积。除含较丰富的珊瑚、层孔虫及少量腕足类外，局部尚含竹节石及鹦鹉螺类。与上覆益哇沟组或略阳组及下伏关家沟群、碧口（岩）群均为断层接触。

【层型】　选层型为“甘肃武都县高家坝—毛坡里北 2 km 剖面”，由中科院兰州地质研究所第五研究室秦岭组（1967）测制。省内次层型为“略阳县郭镇北陈家河坝剖面”（105°51′30″，33°21′50″），由杜定汉等（1987）测制。

---

① 甘肃省综合地质大队西秦岭地质队，1964，甘肃康县—武都一带“白龙江系”和礼县“西汉水系”地质专题研究报告。

【地质特征及区域变化】 省内下部主要为绢云石英千枚岩、绢云千枚岩夹粉、细晶灰岩及石英杂砂岩。中、上部以粉、细晶灰岩为主夹少量绢云千枚岩。灰岩和千枚岩多含碳，故颜色以深灰、灰黑色为主，灰岩中偶含珊瑚和轮藻化石。厚度大于 1 128 m。

只分布于略阳断层以北地区。大致以略阳县八渡河一线为界，以西变质较浅，以绢云千枚岩为主，与三河口群选层型较好对比；以东变质程度增高，多变为片岩，局部含石榴子石，其中不含任何生物化石。西部含珊瑚 *Squmeofavosites* aff. *zueitaiensis*，*Favosites regularrissimus*，*Thamnopora* sp. 及轮藻 *Sycidium* sp.，故将其时代暂定为早—中泥盆世。

【其他】 三河口群分布区构造较为复杂，目前在该区开展构造研究者认为本群属构造混杂接合带之产物，并以构造特征解体出不同的岩片。本书以岩石宏观特征为主要划分标志，仍称三河口群。其属性或其他非岩石特征方面的认识有待进一步研究。

踏坡组 D*t* (06-61-0534)

【创名及原始定义】 秦岭区测队（1961）创名于略阳县城南踏坡寺，原称踏坡群。原始定义：主要岩性为砾岩、砂岩、千枚岩及不纯灰岩，靠上部岩层具明显的韵律沉积。直接不整合覆于元古界之上，同时为下石炭统灰岩（略阳灰岩）不整合所覆。因其在踏坡寺及白雀寺一带发育，故创名为踏坡群。

【沿革】 杜定汉等（1987）称踏坡组。陕西地矿局（1989）将其划归三河口群。本书认为上述地层在宏观上不具再分性，故采用杜定汉等（1987）意见，称踏坡组。

【现在定义】 指碧口(岩)群与略阳组之间的一套以砾岩、砂砾岩为主夹板岩、千枚岩的地层序列。底部以砾岩与碧口(岩)群不整合接触，顶部以千枚岩夹砂岩与上覆略阳组灰岩整合接触。三者岩性特征明显，容易识别。

【层型】 正层型为略阳县城南的嘉陵江东岸“略阳荷叶坝剖面”(106°7′，33°15′)，由杜定汉等（1987）重测。

【地质特征及区域变化】 以杂色复成分砾岩、含砾砂岩为主夹绢云板岩、绢云千枚岩、板岩，千枚岩多具钙质。剖面由下向上，碎屑有由粗变细之特点。颜色以杂色、绿灰色为主。岩石具低级区域变质。厚度在 563～2 000 m 之间。据所在层位和含珊瑚 Conitid 及层孔虫、苔藓虫等，时代暂置早—中泥盆世。

铁矿梁组 D*tk* (06-61-0536)

【创名及原始定义】 陕西区调队（1988）① 创名于镇巴县兴隆场火焰溪铁矿梁，1989 年由创名者发表。原始定义：含晚泥盆世植物化石 *Sublepidodendron* sp.，为含黄铁矿碎屑岩沉积，厚约 33 m，横向稳定，厚度变化较小，与下伏上寒武统三游洞组为平行不整合；与上覆蟠龙山组为整合过渡。

【沿革】 桑宝梁（1962）称为云台观石英岩。陕西区调队（1966）将其划为蟠龙山组的一部分。杜定汉、王武原、周之军（1986）称为三岔沟组。本书采用铁矿梁组一名及其原始涵义，同时将云台观石英岩视为同物异名，建议停用三岔沟组一名。

【现在定义】 指平行不整合于寒武纪不同层位之上、整合于蟠龙山组之下的一套以石英砂岩为主偶夹少量页岩或板岩的碎屑岩地层序列。下界和上界均以碎屑岩的出现、消失为识

① 陕西省地质矿产局区域地质调查队，1988，1∶20 万紫阳幅（I-49-[3]）区域地质调查报告。

别标志。

【层型】 正层型为“镇巴县兴隆场火焰溪剖面”(108°3′10″, 32°35′10″),由陕西区调队(1988)测制。

上覆地层:蟠龙山组 灰色条带状含生物砂质细晶灰岩。含腕足类 *Atrypa* sp.

——整 合——

铁矿梁组	总厚度 58.14 m
16. 灰、黑色厚层状含黄铁矿含钙细粒石英砂岩,含孢粉 *Emphanisporites* sp., *Ancyrospora* sp., *Acanthotriletes* sp.	2.95 m
15. 灰黑色中层状赤铁矿化层	1.66 m
14. 灰、黑灰色中—厚层状含铁细粒石英砂岩,夹少量黑灰色粉砂质板岩。板岩中含植物碎片	0.91 m
13. 灰黑色中层状含胶磷矿赤铁矿化层	1.00 m
12. 灰、黑灰色中层状含黄铁矿细粒石英砂岩夹黑灰色粉砂质板岩。含植物化石 *Sublepidodendron* sp.; 孢粉 *Apiculatisporites* sp., *Anapiculatisporites dilutus*, *A. minutus*, *Lophozonotriletes curvatus*, *Ancyrospora* sp., *Brochotriletes* sp., *Punctatisporites* sp.	0.79 m
11. 黄铁矿层	1.00 m
10. 黑灰色薄层页片状富含黄铁矿细粒石英砂岩。含孢粉 *Ancyrospora* sp.	0.83 m
9. 浅灰、灰白色中—厚层状含黄铁矿石英粉砂岩	1.25 m
8. 黑灰色中—厚层状含黄铁矿细粒石英砂岩	3.74 m
7. 浅灰、灰白色中—厚层状含黄铁矿石英粉砂岩	3.32 m
6. 黑灰色中—厚层状含黄铁矿细粒石英砂岩,夹少量黑灰色粉砂质板岩。含孢粉 *Reticulatisporites* sp.	3.36 m
5. 黑灰色薄层状含黄铁矿细粒石英砂岩,夹灰色粉砂质板岩	5.87 m
4. 黑灰色中层状含黄铁矿细粒石英砂岩。含腕足类 *Lingula* sp.	5.12 m
3. 黑灰色含砾中粒石英砂岩与浅灰色粉砂质板岩	0.25 m
2. 黑灰色中—薄层状含黄铁矿细粒石英砂岩,夹少量浅灰色粉砂质板岩。含植物化石 *Eolepidodendron* sp.	1.09 m
1. 浅紫灰色中层状含黄铁矿中粒石英砂岩	25.00 m

- - - 平行不整合 - - -

下伏地层:娄山关组 灰色薄层含泥质白云岩

【地质特征及区域变化】 以碎屑岩为主,主要为中、细粒石英砂岩,次有少量石英粉砂岩,底部常见砾岩、含砾石英砂岩。颜色在浅灰—黑灰色之间(风化后呈褐红色)。含植物化石 *Sublepidodendron* sp. 及古孢子,偶见腕足类 *Lingula*,厚 8.5~39.2 m。由北向南分别超覆在牛蹄塘组、清虚洞组、西王庙组及娄山关组之上。据所含化石,时代置晚泥盆世。

呈狭带状南北向分布于西乡县—镇巴县一带。在北部西乡毛垭子、五里坝分别不整合于牛蹄塘组或清虚洞组之上,向南到镇巴兴隆场、蟠龙山一带则不整合在娄山关组之上。沉积物由北向南有由细变粗的趋势,厚度由北向南变薄。镇巴县兴隆场及其以北,均以砂岩为主,厚度大于 30 m;向南至蟠龙山一带,变为以砾岩、含砾砂岩为主,厚度锐减至 8.5 m 左右。显示出海侵方向大致由北向南推进。

蟠龙山组　Dp　（06－61－0537）

【创名及原始定义】　陕西区测队（1966）[①] 创名于镇巴县蟠龙山。原始定义：蟠龙山组具有二个不完全沉积旋回[②]，下部旋回比上部旋回清楚。岩性主要为铁质胶结石英砂岩和生物灰岩。

【沿革】　桑宝梁（1962）分别置于云台观石英岩、黄家磴组和写经寺组。杜定汉、王武原、周之军（1986）将本组下部称蟠龙山组，上部称为火焰溪组。陕西区调队（1988）将蟠龙山组的涵义限定在含铁碎屑岩之上和茶叶坡组之下。本书采用陕西区调队（1988）的划分意见。将原始定义蟠龙山组的碎屑岩划出，保留其碳酸盐岩部分，修订其原涵义后仍称蟠龙山组。同时建议停用以生物化石建立的火焰溪组和黄家磴组。

【现在定义】　指整合于铁矿梁组之上、茶叶坡组之下的一套以灰岩为主夹板岩或页岩的地层序列，局部赋存赤铁矿层。底部以板岩、页岩或以灰岩出现与下伏铁矿梁组砂岩分界，顶部以灰岩结束与茶叶坡组黑色、黑灰色板岩或页岩分界。

【层型】　创名时未指定正层型，本书指定选层型为“镇巴县兴隆场火焰溪二杆旗剖面”（108°3′10″，32°35′），由陕西区调队（1988）测制。

上覆地层：**茶叶坡组**　灰黑色含碳绢云板岩夹灰岩凸镜体

——————整　合——————

蟠龙山组	总厚度 143.08 m
43. 灰色厚层状含燧石结核泥晶灰岩。含腕足类 *Yunnannellina* sp.；海百合茎 *Elliposoelliptica* sp.，*Cyclocyclicus* sp.	1.48 m
42. 灰、深灰色条带状泥晶灰岩，底部见 25 cm 厚的深灰色赤铁矿化含砾细晶砂屑灰岩	1.48 m
41. 灰色条带状泥晶灰岩，含腕足类 *Yunnannella* aff. *synplicata*，*Y.* cf. *mesoplicata*，*Y.* cf. *wangi*	4.43 m
40. 灰、深灰色中—厚层状白云质泥晶灰岩	4.43 m
39. 灰色中—薄层状泥晶灰岩，夹条带状钙质绢云板岩	4.86 m
38. 灰色泥纹状泥晶灰岩与灰色钙质绢云板岩不等厚互层	8.75 m
37. 灰色钙质绢云板岩。含孢粉 *Lophozonotriletes lebedianensis*，*Verrucosisporites papillaris*，*Cymbosporites* sp.，*Streelispora* sp.，*Calamospora* sp.，*Anapiculatisporites dilutus*	5.83 m
36. 灰色中—薄层状含泥晶微晶灰岩，夹条带状钙质绢云板岩。含腕足类 *Yunnanellina hanburyi*，*Y. triplicata*，*Y. xintianensis*，*Yunnanella* sp.，*Ambocoella*? sp.	23.01 m
35. 灰色泥晶灰岩与灰色钙质绢云板岩呈条带状互层	5.73 m
34. 灰色泥纹状泥晶灰岩	1.91 m
33. 灰色钙质绢云板岩	0.95 m
32. 灰色条带状、瘤状泥晶灰岩，底部见 30 cm 厚的条纹状含鲕粒白云质粉、细晶灰岩。含腕足类 *Tenticospirifer* cf. *hsikuangshaensis*，*T.* cf. *tenticulum*，*Yunnannellina* cf. *uniplicata*，*Y. postmodicaformis*，*Productellana* cf. *linglingensis*，*P.* cf. *asiatica*	9.54 m
31. 深灰色中—厚层状含粉砂泥晶灰岩	5.63 m

① 陕西省地质局区域地质测量队，1966，1∶20 万紫阳幅地质图说明书。
② 所指蟠龙山组，底部包括了现在的铁矿梁组，部分地段又将铁矿梁组再次叠置于蟠龙山组顶部，故原始定义中出现了“二个不完全沉积旋回”。

30. 深灰色薄层状微晶灰岩夹灰色钙质绢云板岩 1.84 m

29. 深灰色厚层状微晶灰岩。含珊瑚 *Disphyllum* cf. *longiseptatum*,*Pseudozaphrentis* sp. 4.61 m

28. 深灰色中—薄层状微晶灰岩，夹少量灰色钙质绢云板岩。含珊瑚 *Pseudozaphrentis* sp.，*Disphyllum kostetskae* 6.46 m

27. 深灰色厚层状微晶灰岩。含腕足类 *Xinshaoella* sp. 1.84 m

26. 灰色钙质绢云板岩 0.92 m

25. 灰色条带状、瘤状泥晶灰岩。含腕足类 *Camarotoechia*?sp.；牙形刺 *Ligonodina bidentata*，*Ozarkodina* sp.，*Icriodus* sp. 等 1.84 m

24. 灰色钙质绢云板岩。含腕足类 *Cyrtospirifer* sp. 8.30 m

23. 深灰色中—薄层状泥晶灰岩，夹少量灰色钙质绢云板岩。含腕足类 *Monelasmina*? sp. 7.03 m

22. 灰色绢云板岩与深灰色中厚层状泥晶灰岩不等厚互层。含腕足类 *Desquamatia depressa*，*D. xinhuanensis*，*Schizophoria* sp.；珊瑚 *Frechastraea* cf. *dushanensis*；孢粉 *Punctatisporites glabrimarginatus* 5.96 m

21. 灰色钙质绢云板岩，夹灰色泥晶灰岩。含腕足类 *Cyrtospirifer sinensis*，*C. subextensus*，*Atrypa* cf. *richthofeni*；孢粉 *Apiculatiretusispora conica*，*Cymbosporites* sp.，*Camarozonosporites* sp. 5.11 m

20. 深灰色厚—中厚层状含微晶灰岩。含腕足类 *Desquamatia shetienchiaoensis* 7.66 m

19. 灰色钙质绢云板岩，夹灰色薄层状含生物碎屑泥晶灰岩。含腕足类 *Atrypa richthofeni*，*Cyrtospirifer* sp.；孢粉 *Ancyrospora* sp.，*Brochotriletes* sp.，*Cymbosporites* sp. 7.66 m

18. 灰色条带状、瘤状泥晶灰岩，含腕足类 *Atrypa*? sp. 5.40 m

17. 灰色条带状含生物砂质细晶灰岩，含腕足类 *Atrypa* sp. 0.42 m

———— 整 合 ————

下伏地层：**铁矿梁组** 灰、黑色厚层状含黄铁矿含钙细粒石英砂岩。含孢粉 *Emphanisporites* sp.，*Ancyrospora* sp.，*Acanthotriletes* sp.

【地质特征及区域变化】 本组以灰岩为主夹板岩或页岩。灰岩中以泥晶灰岩、微晶灰岩较为常见，所夹板岩或页岩多具钙质。颜色以灰色、灰绿色为主。近顶部往往含有赤铁矿，局部地段可形成小型赤铁矿床，厚 73～323 m。含极其丰富的腕足类和珊瑚化石，下部含 *Cyrtospirifer sinensis*，*Disphyllum kostetskae*，上部含 *Yunnanella*、*Yunnanellina* 等，时代为晚泥盆世。

呈条带状南北向分布于西乡县上高川、镇巴县大市川一带。从西乡县柏山沟以南开始，与铁矿梁组相伴出现；在柏山沟及其以北，因缺失铁矿梁组，蟠龙山组直接超覆于寒武纪的牛蹄塘组之上。岩性较稳定，但厚度由北向南逐渐减薄，如西乡县柏山沟厚 280 m，向南到镇巴县火焰溪一带减为 143 m，再向南至镇巴县蟠龙山一带只有 72 m。

袁家沟组 Cy (06-61-0605)

【创名及原始定义】 陕西区测队（1966）① 建组于旬阳县西岔河袁家沟。原始定义：岩性单一，为深灰色含燧石灰岩，灰岩层面上多具红色含铁泥质物，局部地段于剖面底部夹有 10 cm 厚的薄片状灰岩凸镜体。燧石灰岩中，燧石有团块状及条带状两种。该层在北部唐家河北侧朱砂洞等地，为汞矿的容矿层，总厚 310～360 m。

① 陕西省地质局区域地质测量队．1966．1∶20万安康幅地质图说明书。

【沿革】 赵亚曾、黄汲清（1931）在秦岭调查时，将镇安附近的石灰岩与“略阳石灰岩”对比。地科院三室（1963）将镇安一带早石炭世地层称为略阳组。陕西区测队（1966）在板岩镇断裂以南建立袁家沟组，断裂以北建立介河街组。本书认为，袁家沟组与介河街组岩性相似、时代相当，故统称袁家沟组。

【现在定义】 指整合于铁山组或九里坪组之上及四峡口组之下的一套碳酸盐岩地层。以燧石灰岩或中—薄层灰岩夹板岩的出现为该组底界，以碳质板岩的出现为该组顶界。

【层型】 正层型为“旬阳县西岔河袁家沟剖面”（109°27′，32°59′），由陕西区测队（1966）测制。

【地质特征及区域变化】 岩石组合单一，为一套碳酸盐岩地层，大部地区含燧石结核。化石较丰富，有珊瑚 *Neoclisiophyllum* sp.，*Zaphrentis* sp.，*Arachnolasma* sp. 等；腕足类 *Eochoristites neipentaiensis* 等；局部含䗴 *Profusulinella* sp.。时代为早石炭世—晚石炭世早期。总体为浅海陆架沉积。

出露在镇安县铁厂铺—山阳县七里峡、镇安县两河口—山阳县合河、镇安县北羊山、旬阳县的南羊山、大羊山及留坝县紫柏山等地。岩性变化大，在旬阳一带该组上部夹白云岩，与湖北交界的镇安县茅坪一带以白云岩为主，山阳县山岔及七里峡为生物碎屑灰岩夹细晶白云岩，山阳县天竺山等地为厚层—块状灰岩及砾状灰岩。镇安县铁厂铺—山阳县板岩镇以南多含燧石结核；以北多夹钙质板岩。厚度一般 300～400 m，山阳县山槐可达 1 300 m。

四峡口组　Cs　(06－61－0606)

【创名及原始定义】 陕西区测队（1966）① 创名于湖北省郧西县四峡口。原始定义：以四峡口一带出露完整而创名，岩性为黑色碳质页岩夹黑色燧石灰岩，石英砂岩及石英质砾岩，东西两侧沿走向被泥质灰岩、燧石灰岩及钙质板岩代替。

【沿革】 赵亚曾、黄汲清（1931）将镇安县一带的该组与上、下地层中的灰岩合称镇安系。地科院三室（1961）将镇安以南的该组称为岷河群。陕西区测队（1966）在板岩镇断裂以南建立四峡口组，断裂以北建立铁厂铺组。划分的理由是分属不同地层小区。本次对比研究认为该断裂对地层的分割意义不大，故将断裂南北地层归属同一小区，使用统一地层名称——四峡口组。

【现在定义】 为一套以含碳碎屑岩为主的地层序列。由碳质硅质板岩、粉砂质绢云板岩组成，夹（互）石英砂岩、长石石英砂岩，和若干层的生物碎屑灰岩或含燧石的灰岩、角砾状灰岩，含菱铁矿结核。整合于袁家沟组之上，与上覆羊山组灰岩呈过渡关系。以碳质板岩的出现为该组底界，以厚层灰岩出现为该组顶界。

【层型】 正层型为“湖北省郧西县四峡口北里干沟梁—蒋家凹剖面”（109°34′，33°13′），由陕西区测队（1966）测制。

【地质特征及区域变化】 以碳质泥质岩为主，下部夹粗碎屑岩，上部夹碳酸盐岩。含化石较多，下部以含植物为主，有 *Neuropteris gigantea*，*Cardiopteridium spetsbergense* 等；上部以含䗴、珊瑚为主，有 *Fusulina quasicylindrica*，*Schwagerina rbomboides*，*Pseudofusulina talimuensis* 等。显示了早期为典型的滨海沼泽相，晚期向台地相转化的特点。

在区域上与袁家沟组紧密相随。岩性变化较大，总的趋势是由南向北碳酸盐岩夹层增多，

---

① 陕西省地质局区域地质测量队，1966，1：20万安康幅地质图说明书。

厚度增大。板岩镇断裂以南一般厚 200 m 左右，含早—晚石炭世化石，以植物化石为主；断裂以北达千米以上，含晚石炭世化石，以䗴类为主。显示了由南向北有一个穿时过程。

【其他】 镇安县板岩镇-铁厂铺断裂以北，前人称为铁厂铺组，该组因受断裂影响层序不清，与四峡口组相比，厚度大，灰岩夹层多，且多呈砾屑灰岩，但与四峡口组宏观特征一致，均以含碳板岩为主，本书将铁厂铺组作为四峡口组的同物异名。另停用包含内容太多的镇安系和岩性差异大的岷河群。

海棠山段 Cs^h (06-61-0616)

【创名及原始定义】 赵亚曾、黄汲清（1931）创名于镇安县乾佑河海棠山，原称海棠山石灰岩。岩性描述为“黑灰色块状石灰岩，无层理，不含燧石结核或其他杂质，产 *Koninckophyllum*, *Arachnolasma*, *Plicatifera* 和大量海百合茎化石。厚约 900 m。整合在疙瘩寺板岩之上。”

【沿革】 陕西区测队（1966）① 将海棠山一带的灰岩归入介河街组，陕西区调队（1989）又从介河街组中分出称海棠山组。本书考虑到该灰岩分布范围小，但地质意义较大，故称海棠山段，归属四峡口组。

【现在定义】 分布于镇安县城北侧海棠山一带，整合位于四峡口组的下部，为块状无层理的浅灰色含生屑微晶灰岩。含丰富的海百合茎、珊瑚、腕足类、双壳类化石。以灰岩的出现为该段的底界，顶部出露不全。

【层型】 正层型为“镇安县海棠山剖面”（105°55′，33°10′50″），由陕西区调队（1989）②重测。

【地质特征及区域变化】 层状的块状灰岩。含化石丰富，主要有珊瑚 *Lonsdaleia* sp.，*Lithostrotion* cf. *asiaticum*；腕足类 *Gigantoproductus* sp.，*Pugilis subciensis* 等，时代为早石炭世。

主要分布于镇安县乾佑河两侧，以孤立的断块形态出现。

羊山组 CPy (06-61-0607)

【创名及原始定义】 陕西区测队（1966）据镇安县羊山一带最发育而创名，见《1∶20万安康幅地质图说明书》。由浅灰白色厚层灰岩组成，整合于中石炭统之上，岩性单一，全区稳定，富含化石，层间有时可见缝合线构造，其底部在局部地段为浅灰色薄层灰岩代替。本统由于灰岩质纯，因而喀斯特地貌发育，厚 565 m。

【沿革】 赵亚曾、黄汲清（1931）将其包括在他们创名的镇安系之中。地科院三室（1963）在东秦岭一带调查时，将羊山组灰岩按时代划分，自下而上分为中石炭世岷河群、晚石炭世马平群、早二叠世栖霞组、五里坡组、水峡口组（表 4-3）。1965 年西北地质科学研究所（以下简称西北地研所）③ 将上述五里坡组与水峡口组合称五里坡组，代表早二叠世晚期地层。陕西区测队（1966）将晚石炭世地层称为羊山组，早二叠世地层称为南沟河组。王国莲、孙秀芳（1973）将中石炭世地层称为小腰子组，晚石炭世地层称为三里冲组，早二叠世早期含 *Misellina* 带和 *Chinlingella*（即 *Pamirina*）带的地层称为垭子组，含 *Cancellina* 带、*Pseu-*

---

① 陕西省地质局区域地质测量队，1966，1∶20 万商州幅地质图说明书。
② 陕西省地质矿产局区域地质调查队，1989，1∶5 万镇安幅、大坪幅、扈家垣幅区域地质调查报告。
③ 西北地质科学研究所，1965，山阳—镇安区泥盆—三叠系划分与对比。

dodoliolina 带的地层称为五里坡组。陕西地层表编写组（1983）分为中石炭世消遥子组[①]、晚石炭世羊山组及早二叠世垭子组、五里坡组、水峡口组。陕西省区调队（1989）恢复使用1966年的名称。丁培榛、金同安、孙秀芳（1989）将羊山组限于含 *Triticites* 带的地层，其上用化石带重新划分，其中三里冲组指含 *Pseudoschwagerina* 带的地层，将含 *Pseudoschwagerina* 带顶至 *Misellina* 带底的地层称为石门垭组，含 *Misellina-Brevaxina* 带的地层称为垭子组，含 *Cancellina-Pseudodoliolina* 带的地层称为五里坡组。丁蕴杰、夏国英等（1991）将含 *Pseudostaffella* 带—*Pamirina* 带的地层称为北羊山灰岩。本书认为四峡口组与水峡口组之间的灰岩地层是宏观上不可分割的地质实体，建议使用羊山组表示。小腰子组、三里冲组、垭子组、石门垭组、五里坡组、南沟河组均为用年代或化石带划分的地层单位，属非岩石地层单位。岷山群、栖霞组、马平群是引用外省名称，其涵义不适合本区，应当停止使用。

表 4-3　羊山组划分沿革表

划分者	年代	地层划分（自上而下）
黄汲清、赵亚曾	1931	C—P：镇安系；C_1：略阳灰岩
地科院三室	1963	P_1：水峡口组、五里坡组、栖霞组；C_3：马平群；C_2：岷河群；C_1：略阳组
西北地质研究所	1965	P_1：五里坡组（水峡口段、灰岩段）、栖霞组；C_3、C_2：（未名）；C_1
陕西区测队	1966	P_1：水峡口组、南沟河组（上部、下部）；C_3：羊山组；C_2：四峡口组
王国莲、孙秀芳	1973	P_1：水峡口组、五里坡组、垭子组；C_3：三里冲组；C_2：小腰子组；C_1：（未名）
陕西地层表编写组	1983	P_1：水峡口组、五里坡组、垭子组；C_3：羊山组；C_2：逍遥子组；C_1：四峡口组
陕西区调队	1989	P_1：水峡口组、南沟河组；C_3—C_2：羊山组；C_2—C_1：四峡口组
丁培榛等	1989	P_1：水峡口组、五里坡组、垭子组、石门垭组、三里冲组；C_3：羊山组
丁蕴杰等	1991	P_1：栖霞组；C：北羊山灰岩
陕西区调队	1992	P_1：水峡口组；P_1—C_3：羊山灰岩；C_2—C_1：四峡口组
本书		P_1：水峡口组；P_1—C_2：羊山组；C_2—C_1：四峡口组

【现在定义】　指整合于四峡口组之上及水峡口组之下的一套碳酸盐岩地层，岩性为浅灰白色、局部灰黑色的中厚层、厚层至块状的微晶、泥晶灰岩，含丰富的䗴、有孔虫及腕足类、珊瑚、海绵、棘皮类等化石，局部形成礁。以厚层灰岩的出现和结束为该组的底界和顶界。

【层型】　创名时未指定正层型，本书将“镇安县西口剖面”（109°20′40″，33°13′05″）定

① 为小腰子组的谐音。

为选层型，由陕西省区调队（1988）测制。

【地质特征及区域变化】 岩石组合单一，为一套细晶—微晶的碳酸盐岩。厚度大，多在千米以上，常构成陡峻山岭。与下伏四峡口组为过渡关系，化石丰富，以䗴类和腕足类、珊瑚为主。䗴类 *Fusulina konnoi*，*Triticites chinensis*，*Pseudoschwagerina* sp.，*Misellina claudae* 等。珊瑚 *Lithostrotion maccoyanum*，*Arachnolasma* sp. 等。时代为晚石炭世—早二叠世。

分布在镇安县北羊山、旬阳县南羊山、大羊山及留坝县紫柏山一带。岩性稳定，惟东部含砂屑，厚度也有减薄之趋势。属典型的碳酸盐台地相。

夹山沟组 C*j* （06－61－0609）

【创名及原始定义】 陕西区调队（1985）① 创名于留坝县夹山沟。曹宣铎、张瑞林、张汉文等（1990）公开发表。原始定义：一套黑色泥质沉积，在轻度区域变质的背景上，叠加了接触热变质作用，形成了一套黑色角岩化碳质板岩夹泥质、砂质、粉砂质、钙质凸镜体的岩石组合。

【沿革】 陕西区测队（1965）认为该套岩石组合在夹山沟脑附近组成背斜核部，属中泥盆世王家楞组的一部分，因此称为王家楞组下层位。陕西区调队（1985）认为王家楞组下层位岩性与秦岭中泥盆世地层不同，应属早泥盆世，因此建立夹山沟组。陕西区调队（1992）② 认为夹山沟组不是处于背斜核部，而是向斜核部。由于位于九里坪组之上而划归早石炭世，并肯定它属于独立的岩石地层单位。本书暂从此说。

【现在定义】 整合于九里坪组之上，以碳质粉砂质板岩为主，夹粉砂岩。以碳质板岩出现为该组底界，顶部保存不全。

【层型】 创名时未指定正层型，本书将选层型定为“留坝县夹山沟脑剖面”（107°3′，33°52′），由陕西区调队（1992）② 测制。

夹山沟组	总厚度＞467.20 m
6. 深灰色变中厚层状粉砂岩。（未见顶）	＞4.50 m
5. 条纹状含碳空晶石粉砂质板岩	193.00 m
4. 灰色硅质条带粉晶灰岩	15.00 m
3. 深灰色含空晶石碳质粉砂质板岩	114.00 m
2. 灰色中厚层状变石英细砂岩夹砂质灰岩	79.40 m
1. 含碳粉砂质板岩夹变砂岩	61.30 m

——————— 整 合 ———————

下伏地层：**九里坪组** 石英细砂岩

【地质特征及区域变化】 为一套含碳碎屑岩，厚 467 m。属还原条件下的较深水沉积物。未曾发现化石，根据地层位置归属早石炭世。

只分布于留坝县夹山沟一带。

【其他】 根据岩性及其地层位置，本组有可能属于九里坪组、袁家沟组或四峡口组的相变部分。

---

① 陕西省地质矿产局区域地质调查队，1985，凤县铅铜山—两河地区区域地质调查报告。
② 陕西省地质矿产局区域地质调查队，1992，1：5 万靖口关幅、江口镇幅区域地质调查报告。

略阳组 DCl (06-61-0608)

【创名及原始定义】 赵亚曾、黄汲清（1931）创名，原称略阳灰岩。“以石炭纪石灰岩出现於略阳县之南灵岩寺地方故名。全部大半为块状灰黑色石灰岩，厚约一千至一千五百公尺，常作为高峻之山岭。中产下石炭纪之珊瑚及腕足类化石。此项地层出露於秦岭各地，吾人曾见於镇安附近，凤岭山，青桥河，略阳附近，大河店南，宁强北，朝天北，及白水下游”。

【沿革】 陕西区测队（1961）称略阳组，并限于略阳一带。地科院三室（1963）称为略阳群，用于东、西秦岭含 Visean 期化石的地层。杜定汉等（1987）将略阳组按年代自下而上分为中泥盆世荷叶坝组、晚泥盆世灵岩寺组及早石炭世“略阳组”。陕西区调队（1991）① 将略阳组下部含碎屑岩部分单独命名，称为梅花沟组。本次对比研究认为创名地原划略阳组已经构成了独立的岩石地层单位，不易再进行划分。而其他地区称之为“略阳组”的地层，与创名地的略阳组均有差异，其间不存在对比关系。

【现在定义】 整合在踏坡组之上，以灰—灰黑色薄—中厚层灰岩为主，夹粉砂质板岩、砂岩。含珊瑚化石。以灰岩的出现为该组的底界，顶部出露不全。

【层型】 创名时未指定正层型，本书指定位于灵岩寺至梅花沟之间② 的“略阳灵岩寺剖面”（105°55′，33°10′50″）为选层型。由陕西区调队（1991）测制。

略阳组 总厚度>869.03 m

12. 灰色中厚层状微晶灰岩、白云岩。产珊瑚 *Lithostrotion yaolingense*。（未见顶） >9.37 m

11. 灰白色厚层块状石英岩 1.44 m

10. 灰色含泥质薄层状粉晶灰岩。产珊瑚 *Arachnolasma* sp.，*Carruthersella* sp.，*Chatetes* sp.，*Neoclisiophyllum* sp.，*Syringopora* sp.，*Dibonophyllum* sp.，*Lithostrotion* sp.；海百合茎及腹足类化石碎片 18.02 m

9. 灰色中—厚层状生物碎屑、砂屑粉晶—微晶灰岩（点礁）。灰岩产珊瑚 *Lithostrotion irregulare*，*Chaetetipora* sp.；牙形刺 *Polygnathus* sp.；另外有腕足类、海百合茎、藻类和三叶虫碎片化石 127.26 m

8. 灰—深灰色薄层状生物碎屑微晶灰岩夹少量灰色绢云千枚状板岩。产珊瑚 *Stringophyllum* sp. 及海百合茎化石 238.93 m

7. 灰色厚层状微晶灰岩夹薄层状细晶灰岩 20.16 m

6. 灰色含泥砂屑薄层状细晶灰岩夹中层状生物碎屑细晶灰岩。产珊瑚 *Stringophyllum* sp. 等化石 81.67 m

5. 灰—深灰色薄层状含生物碎屑微晶灰岩，向上层理逐渐变厚。产珊瑚 *Diphyphyllum hochangpingense* 及丰富的海百合茎化石，另见腕足类碎片 82.43 m

4. 灰—深灰色厚层状细晶灰岩夹灰色含泥砂质碎屑扁豆状灰岩 115.82 m

3. 深灰色含碳薄—中层状微晶灰岩夹少量深灰色含碳千枚岩。含珊瑚 *Utaratuia* sp.，*Pachyfavosites* sp. 109.66 m

2. 灰—深灰色含碳、泥砂屑生物碎屑微晶灰岩。产珊瑚 *Disphyllum* cf. *goldfussi*，*Disphyllum gracilis* 等及腕足类、有孔虫、三叶虫碎片、棘屑 51.76 m

---

① 陕西省地质矿产局区域地质调查队，1991，1:20万略阳幅（I-48-[29]）区域地质调查报告。
② 灵岩寺系灵崖寺的谐音。

1. 灰—灰绿色粉砂质板岩、灰色含碳千枚岩夹灰色薄层状微晶灰岩及少量钙质粉砂岩。灰岩中产海百合茎化石　39.01 m

——————整　合——————

下伏地层：**踏坡组**　砂岩

【地质特征及区域变化】　主要为一套碳酸盐岩组合，下部夹碎屑岩。由于断层破坏，出露零星，顶部保存不全。含丰富的珊瑚化石，主要有 *Arachnolasma* sp.，*Lithostrotion irregulare*，*Dibunophyllum* sp.，*Disphyllum* cf. *goldfussi* 等。时代为中泥盆世至早石炭世。

分布在略阳县城以南，以嵩坝—灵崖寺一带出露面积最大，何家岩柳树沟、大黄院等地零星分布。大体呈东西向展布。

【其他】　略阳组多呈断块存在，保存不完整，无法建立完整的地层序列。与踏坡组的关系认识尚不统一，本书将踏坡组作为下伏地层处理，与略阳组整合接触。此外，略阳组的时代，从中泥盆世—早二叠世的化石都有发现，以中泥盆世—世早石炭世化石为主。

茶叶坡组　Cĉy　（06－61－0615）

【创名及原始定义】　陕西区调队（1989）建立于镇巴县兴隆场火焰溪，见《1：20 万紫阳幅地质图说明书》。原始定义：下石炭统下部，岩性为灰黑色薄层碳质绢云母板岩、灰色中厚层细晶灰岩夹少量灰黑色含粉砂褐铁矿粘土岩、灰色含砾细粒石英砂岩，局部夹一层小于 1 m 的薄煤层。

【沿革】　陕西省 185 煤田地质勘探队（1979）① 曾用五里坝组代表茶叶坡组及下伏蟠龙山组。由于茶叶坡组岩性与蟠龙山组截然不同，本书认为二者分别独立表示。

【现在定义】　指整合于蟠龙山组与展坡组之间的一套地层，为黑色、灰黑色碳质绢云母板岩与灰色、灰黑色灰岩、含碳灰岩不等厚互层，局部夹石英砂岩。以黑色岩层出现为该组底界，以稳定的灰色灰岩出现为该组顶界。

【层型】　正层型位于镇巴县兴隆场火焰溪电厂东侧（二杆旗东）500 m 的“镇巴县兴隆场火焰溪剖面”（108°4′，32°35′），由陕西区调队（1988）② 测制。

上覆地层：**展坡组**　灰色中厚层生物碎屑灰岩

——————整　合——————

茶叶坡组　总厚度 114.58 m

16. 灰黑色含钙粘土质条纹状生物碎屑灰岩与生物碎屑灰岩互层。含腕足类化石 *Megachonetes dalmanius*，*Phricodothyllum dangensis* 等　15.02 m
15. 灰黑色含粉砂质褐铁矿粘土岩　17.04 m
14. 灰色中薄层生物碎屑粉晶灰岩　3.06 m
13. 灰黑色含碳绢云板岩　2.62 m
12. 灰、深灰色厚层状细晶灰岩。含珊瑚 *Pseudouralinia* sp.，*Fuchungopora* sp.，*Chaninia* sp. 等　7.51 m
11. 灰黑色含碳绢云板岩　4.55 m
10. 灰色含砾粗砂质细粒石英砂岩　0.14 m

---

① 陕西省 185 煤田地质勘探队，1979，陕南高川区地层古生物。
② 陕西省地质矿产局区域地质调查队，1988，1：20 万紫阳幅（Ⅰ－48－［XXXI］）区域地质调查报告。

9. 灰色绢云板岩夹灰黑色含碳绢云板岩和灰色砂质细晶灰岩 11.26 m

8. 灰色厚层状细晶灰岩夹少量深灰色钙质绢云板岩 1.81 m

7. 灰色厚层状细晶灰岩。含牙形刺 *Siphonodella* sp. 4.54 m

6. 灰色条带状—瘤状含砂屑微晶灰岩。含珊瑚 *Pseudouralinia* sp.；腕足类 *Ovattia* sp. 13.69 m

5. 灰黑色含碳绢云板岩与深灰色泥砂质细晶灰岩不等厚互层。含腕足类 *Spirifer*? sp.；珊瑚 *Fuchungopora* sp. 5.87 m

4. 浅绿灰色绢云板岩，含凸镜状灰色泥砂质细晶灰岩。含珊瑚 *Caninia* aff. *yizhangensis*，*C. trinkleri*?，*Siphnophyllia* sp.；海百合茎 *Cyclocyclicus* sp. 10.75 m

3. 灰色厚层状含砂屑微晶灰岩。含腕足类化石 *Spirifer*?sp.，*Cyrtospirifer* sp.，*Eochoristites*? sp.，*Neospirifer* sp.，*Fusella* sp.；有孔虫 *Endothyra* sp.，*Nodosinella* sp. 等 9.84 m

2. 灰色条带状—瘤状含砂屑微晶灰岩 2.95 m

1. 灰黑色含碳钙质绢云板岩，含灰色凸镜状细晶灰岩。含腕足类 *Spirifer gielingensis*；珊瑚 *Caninia* sp. 3.93 m

———— 整　合 ————

下伏地层：**蟠龙山组**　灰色厚层状含燧石结核生物泥灰岩

【地质特征及区域变化】　发育的黑色、灰黑色泥质岩是本组区别于上、下地层的醒目标志。含珊瑚及腕足类化石，主要有 *Pseudouralinia* sp.，*Caninia* aff. *yizhangensis*，*Cystophrentis* sp.，*Fusella* sp.，*Eochoristites* sp. 等，时代属早石炭世。

分布在石泉县中坝—蔡河一带，另在西乡县五里坝及镇巴县兴隆场均有出露，一般厚百余米，并有自北向南逐渐减薄之趋势。

【其他】　该组岩性易碎，且常被风化，风化后颜色变浅，地貌上形成负地形，在厚度较薄地区很容易被忽视。

展坡组　Cẑ　(06-61-0614)

【创名及原始定义】　陕西区调队（1989）创名于镇巴县兴隆场火焰溪，见《1：20 万紫阳幅地质图说明书》。原始定义：属下石炭统上部，岩性为灰色中厚层（条带状）生物碎屑灰岩，顶部为灰色中厚层含燧石结核生物碎屑灰岩。

【沿革】　因该套地层中含有与华南早石炭世地层中相同的化石，陕西 185 煤田地质勘探队（1979）称为岩关组、大塘组，并将大塘组自下而上分为姜家沟段、木竹坝段、鱼洞子段。陕西区测队（1989）单独建组。本次对比研究考虑该套地层岩性特征明显，与上、下地层分界清楚，而且与我国南方研究较清楚的同期地层相距甚远，故暂称展坡组。

【现在定义】　该组整合于茶叶坡组之上、大埔组之下，以灰色中厚层—厚层灰岩、生物碎屑灰岩为主，其中夹有层数不等的碎屑岩，局部含煤。以碳质板岩的出现为该组底界，白云岩的出现为该组顶界。

【层型】　正层型为“镇巴县兴隆场火焰溪剖面”（108°4′，32°36′），由陕西省区调队（1988）测制。

【地质特征及区域变化】　以含丰富化石的厚层灰岩为该组特征。珊瑚有 *Pseudouralinia* sp.，*Zhaphrentites* sp.，*Clisiophyllum* sp.，*Lithostrotion* sp. 等；腕足类有 *Gigantoproductus* sp.，*Megachonetes* sp. 等，时代为早石炭世。

出露在西乡县木竹坝—镇巴县观音堂一带，呈南北向条带状分布。岩性变化很大，在北部（西乡县高川区）及中部（西乡县五里坝一带）常夹含煤碎屑岩，木竹坝一带厚度最大，可达500余米，兴隆场一带只有百余米，且不含碎屑岩。

大埔组　*Cd*　(06-61-0613)

【创名及原始定义】　张文佑（1941）创名于广西壮族自治区柳城县附近，原称大埔白云石层。当时未指定层型，仅在地层表中列出大埔白云石层，也未确定涵义，该表中可知该层位于燕子系上部的灰色层状灰岩之上，黄龙灰岩之下的一套灰白色粗粒白云岩。

【沿革】　陕西区测队（1966）在西乡县高川一带进行区测时，将中石炭世地层称为黄龙群，陕西185煤田地质勘探队（1985）称黄龙组。本书认为该套地层与黄龙组岩性不同，因此引进大埔组一名，代表马平组之下以白云岩为主的地层。

【现在定义】　整合于罗城组之上、黄龙组之下的一套灰白色厚层块状白云岩、灰质白云岩夹少量白云质灰岩、灰岩等岩性组合的地层。下以灰色中层状灰岩的消失与罗城组（或展坡组）分界，上以浅灰、灰色厚层状灰岩的出现与黄龙组（或马平组）分界①。

【层型】　正层型为“广西壮族自治区柳城县大埔镇杨柳村剖面”。广西区调队（1967）重测。

【地质特征及区域变化】　该组在西乡县高川一带位于马平组之下、展坡组之上。以发育白云岩为主要特征，未发现化石，仅据层位暂置晚石炭世。

出露于西乡县木竹坝中高川、石泉县合溪以及镇巴县火焰溪等地，厚度变化大，十到百余米。

【其他】　本书引入大埔组，主要依据岩性对比及其与上覆地层的相互联系而定。本组局部缺失，可能与马平组有相变关系。

马平组　*Cm*　(06-61-0612)

【创名及原始定义】　丁文江（1928）创名，创名地在广西壮族自治区马平（今柳州市），原称马平石灰岩。乐森玥（1929）介绍。原始定义：在马平与宜山县一带，指质纯白块状灰岩，自下而上划分为珊瑚层、细线贝层和纺缍虫层。当时归属上二叠统，实际已包括早石炭世至早二叠世各时代的岩层。

【沿革】　陕西区测队（1966）首先在西乡县高川一带使用马平群，代表晚石炭世的碳酸盐岩地层，本书称马平组。

【现在定义】　指平行不整合于栖霞组之下、黄龙组之上的一套灰白色中厚层生物灰岩、白云质灰岩等岩层。下以灰色灰岩或深灰色白云质灰岩的消失或灰白色生物灰岩的出现与黄龙组（或大埔组）分界，上以灰白色生物灰岩的消失或深灰色含生物屑灰岩的出现与栖霞组（或郭家垭组）分界。在宜山一带栖霞组之下常具数厘米厚的泥质岩。

【层型】　创名时未指定正层型，选层型为“广西宜山县庆远镇马脑山—乌龟岭剖面”，由乐森玥（1929）测制。

【地质特征及区域变化】　省内整合于郭家垭组之下、大埔组之上。以灰岩为主，尚夹泥岩和石英砂岩。含䗴类，主要有 *Sphaeroschwagerina moelleri*、*Triticites* sp.、*Pseudofusulina*

---

① 省内无罗城组和黄龙组。

nelsoni opima 等；腕足类 *Dictyoclostus gruenewaldti* 等。局部地方底部含䗴 *Fusulinella* cf. *bocki*，*F.* cf. *pseudobocki*，时代为晚石炭世。

【其他】 省内的马平组与广西典型地区不同，夹较多碎屑岩，说明这里已处于盆地边缘。

水峡口组 P$\hat{s}$x （06－61－0704）

【创名及原始定义】 地科院三室（1961）在秦岭一带工作时创名。创名地点在镇安县熨斗乡南约 3 km 的水峡口。1963 年发表在《秦岭化石手册》中。原始定义：砂岩及页岩夹灰岩及泥灰岩，含䗴 *Misellina*，*Codonofusiella*，*Chusenella* 及 *Neoschwagerina* 等；腕足类有 *Plicatifera huangi*，*Orthotichia indica*，*Sinoproductus sinensis* 等。厚 400～500 m。

【沿革】 赵亚曾、黄汲清（1931）在镇安一带建立镇安系，水峡口组包含于其中。西北地质科学研究所（1965）在西口一带工作时，称水峡口段，归属五里坡组上部。陕西区测队（1966）修改了水峡口组的顶界，将焦阳坡剖面原划水峡口组上部的石英砂岩归入上覆西口组。本书采用这一划分方案。

【现在定义】 整合于羊山组之上、西口组之下，由灰色、灰黑色薄层—中厚层硅质微晶、泥晶灰岩、生物灰岩、泥灰岩夹黑色碳质页岩及灰色薄层状细粒含钙石英砂岩组成。富含䗴、腕足类、珊瑚等。以厚层灰岩之顶为该组底界，灰色薄层石英砂岩之底为该组的顶界。

【层型】 正层型为“镇安县西口焦阳坡剖面”（109°19′50″，33°14′30″），由地科院三室（1961）① 测制。

上覆地层：**西口组** 黄色、红色中粒砂岩

——————— 整 合 ———————

水峡口组	总厚度 495 m
18. 深灰色微结晶灰岩，顶部夹有薄层浅红色泥质灰岩。含䗴 *Nankinella* sp.	15 m
17. 黄色砂岩	3 m
16. 深灰色中厚层灰岩，夹少量泥灰岩	30 m
15. 深灰色厚层灰岩。含丰富之腕足类 *Chonetes* sp.	11 m
14. 灰色及黄色厚层灰岩夹泥灰岩	18 m
13. 深灰色巨厚层灰岩，含燧石团块	15 m
12. 页状泥灰岩与黑灰色中薄层灰岩互层，沿层理有红色铁质物充填。含腕足类 *Productus sinensis*	6 m
11. 黑色厚层灰岩，含燧石团块	155 m
10. 黑灰色页状泥灰岩，风化后很类似页岩，含腕足类化石	7 m
9. 黑色、黑灰色厚层灰岩夹少量中层灰岩。以䗴化石为主，尚有少量珊瑚及腕足类，有 *Neoschwagerina* sp. 等	43 m
8. 灰白色泥质灰岩。富含有孔虫	1 m
7. 深灰色厚层灰岩。含䗴及单体珊瑚	9 m
6. 黑灰色中厚层灰岩为主，夹有薄层、含铁质红灰色灰岩。以含䗴 为主，并具有少量珊瑚及腕足类	10 m
5. 浅灰色厚层灰岩。只有䗴类 *Pseudodoliolina* sp.	130 m
4. 黑灰色厚层灰岩。含丰富的䗴 *Verbeekina* sp.，*Misellina* sp.	20 m

① 中国地质科学研究院第三研究室，1961，东秦岭古生代地层。

3. 灰色薄层珊瑚灰岩。含腕足类及苔藓虫 *Tachylasma* cf. *magnum* 2 m

2. 灰色泥质灰岩、灰黑色泥质灰岩与紫红色钙质页岩互层。含丰富的腕足类和珊瑚 *Orthotichia indica*，*Plicatifera huangi*，*Thomesella chianensis*，*Echinoconchus punctatiformis*，*Avonia* aff. *janus*，*Yatsengella striatocostata*，*Urushtenia chenanensis*，*Michelinia* cf. *abnormis* 5 m

1. 灰白色页岩，夹有 3 层每层厚 1 m 的薄层灰岩及黑色页岩 15 m

———————— 整　合 ————————

下伏地层：羊山组　厚层灰岩

【地质特征及区域变化】　岩石组合简单，以碳酸盐岩为主，以含薄层状灰岩为主要特征。化石丰富，尤以䗴类 *Neomisellina* 密集堆积，局部成为造岩的主要成分，其次有 *Yabeina*、*Chusenella* 等。腕足类以长身贝类为主，有 *Tyloplecta*，*Manticulifera* 及 *Urushtenoidea* 等多个属种。珊瑚以 *Allotropiophyllum* 和 *Tachylasma* 最为丰富。时代为早二叠世。岩石以薄层为主，并发育大型人字型交错层理，显示水动力处于频繁变化状态的地台边缘相特点。

分布在镇安县西口金鸡岭向斜南翼，呈东西向分布，出露范围东西不超过 70 km。岩性变化较大，总体趋势由西向东碳酸盐岩减少，至东部水峡口一带变为以钙质页（板）岩为主，厚度 300～650 m。

西口组　P*x*　(06-61-0705)

【创名及原始定义】　地科院三室（1963）创名于镇安县西口，代表秦岭中段晚二叠世早期地层。原始定义：浅灰色、灰黑色的灰岩、硅质燧石灰岩及灰黄色砂页岩，含䗴 *Reichelina*，*Codonofusiella*，*Palaeofusulina*；腕足类 *Leptodus nobilis*；珊瑚 *Waagenophyllum indicum* 及苔藓虫等。厚 300～400 m。

【沿革】　该组属于赵亚曾、黄汲清（1931）创名的镇安系的一部分。西北地研所（1965）在西口一带工作时，将该地层称北阳坡段，属“西口组”下部。陕西区测队（1966）将焦阳坡剖面西口组底界下移至石英砂岩的底部。本书采纳陕西区测队的这一划分方案。

【现在定义】　整合于水峡口组泥晶灰岩之上、熨斗滩组红色灰岩之下，由黄绿色薄—中厚层石英细砂岩、粉砂岩、灰—灰黑色粉砂质灰岩、生物灰岩、泥质灰岩及钙质粉砂质绢云板岩组成。产丰富的腕足类、珊瑚及藻类。以石英砂岩之底为该组底界，以红色灰岩出现为该组顶界。

【层型】　正层型为“镇安县西口村—龙洞川—马家碥剖面”（109°20′，33°15′），由丁培榛、金同安、孙秀芳（1989）重测。

【地质特征及区域变化】　岩石组合为中厚层生屑灰岩和长石石英砂岩。化石丰富，腕足类以蕉叶贝类、长身贝类、石燕贝类和小嘴贝类为主，主要有 *Squamularia subgrandis*，*Punctospirifer alpheus*，*Leptodus nobilis*，*Tschernyschewia sinensis*，*Tyloplecta yangtzeensis*，*Terebratuloidea davidsoni* 等。珊瑚有 *Zhenanophyllum xikouense*，*Multithecopora* sp.，*Liangshanophyllum* sp.，*Waagenophyllum minor* 等。䗴类 *Codonofusiella kwangsiana*，*Nanglingella qinlingensis* 等。局部还含有植物化石碎片。由于碎屑岩与碳酸盐岩交替出现，并发育大型斜层理、楔状交错层理，产大量海相化石及少量植物化石碎片，表明为近岸的浅海陆架环境。

分布在镇安县西口一带，西起镇安西沟，向东延入湖北，呈东西向条带状分布。岩性及厚度变化很大，总体趋势为东部陆源碎屑多、厚度大；西部陆源碎屑少，以至尖灭。时代为晚二叠世。

熨斗滩组 Pyd （06－61－0706）

【创名及原始定义】 地科院三室（1961）在秦岭调查时建立于镇安县熨斗乡，原称熨斗滩红灰岩组，在《秦岭化石手册》(1963) 正式发表，称为熨斗滩组。原始定义：灰红色、浅红以至红色的灰岩组成。含有孔虫、䗴、珊瑚及腕足类等化石，如 *Codonofusiella*，*Palaeofusulina*，*Geinitzina*，*Leptodus*，*Richthofenia*，*Pachyplaia* 等。厚 280 m。

【沿革】 建组后未见更动。

【现在定义】 指整合于西口组之上、龙洞川组或门里沟组之下的地层序列。为一套紫红色、褐红色厚层块状生物碎屑灰岩、泥晶灰岩、泥灰岩，含较多腕足类及珊瑚化石。以红色灰岩的出现为该组底界，以浅灰色、灰白色灰岩出现为该组顶界。

【层型】 正层型为“镇安县西口村—龙洞川—马家碥剖面”（109°20′，33°15′），由丁培榛、金同安、孙秀芳（1989）重测。

【地质特征及区域变化】 岩石组合单一，为一套紫红色含铁质、泥质的碳酸盐岩地层。化石以腕足类和珊瑚为主，腕足类中长身贝类和石燕贝类属种居多，主要有 *Edriosteges poyangensis*，*E. tumitus*，*Strophalosiina tibetica*，*Spinomarginifera jisuensis*，*Glyptosteges yundotanensis*，*Squamularia squmularoides*，*S. cicularis*，*Martinia rhomboidalis* 等。珊瑚有 *Waagenophyllum xikouense*，*Grasshedophyllum zhenanese* 等。时代属晚二叠世中期。厚度 300～800 m。总体为浅海陆架沉积。

分布于镇安县西口—山阳县关帝庙一带，向东延入湖北郧西县西北部，呈条带状东西向分布。镇安县三里峡以西以粗颗粒厚层碳酸盐岩为主，厚度大，含丰富的腕足类、珊瑚化石；三里峡以东以中薄层泥晶灰岩为主，厚度小，化石少，上部夹钙质板岩。

门里沟组 Pm （06－61－0707）

【创名及原始定义】 陕西区调队（1992）① 建立于镇安县熨斗滩门里沟。原始定义：为一套灰色—土黄色页片状、薄板状钙质板岩、铁质生屑灰岩，并以此区别于下伏熨斗滩组的紫红色生屑灰岩和上覆龙洞川组灰色、灰白色中层状微晶灰岩，厚度 5～662.59 m。

【沿革】 中国地质科学院（1961）认为该套岩石组合属“熨斗滩红灰岩”的相变部分。陕西区测队（1966）归入熨斗滩组。陕西区调队（1992）在门里沟一带采到深水相菊石、腕足类等化石，且与熨斗滩组岩性不同，故单独建组。本书采纳此种划分方案并首先介绍。

【现在定义】 指整合于熨斗滩组红色灰岩与龙洞川组灰色厚层灰岩之间的一套碎屑岩地层。为深灰色、土黄色页片状钙质、粉砂质板岩、板状灰岩。含丰富的菊石及腕足类等化石。以熨斗滩组红色灰岩的结束为该组的底界；以龙洞川组浅灰白色灰岩的出现为该组的顶界。

【层型】 正层型为“镇安县程家川三里峡孙家坪剖面”（109°24′，33°15′），由陕西区调队（1992）测制。

上覆地层：**龙洞川组** 灰白色中厚层状微晶灰岩

——————— 整 合 ———————

① 陕西省地质矿产局区域地质调查队，1992，1∶5 万青铜关幅、熨斗滩幅区域地质调查报告。

门里沟组 总厚度 662.59 m

6. 灰—灰黄色薄板状铁质钙质板岩，发育水平虫迹。产腕足类 *Spinomarginifera kueichowensis* 298.24 m

5. 灰—深灰色薄层状铁质生屑微晶灰岩。产菊石化石 37.13 m

4. 灰—灰黄色薄板状铁质钙质板岩。产珊瑚、腕足类化石 230.51 m

3. 灰—灰黄色中—薄层状生屑细晶灰岩夹灰色薄板状铁质粉砂质钙质板岩。产腕足类、珊瑚化石 8.16 m

2. 灰色薄板状铁质粉砂质板岩。产腕足类化石 12.24 m

1. 灰黄色薄层状生屑细晶灰岩，夹少量灰色薄板状铁质钙质板岩。产腕足类 *Spinomarginifera* sp. 和珊瑚化石 76.31 m

——————整 合——————

下伏地层：熨斗滩组 紫红色铁质生屑隐晶灰岩

【地质特征及区域变化】 以薄层状泥质、钙质碎屑岩为主，富含菊石及腕足类等化石。菊石主要有 *Rotodiscoceras* sp.，*Pleuronodoceras* sp. 等；腕足类 *Spinomarginifera kueichowensis* 等。时代为晚二叠世。由于岩石以深色薄层为主，且富含菊石，并具水平生物扰动构造，反映该组属深水盆地沉积。

分布在镇安县熨斗滩至罗家湾一带，呈东西向分布。厚度变化大，最厚可达 662 m，向西于聂家沟脑一带尖灭。

龙洞川组 *Pld* （06－61－0708）

【创名及原始定义】 1961 年地科院三室建立于镇安县西口龙洞川，在《秦岭化石手册》（1963）年正式发表。原始定义：岩性为“浅灰色灰岩及假鲕状灰岩，含䗴 *Palaeofusulina*，*Colaniella*，*Reichelina* 等，厚 400 m”。

【沿革】 建组后未见更动。

【现在定义】 整合于熨斗滩组或门里沟组之上、金鸡岭组之下的一套地层序列，岩性为浅灰—灰白色厚层—块状微晶灰岩、生屑灰岩，富含䗴、珊瑚。以灰白色厚层灰岩的出现和结束为该组的底界和顶界。

【层型】 正层型为“镇安县西口聂家沟口—龙洞川剖面”（109°20′，33°16′），由陕西区调队（1988）重测。

上覆地层：金鸡岭组 暗紫红色钙质板岩

——————整 合（?）——————

龙洞川组 总厚度 340.20 m

7. 浅灰色中厚层微晶灰岩，缝合线发育 24.90 m

6. 浅灰—灰白色厚层微晶灰岩 147.84 m

5. 浅灰色巨厚层（块状）微晶灰岩。产有孔虫 *Deckerilla* sp.，*Pseudocolaniella* sp.，*Nodosaria* cf. *hexagona*；珊瑚 *Waagenophyllum indicum kueichowense* 8.72 m

4. 灰白—浅灰色厚层亮晶生物灰岩 29.48 m

3. 灰色厚层细晶灰岩，层面上具浅紫红色色斑。产珊瑚化石 16.76 m

2. 灰白—浅灰色厚层微晶灰岩，局部夹浅紫红色厚层灰岩。上部产珊瑚化石 85.62 m

1. 灰白色厚层亮晶生物灰岩。产有孔虫 *Textularia* sp.，*Frodicularia* sp.；䗴类 *Palaeo-*

fusulina nana, *Reichelina* sp., *R. changhsingensis*, *Codonofusiella schubertelloides*; 珊瑚 *Waagenophyllum* sp., *W. crassiseptatum*, *Zhenanophyllum* sp. 26.88 m

——————— 整　合 ———————

下伏地层：**熨斗滩组**　浅玫瑰色厚层生物碎屑泥晶灰岩

【地质特征及区域变化】　岩石组合为单一的碳酸盐岩，含丰富的䗴及少量腕足类化石，䗴类主要有 *Palaeofusulina*、*Codonofusiella*、*Reichelina* 及 *Nanglingella*、*Parananlingella* 多个属种，时代属晚二叠世晚期。为典型的开阔碳酸盐台地相。

分布在镇安县西口—山阳县唐家河南岸一带，呈东西向条带状分布。岩性稳定，厚度变化不大，惟镇安县三里峡—熨斗滩一带，该组的下部常有板岩夹层、且总厚度变薄。

【其他】　龙洞川组与上覆金鸡岭组的接触关系意见不统一。创名人认为是平行不整合；陕西地层表编写组（1983）认为是整合；丁培榛等（1986）认为两组岩性有显著区别，但生物是连续的，并在金鸡岭组底部发现了二叠纪和三叠纪的混生动物群，从而认为是连续沉积；陕西区调队（1988）认为两组接触面上有紫红色粘土物，属风化壳，应为平行不整合。本书暂按整合关系处理。

梁山组　Pl　（06-61-0709）

【创名及原始定义】　赵亚曾、黄汲清（1931）创名于南郑县（原归汉中县）梁山，原称梁山层。为“黑色页岩，含有劣质的无烟煤及植物化石痕迹，直伏于含有 *Tetrapora* 的巫山石灰岩之下，而和志留纪笔石页岩直接接触”。

【沿革】　黄汲清（1932）曾用“栖霞底部煤系”代表陕西、贵州、湖北、安徽等地栖霞组灰岩之下的陆相含煤碎屑岩地层。卢衍豪（1956）在其中发现海相化石，仍称梁山层。盛金章（1962）在《中国的二叠系》一书中称为梁山组，而在附表中称为梁山段，归入栖霞组中。本次对比研究采纳李星学（1962）划分的梁山组。

【现在定义】　以黑色含铁质页岩为主，夹劣质煤层及粘土岩、砂岩等。平行不整合于新滩组或罗惹坪组之上；与上覆阳新组整合接触，以灰岩的出现为该组顶界。

【层型】　正层型为“南郑县梁山剖面”（106°55′，33°5′），由杜恒俭（1948）重测。

【地质特征及区域变化】　岩石组合单一，主要为含煤碎屑岩。含腕足类、双壳类、介形类、苔藓虫等海相化石及一些植物根部化石，主要有 *Dictyoclostus* sp.，*Astartella* sp.，*Limipecten* sp. 等。时代为早二叠世。

分布在宁强县毛坝河、南郑县梁山、福成、回军坝、镇巴县凉桥、简池坝一带。岩性较稳定，惟宁强县黎洪山为泥灰岩夹煤层，镇巴县星子山区除夹煤层之外尚赋存高岭土、黄铁矿层。厚度变化大，梁山为 5～10 m，西乡县堰口为 3～5 m，镇巴一带 7～10 m，宁强黎洪山可达 30 m，西乡县堰口地区煤层厚度可达 1.9 m。

【其他】　梁山组至今未见可靠的化石依据，目前仅据梁山地区阳新组下部缺失 *Stylidophyllum volzi* 带或 *Misellina claudae* 带而确定梁山组时代为早二叠世。

阳新组　Py　（06-61-0710）

【创名及原始定义】　谢家荣（1924）创名，原称阳新石灰岩，创名于湖北省阳新县。原始定义：为厚层造崖（Cliff-Forming）石灰岩，从灰白色—灰黑色，后者含碳质，含有燧石结核，且局部富集。最底部有时出现凸镜状的含沥青质煤线，在阳新地区广泛开采。阳新石灰岩有丰富的腕足类、䗴类等化石。由葛利普（A W Grabau）鉴定有 *Michilina* 珊瑚等，年代为下石炭统。厚度约 400～500 m。

【沿革】 卢衍豪（1956）依据化石带，将梁山组之上、王坡段之下的灰岩自下而上分为栖霞组、茅口组。1977 年西安地质学校（以下简称西安地校）西乡普查队也依据化石分为栖霞组与茅口组，但栖霞组下部包括梁山页岩段①。本书认为栖霞组和茅口组在本省宏观特征一致，无法用肉眼根据岩性进行划分，故用阳新组表示。

【现在定义】 阳新组（或群）由谢家荣“阳新石灰岩”演变而来。在阳新地区该套灰岩位于龙潭组与黄龙组间，均呈平行不整合接触。下部为深灰—灰黑色中至厚层含燧石结核灰岩、生屑灰岩、含碳质灰岩，具疣状构造；上部为灰至灰白色厚层至块状灰岩、生屑灰岩，时夹白云质灰岩。富含䗴、珊瑚、腕足类等化石。部分地区可划分上、下两部分，上部划为茅口组，下部划为栖霞组。

【层型】 选层型为“湖北省阳新县太子庙剖面”，由湖北区测队（1976）测制。

【地质特征及区域变化】 省内阳新组整合于梁山组之上、吴家坪组之下，岩石组合单一，为厚层—块状碳酸盐岩。有丰富的䗴、珊瑚和腕足类化石。下部主要产珊瑚，有 *Hayasakaia microspinosa*, *H. elegantula*, *Wentzelella subtimorica* 等；上部以含䗴为主，有 *Neoschwagerina craticulifera*, *Verbeekina verbeeki*, *Chusenella* sp. 等，时代属早二叠世。

分布在宁强至西乡、镇巴一带，与梁山组形影相随，除南郑县梁山外，其他地区都不同程度地夹有碳质页岩、钙质页岩或硅质岩、白云质灰岩。宁强一带含菊石化石，产海泡石，并形成矿点。阳新组由北向南厚度变大，梁山 110 m，西乡 200 余米，宁强约 500 m，镇巴达 600 m。

吴家坪组 Pw (06-61-0711)

【创名及原始定义】 卢衍豪（1956）创名于南郑县梁山，原称吴家坪灰岩。原始定义：“代表陕西汉中梁山区上二叠纪的中上部。上部主要为暗灰色厚层状及块状灰岩及灰色块状积云状灰岩，下部除有厚层状及块状灰岩外，薄层灰岩亦极发育。富含燧石”。

【沿革】 盛金章（1962）重新厘定了吴家坪组的涵义：“凡灰岩中含 *Codonofusiella* 䗴类的，一律看作是吴家坪组”，“用以专门代表长兴组以下，茅口组以上的一个地层单位，和长兴组为上下关系”。王志浩（1978）通过对梁山地区牙形刺的研究，将吴家坪组灰岩上部称为长兴组，代表晚二叠世晚期地层，下部仍称“吴家坪组”，代表晚二叠世早期地层。赵嘉明（1981）对四川省北川县、江油县及汉中吴家坪组的珊瑚进行了研究，其“吴家坪组”顶界低于王志浩所划“吴家坪组的顶界”。陕西地层表编写组（1983）将吴家坪组分为吴家坪组灰岩段、王坡页岩段。西北大学地质系（1992）将吴家坪组按地质年代划分，下部称“吴家坪组”，包括灰岩段和王坡段；上部称为“长兴组”，包括生物灰岩段和杂色灰岩段，其中杂色灰岩段相当卢衍豪（1956）称之为“大冶灰岩”的底部。本书将西北大学地质系划分的“吴家坪组”、“长兴组”合并，称为吴家坪组，下部包括王坡段。

【现在定义】 整合于阳新组灰岩与大冶组泥灰岩之间的地层序列，为灰色中厚—厚层、块状含燧石团块的泥晶灰岩、生物碎屑灰岩。底部稳定地发育一层厚度不大的含鲕粒的铁铝

① 西安地质学校，1977，西乡地区二叠纪地层初步划分。

质泥质岩（王坡段），并以此层之底作为该组的底界，以燧石灰岩结束或纹层状灰岩、薄层泥质灰岩的出现为该组顶界。

【层型】 卢衍豪建组时虽然描述了5个剖面，但未指定层型，本书选用“南郑县梁山吴家坪剖面”（106°54′，33°6′）为选层型。由卢衍豪（1956）测制。

【地质特征及区域变化】 为两种岩石组合，下部为泥质岩，上部为单一的碳酸盐岩，以灰岩中富含燧石结核为显著特点。化石丰富，以䗴类、钙藻为主，次为珊瑚和腕足类。䗴类下部以 *Codonofusiella*，*Reichelina* 为主，上部以 *Palaeofusulina*，*Nanglingella* 为主。珊瑚主要有 *Waagenophyllum indicum*，*W. minutum* 等。西乡县一带除含䗴、珊瑚外，腕足类特别丰富，有 *Permophricodothyris* sp.，*Araxathyris* sp.，*Spinomarginifera* sp.，*Tyloplecta yangtzeensis* 等。时代为晚二叠世。本组岩性稳定，浅海生物发育，属典型碳酸盐台地相。

分布于南郑县梁山、福成、宁强县关口坝及城固县法慈院、西乡县三郎铺、堰口、镇巴县简池坝等地。灰岩部分岩性变化不大，惟宁强县关口坝一带燧石结核不甚发育。梁山地区厚度最大，为400余米，宁强、西乡、镇巴等地由于在该组之上沉积了大隆组，故本组厚度多在100 m以下，其他地区一般200 m左右（图4-3）。

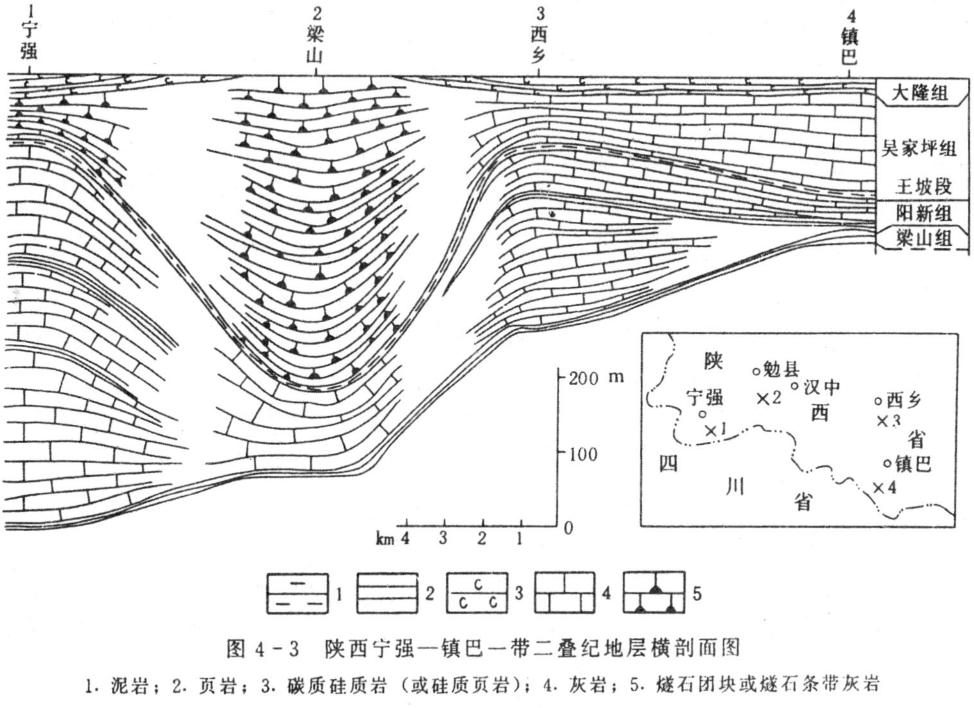

图4-3 陕西宁强—镇巴一带二叠纪地层横剖面图

1. 泥岩；2. 页岩；3. 碳质硅质岩（或硅质页岩）；4. 灰岩；5. 燧石团块或燧石条带灰岩

【其他】 卢衍豪（1956）在测制“南郑县吴家坪至勉县褒城孙家村剖面”时，将“浅黄色、灰白色及红灰色不纯灰岩，夹红色、紫红色及黄色石灰质页岩层”称为“下三叠纪大冶灰岩”，置于吴家坪组灰色块状灰岩之上。本次对比研究通过野外核查后认为，灰色块状灰岩之上的杂色灰岩具鲕粒，且含燧石结核，为厚层状，具有吴家坪组特点，应归入吴家坪组。而杂色灰岩之上（即卢衍豪称为“红色、紫红色及黄色石灰质页岩层”），才代表大冶组的开始（底部）。

王坡段 Pw^w (06-61-0712)

【创名及原始定义】 卢衍豪（1956）建立于南郑县梁山的王坡村，原称王坡页岩。原始定义："此页岩伏于吴家坪灰岩之下，假整合覆於茅口灰岩之上，为一种黄色、紫红色、粉红色页岩，厚度约2米，含植物碎片，其分布与吴家坪灰岩形影相随"。

【沿革】 卢衍豪（1956）将"王坡页岩"置于"吴家坪灰岩"之下。盛金章（1962）称王坡段，并与其上灰岩部分合称吴家坪组。本书采用盛金章的划分方案。

【现在定义】 为杂色含铁质及含鲕粒的泥质岩。与下伏阳新组为整合接触，位于吴家坪组底部。以下伏灰岩的结束及上覆灰岩的始现，作为本段的底界和顶界。

【层型】 创名时未指定正层型，故本书将"南郑县梁山吴家坪剖面"（106°54′，33°6′）作为选层型。由卢衍豪（1956）测制。

【地质特征及区域变化】 岩石组合单一（为粘土岩），厚度小，含植物化石碎片。

区域上与吴家坪组的灰岩部分形影相随，厚2～5 m。由于厚度小，岩石软，极易风化，野外常常被忽视。

【其他】 卢衍豪（1956）认为王坡段与下伏阳新组灰岩为平行不整合，作者（本书）在核查剖面时，未发现有明显侵蚀面，但阳新组顶部发育一层碎裂岩化含生物碎屑微晶灰岩，王坡段泥质岩具碳酸盐化，并断续成层，但未见有沉积间断之显示。

大隆组 Pd (06-61-0713)

【创名及原始定义】 张文佑、陈家天（1938）创名于广西壮族自治区合山县大隆，原名大垅层。岩性分上、下两部分：上部为灰色、黄灰色、绿灰色硅质页岩、灰质页岩及砂岩；下部为暗色硅质页岩夹白灰色及杂色页岩、砂岩等。时代为二叠三叠统，其上与三叠系为整合接触，下与合山层为连续沉积。

【沿革】 四川地质局（1970）首先在镇巴一带建立大隆组，以后相继在宁强、紫阳等地发现有大隆组存在。本书采用大隆组作为吴家坪组上部相变部分。

【现在定义】 指整合于合山组之上，南洪组之下的一套硅质岩、泥岩、砂岩及凝灰岩等岩性组合的地层。下以泥质灰岩、泥灰岩的消失或硅质岩的出现与合山组分界，上以硅质岩的消失或灰色薄层页岩的出现与南洪组分界①。

【层型】 正层型为"广西合山大隆剖面"，由赵金科、张文佑（1959）测制②。

【地质特征及区域变化】 省内为一套泥质岩，由碳质板岩、碳质硅质板岩夹泥灰岩组成。在宁强、南郑两县的大部分地区可见本组整合于吴家坪组之上、大冶组之下；在西乡、镇巴和紫阳县的西南部本组虽整合于大冶组之下，但与吴家坪组呈明显的相变关系③。富含菊石及腕足类，主要有 *Tapashanites*，*Pseudogastrioceras* 等。时代置晚二叠世。具水平层理和韵律层理，岩石富含有机质和黄铁矿，属深水相沉积。

主要出露于宁强、西乡、镇巴、紫阳等地，南郑县梁山未见沉积，厚度变化不大，一般为20～30 m，紫阳赵里溪可达60 m。

---

① 本省无合山组和南洪组，故大隆组整合在大冶组与吴家坪组之间。
② 赵金科、张文佑，1959，广西地质（一）·地层概要。
③ 刘旺勋等，1981，陕西的二叠系。

郭家垭组 Pg (06-61-0714)

【创名及原始定义】 陕西省185煤田地质勘探队（1979）① 创名于西乡县木竹坝乡郭家垭。陕西省地矿局（1989）介绍。代表晚二叠世早期沉积的地层单位。主要由薄层泥岩、粉砂岩组成，夹少量薄层细砂岩、泥灰岩或灰岩凸镜体，局部碳质富集形成碳质泥岩或石煤薄层。小区（指原高川小区）南部的镇巴县兴隆一带灰岩凸镜体较多。

【沿革】 陕西区测队（1966）以其时代为晚二叠世晚期而称吴家坪组。陕西省185煤田地质勘探队（1979）将高川一带二叠纪地层，按地质年代自下而上分为早二叠世早期栖霞组、早二叠世晚期龙池组、晚二叠世早期“郭家垭组”和晚二叠世晚期大隆组。陕西地层表编写组（1983）将上述地层自下而上称为“梁山组”、“栖霞组”、“茅口组”及二叠系上统（未命名）。陕西省地矿局（1989）采纳185煤田地质勘探队的划分意见，但将“梁山段”升为梁山组。陕西区调队（1989）认为高川地区“梁山组”岩性与典型地区不同，改称为“栖霞组砂岩段”。本书认为，高川一带二叠纪地层均以黑色泥岩为主，除个别地方下部含较多灰岩或上部含较多硅质岩外，纵向上分布规律不明显，如果再进行过细划分，将给区域上展布带来很大困难。因此，本书将原郭家垭组涵义扩大，代表185煤田地质勘探队划分的“栖霞组”、“龙池组”、“郭家垭组”及“大隆组”。

【现在定义】 整合于马平组之上、大冶组之下。以黑色泥岩为主，夹粉砂岩、硅质岩或石煤，下部常夹数层泥灰岩或灰岩。以黑色泥岩的出现和消失为该组的底界和顶界。

【层型】 正层型为木竹坝郭家垭的“西乡县木竹坝剖面”（108°5′，32°57′），由陕西省185煤田地质勘探队（1979）测制。

上覆地层：**大冶组** 泥灰岩

——————— 整 合 ———————

郭家垭组 总厚度 452.81 m

40. 灰色薄层状泥岩 14.50 m
39. 灰黑色钙质泥岩。产头足类 *Pseudotirolites* sp.?，*Sinoceltites* sp. 2.36 m
38. 灰色泥岩。产头足类 *Pseudogastrioceras* sp.，*Pleuronodoceras* sp. 13.70 m
37. 灰黄色粉砂岩 2.83 m
36. 灰色薄层状泥岩 3.77 m
35. 灰黄色粉砂岩。产腕足类 *Orthotichia* sp. 0.94 m
34. 灰色薄层状或页片状泥岩 10.40 m
33. 灰黄色薄层状泥岩，夹黄绿色粉砂岩薄层。产腕足类 *Crurithyris* sp.，*Cathaysia* cf. *chonetoides*，*Acosarina* cf. *dorshanensis*，*Martinia* sp.，*Spinomarginifera* sp. 13.20 m
32. 灰色页岩、片状泥岩 2.83 m
31. 灰黄色泥岩 3.77 m
30. 灰黑色页片状泥岩 3.77 m
29. 灰色泥灰岩 1.98 m
28. 灰黑色页片状泥岩。产腕足类 *Acosarina* cf. *dorshanensis*，*Enchondria*? sp.，*Cathaysia chonetoides*；海百合茎 *Cyclocyclicus mui* 15.10 m
27. 灰黑色泥岩夹薄层灰岩凸镜体。产腕足类 *Orthotichia* sp.，*Cathaysia chonetoides*，

① 陕西省185煤田地质勘探队，1979，陕南高川区地层古生物。

Squamularia elegantula, *Acosarina* sp., *Pugnax* cf. *pseudoutah*, "*Dictyoclostus*" *gratiosus*, *Acosarina* cf. *rhomboidalis* 70.50 m

26. 黑色泥岩 1.78 m

25. 灰色泥岩，夹少量灰岩凸镜体。产腕足类 *Cathaysia chonetoides*, *Acosarina* cf. *rhomboidalis*, *Martinia* sp. 17.80 m

24. 灰黑色泥岩与黄褐色泥岩互层，含凸镜状泥灰岩 107.00 m

23. 灰色砂质泥岩与褐色粉砂岩互层。产头足类 *Anderssonoceras* sp., Araxoceratidae, *Pseudogastrioceras* sp., *Konglingites* sp. 37.80 m

22. 灰色细粒石英砂岩 1.76 m

21. 灰及灰黑色硅质泥岩。产头足类 *Michelinoceras* sp. 11.50 m

20. 石煤夹泥岩及薄层硅质岩。产头足类 *Altudoceras* sp., *Michelinoceras* sp. 27.72 m

19. 黑色硅质泥岩 1.64 m

18. 灰色薄片状硅质泥岩。产头足类 *Altudoceras* sp., *Tainoceras* sp., *Paraceltites* sp. 8.45 m

17. 灰色粉砂岩。产头足类 *Altudoceras* sp. 0.47 m

16. 灰色钙质泥岩 0.80 m

15. 灰色钙质粉砂岩 0.12 m

14. 灰色薄层硅质泥岩 0.94 m

13. 灰色钙质泥岩。产头足类 *Paragastrioceras* sp., *Pleuronautilus* sp. 1.18 m

12. 灰色薄层状泥岩 0.71 m

11. 灰色泥灰岩 0.24 m

10. 灰色薄层状硅质泥岩。产头足类 *Altudoceras* sp.?, *Pleuronautilus* sp., *Michelinoceras* sp., *Paragastrioceras* sp., *Shouchangoceras* sp. 4.00 m

9. 灰色细粒石英砂岩 1.65 m

8. 碳质泥岩 0.58 m

7. 灰黑色钙质泥岩夹泥灰岩。产䗴 *Schwagerina* sp. 8.93 m

6. 灰黑色薄层状泥岩 20.00 m

5. 灰色泥灰岩夹钙质泥岩。产珊瑚 *Hayasakaia* sp.; 腕足类 *Orthotichia* sp., *Cancrinella* sp., *Martinifera* sp. 11.65 m

4. 灰黑色薄层状泥岩，产腕足类 *Orthotichia* sp., ?*Urushtenia* sp.; 苔藓虫 ?*Polypora* sp., *Fenestella* sp., *F. hangchouensis*, *Septopora* sp. 8.34 m

3. 灰色薄层状粉砂质泥岩。产双壳类 *Edmondia* sp. 10.00 m

2. 灰色薄层状泥岩 4.50 m

1. 灰色至黑色薄层状泥岩。产腕足类 *Orthotichia* cf. *chekiangensis*, *Tyloplecta richithofeni*, *Acosarina* sp., *Pygmochonetes* sp., *Orthotetia* sp., *Acosarina indica*, *Chonetes*? sp., *Attenuatella* sp.; 苔藓虫 *Fenestella* sp., *E.* cf. *hangchouensis*; 双壳类 *Aviculopecten* sp., *Euchondria* sp., *Astartella* sp. 3.60 m

——————— 整　合 ———————

下伏地层：马平组　灰岩

【地质特征及区域变化】　为一套黑色泥质岩。化石丰富，除下部灰岩夹层中含䗴、珊瑚化石外，主要为头足类、腕足类化石。头足类有 *Paragastrioceras*, *Altudoceras*, Araxoceratidae, *Pseudogastrioceras* 等，䗴有 *Schwagerina* 等。厚 300～400 m。时代为二叠纪。

出露在西乡县木竹坝、高川、五里坝、石泉县合溪及镇巴县火焰溪等地，呈南北向条带状分布。

留凤关组　*Tlf*　(06-61-0809)

【创名及原始定义】　秦岭区测队（1960）创名于凤县留凤关，原称留凤关群①。陕西区测队（1968）介绍。原始定义：本群是道地的复理石沉积、厚度巨大、变质浅、岩层组合韵律明显，但无独特标志层，且少含化石。

【沿革】　叶连俊、关士聪（1944）称十里墩系。秦岭区测队（1960）将叶连俊、关士聪划分的底砾岩称十里墩组，其上的复理石沉积命名留凤关群。陕西区测队（1968）根据姜春发等（1964）在凤县和甘肃徽县一带工作时的意见，将留凤关群自下而上划分为西坡组和任家沟组。本次对比研究考虑到：①叶连俊、关士聪划分的底砾岩或秦岭区测队（1960）称为十里墩组的地层实为本群中所夹的滑塌堆积或碎屑流沉积（左国朝，1984；殷鸿福等，1992）；②上述滑塌堆积或碎屑流沉积中所产化石自泥盆纪至二叠纪均有见及（冯益民等，1980；冯益民，1981；李春昱等，1984；左国朝，1984；殷鸿福等，1992），对于确定地层时代尚欠可靠证据；③本群岩性单调、构造复杂，其中缺乏明显的划分标志，故对本组不做进一步划分，并停用西坡组和任家沟组。另外现在划分的留凤关组其范围虽然相当于叶连俊、关士聪（1944）创名的十里墩系，但因留凤关组已为地质工作者广为使用，故不再更动。

【现在定义】　以发育复理石沉积为主要特征，主要由浅变质的灰色灰质砂岩、钙质板岩或薄层灰岩组成，且韵律明显，厚度巨大，无明显标志层。与下伏水峡口组呈平行不整合接触②，与上覆龙家沟组灰黄色砂砾岩呈不整合接触。

【层型】　创名时未指定正层型，陕西区测队（1968）指定选层型为“聂家湾—琵琶峡剖面”（106°15′30″，33°44′30″），剖面位于甘肃省两当县聂家湾至琵琶峡的宝成铁路沿线，由陕西区测队（1968）测制。

【地质特征及区域变化】　为一套砂泥质灰质复理石沉积。上部灰岩夹层较少。灰岩形态多为条带状、块状和碎屑状。厚度大、韵律明显，具有发育的递变层理、斜层理、对称波痕、沟模、槽模等沉积构造。总厚 4 567 m。依据甘肃省两当县后窑沟所产菊石 *Hemilecanites* sp. 等，将该组时代定为早三叠世。

出露于凤县紫柏山以北的留凤关—榆林铺一带，向西延入甘肃省境内，向东在榆林铺东侧呈犬牙状尖灭，为一复向斜构造。

金鸡岭组　*Tjj*　(06-61-0810)

【创名及原始定义】　姜春发等（1963）创名于镇安县程家川金鸡岭。刘路（1964）介绍，原称金鸡岭群。原始定义：下三叠统在金鸡岭发育，以棕黄色、灰黑色砂质页岩及钙质页岩与深灰色薄层泥质灰岩互层为主，……，因在金鸡岭发现早三叠世化石，故称金鸡岭群。

【沿革】　丁培榛等（1965）将金鸡岭群划分为二部分，下部称西山组，上部为未名的“中三叠统”。划分后资料未见发表，该命名无人使用。陕西区测队（1966）将金鸡岭群进行两分，上部以钙质页岩为主的地层称岭沟组，下部仍称金鸡岭组。殷鸿福等（1992）将金鸡岭组划分为三部分，上部称程家川组，中部称西山组，下部为一道河组。本次对比研究认为

---

① 秦岭区测队，1960，凤县幅（Ⅰ-48-[XXⅢ]）地质报告。正式刊出见：陕西区测队，1968，1：20 万凤县幅（Ⅰ-48-[XXⅢ]）地质图说明书。
② 陕西省地质矿产局区域地质调查队，1995，1：5 万南星幅、营盘幅区调报告。

金鸡岭组岩性特征明显，上、下界线标志清晰，并被广泛使用，应予保留。而“一道河组”、“西山组”及“程家川组”，因分布范围小，区域上展布情况不清，本书建议停用。

【现在定义】 以发育薄层碳酸盐岩为主要特征。由灰、深灰色夹棕红、棕紫灰色的鲕状或鲕粒灰岩、薄层状泥晶--微晶灰岩及薄板状砂屑灰岩、泥灰岩、薄板状钙质砂岩、砾屑灰岩等组成。与下伏龙洞川组为整合关系；与上覆岭沟组为平行不整合接触。以厚层状灰岩或硅质灰岩的结束和中、薄层灰岩的出现为本组下界；以角砾状灰岩顶面为本组上界。

【层型】 正层型为镇安县程家乡“金鸡岭剖面”（109°23′40″，33°18′），由陕西区测队(1967)① 重新测制。

上覆地层：**岭沟组** 砂质页岩、钙质页岩互层

——————— 平行不整合 ———————

金鸡岭组	总厚度 113.0 m
10. 浅灰色角砾状灰岩	8.0 m
9. 灰黄、浅灰绿色页岩	25.0 m
8—6. 浅灰绿色页岩和泥灰岩。含双壳类化石 *Claraia griesbachi*，*C.* sp.	16.0 m
5. 灰绿色钙质页岩。含双壳类化石 *Claraia hunanica*，*C. stachei*，*C. zhenanica*	20.0 m
4. 棕色厚层具缝合线构造的鲕状灰岩。含双壳类化石 *Claraia* sp.，菊石 *Ophiceras* sp.	4.0 m
3. 灰、灰绿色钙质页岩。含腕足类化石	12.0 m
2. 灰白色厚层角砾状、鲕状灰岩	25.0 m
1. 紫红、浅黄色泥质灰岩夹页岩	3.0 m

———————— 整　合 ————————

下伏地层：**龙洞川组** 浅红色中厚层状硅质灰岩

【地质特征及区域变化】 以发育薄层状灰岩而区别于上、下地层。镇安县熨斗西山下部为深灰色灰岩夹杂色钙质泥岩、鲕状灰岩；上部为杂色灰岩，夹钙质砂板岩。厚44～1 000 m。产双壳类 *Claraia* sp. 及菊石 *Lytophiceras* cf. *chamunda* 等化石。时代为早三叠世。

仅在镇安县西口—熨斗滩一带呈近东西向展布，构成复向斜构造，两翼厚度变化大。北翼金鸡岭、苇园上厚 586～722 m；南翼龙洞川、程家川厚 113～1 448 m。

岭沟组 *Tlg* (06-61-0811)

【创名及原始定义】 陕西区测队（1966）建组于镇安县程家乡岭沟村（见《1∶20万安康幅地质图说明书》）。原始定义：由深灰色钙质页岩及砂质页岩组成，上部夹砂岩及鲕状灰岩凸镜体。

【沿革】 创名后未见更动。本次对比研究认为岭沟组岩性特征明显，上、下界线标志清晰，可以构成单独的岩石地层单位。

【现在定义】 由灰色、浅灰绿、黄褐灰色薄层或页片状钙质粉砂质板岩、泥灰岩组成，夹泥晶灰岩、薄层钙质粉砂岩等。下与金鸡岭组薄层碳酸盐岩为平行不整合接触，缺失上覆地层。

【层型】 正层型为镇安县西口区“程家川岭沟剖面”（109°22′56″，33°19′20″），由陕西区

① 陕西省地质局区域地质测量队，1967，东秦岭地层。

测队（1966）测制。

岭沟组　总厚度 698.0 m

2. 深灰、黄褐色含钙质泥岩，含泥微晶灰岩，夹钙质砂岩，上部夹灰岩凸镜体。产双壳类 *Leptochondria illyrica*?，*L. subillyrica*。（未见顶）　591.0 m

1. 浅灰绿色钙质、砂质页岩、钙质砂岩　107.0 m

——————— 平行不整合 ———————

下伏地层：**金鸡岭组**　角砾状灰岩、灰质页岩

【地质特征及区域变化】　为一套灰绿色、黄褐色钙质砂页岩，含泥微晶灰岩及含钙质泥岩组成，以单层呈页片状或薄层状为主要特征，夹核形石灰岩及叠层石灰岩。厚 698～957 m。时代为中三叠世。

展布于镇安县程家川复向斜中部，其中以岭沟及熨斗滩发育较好。自西向东，厚度由厚变薄。

大冶组　Td　（06-61-0812）

【创名及原始定义】　谢家荣（1924）建立于湖北省大冶县城北的铁矿附近，原称大冶石灰岩。原始定义："指位于炭山湾煤系与武昌煤系之间的地层。为灰、白灰色薄层石灰岩，广泛分布于大冶以北之山丘地带，其最下部可相变为 30～40 m 的一层钙质页岩和黄色页岩。在大冶保安东北一带，该层页岩有头足类等化石，它们为二叠纪生物群。总厚约 500 公尺。其时代：下部为二叠纪？上部薄层灰岩地质时代可能为三叠纪。"

【沿革】　西安地质学院（1978）① 首先将大冶组一名引入西乡一带。史秉德（1985）② 将前人（黄汲清、赵亚曾，1931；四川省第二区测队，1970；陕西地层表编写组，1983）在宁强、南郑、镇巴一带划分的飞仙关组或铜街子组改称大冶组，本书划分的大冶组同于上述划分意见。

【现在定义】　灰色、浅灰色薄层灰岩为主。中、上部夹中—厚层状灰岩，时而夹鲕状灰岩、白云质灰岩或白云岩化灰岩；下部为含泥质灰岩或黄绿色页岩。其底界以页岩与下伏大隆组硅质页岩、硅质岩整合接触，或以其薄层状灰岩与下伏吴家坪组灰色中厚层灰岩整合接触；顶界与上覆嘉陵江组白云岩整合接触。

【层型】　湖北省地层对比研究小组指定选层型为"大冶沙田大冶组实测剖面"。位于湖北省大冶县保安镇沙田煤矿住宅南址，见湖北区测队（1977）《1∶5 万铁山幅区域地质调查报告》。省内次层型为镇巴县简池乡渔洞河白溪—瓦石坪"镇巴县简池坝渔洞河剖面"（107°34′20″，32°29′），由四川地质局 210 队（1965）③ 测制。

【地质特征及区域变化】　省内典型地点——镇巴简池坝以发育灰、蓝灰和少量紫红色等杂色碳酸盐岩为特点。下部第一、二段以生物碎屑灰岩、白云岩为主，上部第三、四段以泥质灰岩为主，夹泥质白云岩。总厚 78～702 m。南郑县梁山大冶组底部薄层灰岩产以牙形刺 *Neospathodus peculiaris* 和双壳类 *Claraia wangi* 为代表的生物组合。镇巴县简池坝大冶组产双壳类 *Claraia* sp. 等化石。鄂西、川、黔大冶组所产双壳类、菊石 *Lytophiceras* sp. 及牙形

① 西安地质学院，1978，1∶5 万西乡幅地质普查报告。
② 史秉德，1985，陕西的三叠系。
③ 四川地质局 210 队，1965，镇巴县简池坝三叠系地质剖面测量初步总结报告。

刺 *Neospathodus dieneri* 化石，都是我国早三叠世早期的重要化石。因此，大冶组时代为早三叠世。

展布于镇巴、西乡、南郑及宁强关口坝等地。镇巴、西乡较为发育。南郑、宁强出露零散，且钙质碎屑岩夹层增多，页片状构造发育，相似飞仙关组的外观特征。厚度变化在 78～403 m 之间。总的规律是东薄西厚。

嘉陵江组 T*j* (06-61-0813)

【创名及原始定义】 赵亚曾、黄汲清（1931）创建于四川广元以北的嘉陵江边，原称嘉陵江石灰岩。原始定义：嘉陵江石灰岩位于前项地层（飞仙关系——笔者）之上与之呈整合接触。大部为薄层状之黄色或淡灰色之致密石灰岩，厚约 600 m。

【沿革】 1931 年赵亚曾、黄汲清在创名嘉陵江石灰岩时已指出该石灰岩“只见于大巴山及四川”，其中的大巴山即为陕西宁强至镇巴一带。中国地质学编辑委员会和中国科学院地质研究所（1956）将嘉陵江石灰岩二分，下部灰岩夹页岩地层称铜街子组，上部碳酸盐岩地层称“嘉陵江系”或“巴东系”。1970 年四川省第二区测队在镇巴一带将“嘉陵江系”或“巴东系”二分，下部含膏盐的白云岩、灰岩地层称嘉陵江组，上部的白云岩地层称雷口坡组。本书划分的嘉陵江组其涵义相同于四川省第二区测队的划分方案。

【现在定义】 嘉陵江组主要由白云岩、盐溶角砾岩、灰岩、泥质灰岩、含泥质白云质灰岩组成。按岩石组合特点可分成四个段，其特征是第二、四段为主要含膏盐层位；第一、三段生物较发育。与上下接触皆为整合关系。顶部以层面含沥青及碳质的白云质灰岩底面或以一层粘土岩底面与上覆关岭组或雷口坡组、巴东组分界；底部以紫色薄层泥质白云岩夹钙质页岩顶面与下伏大冶组分界。

【层型】 正层型为四川省“广元县飞仙关—须家河剖面”，位于四川省广元县城北嘉陵江东岸川陕公路上。四川区调队（1978）重测①。省内次层型为“简池坝剖面”（107°33′50″，32°26′50″），位于镇巴县简池乡上坝—三道坪，由四川地质局 210 队（1965）测制②。

【地质特征及区域变化】 省内典型地点——镇巴简池坝一带，岩性自下而上分为四段。第一、三段以泥质灰岩夹生物碎屑灰岩为主；第二、四段以泥质白云质灰岩为主，含膏盐层，其特点是盐溶角砾岩夹层突出。厚 430～1 335 m。

本省各地所产腕足类 *Diholkorhynchia sinensis*；菊石 *Anasibirites*, *Subcolumbites*, *Procarnites*, *Albanites* 等化石中，均有早、中三叠世的重要分子。因此，推断嘉陵江组的时代应属早—中三叠世。

展布于镇巴、西乡、南郑等地，以镇巴、西乡较为发育。西乡一带盐溶角砾岩显著减少，生物灰岩也减少，厚度变化较大，为 247～867 m；镇巴厚 240～1 200 m。

关岭组 T*g* (06-61-0814)

【创名及原始定义】 许德佑（1939）创建于贵州省关岭县城旁营盘山，称关岭系。原始定义：本组为灰白色薄层石灰岩，风化表面具蠕虫痕迹，夹有黄绿色及杂色页岩，时代归安尼锡克层。

【沿革】 陕西地层表编写组（1983）以本省与川北相连属同一地层分区，在地层划分中

---

① 四川省地层表编写组，1978，西南地区区域地层表·四川省分册。
② 四川地质局 210 队，1965，镇巴县简池坝二叠系地层剖面测量初步总结报告。

引用“雷口坡组”名称。下伏嘉陵江组，上覆小塘子组，完全与川北划分一致。

本次对比研究认为这一划分方案基本符合我省实际，也符合岩石地层单位划分准则。从岩性组合、上下界线等与本省均可对比。但中南区地层清理项目办公室1993年5月在广西桂林主持召开的有云、桂、川、黔、湘、鄂六省（区）参加的协调会议上决定停用雷口坡组一名，而统一使用雷口坡组的同物异名单位名称“关岭组”，因此，本书为与中南大区一致，而使用“关岭组”。考虑小塘子组在本省无分布，上覆地层直接为须家河组。故停用雷口坡组及小塘子组。

【现在定义】 指整合于嘉陵江组和法郎组、改茶组之间或不整合于火把冲组之下的一套富含双壳类化石的黄绿等杂色页岩、浅灰色中厚层灰岩及厚层白云岩地层。底以杂色页岩与嘉陵江组白云岩或盐溶角砾岩划界；顶以白云岩或白云质灰岩与法郎组竹杆坡段及改茶组薄至中厚层灰岩或火把冲组砂页岩划界。

【层型】 正层型为“贵州关岭永宁镇三叠系剖面”，位于贵州关岭永宁镇至黄土塘。见：1959年王钰、陈楚震等《贵州西南部三叠纪地层》。省内次层型为镇巴县简池乡“简池坝剖面”（107°33′50″，32°26′50″），由四川地质局210队1965年测制。

【地质特征及区域变化】 以泥灰岩、泥质白云质灰岩为主，夹黑色页岩、生物灰岩及鲕状灰岩。厚172～475 m。本书据本组所产双壳类 *Asoella paradoxica*, *Myophoria radiata hsüi*；菊石 *Progonoceratites pulcher*；腕足类 *Mentzelia* sp. 等化石，其时代应为中三叠世晚期。

分布于镇巴、西乡一带。部分地区夹有少量盐溶角砾岩及角砾状白云岩。蟠龙山西侧厚240～475 m；东侧厚207～268 m。

须家河组 Tx (06-61-0815)

【创名及原始定义】 赵亚曾、黄汲清（1931）创名于四川广元县城附近须（徐）家河，原称须家河系。原始定义为：须（徐）家河系直接覆于嘉陵江石灰岩之上的一套黄色砂岩与灰黑色页岩地层。砂岩不同层位常夹煤线，最重要的煤层见于本系顶部，厚度小于或等于3米。

【沿革】 赵亚曾、黄汲清（1931）将李希霍芬（F V Richthofen，1872）创立的“广元煤系”更名为须（徐）家河系，但使用者不多。1974年在“西南地区中生代地层座谈会”上与会代表建议将须家河系下部的海相含煤层命名小塘子组，其上的地层仍称须家河组，并在全四川盆地使用。陕西境内划分的须家河组首先见于《1∶20万镇巴幅（I-48-[XXXVI]）区域地质测量报告》（四川省第二区测队，1970），代表关岭组之上，白田坝组以下的含煤碎屑岩地层。陕西185煤田地质勘探队（1976）将上述须家河组下部的泥岩、砂质灰岩、泥灰岩夹煤线的地层划归小塘子组，其上为须家河组①。此一划分意见被陕西地层表编写组（1983）引用于镇巴县长岭一带。本次对比研究认为：省内关岭组之上均系陆相沉积，不存在划分小塘子组的岩性，故仍采纳四川省第二区测队的划分方案。

【现在定义】 须家河组由上、下两部分组成，下部以泥岩及含菱铁矿结核的粉砂岩为主，夹砂泥质灰岩，含煤线；上部中粗粒长石石英砂岩、含砾长石砂岩、泥岩，夹多层薄煤层及煤线，含菱铁矿等。与上、下地层均为平行不整合接触。与上覆白田坝组以含砾粗砂岩或砾岩底面分界，以含菱铁矿的碎屑岩底面与下伏关岭组或雷口坡组灰岩分界。

【层型】 正层型为“广元飞仙关—须家河剖面”，位于四川省广元县城北须家河嘉陵江

---

① 陕西185煤田地质勘探队，1976，镇巴煤田三叠系、侏罗系划分对比。

东岸。省内次层型为镇巴县“响洞子龙塘河剖面”（107°59′40″，32°12′50″），由陕西185煤田地质勘探队（1976）测制。

【地质特征及区域变化】 省内主要为一套灰、深灰色中—厚层长石石英砂岩，夹粉砂岩、泥岩、薄煤层、煤线及菱铁矿，顶部偶见泥灰岩，厚11～320 m。

本组中产须家河植物群的 *Dictyophyllum*，*Cladophlebis*，*Ptilozamites* 等重要化石，与我国南方及东南亚晚三叠世植物群面貌相似，代表了晚三叠世中晚期的总貌。因此，须家河组时代为晚三叠世中晚期。

本组发育于镇巴、西乡地区，出露范围不广，厚度变化大。镇巴简池坝、响洞子、三元坝一带厚36～320 m；伍家垭、周家湾、九阵坝、过街楼等地厚11～53 m；西乡堰口厚112 m。

第二节 生物地层

一、泥盆纪生物地层

根据陕西化石的分布，要划出生物地层单位的地区仅限于南秦岭-大别山地层区。计有腕足类、珊瑚、牙形刺、层孔虫、双壳类、腹足类、介形类、菊石、鱼类、植物等十余个门类，其中较为常见的以前四类为主。早泥盆世地层中化石稀少，仅局部零星见有双壳类、腹足类、介形类等，基本不具备生物地层单位划分条件。中至晚泥盆世，生物群面貌发生了较大变化，出现了以腕足类、珊瑚为主，牙形刺、层孔虫等次之的生物类群，一般分布范围较广泛，但具备生物地层单位划分基础的只有前二者。

区内生物地层研究程度总体较低，仅杜定汉等（1987）在《陕西秦巴地区泥盆系研究》一文中涉及。杜氏等按地区和岩石地层单位序列，将本区生物地层划分如下：

凤县—旬阳地层：自下而上划分为

①*Paramoelleritia subtrapezoidalis*（介形类）组合带

②*Lyrielasma shaanxiensis-Euryspirifer*（珊瑚、腕足类）组合带

③*Athyrisina-Utaratuia*（腕足类、珊瑚）组合带

④*Sociophyllum orientale-Billingsastraea* cf. *subspciosa*（珊瑚）组合带

⑤*Syringopora eifeliensis-Caliapora uralica*（珊瑚）组合带

⑥*Stringocephalus obesus-Undispirifer undiferus*（腕足类）组合带

⑦*Ancyrodella rotundiloba alata*（牙形刺）组合带

⑧*Cyrtospirifer sinensis-Disphyllum kostetskae*（腕足类、珊瑚）组合带

⑨*Yunnanella-Yunnanellina*（腕足类）组合带

⑩*Polygnathus styriacus-Palmatolepis quadrantinodosa inflexa*（牙形刺）组合带

⑪*Palmatolepis gracilis gonioclymeniae-Palmatolepis gracilis expansa*（牙形刺）组合带

下高川地区：自下而上划分为

①*Eolepidodendron-Sublepidodendron*（植物）组合带

②*Cyrtospirifer sinensis-Disphyllum kostetskae*（腕足类、珊瑚）组合带

③*Yunnanella-Yunnanellina*（腕足类）组合带

以上所划各组合带，其中凤县—旬阳地区的8、9组合带与下高川地区的2、3组合带为同名同物，应当合并。此外，凤县—旬阳地区3、6组合带有两条剖面控制，其余各组合带仅

为一条剖面或非剖面所采的化石点，多不具备建立生物地层单位的条件。本次对比研究经合并与取舍，在泥盆纪生物地层划分中，保留 4 个单位，即两个腕足类、珊瑚组合带，两个腕足类组合带。

1. 腕足、珊瑚类

①*Athyrisina-Utaratuia* 组合带

杜定汉等(1987)创名于旬阳县洛河蜂子沟石家沟组剖面第 2—3 层。以腕足类 *Athyrisina* 和珊瑚 *Utaratuia* 出现为特征。主要属种有腕足类 *Athyrisina squamosa*，*A.* cf. *rhomboidalis*，*A. striata*；珊瑚 *Utaratuia qinlingensis*，*Dendrostella* sp.，*Dialythophyllum* sp. 等。地层以薄、中层泥质灰岩、泥质生物灰岩及砂质灰岩为主夹少量板岩，厚 40.1～109 m，垂向分布范围大致相当石家沟组下部至中部，时代属中泥盆世早期。

本组合带仅见于凤县、旬阳等地石家沟组，可与曹宣铎（1987）于甘肃迭部建立的珊瑚 *Utaratuia-Dialytophyllum* 组合带对比。

②*Cyrtospirifer sinensis-Disphyllum kostetskae* 组合带

杜定汉等（1987）创名于镇巴县兴蜂场火焰溪剖面的第 5—12 层。以腕足类 *Cyrtospirifer sinensis* 和珊瑚 *Disphyllum kostetskae* 大量富集为特征。共生的属种有：腕足类 *Cyrtospirifer pekinensis*，*C. subextensus*，*Spinatrypa lungkouchungensis*，*Desquamatia xinhuaensis*；珊瑚 *Disphyllum*，*Pseudozaphrentis* 等。地层以泥质灰岩为主夹绢云板岩，厚 37.5～184.7 m。分布范围大致相当蟠龙山组下部和铁山组下部。时代为晚泥盆世早期。

本组合带主要分布于西乡、镇巴、旬阳一带的蟠龙山组、铁山组。与张研（1987）在甘肃迭部地区(擦阔台组下部)建立的 *Cyrtospirifer-Theodossia-Ptychomaletochia shetiechiaoensis* 腕足类组合带可大致对比。与曹宣铎（1987）在甘肃迭部建立的 *Sinodisphyllum-Pseudozaphrentis* 珊瑚组合带亦可较好对比，因二者中均含 *Disphyllum* 和 *Pseudozaphrentis*。

2. 腕足类

①*Stringocephalus obesus-Undispirifer undiferus* 组合带

杜定汉等（1987）创名于凤县瓦房坝杨家河老屋张家剖面。以 *Stringocephalus obesus*，*S. burtini*，*Undispirifer undiferus* 大量出现为特征，伴生分子还有 *Stringocephalus grandis*。地层以中厚层灰岩为主夹少量板岩、泥灰岩。厚 34.8～248.2 m。垂向分布范围大致相当古道岭组下部。时代为中泥盆世晚期。

本组合带主要分布于凤县、旬阳等地古道岭组，其中因含 *Stringocephalus burtini*，与张研（1987）在甘肃迭部地区（下吾那组顶部）建立的 *S. burtini* 顶峰带有一部分可能相当。我国广西东岗岭组上部产有本组合带中的 *S. burtini* 和 *Undispirifer undiferus*，说明 *Stringocephalus obesus-Undispirifer undiferus* 组合带是一个具有广泛对比意义的生物地层单位。

②*Yunnanella-Yunnanellina* 组合带

系由田奇瑀(1938)创名于湖南省新化地区的 *Yunnanella synplicata* 带，*Y. supersynplicata* 带，*Yunnanellina hanburyi* 带，*Y. hanburyi* mut. *latiformis* 带演化而来。杜定汉等（1987）首先在省内旬阳、高川等地将其划出，并称为 *Yunnanella-Yunnanellina* 组合带。

本组合带以出现 *Yunnanella* 和 *Yunnanellina* 为特征，伴生属种有 *Tenticospirifer* cf. *hsikuangshanensis*，*T.* cf. *tenticulum*，*Ptychomaletoechia sublivoniciformis*，*P. hunnanensis*，*Productellana* cf. *linglingensis* 等。其中以普遍不含珊瑚为另一特征。地层以泥质灰岩为主夹板岩，厚 32～90.9 m，其垂向分布范围大致相当蟠龙山组上部。时代为晚泥盆世晚期。

Yunnanella 和 *Yunnanellina* 是一个分布颇为广泛的动物群，根据许汉奎（1979）研究，其分布范围从我国华南地区向西北延至龙门山、秦岭，经南天山，然后伸入哈萨克斯坦、新地岛，在全球形成了东南—西北向的条带分布。

二、石炭纪生物地层

综观陕西省石炭纪地层，岩性较为复杂、地层多不连续、生物化石不够丰富。惟镇安县西口地区晚石炭世地层岩性单一、化石丰富、与早二叠世地层连续发育，从 60 年代开始一直受古生物工作者所关注。进行生物地层工作的主要有地科院三室（1961—1963）、丁培榛等（1965—1989）、王国莲、孙秀芳等（1973）。他们主要是建立了䗴带。此外，陕北陆相地层发育丰富的古植物，70 年代末—80 年代初，陕西省煤田地质勘探公司 131 队、139 队及陕八队对其植物组合进行了详细的研究、对比。现分述如下：

1. 䗴带

①*Pseudostaffera subsphaeroides* 带

王国莲、孙秀芳（1973）在镇安县西口建立，由于对该带地层及生物未做详细工作，分布不详。

②*Fusulina-Fusulinella* 带

李四光(1930)在宁镇山脉“黄龙群”中自下而上建立了含 *Fusulina cylindrica*，*Fusulinella pseudobocki* 的 Mβ 带，含 *Fusiella typica*，*Profusulinella parva* 的 Mα 带。盛金章（1958）在辽宁太子河流域建立了 *Fusulina-Fusulinella* 带。陈旭、盛金章(1965)将 Mα 带称为 *Fusulinella* 带，Mβ 带称为 *Fusulina* 带。王国莲、孙秀芳（1973）在镇安县西口建立了 *Fusulina quasicylindrica* 带（上部），*Fusulinella* 带（下部）。

由于省内资料较少，为了便于对比，本书称为 *Fusulina-Fusulinella* 带，以发育 *Fusulina*，*Fusulinella* 为特征，以 *Fusulinella* 出现到 *Fusulina* 的消失为该带的底界和顶界。

在西口剖面，该带位于距羊山组顶部 710～767 m 范围内，垂直分布 57 m。此外在晋冀鲁豫地层区的韩城湡水河、府谷一带也有分布。产在太原组下部灰岩夹层中。

③*Triticites* 顶峰带

1962 年盛金章、侯佑堂在广西宜山县德胜区“马平群”的下部建立了 *Triticites* 带，并指出 *Triticites* 一属可延至其上 *Pseudoschwagerina* 带，但在本带中数量最多。我国南方许多地方的马平组或船山组中都有发育。

镇安县西口的 *Triticites* 带最早由王国莲、孙秀芳（1973）确立，丁培榛等（1989）称为 *Triticites* 顶峰带。以 *Triticites* 大量发育为特征，该属种及个体数量均较多，个别分子可延至 *Robustoschwagerina* 顶峰带。从本带开始，旋壁发展进入一个新阶段，出现了蜂巢层，旋脊还很发育。

西口剖面，该带位于距羊山组灰岩之顶 592～701 m 范围内，垂直分布 118 m。除带化石外，共生的䗴尚有 *Quasifusulina*，*Hemifusulina*，*Rugosofusulina* 等。可以与我国南方马平组或船山组中的 *Triticites* 带对比。

④*Robustoschwagerina* 顶峰带

吴望始等（1979）在贵州普安县、晴隆县的“沙塘子组”上部和“龙吟组”中建立了 *Sphaeroschwagerina* 带，其上的“包磨山组”建立了 *Robustoschwagerina schellwieni* 带。盛金章（1962）曾在广西“马平群”上部建立了 *Pseudoschwagerina* 带（*Robustoschwagerina* 过去

包括在 *Pseudoschwagerina* 属中），*Robustoschwagerina* 带即广义的 *Pseudoschwagerina* 带的上部。

丁培榛等（1989）在镇安县西口羊山组中建立了 *Sphaeroschwagerina-Robustoschwagerina* 顶峰带。本带以个体大、圆球形或近球形的 *Robustoschwagerina* 大量发育为特征，伴有 *Sphaeroschwagerina*，*Zellia* 等。

在西口石门垭—芋道河剖面，该带见于羊山组偏下部，距顶 611.15 m 开始出现，垂直分布 23.6 m。除含 *Sphaeroschwagerina*，*Robustoschwagerina* 外，尚有较多的 *Zellia* 及较少的 *Schwagerina*，*Pseudofusulina*，*Rugosofusulina*，*Schubertella*，*Boultonia* 等。在三里冲—聂家沟剖面，距羊山组顶 516.90 m 开始出现，垂直分布 120.6 m。

该带大体相当于盛金章（1962），王国莲、孙秀芳（1973）建立的 *Pseudoschwagerina* 带，吴望始（1979）建立的 *Sphaeroschwagerina-Robustoschwagerina schellwieni* 带，肖伟民等（1986）建立的 *Pseudoschwagerina* 顶峰带—*Sphaeroschwagerina* 延限带。

2. 植物

①*Neuropteris gigantea-Linopteris brongniartii* 组合

李星学（1963）总结华北地区植物群后建立，称为欧美式组合。主要分子为 *Neuropteris gigantea*，*N. pseudogigantea*，*N. kaipingiana*，*Linopteris brongniartii*，*Sphenopteris obtusiloba* 等。在我省晋冀鲁豫地层区均有分布。渭北韩城澽水河剖面，该组合位于太原组底部，湖田段之上，垂直分布 18.7 m，产于灰色泥岩中。除上述分子外，还共生有鳞木、芦木的许多分子，如 *Lepidodendron* sp.，*Calamites suckowii*，轮叶 *Annularia pseudostellata* 等。洛河剖面，该组合位于太原组底部，垂直分布范围只有 3.5 m，与昆虫等共生。

②*Neuropteris pseudovata-Lepidodendron posthumi* 组合

李星学（1963）建立，也称早期华夏植物群。标准分子以 *Neuropteris pseudovata* 最为重要，其次有 *Lepidodendron posthumi*，*L. szeianum*，*Annularia pseudostellata* 等。分布在晋冀鲁豫地层区。在韩城澽水河剖面，该组合位于太原组上部，距顶 5.69 m 至距底 18.7 m 范围内，含 *N. ovata*，*Pecopteris feminaeformis*，*Lepidodendron posthumi*，*L. oculus felis* 等。铜川漆水河以富含鳞木为特色，位于山西组下部，距底 8.79 m，垂直分布范围只有 0.66 m。

以上植物组合均可与华北各地同名组合（或组合带）进行对比。

三、二叠纪生物地层

本省二叠纪地层发育齐全、生物化石丰富，南郑县梁山、镇安县西口、韩城—铜川及府谷一带均是研究生物地层的理想地区。卢衍豪（1956）首先在南郑县梁山测制了二叠纪地层剖面，共建立了 5 个䗴带、4 个珊瑚带，*Codonofusiella* 带系卢衍豪首创。王国莲、孙秀芳（1973）在镇安县西口，建立了 8 个䗴带及 1 个非䗴有孔虫带。赵嘉明（1981）在梁山及川北建立了珊瑚组合带。芮琳等（1984）在梁山吴家坪组上部发现了 *Palaeofusulina* 带，并建立䗴带 2 个，非䗴有孔虫带 3 个，珊瑚带 2 个及牙形刺带 1 个。丁培榛等（1989）在镇安县西口二叠纪地层中共建立 6 个䗴带，3 个珊瑚带及 5 个腕足类、菊石、双壳类组合带。丁蕴杰、夏国英等（1991）在西口石炭-二叠系界线附近建立了 8 个䗴带，4 个牙形刺组合带，4 个珊瑚带及腕足类组合带。本书只叙述分布广的䗴带、珊瑚带以及渭河以北发育的植物组合带。

1. 䗴带

自下而上有：

①*Eoparafusulina-Pseudofusulina* 组合带

由丁培榛等（1989）建立，以 *Eoparafusulina* 和 *Pseudofusulina* 繁盛为特点，个体及种的数量都十分丰富。

在镇安县西口石门垭—芋道河剖面，距羊山组顶部 587.55 m 开始出现，垂直分布 45.1 m，与带化石共生的䗴有 *Schwagerina*，*Schubertella*。

该带与贵州六枝、盘县一带的 *Eoparafusulina* 组合带（肖伟民等，1986）可以对比。

②*Pamirina-Biwaella* 顶峰带

王国莲、孙秀芳（1973）在镇安县西口剖面建立了 *Chinlingella*（即 *Pamirina*）带。丁培榛等（1989）建立了 *Pamirina-Biwaella* 顶峰带。本书采纳此种意见。

Pamirina-Biwaella 顶峰带"以个体小，旋脊显著和壳体呈纺缍形—筒形，隔壁褶皱不太强烈的 *Biwaella* 最丰富为特征"。

在西口石门垭—芋道河剖面，该带见于羊山组灰岩中下部，距顶 542.45 m 开始出现，垂直分布 96.5 m。与带化石共生的䗴有 *Paraschwagerina*，*Pseudofusulina*，*Schwagerina*，*Schubertella*，*Staffella*，*Nankinella*，*Eoparafusulina*。

该带相当于贵州碳酸盐台地相的六枝、盘县地区 *Pamirina darvasica* 延限带，惟 *Staffella* 较少，而 *Biwaella* 很多。

③*Misellina-Brevaxina* 延限带

李四光（1931）首先在南京附近栖霞组中建立了 *Misellina claudae* 带，该带在我国南方栖霞组中广泛存在。王国莲、孙秀芳（1973）在镇安县西口建立 *Misellina* 带。丁培榛等（1989）建立 *Misellina-Brevaxina* 顶峰带，大体与 *Misellina claudae* 带相当。

本书认为 *Misellina*，*Brevaxina* 两属虽然垂直分布不太一致，但层位稳定，地质历程短，称为延限带更能反映其性质。延限带"以化石个体小，初具较完善的拟旋脊为特征，以 *Misellina* 或 *Brevaxina* 首次出现为本带的开始，以 *Misellina* 消失为止"（丁培榛等，1989）。

在西口石门垭—芋道河剖面，该带在距羊山组灰岩顶部 445.95 m 处开始出现，垂直分布 207.78 m，产于泥晶、微晶灰岩中。与带化石共生的䗴有丰富的 *Parafusulina*，*Schwagerina*，*Pamirina*，*Sphaerulina*，*Pseudofusulina* 及 *Neoschwagerina*，*Chenella*，*Pseudoreichelina* 的个别分子。三里冲—五里坡剖面该带位于羊山组距顶 314.60～130.3 m 范围内，垂直分布 184.3 m。

该带大体相当于贵州南部 *Misellina claudae* 带（肖伟民等，1986）。

④*Cancellina-Pseudodoliolina* 顶峰带

Cancellina 带是盛金章（1962）在研究广西宜山县茅口组化石之后建立的，其中含 *Cancellina*，*Parafusulina*，*Verbeekina*，*Yangchienia*，*Pseudodoliolina* 等。王国莲、孙秀芳（1973）在镇安县西口羊山组上部建立 *Pseudodoliolina* 带，其下建立 *Cancellina* 带。丁培榛等（1989）称为 *Cancellina-Pseudodoliolina* 组合带，并认为 *Cancellina* 略早于 *Pseudodoliolina* 在地层中出现。本书称 *Cancellina-Pseudodoliolina* 顶峰带，以 *Pseudodoliolina* 富集成层，并伴有 *Cancellina* 共生为特点，以 *Cancellina* 首次出现为该带底界。*Pseudodoliolina* 个体大，拟旋脊窄而高、副隔壁发育，特征明显，易于识别。

在西口石门垭—芋道河剖面，见于羊山组顶部中厚—厚层微晶灰岩中，垂直分布 238 m，含 *Pseudodoliolina*，*Paraverbeekina*，*Chusenella*，*Neomisellina*，*Cancellina*，*Parafusulina*，*Verbeekina*，*Maklaya*，*Yangchienia* 等。三里冲—聂家沟剖面见于羊山组顶部，垂直分布 130.3 *m*。

该带大体与我国南方茅口期地层中的 *Neoschwagerina*（盛金章，1983）带相当。

⑤*Verbeekina-Neoschwagerina* 带

卢衍豪（1956）在南郑梁山建立 *Verbeekina-Neoschwagerina* 带，见于阳新组灰岩上部，并认为相当于黄汲清（1932）建立的 *Neoschwagerina craticulifera* 带。西安地质学院西乡普查队二分队（1977）在西乡县三郎铺杨家沟剖面及烧房沟剖面证实了该带的存在。

本带以含丰富的 *Neoschwagerina*，*Verbeekina* 个体及种群为特征。在杨家沟剖面见于阳新组灰岩中部，垂直分布 18.18 m，共生的有腕足类 *Orthotichia* sp.；在堰口烧房沟剖面垂直分布 7.7 m，共生的䗴有 *Pseudodoliolina chinghaiensis*。

该带与广泛分布于我国南方茅口期的 *Neoschwagerina* 带相当。

⑥*Yabeina-Neomisellina* 顶峰带

卢衍豪（1956）在南郑县梁山阳新组上部建立了 *Yabeina* 带，共生的䗴有 *Yabeina shiraiwensis*，*Sumatrina longissima* 等。盛金章（1983）在中国南方茅口期地层中建立了 *Yabeina-Neomisellina* 带。王国莲、孙秀芳（1973）在镇安县西口水峡口组中建立了 *Yabeina* 带（上部）、*Neomisellina* 带（下部）。丁培榛等（1989）称为 *Yabeina-Neomisellina* 顶峰带。本书认为 *Neomisellina* 与 *Yabeina* 常共生，高度富集，而且种群丰富，应称为 *Yabeina-Neomisellina* 顶峰带。

在镇安县西口石门垭—芋道河剖面，该带位于水峡口组中上部，垂直分布 435 m，产于硅质泥晶灰岩及砂质页岩中，共生的䗴有 *Chusenella*，*Schwagerina*，*Kahlerina*，*Yangchienia*，*Minojapanella*，*Codonofusiella*，*Rauserella*，*Verbeekina*。在三里冲—聂家沟剖面垂直分布 315.80 m。扬子地层区除南郑县梁山发现 *Yabeina* 外，其他地方由于一直未开展生物地层研究工作，尚未见报导。

镇安县西口一带的 *Yabeina-Neomisellina* 顶峰带与广泛分布于我国南方的 *Yabeina-Neomisellina* 带相当。与贵州南部相比（肖伟民等，1986），大致相当 *Neoschwagerina* 延限带的上部 *Afghanella schencki* 延限亚带—*Yabeina gubleri* 延限亚带—*Neomisellina multivoluta* 延限亚带。

⑦*Codonofusiella* 顶峰带

卢衍豪（1956）在南郑县梁山吴家坪组中建立 *Codonofusiella-Reichelina* 带。盛金章（1962）称为 *Codonofusiella* 带，并确认位于吴家坪组上部。芮琳等（1984）研究梁山凤凰山剖面后，认为 *Codonofusiella* 带位于吴家坪组下部。丁培榛等（1989）在镇安县西口的西口组和熨斗滩组中建立 *Codonofusiella* 顶峰带。以上两处建立的化石带均以 *Codonofusiella* 最丰富为依据，所以本书统称为 *Codonofusiella* 顶峰带。

本省的 *Codonofusiella* 顶峰带分布于两个地层区。在扬子地层区的南郑县梁山凤凰山剖面，该带位于吴家坪组下部，自该组出现灰岩的底部开始，垂直分布 209.54 m，为生物屑微晶灰岩，含䗴 *Codonofusiella*，*Nanglingella*，*Reichelina* 的多种分子。南秦岭-大别山地层区的西口石门垭—芋道河剖面见于西口组上部，距底 244.53 m 开始出现，垂直分布 122.53 m，为厚层生物碎屑泥晶灰岩，含 *Codonofusiella*，*Reichelina*，*Nanglingella* 多个种分子。三里冲—聂家沟剖面位于西口组上部，距顶 124.4 m 开始出现，垂直分布 91.5 m。

Codonofusiella 带在我国南部广泛分布于晚二叠世早期的灰岩中，本省的 *Codonofusiella* 顶峰带均可与之对比。

⑧*Palaeofusulina* 延限带

盛金章（1955）在江西、贵州、四川等地长兴组灰岩中发现了丰富的 *Palaeofusulina*，建立了 *Palaeofusulina* 带。1962 年他明确指出"*Palaeofusulina* 一属已成为长兴组最重要最标准化石之一"，"代表中国，甚至可以说代表世界上最高的一个䗴带"。

本省 *Palaeofusulina* 发育在两个地层区。在南秦岭-大别山地层区，王国莲、孙秀芳（1973）以镇安县西口剖面为研究重点，在龙洞川组中建立了 *Palaeofusulina* 带。在扬子地层区，芮琳（1984）以南郑县梁山凤凰山剖面为研究重点，在吴家坪组中上部建立了 *Palaeofusulina* 带及 *P. minima-Gallowainella* 亚带、*P. sinensis* 亚带。

本书称 *Palaeofusulina* 延限带，作为本省二叠纪地层位置最高的一个䗴带，以 *Palaeofusulina* 出现和消失为该带的底界和顶界。带化石的个体较小，属小—中等，旋壁很薄（二层式），代表䗴类发展的最高阶段。

镇安县西口龙洞川—马家碥剖面，该带位于龙洞川组中部，垂直分布 242 m，岩性为粉晶—泥晶生物碎屑灰岩，含䗴 *Paleaofusulina*，*Codonofusiella*，*Parananlingella*，*Reichelina*、*Nanlingella* 等。石门垭—芋道河剖面位于龙洞川组中下部，垂直分布 31.37 m。三里冲—聂家沟剖面在龙洞川组底部开始出现，垂直分布 290.70 m。南郑县梁山凤凰山剖面，位于吴家坪组上部，距底 252.10 m 开始出现，垂直分布 62.26 m，岩性为微晶生物屑灰岩，含 *Palaeofusulina*，*Nanlingella*，*Nankinella*，*Reichelina*，*Sphaerulina* 等。

Palaeofusulina 带在我国南方长兴组中广泛发育，本省 *Palaeofusulina* 顶峰带可以与之广泛进行对比。

2. 珊瑚

Hayasakaia-Polythecalis 组合带

黄汲清（1932）曾在狭义的栖霞灰岩中自下而上建立 *Stylidophyllum volzi* 带，*Tetrapora*（即 *Hayasakaia*）*elegantula* 带，*Polythecalis yangtzeensis* 带。盛金章（1962）用 *Hayasakaia elegantula* 带代表上述三个化石带的绝大部分。王建华（1979）重新研究南京地区栖霞组化石后认为，*Hayasakaia elegantula* 与 *Polythecalis yangtzeensis* 在许多地方混生，将两者合并，统称 *H. elegantula* 带，分布在"狭义栖霞灰岩"中，而 *Stylidophyllum volzi*（即 *Wentzellophyllum*）带的位置与 *Misellina claudae* 带相当，分布在"臭灰岩"中。芮琳等（1981）研究了华中—西南二叠纪地层中的化石后，建立了 *Wentzellophyllum-Hayasakaia-Polythecalis* 组合带，下部称为 *Wentzellophyllum-Szechuanophyllum* 亚带，上部称 *Polythecalis-Hayasakaia-Chusenophyllum* 亚带。卢衍豪（1956）在南郑县梁山阳新组下部，自下而上建立了 *Hayasakaia* 带、*Polythecalis* 带，分别相当黄汲清（1932）建立的 *H. elegantula* 带和 *P. yangtzeensis* 带。

赵嘉明（1981）在四川北川、江油及陕西南郑等地自下而上建立了 *Wentzellophyllum volzi-W. proliferum* 组合带、*Hayasakaia gigantea-H. subgigantea* 组合带及 *Polythecalis huangi-P. elongata* 组合带，并指出陕西未见有 *W. volzi-W. proliferum* 带。西安地质学校西乡普查队二分队（1977）在西乡测制三郎铺及堰口剖面时认为，*Hayasakaia* 分布时限长，在"栖霞组"顶部还有出现。

基于现在的研究水平，本书称为 *Hayasakaia-Polythecalis* 珊瑚组合带，以产 *Hayasakaia*，*Polythecalis* 为特征。

西乡三郎铺杨家沟剖面，该带产于阳新组下部，从该组最下层灰岩底部开始出现，垂直分布 17.47 m，产珊瑚 *Hayasakaia microspinosa*，*Tachylasma* aff. *elongatum*。

3. 植物

①*Emplectopteris triangularis-Taeniopteris* 组合

李星学（1963）在研究华北月门沟植物群之后，建立了 *Emplectopteris triangularis－Tae－niopteris* 系，“又根据其中某些植物在地层上发生的次序、盛衰状况及其所在岩石性质不同，再分为A、B两期或两个组合。”即A期 *Emplectopteris triangularis-Emplectopteridium alatum* 组合及B期 *Emplectopteris triangularis-Cathaysiopteris whitei* 组合。A期除代表化石外，主要有 *Taeniopteris multinervis*，*Lobatannularia sinensis*，*Sphenophyllum thonii*，*Callipteridium koraiense* 等。B期除代表化石外，主要有 *Lobatannularia sinensis*，*Cladophlebis nystroemii*，*Tingia carbonica*，*Callipteris conferta*，*Gigantopteris lagrelii* 等。

在本省，由于化石采集量不够，这两期植物群不易分开，所以称为 *Emplectopteris triangularis-Taeniopteris* 组合。

韩城涺水河剖面植物化石发育良好，上述主要分子全部存在，为陕西省代表剖面。产于距山西组底界16.67 m以上，至石盒子组下部69.6 m，垂直分布85.45 m，岩性为黄绿色细粉砂岩及灰色泥岩。耀县桃曲坡剖面还大量发育 *Taeniopteris* cf. *multinervis* 及 *Pecopteris taiyuanensis*，*P. anderssonii* 等，分布在山西组及石盒子组下部，垂直分布55.91 m。

②*Gigantopteris nicotianaefolia-Lobatannularia* 组合

李星学（1963）建立 *Gigantopteris nicotianaefolia-Lobatannularia* 系，也称晚期华夏植物群，并进一步划分两个组合，即A期 *G. nicotianaefolia-Lobatannularia heianensis* 组合，B期 *Rhipidopsis lobata-Ullmannia* aff. *bronnii* 组合。因为陕西省各剖面化石采集量少，两期的具体界线不易划分，统称为 *Gigantopteris nicotianaefolia-Lobatannularia* 组合。

在韩城涺水河剖面，自石盒子组顶界318.45 m开始出现，垂直分布176.45 m，含 *Gigantonoclea hallei*，*G. lagrelii*，*Lobatannularia linguiata*，*L. ensifolia*，*Neuropteridium coreanicum*，*Taeniopteris taiyuanensis* 等。产于灰色粉砂岩、泥岩、杂色粉砂岩中。铜川漆水河剖面垂直分布166.86 m。耀县桃曲坡剖面垂直分布103.91 m。

四、三叠纪生物地层

陕西省三叠纪的生物地层工作大约从19世纪末期开始，已有不少中外学者先后从事过这方面的研究，但比较系统的研究还是新中国成立以后进行的，主要有周明镇（1953）、斯行健（1956）、刘宪亭（1962）、钟小春（1964）、华宝钦（1965）、地质科学院（1980）、周统顺、周惠琴（1983）等。他们分别对鄂尔多斯地层分区的陆相生物群进行了专题研究，为生物地层工作奠定了基础，现根据前人资料，对陕西省三叠纪的生物地层单位提出以下的划分。

（一）华北地层大区

1. 介形类

①*Darwinula triassiana-D. parva* 组合

该组合系苏德英（1980）根据韩城薛峰川剖面、耀县石川河剖面和尚沟组中所产介形类化石建立的。主要组成分子有：*D. triassiana*，*D. parva*，*D. pseudoinornata*，*D. ingrata*，*D. rotundata* 和 *D. cuspicata* var. *dilucita* 等，“其组合特点是属种面貌单一”，时代属早三叠世。在耀县沮河剖面，上界为第110层，相当和尚沟组顶部，下界到第106层，大致相当和尚沟组的底界，厚约20 m。

②*Shensinella-Lutkevichinella* 组合

本组合系苏德英（1980）根据耀县石川河、铜川漆水河和韩城薛峰川等剖面二马营组所产介形类化石建立的。组成分子有 *Shensinella*，*Lutkevichinella*，*Darwinula* 等，计 3 属 10 种，前两属为主要分子，时代属中三叠世。在漆水河剖面，该组合上界在第 144 层，下界为第 74 层，大致相当二马营组的中部偏下，厚度约 285 m。

2. 叶肢介

①*Aquilonoglypta-Liolimnadia* 组合

本组合以 *Aquilonoglypta*，*Liolimnadia*，*Diaplexa*，*Cornia* 为主体分子，伴有 *Palaeolimnadiopsis*、*Gabonestheria*，*Lioestheria*，*Glyptoasmussia*，*Loxomicroglypta*，*Polygrapta*，*Dictyostriaca* 等。其含意与王思恩（1980）根据韩城薛峰川剖面、府谷戏楼沟剖面建立的和尚沟组叶肢介动物群一致，时代属早三叠世。在薛峰川剖面，该组合上界为第 5 层，下界为戏楼沟剖面第 3 层，大致相当和尚沟组的中上部层位，厚度约 40 m。

②*Euestheria-Howellites* 组合

本组合的涵义与王思恩等（1980）根据铜川、韩城两地剖面铜川组所产叶肢介化石建立的动物群概念基本一致。以 *Euestheria* 为主，其中 8 种占绝对优势，其次为 *Howellites* 的 2 个种，时代为中三叠世晚期。在铜川漆水河剖面，上界为第 26 层，下界为第 11 层，大致位于延长组中上部，厚约 645 m。

3. 古植物

①*Voltzia-Aipteris wuziwanensis* 组合

本组合的主要分子有 *Protoblechnum wongii*，*Nilssonia grandifolia*，*Aipteris wuziwanensis*，*Todites shensiensis*，*Baiera* sp.，*Sphenobaiera* sp. 等。其涵义与黄枝高、周惠琴（1980）建立的二马营组植物群相一致。在漆水河剖面，该组合上界为第 164 层，下界为第 72 层，大致相当于二马营组的中上部层位，厚约 371 m。

②*Annalepis-Tongchuanophyllum* 组合

本组合系杨遵仪、李子舜（1982）建立，主要根据铜川金锁关剖面，并结合延长县的延河和神木县窟野河剖面的化石资料建立的。其涵义与黄枝高、周惠琴（1980）命名的铜川组植物群总貌基本一致，组成分子除上述两属外，还有 *Equisetites*，*Neocalamites*，*Danaeopsis magnifolia*，*Pleuromeia*，*Glossopteris* 等。时代为中三叠世晚期。该组合在漆水河剖面，上界为第 13 层，下界为第 3 层；在窟野河剖面，上界为第 15 层，下界为第 8 层。厚约 57～351 m。大致位于延长组下部。

③*Danaeopsis-Bernoullia* 组合

斯行健（1956）称为 *Danaeopsis-Bernoullia* 系，代表延长植物群。黄枝高、周惠琴（1980）将延长植物群划分为上、下两个植物群，下部称铜川植物群、上部称延长植物群。杨遵仪、李子舜（1982）将延长植物群称为 *Danaeopsis-Bernoullia* 组合。本书采纳这种划分方案。组成分子主要有 *Danaeopsis fecunda*，*Bernoullia zerlleri*，*Todites shensiensis*，*Neocalamites*，*Cladophlebis*，*Thinnfeldia*，*Pterophyllum* 等 43 属约 100 余种，时代为晚三叠世。其分布范围在延长组中、上部—瓦窑堡组。另在丹凤县北部三里曼的五里川组亦有分布。

4. 双壳类

有 *Unio-Shaanxiconcha* 组合

本组合系杨遵仪、李子舜（1982）根据子长、铜川两地所产双壳类化石建立的组合。主要特点是 *Unio* 和 *Shaanxiconcha* 两属大量繁盛，约 12 种。时代为晚三叠世。在子长县清涧河剖面，上界在第 13 层，下界在第 4 层，大体与瓦窑堡组的第 2—4 段相当，厚度 163 m。

（二）华南地层大区

1. 菊石、双壳类

①*Lytophiceras-Claraia wangi* 组合

本组合包括菊石类 *Lytophiceras* 和 *Ophiceras*；双壳类 *Claraia wangi*，*C. wangi minor*，*C. griesbachi*，*Unionites fassaensis* 等。时代属早三叠世，本组合上、下界在甘肃两当县聂家湾—琵琶峡留凤关组剖面第 2—4 层，镇安县熨斗滩西山金鸡岭组剖面的第 1—8 层，西乡县堰口大冶组剖面的第 1—2 层，镇巴县简池坝渔洞河大冶组剖面第 6—12 层。本组合大致相当殷鸿福等（1992）在镇安县西口—道河剖面建立的 *Claraia stachei-C. intermedia multistriata* 组合带。在我国南方的大冶组、飞仙关组下部都可以划出本组合。

②*Progonoceratites-Asoella illyrica* 组合

本组合的成员有菊石 *Progonoceratites* cf. *robustus*，*P. pulcher*；双壳类 *Asoella illyrica*，*A. subillyrica*，*A. paradoxica*，*Myophoria* (*Costatoria*) *radiata*，*Myophoria* (*Neoschizodus*) *laevigata elongata* 等。共生的腕足类有 *Rhaetina angustaeformis* 等。时代为中三叠世。在简池坝剖面，下界为嘉陵江组的第 14 层，上界在关岭组的第 15 层。厚度约 580 m。镇安县岭沟剖面岭沟组的第 2 层产双壳类 *Asoella illyrica*，*A. subillyrica* 及 *Daonella* sp. 等，可与本组合带对比。

2. 双壳类

①*Eumorphotis multiformis-Claraia aurita* 组合

这一组合除上述两种外，尚有 *Claraia stachei*，*Myophoria* (*Neoschizodus*) cf. *laevigata* 等，以 *E. multiformis* 和 *C. aurita* 的大量繁盛为特征，时代属早三叠世，本组合的上界为简池坝渔洞河剖面第 12 层，下界在第 9 层，厚约 57 m，大体可与大冶组第 3 段到第 4 段下部的生物组合对比，与殷鸿福（1992）在镇安县金鸡岭—道河剖面建立的 *Claraia aurita* 带可以对比（金鸡岭组中下部层位）。岐山县后周公庙剖面的海相层生物组合也相当此组合带。

②*Entolium discites microtis-Pteria* cf. *murchisoni* 组合

这一组合除上述两属种外，尚有双壳类 *Myophoria* (*Leviconcha*) *ovata*，*Bakevellia costata*，*Gervillia mytiloides*；菊石 *Meekoceras* sp. 和 *Aspenites* sp. 等，时代属早三叠世晚期。在简池坝渔洞河剖面，本组合的上界为第 27 层，下界为第 4 层，大体相当嘉陵江组下部。甘肃两当县聂家湾—琵琶峡剖面留凤关组第 24 层所产菊石 *Anasibirites* sp.（厚度约 72～144 m），岐山后周公庙剖面海相地层中的 *Bakevellia costata*，*Gervillia exporrecta*，*Mytilus eduliformis subpraecursor*，*Palaeoneilo elliptica* 等，均系本组合的重要分子，其间可以对比。

③*Yunnanophorus-Trigonodus* 组合

系半咸水相的双壳类，为三叠纪双壳类最高的一个组合，时代属晚三叠世。其生物地层单位的界线大致相当于须家河组的下部。其中 *Yunnanophorus boulei* 最繁盛，其次尚有 *Trigonodus* 等属。

3. 古植物

Dictyophyllum-Ptilozamites 组合

本组合的组成分子有 *Dictyophyllum*，*Ptilozamites*，*Cladophlebis*，*Sinoctenis*，*Ctenis*，*Zamites*，*Podozamites* 等。其涵义与原须家河植物群一致。时代属晚三叠世。该组合带的范围大致与须家河组的上部层位相当。

第三节 年代地层

一、泥盆-石炭系界线

泥盆系与石炭系之间界线划分的争论旷日持久，直到第28届国际地质大会（1989）才最终确定了法国拉塞尔（La ssere）剖面为全球泥盆-石炭系界线正层型，中国桂林南边村剖面和德国的哈塞尔巴赫（Hasselbachtal）剖面为副层型。

这一界线的生物标志以牙形刺为主，菊石次之，另外有孔虫和古孢子亦可作为识别标志。位于界线附近的生物标志中，牙形刺属种以 *Siphonodella*，*Protognathodus*，*Palmatolepis gracilis expansa*，*P. gracilis gonioclymaniae*，*Pseudopolygnathus*，*Bispathodus costatus*，*B. ultimus*，*Polygnathus purus*，*P. communis* 等为主；菊石有 *Wocklumeria*，*Cyrtoclymenia*，*Imitoceras*，*Gattendorfia* 等；有孔虫为 *Quasiendothyra communis*，*Q. kobeituana*，*Chernyshinella* 等。

省内具上述部分生物标志并可较精确地划出泥盆-石炭系界线的地区仅限于华南地层大区的迭部-旬阳地层分区（VI_3^1）内凤县、山阳等地。

凤县、山阳县等地泥盆纪、石炭纪地层多为连续过渡。二者界线位于同一岩性之内。界线附近除出现丰富的深水相牙形刺外，同时也见有菊石、双壳类、三叶虫、有孔虫和介形虫等。而泥盆-石炭系的确切界线从铁山组或九里坪组的顶部之内通过。其划分沿革是：陕西区测队（1966）在山阳、柞水一带将界线置于九里坪组顶界。1968年，该队在凤县地区将界线划在与岩石地层界面一致的铁山组顶界。杜定汉、郭洪祥（1985）将凤县、山阳地区泥盆-石炭系界线划在铁山组或九里坪组的上部。

本次对比研究，根据铁山组和九里坪组的上部已发现的牙形刺等生物标志，与国际和国内泥盆-石灰系标准界线对比，采用杜定汉、郭洪祥（1985）的划分意见，即将界线划在出现牙形刺 *Palmatolepis gracilis gonioclymaniae* 与 *Siphonodella sulcata* 之间。

省内泥盆-石炭系界线参考剖面为凤县瓦房坝熊家山剖面。该剖面位于凤县瓦房坝乡熊家山北坡乡间简易公路旁，系杜定汉、郭洪祥等（1984）测制。上述泥盆-石炭系界线位于铁山组上部之内，距上覆地层袁家沟组底界 26.39 m 处的第19与第20层之间。界线上、下附近 62.49 m 的地层以灰、深灰色薄层灰岩为主，夹含碳板岩。界线之下 36.10 m 的地层内由下而上出现的生物标志有：牙形刺 *Palmatolepis gracilis gonioclymaniae*，*P. gracilis expansa*，*P. gracilis*，*P. gracilis sigmoidalis*，*Protognathodus* sp. 等；菊石 *Cyrtoclymenia* sp. 。界线之上 17.80 m 的地层内由下而上出现生物标志有：牙形刺 *Palmatolepis gracilis sigmoidalis*，*Siphonodella sulcata*，*S. duplicata*，*Polygnathus purus purus* 等；有孔虫 *Endothyranopsis*? sp. 。上述界线之下所获菊石 *Cyrtoclymenia*，时代仅限于晚泥盆世晚期。界线之上所见牙形刺 *Siphonodella sulcata*，*S. duplicata* 及有孔虫 *Endothyranopsis* 的时代均为早石炭世早期。显然，泥盆-石炭系界线在该参考剖面上当划在铁山组上部之内。

自参考剖面向东至山阳县北沟寺社岭沟一带，泥盆-石炭系界线可划在九里坪组上部之内、距袁家沟组底界 89.81 m 处的灰色薄层条带状灰岩与绢云板岩互层内。泥盆-石炭系界线之下有牙形刺 *Palmatolepis gracilis sigmoidalis*，*Pseudopolygnathus marburgensis trigonicus*。界线之上有生物标志牙形刺 *Siphonodella duplicata*，*Pseudopolygnathus denlilineatus*，*P. triangulus* 等。与参考剖面相比，工作程度较低，所见生物门类单调。

本省境内泥盆-石炭系界线附近牙形刺颇为丰富，许多属种具有良好的年代地层划分意义。已发现的界线点并不限于上述两处，但多因微古样品采集间距偏大，与界线工作精度要求尚有差距，显示出的生物标志不十分连续。就目前省内泥盆-石炭系界线附近已发现的化石种类而言，总貌与侯鸿飞等（1985）论述我国贵州睦化地区的界线生物种类颇为相似。

二、石炭系与二叠系的界线

石炭系与二叠系的界线是一个世界性问题，至今未有一个确定的定义可供参考。我国传统的界线与美国、前苏联、日本不同。如何进行对比，众说纷纭。

70 年代以前，我国的学者认识比较统一，一般均以 *Pseudoschwagerina* 带的上限为石炭系的顶界，*Misellina claudiae* 带或 *Schwagerina scherhyschewi* 带的下限为二叠系的底界。这条界线是依据界线上、下生物面貌不同、灰岩颜色不同，界线的上、下地层之间存在间断面而确定的。

70 年代开始，许多地方陆续报道在 *Pseudoschwagerina* 带与 *Misellina* 带之间发现了“过渡层”。对“过渡层”的时代归属有不同的认识，因此 C－P 界线的确定也就发生了分歧（表 4-4）。

表 4－4 陕西镇安西口石炭系—二叠系界线划分沿革表

<table>
<tr><th colspan="2">王国莲等（1973）</th><th colspan="3">丁培榛等（1989）</th><th colspan="3">丁蕴杰等（1991）</th><th>本书</th></tr>
<tr><td rowspan="3">下二叠统</td><td rowspan="3">Misellina Z.
Chinlingella Z.</td><td>中二叠统</td><td>栖霞阶</td><td rowspan="5">Misellina-Brevaxina Ac-Z.
Pamirina-Biwaella Ac-Z.
Eoparafusulina-Pseudofusulina A-Z.
Sphaeroschwagerina-Robustoschwagerina Ac-Z.</td><td rowspan="3">下二叠统</td><td>栖霞阶</td><td>Misellina claudiae Z.
Brevaxina Z.</td><td rowspan="2">下二叠统</td></tr>
<tr><td rowspan="4">下二叠统</td><td rowspan="4">（阶未定）</td><td>桠口阶</td><td>Pamirina Z.</td></tr>
<tr><td>范家河阶</td><td rowspan="4">Mccloudia Z.
Robustoschwagerina Sphaeroschwagerina Z.
Pseudoschwagerina Z.
Triticites Z.</td><td rowspan="4">上石炭统</td></tr>
<tr><td rowspan="3">上石炭统</td><td rowspan="3">Pseudoschwagerina Z.
Triticites Z.</td><td rowspan="3">上石炭统</td><td>上杨家河阶</td></tr>
<tr><td>下杨家河阶</td></tr>
<tr><td>上石炭统</td><td>马平阶</td><td>Triticites Ac-Z.</td><td>逍遥阶</td></tr>
</table>

确定划分石炭系与二叠系界线的标准生物类群虽然国际上没有确定，但是符合地质历程短、演化快、分布广这三个条件的生物，显然首推䗴类。因此本书以䗴类作为讨论本省划分 C-P 界线的依据。

镇安县西口地区石炭纪晚期至二叠纪早期，地层连续、岩性单一、生物丰富，是研究地层界线的理想地区之一。因此吸引了众多地质工作者前来研究。

60 年代陕西区测队、地质科学院三室在秦岭工作时，都采用传统的界线，即以 *Misellina*

claudiae 的出现为早二叠世的开始。

王国莲、孙秀芳（1973）在 *Misellina claudiae* 带之下发现了“*Chinlingella*”（即 *Pamirina*）带，将二叠系的下界划在“*Chinlingella*”带之底。丁培榛等（1989）以广义的 *Pseudoschwagerina* 的出现作为二叠系的底界。这条界线接近前苏联、英、日的石炭系与二叠系界线。丁蕴杰、夏国英（1991）以 *Mccoloudia* 带的下线为二叠系的底界。

本书认为除丁培榛等人所划界线较低外，其他几个界线方案均较接近。这是随着工作不断深入，化石依据越来越充分的情况下，使界线研究越来越接近客观。

丁培榛在 *Sphaeroschwagerina-Robustoschwagerina* 带之上及 *Pamirina-Biwaella* 带之下建立了 *Eoparafusulina-Pseudofusulina* 带。丁蕴杰等人在 *Robustoschwagerina-Sphaeroschwagerina* 带之上及 *Pamirina* 带之下建立了 *Mccloudia* 带。*Mccloudia* 与 *Eoparafusulina* 是同一演化系统中亲缘很近的分子。本书认为 *Mccloudia* 带与 *Eoparafusulina-Pseudofusulina* 带大体相当。由于 *Mccloudia* 带中尚有假希瓦格䗴亚科的分子残存。可以看出，*Mccloudia* 带或 *Eoparafusulina-Pseudofusulina* 带与其下的 *Robustoschwagerina-Sphaeroschwagerina* 带关系密切，可以笼统地归入 *Sphaeroschwagerina-Robustoschwagerina* 带中。因此本书同意将 *Pamirina-Biwaella* 带之底作为二叠系底界。*Eoparafusulina-Pseudofusulina* 带之顶作为石炭系的顶界。

三、关于石炭系、二叠系建“阶”的讨论

1. 石炭系建“阶”的讨论

（1）逍遥阶

丁蕴杰等(1992)命名。层型在镇安县西口石门垭。“该阶之底界以䗴 *Obsoletes-Montiparus* 亚带化石及具蜂巢层旋壁的 *Pseudotriticites* 的始现和牙形石 *Streptognathodus elegantula* 的始现。上界止于 *Pseudoschwagerina* 的出现之底。

（2）下杨家河阶

丁蕴杰等（1992）命名于镇安县西口石门垭剖面，“以䗴 *Occidentoschwagerina* 的始现和假希瓦格䗴亚科分子的新生及牙形石 *Streptognathodus elongatus* 的始现作为底界，止于 *Robustoschwagerina* 的新生。代表狭义的 *Pseudoschwagerina* 带”。

（3）上杨家河阶

丁蕴杰等（1992）命名，描述为：“该阶底界始于䗴类 *Sphaeroschwagerina* 的始现，上界止于 *Mccloudia* 属的种群 *Schwagerina cushmani robusta* 等的结束或大量二叠纪 *Pseudofusulina moelleri* 等常见种群的产出之底”。镇安县西口石门垭剖面为建阶层型。

（4）范家河阶

丁蕴杰等（1992）建立于镇安县西口三里冲剖面。描述为：“底界为 *Mccloudia* 种群的䗴 *Schwagerina cushmani robusta*，*Pseudofusulina moelleri* 和珊瑚 *Szechuanophyllum*，*Wentzellophyllum*，*Chusenophyllum* 等首次产出之底”。上界止于䗴 *Pamirina* 属的出现。

2. 吴家坪阶的讨论

芮琳（1979）首先使用吴家坪阶一名，并对吴家坪期䗴类动物群进行了分析，认为是“一个以 *Codonofusiella* 和 *Reichelina* 为主的独特的䗴类动物群，其中不包含茅口期的任何特征分子，故可称为 *Codonofusiella* 带（动物群）”。但未叙述具体界线。盛金章、芮琳（1980）认为 *Gallowainella* 是长兴阶与吴家坪阶分界的标志之一。芮琳（1981）认为“*Codonofusiella*，

Liangshanophyllum-Lophophyllidium 组合带、*Edriosteges poyangensis* 组合可作为茅口阶与吴家坪阶的分界标记。将 *Palaeofusulina minima-Gallowainella* 亚带作为吴家坪阶与长兴阶的分界标志。”

芮琳等（1984）测制了南郑县梁山凤凰山剖面，并把该剖面下部当作吴家坪阶的层型，对吴家坪组灰岩的岩石性质、生物群特征及沉积环境进行了描述和讨论。建立了䗴类、非䗴有孔虫、牙形刺、钙藻、珊瑚化石带。指出“*Codonofusiella* 带、*Hemigordius wuchiapingensis* 组合带、*Liangshanophyllum lui* - *L. wuae* 组合带均可作为与茅口阶的分界标记”。

我国的二叠系至今没有正式建阶，人们使用各个阶的名称和涵义并不完全一致。“吴家坪阶”能否作为我国上二叠统的一个阶，目前还未详细论证。本书认为，吴家坪组命名在先，“吴家坪阶”的建立显然违背了地层规定的命名原则。此外，“吴家坪阶”的下界，位于岩性突变之间，不符合作界线层型的基本条件。关于上界，虽然岩性连续，但芮琳等人指出的分界标志参差不齐。如作为“吴家坪阶”顶部带化石的 *Hemigordius wuchiapingensis* 位于第 12 层，*Codonofusiella* 位于第 14 层，相距 10 m 之多。*Liangshanophllum lui* 及 *L. wuae* 在剖面中并未见及。作为长兴阶底界带化石的 *Gallowainella* 位于第 17 层，*Palaeofusulina minima* 位于第 18 层，*Waagenophyllum minutum* 位于第 19 层。因此，选用凤凰山剖面作为长兴阶与“吴家坪阶”的界线层型，还需进一步工作。

阶是年代地层最基本的单位，强调地质年代的等时性。本书认为，作为阶不宜划分过细，否则不能在大面积内、乃至全球内进行对比。以上 4 个阶的建立，尚属提议阶段，能否在我国通用，以及对界线层型上的生物地层、岩石地层、构造、古地理等方面的研究与规范要求相距甚远，今后还有许多工作要做。

四、二叠系与三叠系界线的划分

二叠-三叠系的界线划分原则和标志，有个共同的认识——即在二叠纪与三叠纪之交，发生过全球性的地质事件，在二叠系顶部形成富铱层；生物界发生了大量的更替，成为地质历史上最大的绝灭事件。其中最明显的有䗴、四射珊瑚、长身贝类、假提罗菊石等许多类别都在二叠-三叠系界线附近消失。鉴于上述原则和标志，莫斯科国际地质会议（1984）及二叠-三叠系界线工作组（1985）决议、多数委员通过的二叠-三叠系界线定义：采用 *Otoceras* 带之底为三叠系底界。

在二叠-三叠系界线的具体划分中，各地学者对界线的具体位置争议很大。被推荐为二叠-三叠系界线层型的四川广元上寺剖面，界线划分中就有五种方案的分歧意见。出现争议的原因：

（1）*Otoceras* 带分布的局限性，如在特提斯区较少见其踪影，而与其共生的 *Hypophiceras* 则分布广泛，因此建议在不产 *Otoceras* 的地区以 *Hypophiceras* 带或以牙形刺 *Anchignathodus parvus* 带作为三叠系底部的化石带；

（2）对 *Otoceras* 菊石的分类认识不一致（是二叠纪型还是三叠纪型的分歧）；

（3）对于产自三叠系底部牙形刺的分类和产出层位有不同的意见和认识；

（4）持不同观点，究以集群灭绝的主要线为准，还是以二叠纪类型最后灭绝线为依据。

本书原则上采用传统的二叠-三叠系界线划分定义，即以 *Otoceras* 带之底为二叠-三叠系的界线。结合我省二叠纪和三叠纪生物群发育的实际，采用修订后的传统定义：在没有 *Otoceras* 的地区，以共生的 *Hypophiceras* 带或牙形刺 *Anchignathodus parvus* 带作为三叠系底部的化石带；或者以杨遵仪（1987）的方案：二叠纪类型和三叠纪早期类型的混生动物群“过渡层”底部为三叠系底界。

本省二叠-三叠系界线的剖面在镇安县西口地区发育较好，现将殷鸿福等（1992）测制的西口一道河金鸡岭组剖面（略去上部无化石部分）叙述如下：

早三叠世金鸡岭组

7. 灰色、深灰色薄层泥灰岩，偶夹薄层含泥质灰岩及含海百合茎生物碎屑灰岩凸镜体。水平层理发育。顶部含双壳类 *Claraia parazhenanica*，*C. zhenanica* 36.30 m

6. 灰黑色薄层含云母粉砂质泥灰岩。产双壳类 *Claraia zhenanica*，*Promyalina problematica*；菊石 *Lytophiceras* sp.，*Ophiceras*sp. 105.10 m

5. 灰黑色薄层含粉砂质泥灰岩。底部含菊石 *Ophiceras* sp.；牙形刺 *Hindeodus minutus*，*H. parvus*，*Neospathodus* sp. 5.60 m

4. 深灰色—灰黑色薄层含粉砂质泥灰岩。含双壳类 *Claraia zhenanica*，*Eumorphotis inaequicostata*，*Towapteria scythicum*；牙形刺 *Hindeodus minutus*，*H. parvus*，*H.* sp.，*Lonchodina mulleri* 2.50 m

3. 深灰色薄层泥灰岩。上部含少量腕足类 *Uncinunellina* sp.；双壳类 *Claraia para zhenanica*，*Posidonia paragoldfussi*；菊石 *Ophiceras* sp. 0.30 m

2. 过渡层：深灰色薄层泥灰岩。含大量腕足类 *Araxathyris araxensis*，*Enteletina sinensis*，*Haydenella deminuta*，*Neowellerella triplicata*；少量菊石 *Hypophiceras* sp. 0.50 m

1. 深灰色薄层泥灰岩。含大量腕足类 *Crurithyris* cf. *subspeciosa*，*Haydenella kiangsiensis*，*Haydenoides* sp.，*Martinia* sp.，*Meekella langaiensis* 0.40 m

上述剖面的过渡层中产 *Hypophiceras* sp.，该菊石是四川广元上寺剖面 *Otoceras* 带的共生分子，同时又产大量长兴期腕足类 *Araxathyris araxensis*，*Haydenella deminuta*，*Neowellerella triplicata*。程家川金鸡岭组剖面的过渡层中产双壳类 *Bakevellia costata*，腕足类 *Crurithyris pusilla*，偶见 *Ophiceras* sp.，*Lytophiceras* sp.。

据殷鸿福等（1992）分析，三叠系底界为“过渡层”之底界，即金鸡岭剖面金鸡岭组底部 *Bakevellia costata* 层之底界，位于 *Claraia zhenanica*－*C. griesbachi* 组合带之下。

第四节　沉积特征及地层格架

一、凤镇-山阳断裂两侧泥盆纪地层的差异性

秦岭地处我国南、北两大陆块的接合部位，地质构造颇为复杂，历来为我国地质学界所重视。直到目前对本区一些基础地质问题的认识尚存分歧。尤以对其历史演化认识分歧较为明显。如李春昱等（1978）认为华北和扬子陆块对接完成于早古生代；王鸿祯等（1982）提出凤镇-山阳断裂是南、北大陆的分界线；杨森楠（1985）、杨巍然（1987）认为分开华北和扬子古陆的秦岭洋于元古代后期封闭，古生代至三叠纪的秦岭是陆间（陆内）裂谷发育的历史；张国伟（1981）主张南、北陆块的分界应是更靠北一点的黑河-砚池河断裂；周正国等（1992）亦认为凤镇-山阳断裂是分割华北大陆与扬子大陆的主要界线，两大陆块在泥盆纪尚未拼接为统一陆块。

由此可知，认识分歧的焦点是秦岭地区泥盆纪是否存在两个大陆边缘沉积体系，地层沉积类型的主要分界线在哪里。本次地层对比研究从东秦岭地区凤镇-山阳断裂南北两侧泥盆纪地层的差异性，对这一断裂是否为华北与华南大陆的分界线试做一探讨。

凤镇-山阳断裂自柞水凤镇向西经迷魂阵、宁陕江口、太白古脊梁及凤州一线进入甘肃省境内，从山阳向东沿商南过凤楼一线延入河南南阳盆地西缘。其两侧泥盆纪地层（图4－4）存

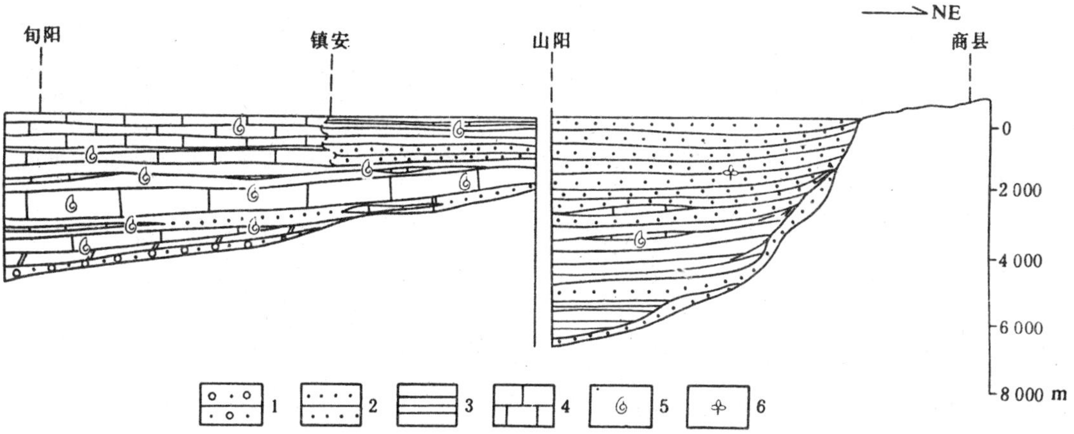

图4－4　华北地层大区与华南地层大区泥盆纪地层沉积差异图
（据刘本培等1992年论文修改成图）
1. 砂砾岩；2. 砂岩；3. 页岩；4. 灰岩；5. 动物化石；6. 植物化石

在着明显的差异。南侧地层发育较全，下、中、上三统俱有。岩石地层由下而上分为西岔河组、公馆组、石家沟组、大枫沟组、古道岭组、星红铺组、九里坪组和铁山组。断裂北侧只发育中、上统。岩石地层划分统称刘岭群，内分四个组，由下而上为牛耳川组、池沟组、青石垭组和桐峪寺组。断裂南、北两侧泥盆纪地层的差异主要表现在：断裂南侧泥盆纪地层的沉积特征与华南地层大区十分相似，生物群面貌几乎完全一致。如分布于石家沟组的 *Athyrisina-Utaratuia* 腕足类、珊瑚组合带、古道岭组的 *Stringocephalus obesus-Undispirifer undiferus* 腕足类组合带、铁山组的 *Yunnanella-Yunnanellina* 腕足类组合带及广见于九里坪组和铁山组顶部的牙形刺 *Palmatolepis*，*Siphonodella* 等，均为我国华南地区泥盆纪地层中常见的生物组合。据此可知凤镇-山阳断裂南侧的泥盆纪地层当属华南大陆北缘的沉积体系。

断裂北侧的泥盆纪地层，即刘岭群，除在无机沉积物特征上与断裂南侧存在明显的差异外，生物群面貌更是不同，其更多地显示出华北大陆边缘沉积体系的属性（表4－5）。据周正国等（1992）资料，此方面的证据有：

（1）沉积底盘向南倾斜

刘岭群上部（桐峪寺组）所夹灰岩中发育有准同生滑塌褶皱，据其包络面倾斜方向，判断出沉积底盘南倾。

（2）水流方向由北向南

刘岭群上部存在沟道砾岩。砾岩沿东西方向呈凸镜状尖灭，故延伸方向应为南北向，表明水流搬运方向为南北向。再据柞水金钱河刘岭群上部（桐峪寺组）斜层理均向南倾斜，显示水流方向是由北向南的。

表 4-5　凤镇—山阳断裂两侧泥盆纪地层的差异性

断裂南侧	断裂北侧
碳酸盐岩为主夹粘土岩和碎屑岩	碎屑岩和粘土岩为主，夹少量碳酸盐岩
化石丰富，大量发育原地保存的底栖类珊瑚、腕足类、层孔虫等	化石稀少，仅局部偶见腕足类及经搬运的植物化石碎片
沉积厚度相对较小，下、中、上三统最厚约 5 000 m	沉积厚度相对较大，仅中、上统厚约 7 000 m

(3) 物源来自北方

据周正国等（1992）对陕西区调队（1990）在山阳-黑山地区所取原生重矿物样品分析结果的数量化处理，显示物源来自北方。此与陕西区调队和武汉地质学院（以下简称武汉地院）(1988) 在山阳—柞水地区联合进行的地球化学分析结果认为“北部（刘岭群）的物源区是偏酸性的岩石类型区”的结论一致。

另外，在山阳二峪河刘岭群上部（桐峪寺组）见有 9 cm×15 cm 经搬运的植物化石 *Leptophloeum rhombicum*。断裂以南泥盆纪地层均系海相沉积，几乎不能生长如此高大的乔木状植物，而华北大陆泥盆纪此时正是古陆，这种乔木状植物茎干当是由北部搬运而至的。

综上所述，凤镇-山阳断裂以北的刘岭群显示出华北大陆边缘沉积体系的特征，是华北大陆南缘活动区的沉积记录。其南界的凤镇-山阳断裂是分割泥盆纪地层沉积类型的主要界线。由于这一界线两侧泥盆纪地层分别具有华南陆块和华北陆块沉积体系的特征（图 4-4），故这一断裂应当是两个陆块之间的分界线。

二、月门沟群沉积相分析

石炭纪晚期—二叠纪早期，渭北一带处于盆地边缘，受华北地台周缘断裂的影响，地壳活动相对剧烈，海面、湖面频繁升降，形成了海相、陆相沉积交替出现的特点（图 4-5）。

奥陶纪之后华北地台地壳上升，海水全部退出，长期处于受剥蚀的状态，形成了凹凸不平的古地形。在相对凹陷的地区，如韩城涺水河、桑树坪形成古风化壳，沉积了铁、铝质岩，局部形成矿层（湖田段）。在相对凸起的地区，如白水一带未见沉积。

晚石炭世早期东部地壳开始下降，海水侵入，在韩城涺水河一带沉积了含䗴 *Fusulina*，*Pseudostaffella*，腕足类 *Dictyoclostus*，*Linoproductus* 及海百合茎、三叶虫等石灰岩层。在洛河、合阳一带沉积了近海河湖相的砾岩、砂岩及泥岩，铜川及以西地区则未受影响。之后地壳上升海水退出，形成湖沼相泥岩，东部多夹煤层，继而沉积了分布较广的河流相砂砾岩。晚石炭世晚期开始，地壳又逐渐下降，东部先形成湖沼相沉积，随着海水不断扩大，由东向西至铜川一带均沉积有含䗴 *Triticites*，*Rugosofusulina* 和腕足类 *Dictyoclostus taiyuanensis* 等海相化石的石灰岩层。

晚石炭世晚期—早二叠世早期地壳开始回升，在灰岩之上沉积了以含煤泥岩为主的湖沼相沉积。之后，地壳升降幅度减小，沉积了河湖相泥岩夹河流相石英砂岩。早二叠世晚期地壳活动相对稳定，全部为河流相为主的砂岩沉积。

三、镇安西口地区二叠纪地层格架及盆地演化

“区域地层格架主要是了解基本不整合界限单位的垂向叠覆及其内部地层的侧向堆积规

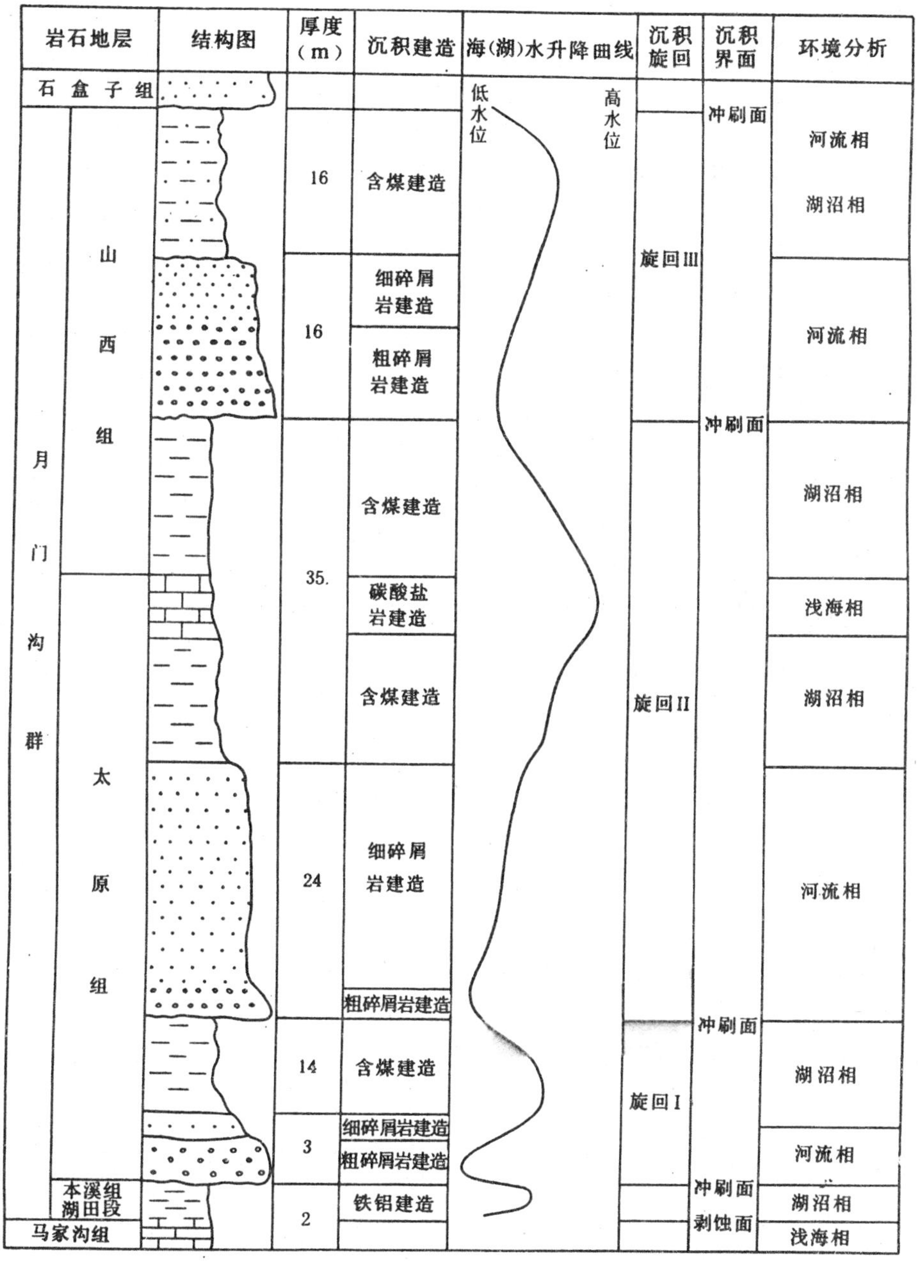

图 4－5　月门沟群沉积分析图

律”。经野外实地调查①，本地区有三个层序不整合界面：第一是羊山组顶部，即水峡口组底面，两组在界面上、下的岩性为突变，且有不稳定的滞留砾岩；第二是水峡口组顶面，即西口组底面，两组界面不平整，且充填角砾岩；第三是西口组顶面，即熨斗滩组底面。熨斗滩组盖在西口组不同层位之上。以这三个层序不整合界面为界，构成了由Ⅰ水峡口组、Ⅱ西口组及Ⅲ熨斗滩组、门里沟组、龙洞川组组成的三个层序（图 4－6）。

① 陕西省地质矿产局区域地质调查队，1992，陕西省镇安西口地区二叠—三叠纪地层格架与地层模型研究。

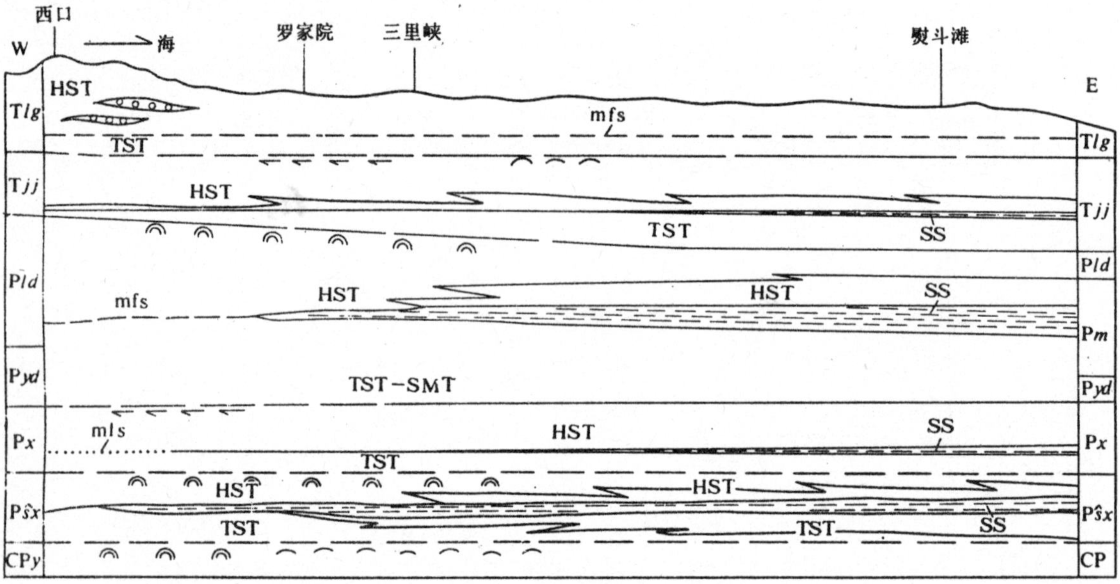

(A)

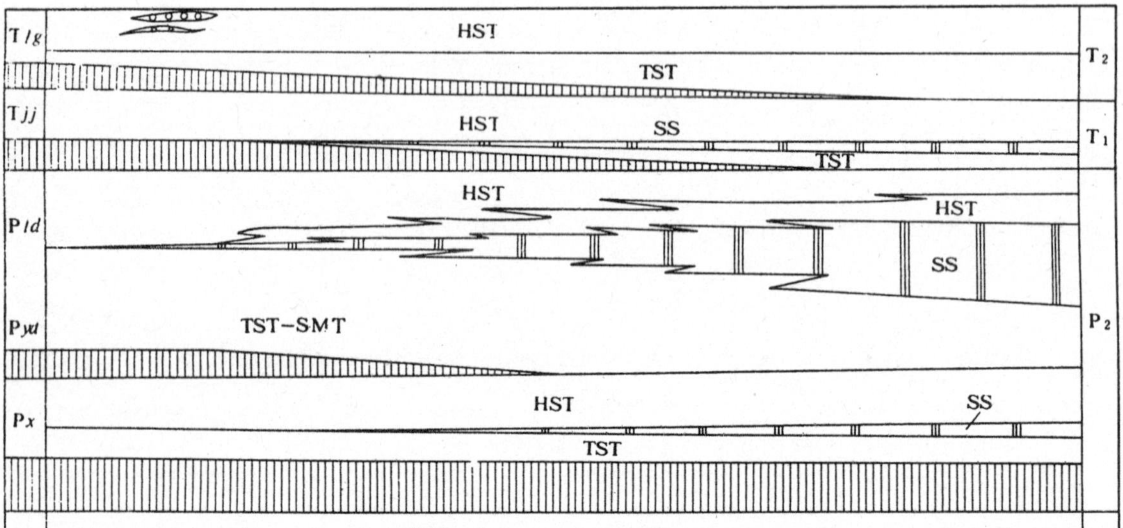

(B)

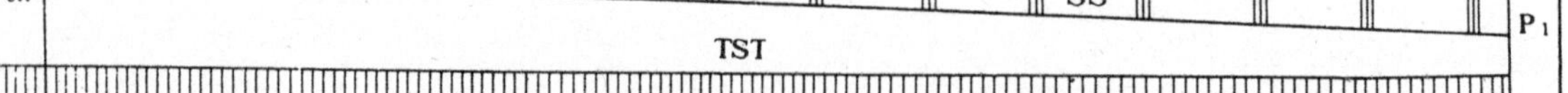

图 4-6　镇安西口地区二叠纪—三叠纪岩石地层格架（A）及年代地层格架（B）

1. 灰岩角砾岩；2. 纹层状钙质页岩；3. 不整合界线；4. 侵蚀或不整合；5. 古岩溶不整合；6. 暴露溶蚀或干缩；7. 推测界线；8. 相变界线；9. 不整合界线面及低速沉积期时间间隔；10. 地层缺失；CPy. 羊山组灰岩；Pŝx. 水峡口组；Px. 西口组；Pyd. 熨斗滩组；Pld. 龙洞川组；Pm. 门里沟组泥岩（页岩）；Tjj. 金鸡岭组；Tlg. 岭沟组；HST. 高水位体系域；TST. 海侵体系域；SMT. 陆架边缘体系域 SS. 饥饿段；mfs. 最大海泛面

陆架边缘体系域（SMT）和海侵体系域（TST）：见于层序Ⅲ的熨斗滩组。前者由中薄层含生屑泥灰岩—中厚层至块状生屑灰岩组成进积型副层序；中、上部由厚层块状泥晶生屑灰岩、块状生屑、棘屑、介壳灰岩组成以加积型为主的副层序；后者在罗家院以西的浅滩相沉积中由垂向叠积的加积型颗粒灰岩组成；罗家院以东下部为含大量腕足类化石的泥粒灰岩、细枝状层孔虫、棒状海绵组成的生物丘，上部为薄层泥晶灰岩—钙质页岩组成的弱退积型副层序。

海侵体系域（TST）：见于水峡口组、西口组和龙洞川组中、下部。水峡口组为颗粒灰岩与泥晶灰岩组成的具退积结构的、规模不等的系列副层序；西口组中见于下部，由中厚层—厚层块状石英砂岩、薄层—薄板状石英砂岩组成的副层序；龙洞川组则由泥粒灰岩—泥晶灰岩—钙质页岩组成退积型副层序。

凝缩段（SS）：水峡口组为黑灰—灰黑色页岩；西口组为深灰、灰黑色叶片状或纹层状页岩；门里沟组为灰—深灰色纹层状钙质页岩。

高水位体系域（HST）：水峡口组为中厚层至块状亮晶颗粒灰岩；西口组为粉砂质页岩—薄层状长石石英细砂岩—中厚层状至块状石英砂岩；龙洞川组为巨厚层亮晶颗粒灰岩。总的以进积型副层序为主。

早二叠世早期为广阔的碳酸盐台地，早二叠世早期末，海平面曾一度下降，局部沉积界面暴露于地表。晚期随着海水进一步的扩大，形成了潮坪、台缘沉积环境，东西部沉积物开始有了差别。东部比西部泥质多、厚度大。晚二叠世早期在经历了一次海平面下降之后，处于低能近岸环境。沉积物仍显示了西部较东部近岸的特征。晚二叠世中期之后西部一直处于碳酸盐台地环境，东部发育了深水相的门里沟组。晚二叠世末期西部发育淡水溶蚀现象，表明海平面再度下降，因此盆地在东部，西部为台地。

四、三叠纪沉积物演化特征

陕西省三叠纪早期基本继承了二叠纪南海北陆的古地理格局。中期海水萎缩、海域范围大大缩小。晚期海水全部退出，仅在局部范围（镇巴）有淡化的半咸水残留海，全省范围除突起的剥蚀区外，普遍发育内陆盆地、小型山间断陷盆地沉积（图4-7）。

（一）早三叠世

海水从南、西两个方向继续向本省侵入，北部海区主要分布在凤县户家窑一带，为西秦岭海槽的东延部分；南部海区在米仓山的镇巴、西乡和镇安西口等地，为上扬子海的北缘海区。形成了海域、山系、高地和内陆盆地并存的古地理景观。

自北而南其特征如下：

(1) 铜川以北为鄂尔多斯大型内陆盆地。盆地中心在山西省长治—河北省石家庄之间，本省处于盆地西南缘地带，形成以河湖相为主的棕红、桔红、紫红色砂泥质碎屑岩组合（刘家沟组、和尚沟组）。

(2) 镇安至铜川之间为遭受剥蚀的秦岭山地。

(3) 在凤县户家窑形成留凤关组深海—次深海的复理石沉积。镇安西口形成金鸡岭组滨海开阔台地—台地边缘浅滩过渡的泥、钙质碎屑-碳酸盐岩沉积组合。镇巴、西乡、南郑一带，早期为滨海局限台地相，接近突起的陆地，陆源碎屑补给充足，因此形成以碳酸盐岩为主、夹碎屑岩的沉积组合（大冶组）。后期，由于海水补给受阻，形成蒸发环境，因此上部形成以膏盐沉积和碳酸盐沉积（嘉陵江组的一、二段）。

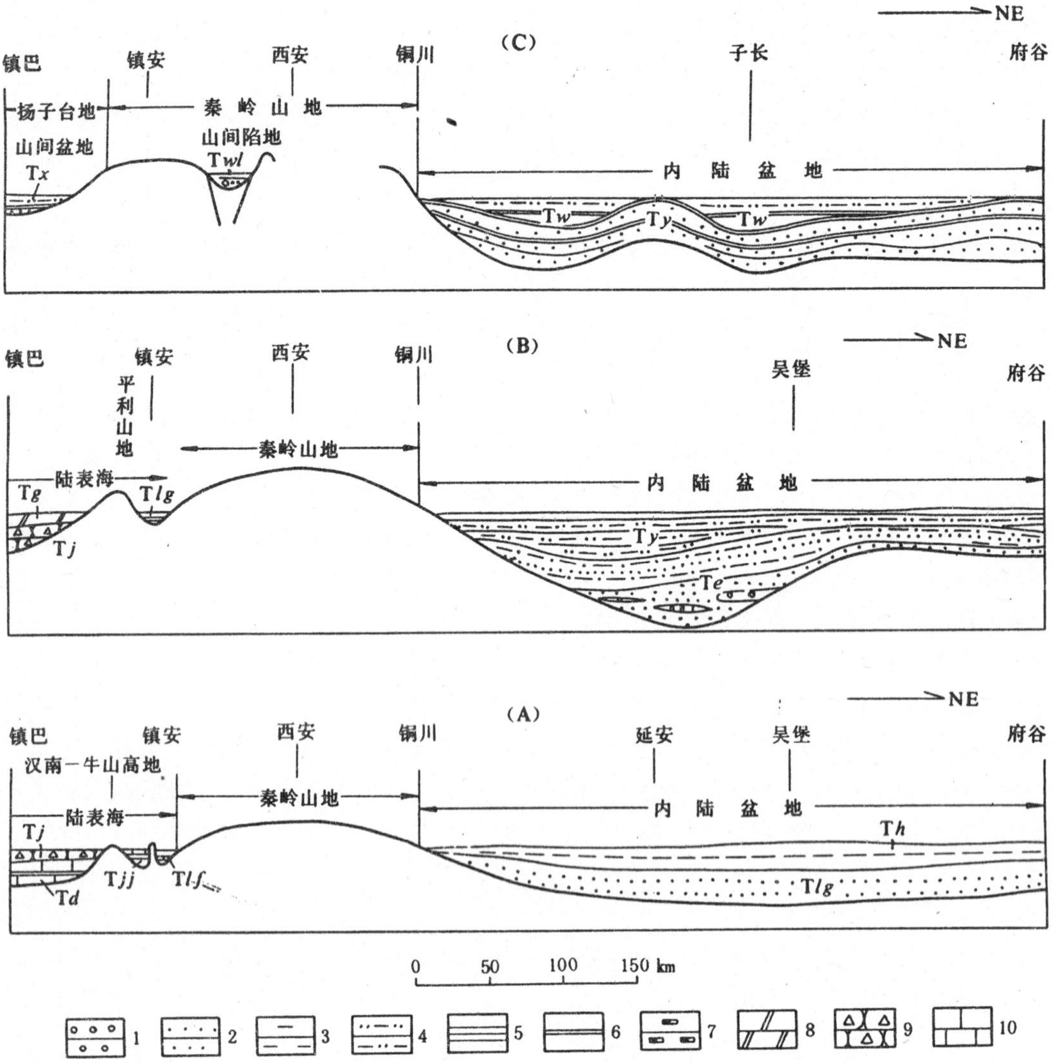

图 4－7　陕西省三叠纪沉积演化示意剖面图

A. 早三叠世；B. 中三叠世；C. 晚三叠世

1. 砾岩；2. 砂岩；3. 泥岩；4. 砂质泥岩；5. 页岩；6. 煤层（煤线）；7. 油页岩；8. 白云岩；9. 盐溶角砾岩；10. 灰岩；T*lj*. 刘家沟组；T*h*. 和尚沟组；T*e*. 二马营组；T*y*. 延长组；T*w*. 瓦窑堡组；T*jj*. 金鸡岭组；T*lg*. 岭沟组；T*lf*. 留凤关组；T*wl*. 五里川组；T*d*. 大冶组；T*j*. 嘉陵江组；T*g*. 关岭组；T*x*. 须家河组

（二）中三叠世

本省北部仍为陆相沉积，但盆地中心向南迁移到陕西铜川至山西临汾以南。南部由于海水不断萎缩、海域范围只限于镇巴、西乡至南郑之间。槽台过渡带的镇安县西口地区保留了范围有限的海域。

自北而南特征如下：

(1) 铜川以北为内陆盆地。铜川—吴堡地区，早期沉积了二马营组河湖相灰绿色长石砂岩夹页岩组合，晚期为延长组下部具还原性质的湖泊相砂岩、泥岩→黑色页岩及油页岩沉积；吴堡至府谷地区，早期沉积的二马营组为河流相粗粒砂岩夹砂岩及页岩的沉积组合；晚期为延长组下部的砂岩、碳质页岩和油页岩沉积组合，具河漫亚相的沉积特征。

(2) 镇安至铜川之间，为秦岭山地突起的剥蚀区。镇安西口还保留了范围有限的海域，形成了岭沟组滨海台地相的碎屑岩夹碳酸盐沉积相区。其下部为灰绿色钙质、砂质页岩、砂岩；上部为黄褐色含钙泥岩，含泥微晶灰岩，夹钙质砂岩，显示了潮坪环境的沉积特点。

(3) 镇安以南，海水范围缩小，海区仅限于镇巴至南郑之间。形成了嘉陵江组三、四段及关岭组的滨海台地边缘浅滩—蒸发台地相沉积组合。其下部为泥质灰岩、灰岩夹生物灰岩及少量黑色页岩，显示台地边缘浅滩沉积环境；上部为白云岩—盐溶角砾岩夹白云岩化灰岩、鲕状灰岩沉积组合，显示蒸发台地沉积环境。

(三) 晚三叠世

中三叠世末，由于印支运动的影响，全省普遍上升，海水退出本省，因此，中三叠世晚期以后本省再无海相沉积。鄂尔多斯盆地的东南缘上升为山地。秦岭及上扬子地区仅在断陷及凹陷地带接受了陆相煤系沉积。

自北而南特征如下：

(1) 鄂尔多斯内陆盆地晚三叠世早期的盆地中心在南部铜川—韩城一带，晚期的盆地中心迁移到北部的延安以北子长一带。早期在铜川、延安以北等地形成延长组中、上部的湖沼相沉积。一般以细碎屑岩为主，另有泥质岩、油页岩等沉积组合，含煤、石油等矿产。晚期在延安以北的子长一带，形成瓦窑堡组河漫沼泽相煤系地层。一般为细粒砂岩、粉砂岩、泥岩、黑色页岩、油页岩，上部为泥灰岩、煤层沉积组合。

(2) 镇巴至铜川之间的秦岭山地，在晚三叠世与扬子台地连成一体。其中在周至柳叶河—丹凤三里曼形成东西向断陷带，沉积了五里川组河流相—河漫、湖泊相的板岩夹长石石英砂岩、含砾砂岩、泥质岩沉积组合。在镇巴、西乡一带，于海水退出后的残留凹陷区域沉积了须家河组，下部常产半咸水相的双壳类化石，系中三叠世残留海水淡化后形成的产物；中、上部以灰、深灰色中—厚层长石石英砂岩为主，夹粉砂岩、泥岩、薄层煤及菱铁矿层，局部夹不稳定的砾岩，顶部偶见泥灰岩，显示了河漫、湖泊—岸后沼泽相的沉积环境。

第五章
侏罗纪—第三纪

陕西省侏罗纪—第三纪地层全为陆相沉积，形成山间盆地和大型内陆盆地两种沉积类型。前一种类型主要见于秦祁昆地层区和南秦岭-大别山地层区，总的特点是分布范围小，而且一般均受断裂构造控制，呈条带状分布（图5-1），沉积物颗粒粗、岩性和厚度在区域上变化较大，一般以杂色砾岩、中粗粒砂岩和少量细砂岩为主，灰绿、黄绿色粉砂质泥岩、粉砂岩次之，偶夹煤层，局部产丰富的动、植物化石；后一种类型分布在华北地层大区，地层发育较全，研究程度也高，由于富含煤、石油、天然气等重要矿产，多年来一直为人们所关注。岩性以砂岩、泥岩为主，夹黑色页岩、油页岩等，并具水平层理、块状层理等，产丰富的动、植物化石。在扬子地层区，本省据四川盆地的北部边缘地带，仅见侏罗纪形成的山前坳陷盆地沉积的砂岩、泥岩地层，夹砾岩、粗砂岩。化石较少，不见煤层，为一套湖泊为主，河流、沼泽为辅的沉积组合。具体的岩石地层划分详见表1-1。

第一节　岩石地层单位

一、华北地层大区

富县组　*Jf*　（05-61-0911）

【创名及原始定义】　李德生（1952）创名于富县一带，原称“富县层”①。中国地质学编辑委员会、中国科学院地质研究所（1956）介绍。原始定义：杂色及紫色页岩夹砂岩，在鄜县道佐埠厚达89.5米，页岩为主，下部夹两层不纯石灰岩，底部有砾状砂岩，向南与延安砂岩一同尖灭，向北至延安附近仅厚10米。

【沿革】　中国地质学编辑委员会等（1956）将富县组置于“延安统”下部。中国地科院地质所（1980）及陕西地矿局（1989）均称富县组，置于延安组之下，其定义与原创名时一致。本次对比研究同意这一划分意见。

① 李德生，1952，陕北盆地南北地层对比报告。

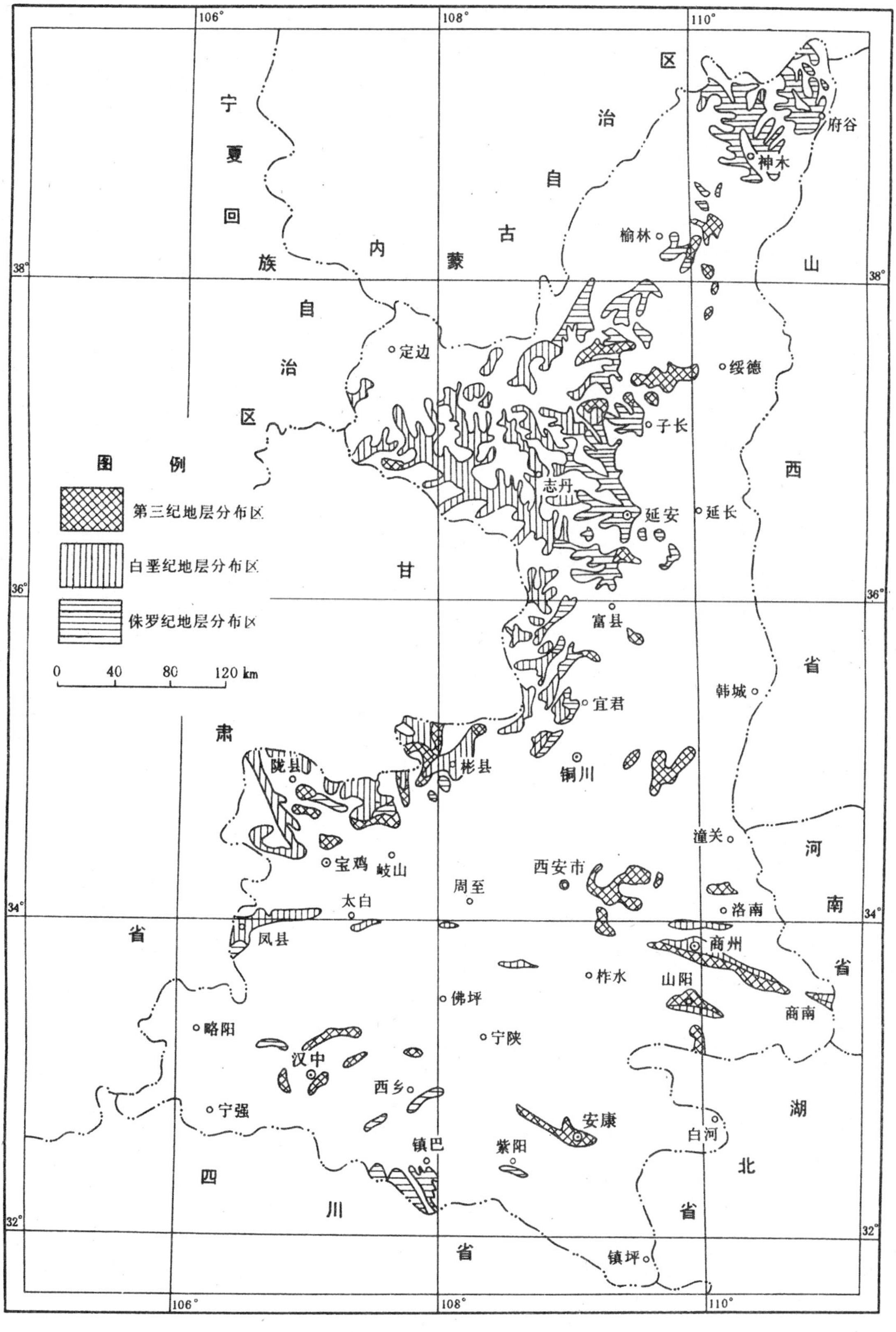

图 5-1 陕西省侏罗纪—第三纪地层分布图

【现在定义】 指位于瓦窑堡组之上和延安组之下的一套以紫色为主的泥岩夹砂岩及少量泥灰岩及钙质结核的地层。向上逐渐变为灰绿色砂、页岩互层。其下以紫红色为主的岩层与下伏瓦窑堡组暗色砂岩、页岩层分界，为平行不整合（局部为不整合）接触；上与延安组含砾砂岩或长石岩屑质石英砂岩（宝塔山段）分界，为平行不整合接触。

【层型】 创名时未指定正层型，选层型为“富县大申号沟富县组实测剖面”（109°17′，36°5′），由地质部第三石油普查勘探大队（1960）① 测制。

【地质特征及区域变化】 下部为紫红色、黄绿色细砂岩、泥岩、页岩夹泥灰岩，底部有凸镜状砾岩与砾状砂岩。上部为黄绿色砂岩与紫红、灰绿色砂质泥岩、泥岩互层。厚 0～165 m。局部含薄煤层及油页岩。产双壳类 *Ferganoconcha* sp.；叶肢介 *Palaeolimnadiopsis ordusensis*，*P. wuziwanensis*；古植物 *Hausmannia papilionacea*，*Phlebopteris digitata*，*Coniopteris hymenophylloides*，*Czekanowskia rigida*，*Phoenicopsis angustifolia* 等。本组以富含紫红色泥质岩为特征，宏观标志比较明显。时代属早侏罗世晚期。

分布于富县、延安、子长、神木、府谷一带；在彬县、麟游、陇县、千阳一带的钻孔中也可见到。富县组的岩性各地略有变化，在府谷哈拉寨川剖面，出现了三层黑色油页岩和页岩；在延安南泥湾一带，出现了较多的砾岩和粗砂岩；在彬县、麟游等地，井下为一套紫灰、褐灰色含鲕粒的铝土质泥岩。府谷县温李河厚 165 m，哈拉寨川厚 142 m，向南厚度一般变薄，无定河与大理河分别为厚 2 m 和 4 m。富县组是在印支运动后期形成的剥蚀面上所沉积的，其岩性与厚度的变化主要受控于沉积前的古地貌状况。一般在起伏不平的地方，沉积物粒度较粗，厚度变化大；在比较夷平的地方沉积物粒度较细，且厚度较薄。

延安组　Jy　(05-61-0912)

【创名及原始定义】 F G Clapp 和 M L Fuller（1927）在延安附近创名，原称延安府带。所指“岩性为煤系，顶部及底部均有厚层砂岩。”

【沿革】 王尚文（1950）将“瓦窑堡煤系”（潘钟祥，1937）不整合面以上的地层称延安系。李德生（1952）将上述延安系上部分出高桥层和七里镇砂岩，下部仍称延安系，自下而上包括富县层、延安砂岩、枣园层。陕西省地质局石油普查队（1974）称为延安群，分为五个段，第一段相当富县组。中国地质科学院（1980）称为延安组，自下而上包括宝塔山砂岩段、枣园段。陕西地层表编写组（1983）自下而上划分为宝塔山段和枣园段。本次对比研究同意这一划分意见。

【现在定义】 指富县组之上、直罗组之下的一套灰白色细、粗粒砂岩及灰、灰绿色砂岩与黑色页岩、泥岩不等厚互层、局部含煤的地层序列。下以含砾砂岩或长石岩屑质石英砂岩与富县组分界；上以具波状斜层理的灰绿、黄绿色长石石英细砂岩与直罗组分界。与下伏富县组及上覆直罗组均为平行不整合接触。

【层型】 创名时未指定正层型，本书确定选层型为“延安西杏子河延安组剖面”（109°25′，36°37′），由地质部第三石油普查勘探大队（1963）② 测制。

【地质特征及区域变化】 详见宝塔山段及枣园段的【地质特征及区域变化】，延安组时代属中侏罗世早期。

【其他】 延安组植物化石组合中，以温暖气候环境下的银杏类为主，同时又有一定数量

① 地质部第三石油普查勘探大队，1960，鄂尔多斯盆地东部地区地层专题研究报告。
② 地质部第三石油普查勘探大队，1963，1962 年地质工作总结报告。

的喜湿、喜暖的种类。延安组与富县组的植物组合有不少相似之处，这一点除说明当时的气候环境大致相似外，也证明它们之间的沉积间断时间不会太长。

宝塔山段　Jy^b　(05－61－0916)

【创名及原始定义】　陕西省地质局石油普查队（1974）① 创名于延安市宝塔山附近，原称宝塔山砂岩。中国地质科学院地质研究所（1980）介绍。原始定义：主要岩性为灰白色、黄灰色及肉红色的块状细、粗砂岩，上部夹灰黑色泥质粉砂岩及页岩，底部有细砾岩。

【沿革】　李德生（1952）称延安砂岩（包括在延安系之中）。陕西地质局石油普查队（1974）认为延安组与延安砂岩为地方性单位名称的重复使用，不符合地层命名原则，便将延安砂岩更名为宝塔山砂岩。陕西地层表编写组（1983）和王思恩等（1985）均称宝塔山段，其定义与原创名者相同。本书同意这一划分意见。

【现在定义】　指位于富县组紫红色砂、泥岩层之上、枣园段之下的一套灰白色、灰紫色砾岩、含砾砂岩、细砂岩夹粉砂质泥岩、页岩等的地层序列。产植物化石。下以底部的砾岩、含砾砂岩与富县组平行不整合分界；上以灰绿色页岩的出现与枣园段整合分界。

【层型】　正层型为延安市西杏子河宝塔山“延安西杏子河宝塔山段实测剖面”(109°25′，36°37′)，由地质部第三石油普查勘探大队（1962）测制。

【地质特征及区域变化】　为一套灰白、灰黄、灰紫色细、粗粒砂岩、含砾砂岩夹粉砂质泥岩、页岩等，局部地区夹泥岩凸镜体，偶夹煤线。砂岩发育大型斜层理，并在南北方向上呈一大凸镜体产出。厚一般 88～97 m。产少量植物化石，多产于泥岩夹层中。

主要分布于府谷、神木、延安、富县等地，其中大理河以南至葫芦河以北地区，岩性与正层型基本一致；大理河以北，粒度较细，为砂岩、泥岩、粉砂质泥岩、油页岩；葫芦河以南（包括沮水、耀县、陇县等地）大部分缺失，仅在陇县娘娘庙附近的井下见到。岩性为细砾岩、粗砂岩、细砂岩夹薄层泥岩。在延安、志丹等地最厚，向南、向北逐渐减薄。

枣园段　Jy^z　(05－61－0917)

【创名及原始定义】　王尚文（1950）在陕北工作时创名，原称枣园层。1980 年中国地质科学院地质研究所介绍。原始定义：主要是一套灰色、灰绿色及灰黑色、黑灰色页岩、泥岩、油页岩的互层。

【沿革】　陕西地层表编写组（1983）和王思恩等（1985）均称枣园段。其定义与原创名时相同。本次对比研究认为，该单位很有代表性，仍须保留，依旧称枣园段。

【现在定义】　指位于宝塔山段之上、直罗组之下的一套灰白色长石砂岩、含长石砂岩与灰黑色页岩、粉砂质泥岩不等厚互层的地层，夹粉砂岩、泥岩，含石油或夹有煤层。底部以一层灰绿色页岩的出现作为与宝塔山段的整合分界；上以一层灰黄色块状长石石英砂岩的出现作为上覆地层直罗组的开始，为平行不整合接触。产植物及双壳类化石。

【层型】　正层型为延安市杏子河枣园附近“延安西杏子河枣园段实测剖面”(109°25′，36°37′)，由地质部第三石油普查勘探大队（1962）测制。

【地质特征及区域变化】　本段总体是砂岩与页岩、泥岩不等厚互层的地层，以含较多的泥、页岩为特征。含煤（大理河以南、葫芦河以北地区基本为无煤区）、石油及天然气等重要

---

① 陕西省地质局石油普查队，1974，陕甘宁盆地三叠系、侏罗系地层对比及时代归属。

矿产，是延安组重要的含矿层位。厚14～227 m。含丰富的双壳类和植物化石，产双壳类*Margaritifera*，*Unio*，*Ferganoconcha*，*Yananoconcha*，*Sibireconcha*；古植物*Marattiopsis*，*Todites*，*Coniopteris*，*Ginkgoites*，*Baiera*，*Sphenobaiera*，*Phoenicopsis*，*Czekanowskia*等化石。与宝塔山段为连续沉积。

分布于府谷、神木、榆林、延安、富县及旬邑、彬县等地。在陇县娘娘庙至千阳草碧镇等地的钻孔中也可见到。本段碎屑岩的变化趋势是北粗南细。在定边、吴旗至延安一带，地层保存较为完整。往南、往北，上部地层均遭受不同程度地剥蚀。

直罗组　*Jẑ*　(05-61-0913)

【创名及原始定义】　石油局陕北地质大队（1952）创名于富县直罗镇，原称“直罗系”①。中国地质学编辑委员会、中国科学院地质研究所（1956）介绍。原始定义：上部淡黄色、绿色砂质页岩夹紫色页岩及砂岩凸镜体；下部为长石砂岩，具交错层，颗粒自下而上渐渐变细，夹砾状砂岩及石膏层（厚约10厘米），含云母、绿泥石、正长石、千枚岩碎块、黄铁矿结核。

【沿革】　中国地质学编辑委员会等（1956）称为直罗统，包括七里镇砂岩及高桥砂岩。中国地质科学院地质研究所（1980）称为直罗组。本次对比研究认为该组岩石组合特征明显，具有代表性，因此保留其组级地层单位名称，仍称直罗组。

【现在定义】　指位于延安组之上、安定组之下的以块状长石砂岩与杂色泥岩、粉砂岩为主的粗粒碎屑岩组合，以富含砂岩为特征。下以一层块状中、粗粒长石砂岩的出现与延安组分界，为平行不整合接触；上以一层灰绿色泥岩夹砂质长石砂岩结束与安定组分界，为整合接触。

【层型】　正层型为“富县葫芦河直罗组实测剖面”（109°25′，35°57′），由地质部第三石油普查勘探大队（1963）重测②。

【地质特征及区域变化】　主要为长石砂岩与杂色泥岩和粉砂岩，以富含砂岩为特征。砂岩发育斜层理，底部往往为粗粒长石砂岩，局部为细砾岩。根据粒度在纵向上的变化规律，可以明显地分为两个沉积韵律。厚82～141 m。产少量双壳类、植物及孢粉化石。时代属中侏罗世。

分布于神木、横山、安塞、富县及旬邑一带，在千阳、陇县等地的钻孔中也可见到。在黄陵县沮水以南，岩性变粗，砂砾岩增多。地层从东向西增厚。

安定组　*Ja*　(05-61-0914)

【创名及原始定义】　由F G Clapp和M L Fuller（1926）于子长县安定创立的“安定石灰岩”一名演变而来。原始定义：“由薄层灰色到粉红色灰岩组成，厚200英尺左右，底部为鲜红色页岩和黑色页岩互层”。

【沿革】　潘钟祥（1934）改称“安定层”。陕西省地质局石油普查队（1974）称安定组，其定义均与原创名者相同。本次对比研究认为：本组岩石组合特征明显，分布比较稳定，因此保留组级地层单位名称，仍称安定组。

【现在定义】　指位于直罗组之上、芬芳河组之下的一套黑色、灰黑色油页岩、页岩及钙质粉砂岩和灰黄色、桃红色泥灰岩等。以富含油页岩、页岩和泥灰岩为特征。下以灰黑色油

---

① 石油局陕北地质大队，1952，陕北地面地质初步总结报告。
② 地质部第三石油普查勘探大队，1964，1963年地质工作总结报告。

页岩的出现与直罗组分界，为整合接触。上以不整合或平行不整合面与上覆宜君组或更新地层接触。

【层型】 创名时未指定正层型，本书确定选层型为子长县清涧河定安城附近“子长清涧河安定组实测剖面”（109°33′，37°11′），由地质部第三石油普查勘探大队（1961）① 重测。

【地质特征及区域变化】 下部为灰色、灰黑色页岩、粉砂岩；中、上部为杂色细砂岩、粉砂岩、泥岩、页岩及石灰岩等。厚度一般数十米到百余米。产丰富的介形类 *Darwinula*，*Metacypris*；双壳类 *Psilunio* 及鱼类等化石。

分布于榆林县刀兔、横山县、安塞县砖窑湾、富县黑水寺一带，在千阳县草碧镇等地的钻孔中也有发现。在无定河以北，为杂色砂岩夹泥岩和泥灰岩。砂岩中普遍含钙质团块。在无定河以南，为灰黑色油页岩、页岩及桃红色钙质粉砂岩、泥岩夹泥灰岩。在千阳县芬芳河、桐家庄一带则出现了一些粗砂岩和砾岩夹层。本组总的变化是北部粗、南部细，延安、延川、延长地区最细。

【其他】 在子长县清涧河剖面的底部有一层厚 7 m 的黄色块状中粒石英砂岩，中国地科院地质研究所（1980）认为应划归直罗组。另外对本组的时代归属也有人认为属中、晚侏罗世或晚侏罗世，本书认为目前暂归入中侏罗世晚期较为合适。

芬芳河组 J*ff* （05－61－0915）

【创名及原始定义】 陕西省 186 煤田地质勘探大队（1973）② 创名于千阳县芬芳河。陕西地层表编写组（1983）介绍。原始定义：千阳县草碧河内白家埡—白村寺之间，发现一组紫灰—紫红色块状砾岩—巨砾岩地层，砾石由花岗岩、花岗片麻岩、变质岩组成，并常见原生风化砾石，砾石浑圆状，砾径一般 25～30 cm，最大达 1 m。因其在千阳芬芳河出露最全，接触关系明显，而暂定上侏罗纪芬芳河组。

【沿革】 创名后未见更动。

【现在定义】 指位于安定组之上、宜君组之下的一套棕红、紫灰色块状砾岩、巨砾岩夹少量棕红色砂岩及泥质粉砂岩组合。与上、下地层分别以不整合及平行不整合面分界。

【层型】 正层型为“千阳芬芳河组实测剖面”（107°8′，34°45′），由陕西省 186 煤田地质勘探队（1973）测制。

【地质特征及区域变化】 为一套块状砾岩、巨砾岩夹泥质粉砂岩，厚 1 174 m，不含化石。时代属晚侏罗世。

分布于千阳县芬芳河、凤翔县袁家河一带，向北至甘肃省环县及宁夏回族自治区平罗等地也有零星分布。

保安群 K*B* （05－61－1016）

【创名及原始定义】 潘钟祥（1934）创名于保安县（现称志丹县），原称“保安系”③。原始定义：分布于陕北之西部，甘肃之东部，兹名之为保安系。包括美技师所称之洛河砂岩、华

---

① 地质部第三石油普查勘探大队，1961，1961 年地质工作总结报告。

② 陕西省 186 煤田地质勘探队，1973，陕西省陇县—千阳侏罗系 1：5 万地质测量报告。

③ 保安系由潘钟祥（1934）创名，此前葛利普（Grabau，1923—1924）曾称湖北省大冶县大冶灰岩与炭山湾煤系之间的黄色页岩为“保安页岩”（现划归大隆组），保安系与保安页岩构成异物同名单位，依据“命名优先原则”理应废弃保安系一名，但在 1993 年由地层清理西北大区项目办主持，西北五省（区）和内蒙古自治区代表参加的“银川地层清理协调会”上决定保留保安系（现称保安群）一名，故本书暂从之，但仍保留使用志丹群一名之意见。

池砂岩及环河层。其下部均为红色斜层砂岩，及少许之页岩，质颇松软，上部则为红色砂岩、页岩及绿色砂岩、页岩之互层。本层总厚约二千公尺。此系与安定层似为一整合接触，但在宜君之西，由灰岩而易为砾岩，颇为不连续有力之证。时代应属于白垩纪。

【沿革】 陕西省地质局石油普查队（1974）改称志丹群，其后未见更动。本书依据“银川地层清理协调会”（1993）决定，恢复使用保安群一名。

【现在定义】 由一套紫红色至杂色为主的砂岩、砾岩、粉砂岩、泥岩夹页岩、泥灰岩和少量凝灰质砂岩组成的地层序列，自下而上分为宜君组、洛河组、环河组、罗汉洞组、泾川组。各组间均为连续沉积。

宜君组　Ky　(05－61－1011)

【创名及原始定义】 F G Clapp 和 M L Fuller（1926）创名于黄陵至宜君一带，原称“宜君层”。原始定义：指“出露于店头南部和西南部一带、覆于陕西系之上和块状洛河砂岩之下的鲜红色页岩、砂岩和砾岩，称为宜君层”。

【沿革】 陕西地层表编写组（1983）称宜君组。本次对比研究认为宜君组岩性单一，识别标志明显，与上、下地层分界清楚，应予保留，仍称宜君组。

【现在定义】 指不整合或平行不整合于安定组（或直罗组、芬芳河组）之上，整合于洛河组之下的一套灰色、紫灰色砾岩夹砂、泥岩条带或砂岩凸镜体的地层序列。与下伏安定组、直罗组或芬芳河组和上覆洛河组以其发育的砾岩与之分界，界线清楚。

【层型】 创名时未指定正层型，本书确定选层型为“宜君县老虎塔宜君组实测剖面”（109°3′，35°23′），由地质部第三石油普查勘探大队（1970）① 测制。

【地质特征及区域变化】 宜君组是保安群的底部砾岩，岩性比较单一，为一套砾岩夹砂、泥岩条带或砂岩凸镜体的地层。一般厚 20～65 m，惟千阳芬芳河剖面厚度可达 302 m。与下伏地层为不整合接触。不含化石。根据上覆岩层所含化石推测，时代为早白垩世。

分布于黄陵、宜君、旬邑、彬县、千阳一带。本组砾岩向盆地内部呈楔状体迅速变薄、尖灭或者相变为其他岩石类型。在陇县以北与洛河组、环河组具明显的相变关系。其上直接与罗汉洞组相接触。

洛河组　Kl　(05－61－1012)

【创名及原始定义】 F G Clapp 和 M L Fuller（1926）创名于志丹县北部的洛河，原称“洛河砂岩”。原始定义：为一套疏松的块状中粒交错层砂岩，带粉红色的淡黄色到鲜红色。剖面位于距延安府西南 25 到 35 英里处的洛河边，并且向西北可延伸到长城附近。在彬州县的南方和西南方向上也有少量的分布。

【沿革】 陕西地层表编写组（1983）采用洛河组一名。本次对比研究认为，本组在区域上岩性比较稳定，分布广泛，特征明显，是一个容易识别的岩石地层单位，应予保留。

【现在定义】 指位于安定组（或宜君组）之上、环河组或更新地层之下的一套紫红、灰紫色粗至中粒长石砂岩，夹泥质粉砂岩、泥岩，局部地方夹砾岩和页岩的地层序列。发育大型交错层理。与下伏宜君组或上覆环河组为整合接触，与安定组为不整合或平行不整合接触。

【层型】 创名时未指定正层型，本书确定选层型为“志丹北洛河洛河组实测剖面”

---

① 地质部第三石油普查勘探大队，1970，陕甘宁盆地宜君—新小街构造详查报告。

(108°28′，36°42′)，由石油部西安地质调查处（1957）① 测制。

上覆地层：**甘肃群** 粘土层

～～～～～～～～～～ 不 整 合 ～～～～～～～～～～

洛河组 总厚度 348.00 m

1. 红色、浅棕红色中至细粒长石砂岩。斜层理极为发育，每组斜层理厚一般 4～6 m，最厚可达 20 m，延伸长度 30 m，最长可达 60～100 m。斜层理倾向一般 100°～200°，倾角 15°～25°，最大 32°，灰质或粘土质胶结。底部为厚约 0.2～0.3 m 的含砾砂岩 348.00 m

——————— 平行不整合 ———————

下伏地层：**安定组** 灰色钙质粉砂岩

【地质特征及区域变化】 为紫红色中、细粒长石砂岩、含长石石英砂岩，夹含砾砂岩及粗砂岩，局部地区尚有砾岩、泥岩、粉砂岩和页岩。砂岩以发育大型交错层理为特征。区域上分布比较稳定，可作为标志层在全盆地进行对比。厚度为 71～348 m。产介形类 *Darwinula* 和鱼化石 *Lycoptera* 等。与下伏宜君组为整合接触，宜君组缺失时，与安定组为平行不整合接触。时代属早白垩世。

主要分布于宜君、旬邑、彬县、千阳一线以北至黄陵、志丹、榆林一带的广大范围内。在盆地北部的井下或南部的旬邑、麟游、千阳一带夹较多的砾状砂岩、砾岩；在甘肃省环县以北夹较多的泥质岩。总之，本组的岩性在盆地的北部和南部的边缘地带，岩石的粒度较粗，在盆地靠近中心的吴旗、志丹、庆阳一带，粒度较细，出现了不少的泥岩夹层。厚度从西南往东北有逐渐增厚之趋势。如在千阳芬芳河厚 71 m，草碧沟厚 130 m，黄陵县沮水南川厚 266 m，北洛河厚 318～348 m。

【其他】 关于本组砂岩的成因问题，目前有两种意见，一种认为是河流相的冲积体系；另一种则怀疑是风成。

环河组 K*h* （05-61-1013）

【创名及原始定义】 F G Clapp 和 M L Fuller（1926）创名于甘肃省环县之环河和华池县，原称“环河层”和“华池砂岩”。原始定义：“沿甘肃东部的洛河分布。以红色砂岩覆盖在洛河砂岩之上，其后沉积了页岩。与洛河层的沉积有突变，显示整体下沉。其上页岩逐渐增多，变为红色、灰绿色砂岩、页岩近等厚互层，沉积范围西延至环河盆地”。

【沿革】 张更、田在艺等（1952）称环河层和华池层②。陕西省地质局石油普查队（1974）认为环河层与华池层在区域上没有一个明显的划分标志，两者关系密切，因此将其合并表示，称第三段加第四段③。陕西地层表编写组（1983）将其称环河—华池组。本次对比研究认为，该组名尚需简化，仍保留组级地层单位，统称环河组。停用华池组。

【现在定义】 位于洛河组与罗汉洞组之间的杂色碎屑岩地层序列。岩性为棕红、暗红色厚层或块状中—细粒长石砂岩与灰、蓝灰、黄绿、绿色页岩、粉砂质泥岩、泥质粉砂岩、泥岩不等厚互层，局部发育砾岩、砂砾岩等。底以棕红色具水平波状或微斜层理砂岩与发育大型斜层理的洛河组砂岩整合接触；顶以泥质粉砂岩结束或土黄色砂岩（局部为紫红色砾岩）的

① 石油部西安地质调查处，1957，第一地质大队详查初步总结报告。
② 张更、田在艺等，1952，陕北盆地地质简报。
③ 陕西省地质局石油普查大队，1974，陕甘宁盆地石油普查成果总结报告。

出现与罗汉洞组整合接触。

【层型】 选层型为“甘肃合水豹子沟至陕西富县黑水寺剖面”（108°28′，36°17′），由甘肃区测队1981年测制。省内次层型为“吴旗白豹川—志丹白业沟剖面”（108°12′，36°42′），由地质部第三石油普查勘探大队（1970）[①] 测制。

【地质特征及区域变化】 省内是一套暗棕红色厚层及块状中、细粒长石砂岩与蓝灰色、黄绿色及暗棕红色页岩、粉砂质泥岩、泥质粉砂岩、泥岩不等厚互层。砂岩斜层理发育。厚度一般329～538 m。产鱼化石 *Sinamia*，*Lycoptera* 等属；介形虫 *Origolyocypris*，*Cypridea* 等属。与下伏洛河组为整合接触，当洛河组缺失时，可覆盖在侏罗纪或更老的地层之上。根据所含化石，时代属早白垩世。

分布范围同洛河组。环河组是盆地内分布最广的一套地层。总观，岩石粒度较细，而且在区域上比较稳定，惟有在千阳县草碧沟等地，夹有砾岩、含砾粗砂岩等。在陇县以北，环河组与宜君组砾岩的局部层位为相变关系。厚度由盆地向北向西有增厚之趋势。

罗汉洞组 K*lh* (05-61-1014)

【创名及原始定义】 张更、田在艺等（1952）创名于甘肃省泾川县罗汉洞沟门前至郝家沟，原称“罗汉洞层”。甘肃省地层表编写组（1980）介绍。原始定义：“下部为厚层紫色砂岩夹黄绿色层；中部为桔红色交错层砂岩；上部红色岩层夹薄层灰色、黄色砂页岩，厚二百公尺”。

【沿革】 陕西省地质局石油普查队（1974）将其称志丹群第五段（$K_1\hat{Z}_5$）。陕西地层表编写组（1983）将其称罗汉洞组。此后未见变动。

【现在定义】 指环河组与泾川组之间的一套紫红、棕红、暗紫、土黄色碎屑岩序列。底以土黄色砂岩或紫红色砾岩与下伏环河组顶部灰绿色泥质粉砂岩相接；顶以黄色砂岩与泾川组底部蓝灰色泥岩或泥灰岩为界，本组与下伏、上覆地层均为整合接触。

【层型】 正层型为“甘肃泾川—陕西彬县朱家湾剖面”（107°22′，35°20′），由叶常九（1959）[②] 测制。省内次层型为“陇县杜阳沟罗汉洞组实测剖面”（106°56′，34°51′），由陕西省186煤田地质勘探队（1973）测制。

【地质特征及区域变化】 省内下部为桔红色、紫红色块状含砾粗砂岩，夹砂质泥岩、粉砂岩；上部为浅桔红色砾岩、含砾中细粒砂岩、砂砾岩夹泥岩、砂质泥岩等。厚106～452 m，与下伏环河组为整合接触[③]。本省境内未发现化石。时代暂置早白垩世。

分布于陇县、千阳、旬邑、黄陵与甘肃正宁交界的子午岭、北洛河上游及陕西定边姬塬等地。本组岩性变化不大，向北砂岩增多，惟厚度在各地变化较大。

泾川组 K*jc* (05-61-1015)

【创名及原始定义】 张更、田在艺等（1952）创名于甘肃省泾川县城附近，原称“泾川层”。甘肃省地层表编写组（1980）介绍。原始定义为“分布在泾川城附近，上与第三纪三趾马层相接。岩性下部为紫色、灰色、绿灰色砂页岩互层；中部为薄层灰色砂岩及灰色、深灰色页岩，含石灰质；上部为紫红色砂页岩及灰色页岩、砂岩，厚二百公尺”。

---

① 地质部第三石油普查勘探大队，1970，陕甘宁盆地南部石油普查工作小结。
② 叶常九，1959，陇东地区地质普查报告。
③ 在千阳、黄陵等地，陕西省地质局石油普查队部分人员（1974）怀疑本组与下伏环河组之间存在平行不整合关系。

【沿革】 陕西省地质局石油普查队（1974）将其称志丹群第六段（$K_1\hat{Z}_6$）。陕西地层表编写组（1983）称泾川组。本书对比研究仍保留组级地层单位，称泾川组。

【现在定义】 位于罗汉洞组之上、甘肃群或清水营组之下的紫红、灰绿、灰黄、粉红色泥岩、砂质泥岩、粉—细砂岩，夹灰、蓝灰色泥质灰岩层。以蓝灰色砂质泥岩或泥灰岩的出现与下伏罗汉洞组分界，两者为整合接触；其上为桔黄色粘土层（甘肃群）或浅棕色泥岩（清水营组）不整合覆盖。

【层型】 选层型为“甘肃泾川—陕西彬县朱家湾剖面”（107°22′，35°20′）。省内次层型为“陇县杜阳沟泾川组实测剖面”（106°56′，34°51′），由陕西省186煤田地质勘探队（1973）测制。

【地质特征及区域变化】 仅分布于千阳、陇县一带的局部地区，范围十分有限。本组岩性变化不大，向北至内蒙古自治区境内砂岩增多，且夹多层薄层或凸镜状假鲕状灰岩。厚度由南往北、往西均有增厚之趋势。

六盘山群 *KL* （05－61－1024）

【创名及原始定义】 袁复礼（1925）创名于宁夏固原六盘山一带，原称“六盘山系”。原始定义：“六盘山系主要由绿色、红色、白色砂岩和绿色、蓝绿色页岩组成，其底部有两层鲕状灰岩，顶部有几层白色、黄褐色不含化石的灰岩。六盘山系向南厚度变薄，产鱼化石 *Lycoptera kansuensis* Grabau。向北不整合于二迭系煤系之上，向南不整合于奥陶系（可能为元古界）灰色裂片状页岩及一层厚层至块状灰岩之上”。

【沿革】 谢家荣（1924）称陇山系。但创名后无人使用。田在艺（1948）称六盘山群并首先引入陕西。银川石油勘探局125队（1959）将六盘山地区的六盘山系称六盘山统①。陕西区测队（1967）将陇县、宝鸡一带出露的早白垩世地层称六盘山群。此后未见变更。

【现在定义】 上部为白色、灰色、绿色薄层钙质砂岩、页岩夹泥灰岩和油页岩，中部紫红色、褐色薄层砂岩、页岩夹钙质页岩；下部为紫红色砾岩。自下而上分为三桥组、和尚铺组、李洼峡组、马东山组和乃家河组。本省境内只出露前三个组。

三桥组 K*s* （05－61－1017）

【创名及原始定义】 银川石油勘探局125队（环县勘探区队）1959年创名于陇县固关三桥①，原称三桥层，陕西区测队（1967）在《1∶20万陇县幅地质图说明书》中介绍。原始定义：本层为六盘山统之底砾岩，均以角度不整合覆于其下较老地层之上，在陇县固关以西发育良好，厚达400公尺以上。岩性主要为一套暗紫色、红色块状中砾岩及粗砾岩。

【沿革】 陕西区测队（1967）将其称三桥组，以后均按此名划之。

【现在定义】 指位于宽坪（岩）群之上、和尚铺组棕红色砂岩之下的一套浅棕紫色、灰紫色块状砾岩，局部地方夹凸镜状砂岩的地层序列。下与宽坪（岩）群的变质岩以明显的不整合面为界；上以紫红色砂岩的出现作为和尚铺组的开始，两者为整合接触。

【层型】 正层型为“陇县固关三桥三桥组实测剖面”（106°35′，34°56′），由地质部第三石油普查勘探大队（1965）② 重测。

---

① 银川石油勘探局125队（环县勘探区队），1959，六盘山区石油地质综合研究总结报告。
② 地质部第三石油普查勘探大队，1965，1965年地质工作小结。

【地质特征及区域变化】 为一套浅棕、灰紫色块状砾岩。底部一般为巨砾岩，中部为中、粗砾岩，上部则为含中砾的细砾岩。不含化石。厚度一般 350～422 m。时代属早白垩世。

分布于陇县的三桥、桃园至宝鸡县武功镇一带，呈北西至南东向的狭长状展布。本组为六盘山群的底砾岩。横向上由东南向西北粒度逐渐变细，厚度减薄，从三桥至青山，厚度由 422 m 减为 1.8 m。

和尚铺组 $Kh\hat{s}$ (05-61-1018)

【创名及原始定义】 银川石油勘探局 125 队（1959）创名于宁夏固原和尚铺，原称“和尚铺层”。宁夏地层表编写组（1980）介绍。原始定义：整合于三桥层之上的紫红色砂质泥岩及细砂岩，夹蓝灰色泥岩、页岩及少许泥灰岩。其上与李洼峡层为连续沉积。

【沿革】 陕西区测队（1967）将陇县等地的和尚铺层改称和尚铺组。此后未见更动。

【现在定义】 主体岩性为紫红色砂砾岩、砂岩、粉砂岩、泥岩等，夹少量灰白色粗—细粒长石石英砂岩、褐色页岩。本组与下伏三桥组呈整合接触，二者区别在后者为一套厚层—块状砾岩。其上与李洼峡组为连续沉积。

【层型】 正层型为“宁夏固原和尚铺组剖面”，由银川石油勘探探局 125 队（1959）测制。省内次层型为“陇县固关和尚铺组实测剖面”（106°35′，34°56′），由地质部第三石油普查勘探大队（1965）测制。

【地质特征及区域变化】 省内为棕红、棕紫和褐红色粗砂岩、细砾岩、含砾砂岩夹砾岩及泥质砂岩，厚 350～571 m。在其中所夹的浅色砂砾岩层中普遍含铜，为六盘山群一个重要的含铜层位。产腹足类化石 *Galba*，*Bellamya* 等属。根据所含化石，时代属早白垩世。

分布于陇县固关以东至千阳县八渡镇一带。固关以西至甘肃店峡一带也有出露。本组岩性变化较大，横向上由东南往西北由粗变细，在陇县小黑沟至吊滩沟为砂岩或砂岩夹砾岩。但在西北部的店峡，上部则为大套的砂质页岩。在宁夏固原和尚铺为砂岩、泥质粉砂岩和泥岩。向西至李洼峡最细，全为泥质岩及钙质岩石。厚度从东南向西北方向变厚。

李洼峡组 Klw (05-61-1019)

【创名及原始定义】 银川石油勘探局 125 队（1959）创名于宁夏固原县李洼峡，原称“李洼峡层”。宁夏地层表编写组（1980）介绍。原始定义：整合于和尚铺层之上的灰绿色与紫红色相间的砂质泥岩、泥岩及泥灰岩。命名者在创名的同时就指出该单位在陕西陇县一带“亦有分布”。

【沿革】 陕西省地质局区测队（1967）将其称李洼峡组。以后未见变动。

【现在定义】 岩性为杂色（灰白、灰绿、紫红、蓝灰）砂岩、泥岩、泥灰岩、灰岩组成之韵律层，其中泥灰岩、灰岩常具鲕状构造。本组与下伏和尚铺组为连续沉积，二者区别为后者主体岩性为紫红色碎屑岩。其上与马东山组为整合接触①。

【层型】 正层型为“李洼峡剖面”，位于宁夏固原开城乡的李洼峡，由银川石油勘探局 125 队（1959）测制。省内次层型为“陇县固关李洼峡组剖面”（106°35′，34°56′），由地质部第三石油普查勘探大队（1965）测制。

【地质特征及区域变化】 省内为一套紫红色砾岩、含砾砂岩、砂岩及砂质泥岩。厚度最

① 省内缺失马东山组，李洼峡组的上覆地层均被断层破坏。

大为 1 572 m。含零星植物化石，一般保存不好。与下伏和尚铺组为整合接触。上部一般被断层切割，致使本组直接与老地层相接触，局部地方虽未见老地层出露，但均未见顶。时代根据邻区资料确定为早白垩世。

分布于陇县固关以北的榆树沟至甘肃境内的刘家山、五台山一带。本组岩性变化较大，横向上岩石粒度亦显示了由东南向西北逐渐变细的特征。在陇县小黑沟至吊滩沟剖面，下部为细砾岩，上部为细砾岩和砂岩的互层。向西北至甘肃省华亭县的刘家店一带，则以砂质泥岩、泥岩及泥灰岩为主。在宁夏固原县李洼峡一带，沉积物最细，且出现了多层石灰岩。

山阳组　KEŝ　(05－61－1112)

【创名及原始定义】　薛祥煦等（1987）创名于山阳县唐家沟、牛膀沟，当时分两部分，下部称山阳组，上部称鹃岭组。原始定义：上部为砂质泥岩与砾岩、砂砾岩互层；下部为厚层砾岩、砂砾岩夹砂质泥岩。棕红色为主，产晚白垩世恐龙蛋及骨骼化石。

【沿革】　薛祥煦等（1987）将其晚白垩世地层划出称山阳组，而把属于第三纪古新世的地层称鹃岭组。本次对比研究过程中曾去该地区核查，发现“山阳组”与鹃岭组为连续过渡关系，没有一个明显的界线可以区别开来，因此建议停用鹃岭组一名，而统称山阳组。

【现在定义】　以棕红、砖红、褐红色砂质泥岩与砾岩、砂砾岩互层为主要特征。泥岩中含密集的钙质结核。与下伏东河群或更老地层之间均为不整合接触，与上覆囫囵山组、李家庙组或更新的松散砂砾石层为平行不整合或不整合接触。

【层型】　正层型为山阳县过风楼乡鹃岭“山阳牛膀沟—唐家沟剖面”(109°59′，33°31′)，由薛祥煦等（1987）测制。

【地质特征及区域变化】　剖面下部为砖红色、褐红色厚层砾岩与棕红色粉砂质泥岩、含砾砂质泥岩不等厚互层。上部为紫红色、棕红色泥岩、砂质泥岩夹砾岩。泥岩中含钙质结核并含少量的绿色圆斑。剖面的中、下部产恐龙蛋化石及恐龙骨骼化石，恐龙蛋化石为长形蛋类 Elongatoolithidae；上部产阶齿兽化石 *Bemalambda*。厚 1 000 余米。与下伏地层为不整合接触，与上覆新地层为平行不整合或不整合接触。本组过去一直被视为早第三纪地层，只是近年来在其下部发现了晚白垩世的恐龙蛋化石，并且在上部发现了古新世的哺乳动物化石以后，才将其时代改为晚白垩世至古新世。

分布于山阳县唐家沟、牛膀沟、十里铺老沟至白沟，商州夜村、红土岭，丹凤县商镇及商南县富水等地。本组在各地岩性变化不大，惟厚度在各地薄厚有别。

清水营组　E*q*　(05－61－1101)

【创名及原始定义】　杨钟健、周明镇（1956）创建于宁夏灵武县清水营，原称清水营层。原始定义：灵武县清水营地区，含谷氏俾路支兽等化石的浅灰绿色砂质灰土（夹石膏脉），代表一个真正的地层单位——清水营层，时代为渐新统。。

【沿革】　1959 年银川石油勘探局 125 队（环县勘探区队）称清水营组，隶属固原群。1964 年地质部第三石油普查勘探大队首先将该单位引入陕西省①，宁夏地层表编写组（1980）进一步划分清水营组为上亚组、下亚组。本次对比研究认为，清水营组岩性特征与上、下接触界线清晰，可以构成独立的岩石地层实体。

---

① 地质部第三石油普查勘探大队，1964，鄂尔多斯盆地石油地质图集。

【现在定义】 连续沉积于寺口子组之上的一套褐红、砖红色泥岩、粉砂岩夹灰绿色砂岩、泥岩及石膏层，其上与红柳沟组为平行不整合接触①。

【层型】 宁夏地层对比研究小组指定选层型为“宁夏同心断头—丁家二沟清水营组剖面”(106°4′，37°10′)，位于宁夏同心县纪家乡丁家二沟（马断头西北 800 m)。由西北地质局宁夏综合地质大队（1965）测制②。

【地质特征及区域变化】 省内定边县与宁夏交界地区，以棕红色泥岩为主，夹有石膏层及泥灰岩，顶、底部为砾状砂岩、砂砾岩，可见厚度 52 m。吴旗一带为浅红色砂岩、砾状砂岩，夹棕红、灰色粘土、凸镜状石膏层及薄层泥灰岩，含介形类及腹足类化石。在宁夏灵武县产晚渐新世俾路支兽动物群重要成员 *Baluchitherium grangeri*，时代为晚渐新世。

仅在我省定边、吴旗零星分布，定边出露厚度仅数米，吴旗县金佛坪厚度 39.5 m，与下伏环河组为不整合接触。

红河组 E*h* (05-61-1105)

【创名及原始定义】 贾兰坡、张玉萍等（1966）在蓝田县华胥乡红河上游支家沟将刘东生等（1960）创立的白鹿塬组下部地层划出创名红河组。原始定义：为一套紫红色泥岩、砂质泥岩及细砂岩互层，底部由砾岩组成，厚 160 余米，产哺乳类德氏貘、红河熊雷兽化石。

【沿革】 地质部第三石油普查勘探大队 (1977) 将红河组归入钻孔中的“地下单位”——户县群③。本次对比研究认为“红河组”岩性特征明显，与上、下地层的接触界线清晰，完全构成独立岩石地层单位。户县群因不具填图意义，建议停用。

【现在定义】 以紫红色泥岩、砂质泥岩为主，夹（或互）砂岩，底部发育砾岩或砂砾岩。底部以不整合覆于不同时代地层之上；顶部与上覆白鹿塬组底部之灰白色含砾粗砂岩呈平行不整合接触。

【层型】 正层型为蓝田县华胥乡红河上游“支家沟常家村剖面”(109°12′30″，34°16′50″)，由地质部第三石油普查勘探大队（1966)④ 重测。

【地质特征及区域变化】 以紫红色泥岩为主，并与粉砂质泥岩、砂岩互层，下部砂岩较多，厚 260 m。红河组有两个化石层，靠底部产小型貘类 *Breviodon* sp.；上部产熊雷兽类 *Arctotitan honghoensis*，貘类 cf. *Deperetella* sp.，时代为晚始新世。

地表见于蓝田、临潼及渭南等地，渭南至临潼一带厚 195～260 m；蓝田至西安红庆沟厚 73～200 m；渭河盆地钻孔中厚约 500 m。

白鹿塬组 E*b* (05-61-1106)

【创名及原始定义】 刘东生等 (1960) 创名于西安东郊灞桥区毛西乡毛西村白鹿塬北缘。原始定义：岩性为白绿色砂、疏松砂岩夹巧克力色粘土。

【沿革】 贾兰坡、张玉萍等（1966）将白鹿塬组下部紫红色泥岩单独划出，另建红河组。地质部第三石油普查勘探大队（1977）将白鹿塬组归入户县群中部，又据钻孔资料在白鹿塬组上部建立甘河组。本次对比研究认为贾兰坡、张玉萍等（1966）修正后的白鹿塬组岩性组

---

① 陕西境内未发育寺口子组与红柳沟组。
② 西北地质局宁夏综合地质大队，1965，1：20 万同心幅区域地质测量报告。
③ 地质部第三石油普查勘探大队，1977，汾渭盆地石油普查阶段地质成果报告。
④ 地质部第三石油普查勘探大队，1966，汾渭盆地石油普查总结报告。

合特征明确，与上、下地层的界线清晰，完全构成独立的岩石地层单位。甘河组、户县群均属钻孔披露的“地下单位”，不具地表填图意义，建议停止使用。

【现在定义】 以灰白色块状砂岩为主，夹（或互）紫红色泥岩，底部发育砂砾岩或含砾粗砂岩。与下伏红河组顶部的紫红色泥岩，呈平行不整合接触；与上覆冷水沟组底部之灰白色砂砾岩呈不整合接触。

【层型】 正层型为西安东郊毛西乡毛西村南村白鹿塬北缘“毛西村剖面”（109°7′20″，34°15′），由地质部第三石油普查勘探大队（1966）重测。

【地质特征及区域变化】 岩性组合特征三分性明显，下部和上部是以白色砂岩夹紫红色泥岩为主；中部为灰白色砂岩与紫红色泥岩互层，厚 43～785 m。产哺乳动物化石 *Lantianius xiehuensis*，*Sianodo bahoensis*，Palaeolaginae；植物化石 *Palibinia pinnatifolia*，*P. korowinii*，*P. latifolia* 等，时代为早渐新世。

分布范围与红河组相同。本组所处地势高者厚度大，地层出露全，如红河、戏水河厚 508～785 m；所在地势低者厚度小，地层只出露下部灰白色砂岩夹紫红色泥岩部分，如沈河、沙河及红庆沟等地厚 34～96 m。

甘肃群 NG （05－61－1102）

【创名及原始定义】 杨钟健、卞美年（1937）创名于甘肃省兰州—永登地区，原称甘肃系。原始定义：由砾岩、紫红色砂岩和含石膏脉的红色粘土岩组成。自下而上分为长川子系、咸水河系、观音寺系和五泉山系，总厚度大于 1 500 米。其下伏为固原组，二者为角度不整合接触。

【沿革】 杨钟健、卞美年（1941）在陕西省宝鸡以北地区调查，将该地区分布的红色碎屑岩地层命名“草碧系”，并与甘肃群上部的观音寺系对比。宁夏地层表编写组（1980）在鄂尔多斯盆地西部将晚第三纪地层称甘肃群。陕西地层表编写组（1983）将甘肃群引入本省。汤英俊、刘子祺等（1986）在彬县一带称“小章沟组”。本次对比研究认为甘肃群岩性特征明显，与上、下地层界线明晰，已构成独立的岩石地层单位，可作为本省北部子午岭及其以西各地的区域性命名。而小章沟组、草碧系，展布范围局限，划分标志不清，而且岩性相似于甘肃群，建议停用。

【现在定义】 由一套以黄、红、灰等色为主的泥岩、砂质泥岩、砂砾岩夹泥灰岩组成。富含哺乳类化石。整合于野狐城组（局部为平行不整合）之上，以石膏层的消失为界，其上被五泉山组不整合所覆。

【层型】 甘肃省地层对比研究小组指定选层型为“永登野狐城—凤凰村剖面”，位于甘肃省永登县，由甘肃区调队（1984）测制①。省内次层型为“康家庄水银沟剖面”（106°54′20″，35°55′50″），位于陇县唐家庄东北约 10 km 之水银沟，由陕西省 186 煤田地质勘探队（1973）测制。

【地质特征及区域变化】 以棕红色含钙质结核及含结核粘土岩为主，夹（或互）砂质粘土岩、砂岩、砂砾岩。下粗上细，出露不全，厚 42～188 m。产三趾马动物群的重要成员 *Pentalophodon simplex*，*Gazella gaudryi*，*Chilotherium* sp.，*Hipparion* sp. 等化石。时代为晚中新世至上新世。

---

① 甘肃省地质矿产局区域地质调查队，1984，甘肃的第三系，甘肃地质，第二期。

分布于宝鸡以北的吴旗、志丹、陇县、彬县、千阳等地。多出露于沟谷两侧，各地岩性无明显变化。由北而南，地层厚度有由薄变厚的趋势。吴旗、志丹、甘泉、彬县等地厚42～80 m；陇县、千阳一带厚188 m。

保德组　N*b*　（05－61－1103）

【创名及原始定义】　O Zdansky（1923）创名于山西保德县附近的冀家沟。原始定义：三趾马属于山西北部及毗连之陕西界内散布最广，而发见化石者只山西保德县之冀家沟、河曲县之南沙洼及陕西府谷县之五兰沟三处，称保德红土层。

【沿革】　王竹泉（1925）首先引入陕西。裴文中等（1963）称“保德阶”。陕西区调队（1981）将保德组隶属“甘肃群”下部一个组级单位。本次对比研究认为保德组岩性特征明显，上、下界线清晰，构成了独立的岩石地层单位，可作为区域性命名。

【现在定义】　该组岩性三分明显：底部砂砾岩或砾岩；中部棕黄、棕红色粘土及钙质结核层夹灰绿色粘土、棕黄色泥灰岩及少量砂岩凸镜体；上部棕红色粘土与棕黄色钙质结核层。与下伏不同年代的老地层呈不整合；与上覆静乐组或午城组呈平行不整合或不整合。

【层型】　选层型为“保德县路家沟剖面”，位于山西保德县腰庄乡路家沟，由山西区调队（1983）重测。省内次层型为甘泉县王家坪乡石门子洛河左岸“石门子剖面”（109°14′，36°23′），由王克鲁等（1956）① 测制。

【地质特征及区域变化】　省内府谷地区岩性相似于选层型。其他地区一般下部为灰白色砂砾岩或砾岩，夹砂岩条带；上部为紫红、棕红色粘土岩，富含钙质结核及结核层。局部下部砂砾岩或砾岩未出露或出露不全。厚7～78 m。产哺乳类化石 *Hipparion* sp.，*Gazella paotehensis*，*Chleuastochoerus stehlini* 等。时代为早上新世。

分布于府谷、米脂、吴堡、宜川、甘泉、洛川、韩城等地。延安、铜川一带地层三分性不强。延安以北厚43～78 m；以南厚7～51 m。

静乐组　N*j*　（05－61－1104）

【创名及原始定义】　德日进、杨钟健（1930）创名于山西静乐县贺凤村，原称静乐层。原始定义：近静乐一带，于中生代岩床上，含化石红土与红色土，尚保存极好。含三趾马之红土，与其上之较淡之红色土，显为一结核层所隔，而中无结核。

【沿革】　山西区调队（1972）称静乐组，并作为保德组的异地沉积。李云通等（1984）在《中国的第三系》中，依据哺乳类化石，将保德组与静乐组置于上、下关系。本次对比研究认为静乐组在岩性组合特征、上、下界线标志等方面，已构成独立的岩石地层单位，同意李云通等的划分方案。

【现在定义】　指保德组之上、三门组之下的一套深红色土状堆积。由桔红色、深红色不含或少含钙质结核层的粘土岩、砂质粘土岩及棕灰色、黄灰色底砾岩或砂砾岩组成。与下伏保德组或老地层呈平行不整合或不整合；与上覆黄土层或砂砾石层不整合接触。

【层型】　正层型为“静乐县贺凤村剖面”（111°56′，38°24′），由德日进、杨钟健（1930）测制。

【地质特征及区域变化】　省内岩性组合特征与保德组具有明显的区别。静乐组不含或很

① 王克鲁等，1956，陕西陇东泾洛河流域第四纪调查报告。

少含钙质结核或结核层。区域上两者很少同时出现，即使在局部地区二者同时出现，亦可依据上、下关系和差异明显的岩性特征进行划分。厚10～42 m。产哺乳动物化石 *Hipparion houfenense*，*Gazella blacki*，*Antilospina licenti*，*Elephas* sp. 等。时代为晚上新世，有可能跨入早更新世。

分布范围与保德组基本一致。在府谷—米脂一带厚11～42 m；韩城一带厚7～10 m。

冷水沟组　N*lŝ*　(05-61-1108)

【创名及原始定义】　贾兰坡、张玉萍等（1966）创名于临潼县城西南冷水沟营背后村。原始定义：冷水沟出露一套棕红色砂质泥岩与灰黄、灰绿色砂岩互层及底部砾岩夹杂色泥岩组成的地层，产大量中新世哺乳动物化石。

【沿革】　地质部第三石油普查勘探大队（1977）依据钻孔资料将冷水沟组隶属高陵群下部。张玉萍、黄万波等（1978）将冷水沟组隶属高坡群下部。本次对比研究认为冷水沟组岩性特征明确，上、下界线标志清晰，有一定的延展性，可以构成独立的岩石地层单位。另外，高陵群系钻孔资料建立的地层单位，高坡群地层意义不大，均予停用。

【现在定义】　岩性为棕红色砂质泥岩与灰黄、灰绿色砂岩互层产出，底部由砾岩组成，与下伏白鹿塬组及上覆寇家村组或灞河组均为不整合接触，底、顶都以砂砾岩或砾岩层的底面分界。

【层型】　正层型为临潼县城西南冷水沟营背后村“冷水沟剖面”(109°12′20″，34°21′30″)，由张玉萍、黄万波等（1978）测制。

【地质特征及区域变化】　为一套棕红色泥岩、砂质泥岩与灰黄色、灰绿色砂岩互层的地层序列，常夹杂色泥岩。最大厚度80余米。产哺乳类动物化石12属15种，其中重要的有 *Listriodon lishanensis*，*Oioceros lishanensis* 和 *Alloptox minor* 等。时代可能为早中新世。

分布于蓝田—渭南地区。在渭南县沈河及蓝田县高坡等地较为发育。钻孔中岩性与地表基本相同，但砾状砂岩及含砾泥质岩稍有增多。渭南地区厚82 m；蓝田地区厚20 m；临潼地区厚59 m。

寇家村组　N*k*　(05-61-1109)

【创名及原始定义】　刘东生等（1960）建组于西安市灞桥区毛西乡寇家村大庙沟。原始定义：寇家村组，岩性为淡红色粘土与红黄色砂质粘土互层夹厚层砂层。

【沿革】　地质部第三石油普查勘探大队（1977）结合钻孔资料在骊山西侧建立龚家沟组代替寇家村组，隶属高陵群上部。张玉萍、黄万波等（1978）将寇家村组隶属高坡群上部。本次对比研究认为寇家村组岩性特征明确，与下、上地层有明显的区别，且下、上界线清晰，应予保留。而龚家村组创名晚，创名后亦无人使用，建议停用。

【现在定义】　以棕红、桔黄色泥岩、砂质泥岩为主，夹灰白色、棕黄色砂岩，底部发育砾岩或砂砾岩。与下伏冷水沟组及上覆灞河组均为平行不整合或不整合接触。底顶界均以一层砂砾岩或砾岩层底面为界线。

【层型】　创名时未指定正层型，选层型为西安市毛西乡“寇家村大庙沟剖面”(109°7′30″，34°15′)，由张玉萍、黄万波等（1978）测制。

【地质特征及区域变化】　以发育泥岩为主要特征，夹砂岩。底部常有砾岩。钻孔中顶部夹黑色碳质页岩或煤线，厚5～142 m。产 *Platybelodon grangeri*，*Lagomeryx complicidens* 等哺乳动物化石。时代为晚中新世。

分布与冷水沟组基本一致，渭南—蓝田地区较为发育。厚度变化大，渭南沈河厚102 m；蓝田灞河厚28～79 m；临潼及渭河盆地钻孔中厚103～142 m。

灞河组 N*bh* (05-61-1110)

【创名及原始定义】 刘东生等（1960）建组于蓝田县泄湖镇灞河南岸水家嘴—武家坡。原始定义：灞河组为棕黄色砂、砾石及粘土互层。

【沿革】 建组之后各家沿用未见变动。地质部第三石油普查勘探大队（1977）结合钻孔资料建立永乐店群，将灞河组隶属永乐店群下部。本次对比研究认为灞河组符合岩石地层划分原则，岩性及上、下界线明确，可构成独立岩石地层单位。而永乐店群为依据钻孔资料建立的地层单位，不具填图意义，建议停用。

【现在定义】 以棕红、桔黄色泥岩、砂质泥岩与同色砂岩、砂砾岩间的互层为主要特征，底部砾岩层或灰白色砂岩及棕红色泥岩则不常见。与下伏寇家村组粘土岩及上覆蓝田组棕灰色底砾岩或深红色粘土均为不整合接触。

【层型】 正层型为蓝田县泄湖镇灞河南岸武家坡村东“蓝田县武家坡剖面”(109°18′50″，34°11′50″)，由张玉萍、黄万波（1978）重测。

【地质特征及区域变化】 典型地点为一套棕黄、棕红色泥岩、砂质泥岩与砂岩、砂砾岩互层的地层序列。其他地区出露不全，底部与下伏地层不整合接触，厚20～362 m。产*Hipparion weihoensis*，*Shenxispira chowi*，*Brachypotherium viverra*，*Chleuastochoerus stehlini* 等哺乳动物化石。时代为早上新世。

主要分布于西安以东的蓝田—渭南地区，西安以西到周至、渭南以东及盆地中心于钻孔中可见到。各地出露不全。厚度变化大，骊山西侧自北而南，由薄变厚，自10 m到362 m；蓝田县城至华胥红河厚度小于40 m；渭南至临潼一带厚150～170 m；华县瓜坡厚度小于30 m。

蓝田组 N*l* (05-61-1111)

【创名及原始定义】 刘东生等（1960）建组于蓝田县泄湖镇灞河南岸水家嘴—武家坡。原始定义：为紫红色粘土（层次不显著，近水平）、浅紫红色粘土及砂质粘土夹白色钙质结核层。

【沿革】 建组后未见变动。地质部第三石油普查勘探大队（1977）结合钻孔资料建立永乐店群，将蓝田组隶属永乐店群中部。其上又建立“张家坡组”，并将蓝田组上界向下移动，界线以上的本组地层划入张家坡组。本次对比研究认为蓝田组岩性组合及下、上界线明显，区域分布稳定，完全构成独立的岩石地层单位。而以钻孔资料建立的永乐店群及张家坡组因缺乏明确的划分界线，建议停用。

【现在定义】 以紫红色、棕红色富含钙质结核的粘土岩、砂质粘土岩为主，下部夹棕灰色砂砾岩或砾岩。与下伏灞河组棕黄色粘土岩及上覆三门组黄土或松散砂石层均为不整合接触。

【层型】 正层型为蓝田县泄湖镇灞河南岸武家坡村东“蓝田县武家坡剖面”(109°18′50″，34°11′50″)，由贾兰坡、张玉萍等（1966）重测。

【地质特征及区域变化】 上部为鲜艳的砖红色粘土岩，含丰富的海绵状钙质结核及结核层。下部为灰白色砂砾岩或砾岩，覆于白鹿塬组、红河组、灞河组之上。厚25～62 m。产三趾马动物群的重要成员 *Hipparion plocodus*, *Gazella gaudryi*, *Cervavitus* sp., *Chleuastochoerus* sp. 等化石。时代为晚上新世。

主要分布于蓝田—渭南一带，另在大荔、蒲城亦有零星出露。渭河盆地的钻孔中普遍可见。厚度变化较大，自 0 m 到 70 m。其中蓝田至渭南间厚 15～25 m；蓝田至西安间厚 36～62 m。

囫囵山组 N*h* (05-61-1114)

【创名及原始定义】 地质部第三石油普查勘探大队苗永旺等（1974）① 建组于洛南县谢湾乡囫囵山。陕西地矿局（1989）在《陕西省区域地质志》中介绍。原始定义：以一套砂砾岩、砾岩为主，夹含砾砂岩、砂质泥岩、泥岩。

【沿革】 地质部第三石油普查勘探大队（1974）将商州陈塬老庄沟一带出露的相同地层创名为老庄组。本次对比研究认为囫囵山组岩性及下、上界线标志明显，区域分布稳定，完全可以构成独立的岩石地层单位。而老庄组则视为囫囵山组的同物异名单位，应予停用。

【现在定义】 以灰棕色砂砾岩、砾岩为主，中、上部夹黄棕色含砾砂岩、泥质岩等。以不整合或平行不整合覆于山阳组或更老变质地层之上，与上覆未名松散砂砾层呈不整合接触。

【层型】 正层型为洛南县谢湾乡囫囵山“囫囵山—谢湾剖面”（110°05′53″，34°02′30″），由第三石油普查勘探大队苗永旺等（1974）测制。

上覆地层：**砂砾层**

~~~~~~~~~~ 不 整 合 ~~~~~~~~~~

囫囵山组	总厚度 385.90 m
13. 灰白色砾岩、砂砾岩	139.30 m
12. 灰白色砂砾岩夹薄层泥质砂岩。顶部有 1 层厚 2.5～3 m 的含砾泥质细砂岩	13.80 m
11. 棕色砾岩夹泥质砂岩	21.20 m
10. 浅黄棕色含砾细砂岩与灰白色砂砾岩互层，近顶部有一层黄色泥岩	3.70 m
9. 浅棕黄色含砾泥质砂岩夹砂砾岩	42.20 m
8. 黄绿色含砾泥质砂岩夹砾岩	32.00 m
7. 棕色砾岩、砂砾岩夹泥质砂岩	27.00 m
6. 红棕色泥质砾状砂岩与砂砾岩互层	14.30 m
5. 浅灰绿色砂砾岩夹泥质砂岩	5.60 m
4. 棕红色砾状砂岩、泥质砂岩夹砂砾岩	6.60 m
3. 灰白色砂砾岩夹泥质砂岩	4.20 m
2. 棕红色砾岩、砂砾岩夹泥质砂岩	66.00 m
1. 紫灰色砾岩、砂砾岩夹砂质泥岩	10.00 m

~~~~~~~~~~ 不 整 合 ~~~~~~~~~~

下伏地层：**陶湾组** 绢云千枚岩

【地质特征及区域变化】 岩性以砾岩、砂砾岩为主，夹砂岩、泥质岩、含砾砂岩及含砾泥质岩。厚 48～887 m。未见生物化石，据所在地层位置推测时代为中新世。

分布于洛南盆地及商州—丹凤盆地。露头零散，仅在洛南县五岭台、囫囵山等地发育较

① 地质部第三石油普查勘探大队苗永旺等，1974，商洛盆地石油普查报告。

全。其他各地多发育不完整。洛南县谢湾至景村一带厚 48～386 m；商州沿丹江两岸的杨峪河、沙河子、夜村、丹凤县商镇等地厚 887 m 左右。

李家庙组 *Nlj* （05－61－1115）

【创名及原始定义】 地质部第三石油普查勘探大队苗永旺等（1974）建组于商州大荆镇李庙乡李家庙村，陕西地质矿产局（1989）在《陕西省区域地质志》中介绍。原始定义：李家庙剖面发育黄棕、棕红色砂质粘土岩、粘土岩、砾岩、砂砾岩，互为夹层、或为互层。

【沿革】 薛祥煦等（1982）在洛南县石门盆地将相同地层称疙瘩庙组。本次对比研究认为李家庙组岩性特征明显，下、上界线清晰，岩性较稳定，可构成独立的岩石地层单位。同时认为疙瘩庙组以砾岩为主，是李家庙组的一部分。因此，视疙瘩庙组为李家庙组的同物异名单位，应停用。

【现在定义】 以发育黄棕、棕红色粘土岩、同色砾岩、砂砾岩为特征。与下伏不同时代的老地层及上覆未名砂砾石层或黄土层均呈不整合接触。

【层型】 正层型为“商州大荆镇李家庙剖面”（109°52′，34°03′20″），由苗永旺等（1974）测制。

上覆地层：残积砂石层

～～～～～～ 不 整 合 ～～～～～～

李家庙组	总厚度 427.30 m
18. 浅棕黄色粉砂质粘土岩与砾岩互层	43.50 m
17. 浅棕黄色砾岩	7.00 m
16. 黄棕色粉砂质粘土岩夹砾岩	32.50 m
15. 棕黄色砂质粘土岩与砾岩互层	39.40 m
14. 浅棕黄色粘土岩、粉砂质粘土岩夹砂砾岩。底部有一层厚 2 m 的浅黄色砾岩	17.80 m
13. 浅棕黄色粉砂质粘土岩、浅灰绿色砾岩夹薄层砂岩	21.60 m
12. 黄棕色粘土岩	23.00 m
11. 浅棕灰色砾岩夹粘土岩	6.00 m
10. 浅灰色砾岩与黄棕色粉砂质粘土岩	8.70 m
9. 浅灰色砾岩夹黄棕色粘土岩	9.20 m
8. 浅土黄色粘土岩。底部为砾岩	27.90 m
7. 浅土黄色砾岩夹粘土岩	5.80 m
6. 黄棕色粘土岩夹砂砾岩凸镜体	10.20 m
5. 浅灰色砾岩夹粘土岩条带	10.20 m
4. 黄棕色粘土岩夹三层砾岩	20.00 m
3. 浅绿黄色砾岩夹粘土岩	9.00 m
2. 黄棕色粘土岩夹 12 层砂砾岩	84.50 m
1. 浅棕黄色粘土岩夹砾岩凸镜体	51.00 m

～～～～～～ 不 整 合 ～～～～～～

下伏地层：山阳组　细砂岩

【地质特征及区域变化】 以红色粘土岩与灰白色砂砾岩不等厚互层为特征。以发育粘土岩为主，含钙质结核及结核层。洛南县石门盆地以灰白色砂砾岩、砾岩为主，夹棕红色粘土岩；商州、山阳以棕红色砂质粘土岩为主，夹粘土岩、砂岩、砂砾岩或砾岩。一般盆地中心细，边缘粗。厚67～381 m。产 *Hipparion* sp.，*Chilotherium* sp.，Cervinae 等哺乳动物化石。时代为上新世。

主要分布于洛南、商州、山阳等地。洛南西部发育较好。洛南地区厚70～381 m；商州、山阳地区厚67 m。

二、华南地层大区

勉县群 J*M* （06－61－0921）

【创名及原始定义】 赵亚曾、黄汲清（1931）创名于陕南勉县，原称"勉县煤系"。原始定义：指勉县以北出露的含煤地层，岩石大部分为砂岩及砾岩，厚度不下一千公尺，产侏罗纪化石。

【沿革】 陕西地层表编写组（1983）将其称勉县群。本次对比研究同意这一划分意见。

【现在定义】 勉县群自下而上分为洪水沟组、龙家沟组和堰河组。

【层型】 正层型为"勉县堰河勉县群实测剖面"（106°42′，33°13′），由陕西煤田勘探公司汉中勘探队（1959）① 重测。

洪水沟组 J*h* （06－61－0918）

【创名及原始定义】 陕西省186煤田地质勘探队（1971）② 创名于勉县洪水沟。陕西地层表编写组（1983）介绍。原始定义：为紫红、灰绿色泥岩、含砾砂质泥岩与粉砂岩、细砂岩与角砾岩，分布零星，以洪水沟最厚，达23.21米，下与志留系为不整合。

【沿革】 陕西地层表编写组（1983）和王思恩等（1985）均称洪水沟组，定义未变。本次对比研究保留其组级地层单位，仍称洪水沟组。

【现在定义】 指位于前侏罗纪地层不整合面之上、龙家沟组含煤地层之下，以杂色砾岩为主夹泥岩、砂岩的粗碎屑岩岩石组合。下与三河口群等为不整合接触；上与龙家沟组含煤地层整合过渡。

【层型】 正层型为"勉县洪水沟洪水沟组实测剖面"（106°42′，33°13′），由陕西省186煤田地质勘探队（1971）测制。

【地质特征及区域变化】 下部为浅黄绿色砾岩夹紫红色砂质泥岩，上部浅黄绿色中、粗粒砂岩和紫红色砂质泥岩。厚度一般10～143 m，最厚可达300 m。与下伏前侏罗纪地层为不整合接触。时代属早侏罗世。

分布于勉县堰河、洪水沟、紫阳红椿坝、瓦房店、纸房沟及宁强县广坪等地。在堰河为杂色砾岩，厚10 m。紫阳县松树沟为砾岩夹细砂岩，厚20 m。纸房沟下部为砾岩、粗砂岩，上部为砂质页岩，厚143 m。广坪全为紫红色块状砾岩，厚度大于300 m。

龙家沟组 J*l* （06－61－0919）

【创名及原始定义】 叶连俊、关士聪（1944）创名于甘肃武都县龙家沟，原称"龙家沟煤系"。原始定义：指武都龙家沟煤田剖面第1—2层，位于茅口灰岩之上，二者界线殊难划

---

① 陕西煤田勘探公司汉中勘探队，1959，陕西勉县堰河煤田地质勘探报告。
② 陕西省186煤田地质勘探队，1971，勉县堰河煤田精查地质报告。

分，但仍有可能有假整合存在，相当于乐平煤系，共厚500米上下，共有煤六层，煤层及黑色页岩、石灰岩间互成层。陕西地层表编写组（1977）首先引入陕西凤县一带①。

【沿革】 陕西地层表编写组（1983）称勉县组。本次对比研究认为，勉县群和勉县组同时并用，不符合地层规范要求，因此建议改用龙家沟组，置于勉县群中。

【现在定义】 指位于留凤关组与东河群之间的黄褐、灰、紫红色砾岩、灰色砂岩、页岩的煤系地层。以岩层侧向变化剧烈、煤层呈巢状和不规则凸镜状为特征。区内其他小盆地中则以细碎屑岩、页岩、煤层组成。下以褐色巨砾岩与下伏留凤关组不整合接触，或与洪水沟组杂色砾岩整合过渡。上被东河群不整合覆盖。

【层型】 正层型为甘肃省"武都龙家沟煤田剖面"（104°51′，33°35′），由叶连俊、关士聪（1943）测制。省内次层型为凤县户家窑小学旁边"凤县户家窑龙家沟组实测剖面"（106°31′，33°51′），由西北地研所（1974）② 测制。

【地质特征及区域变化】 省内下部为泥岩、砂岩夹砾岩和煤层，上部为砂岩夹泥岩及含砾砂岩，厚36～405 m。产双壳类 *Unio*，*Pseudocardinia* 及植物 *Coniopteris*，*Elatocladus*，*Sphenobaiera*，*Todites*，*Podozamites* 等属。是秦岭地区一个重要含煤地层。与下伏洪水沟组为整合接触。当缺失洪水沟组时，可直接与留凤关组为不整合接触。时代属中侏罗世。

分布于勉县堰河、洪水沟、凤县户家窑、马厂、留坝小岭子、紫阳县红椿坝等地。在紫阳县红椿坝一带出现了含铁质砂岩及凸镜状菱铁矿。凤县户家窑含较多的铁质结核。在后窑沟，砂岩的钙质成分显著增加。

堰河组 J*yh* （06-61-0920）

【创名及原始定义】 陕西省煤田勘探公司汉中勘探队（1959）创名于勉县堰河。陕西地层表编写组（1983）介绍。原始定义：主要为灰及灰绿色砂岩、粗砂岩和砾岩组成，间夹泥质页岩及粉砂岩。

【沿革】 陕西地矿局（1989）称勉县群上部。本次对比研究认为，其组级地层单位应当保留，仍称堰河组。

【现在定义】 指整合位于龙家沟组之上的一套灰黄色细砂岩、深灰色细砂岩、粉砂岩夹中、粗粒砂岩、砾岩为主的较粗粒碎屑岩组合，以富含砂岩为特征。下以一层褐色厚层砂岩与下伏龙家沟组分界，上未见顶。

【层型】 正层型为"勉县堰河堰河组实测剖面"（106°42′，33°13′），由陕西煤田勘探公司汉中勘探队（1959）测制。

【地质特征及区域变化】 主要为砂砾岩、细砂岩、中粗粒砂岩和粉砂岩组成的韵律层。其中砂砾岩和粉砂岩较少，砂岩最多，产少量植物化石。厚552 m。

仅分布于勉县堰河。从堰河剖面向东，岩石粒度有变细之趋势，砂岩、砾岩减少，而粉砂岩、页岩增加；向西细砂岩、粉砂岩常被粗砂岩或砾岩代替。

【其他】 根据所含化石，其时代属中侏罗世。但其顶部有300 m的地层未发现化石，其中是否包括有一部分晚侏罗世地层，尚待今后进一步的工作证实。

---

① 陕西地层表编写组，1977，西北地区区域地层表·陕西省分册（送审稿）。
② 西北地质科学研究所，1974，徽成盆地东河群含煤沉积特征及其时代之初步探讨（原始资料）。

白田坝组　Jb　（06－61－0922）

【创名及原始定义】　包茨、王国宁（1954）创名于四川广元宝轮院的白田坝，原称“白田坝煤系”或白田坝统。原始定义：“岩性以灰黄色砂岩为主，常夹有灰黑及黑色页岩层及煤层、砾岩层，富含植物化石。”该组由“广元煤系”中分出，厚 320～723 m。

【沿革】　四川第二区测队（1970）在 1∶20 万镇巴幅区调工作时，首先在陕西省镇巴一带划出白田坝组。此后未见变动。

【现在定义】　岩性为灰绿、黄灰色砂岩、砾岩与粉砂岩及泥岩互层，夹碳质页岩及煤层，砾岩多为石英质。含丰富的植物及孢粉、叶肢介等化石。与下伏须家河组含煤砂、泥岩常呈平行不整合或不整合接触，可超覆于更老地层之上，与上覆千佛岩组黄绿色泥岩整合过渡。

【层型】　正层型为“四川广元千佛岩剖面”。省内次层型为“镇巴三溪口剖面”（107°49′，32°37′），由陕西省 185 煤田地质勘探队（1976）测制①。

【地质特征及区域变化】　下部粉砂岩夹泥岩和细砂岩、细砂岩和煤线，上部为粉砂岩与泥岩不等厚互层。厚 270～423 m。产双壳类 *Ferganoconcha*，*Sibireconcha* 及植物 *Marattiopsis*，*Nilssonia*，*Todites*，*Pterophyllum*，*Taeniopteris*，*Otozamites*，*Coniopteris* 等属。时代属早侏罗世。

主要分布于西乡县麻柳至石泉县茶镇一带和镇巴县至简池坝一线以南。从镇巴县长岭向北，砂岩逐渐增加，煤层逐渐减少变薄，至西乡县堰口剖面，则不含煤层。

千佛岩组　Jq　（06－61－0923）

【创名及原始定义】　赵亚曾、黄汲清（1931）创名于四川广元千佛岩，原称“千佛岩层”。原始定义：属“四川系”下部。至广元之南红色页岩（指四川系下部，相当现划白田坝组——笔者）之上忽有红色砾岩出露，砾石多为红砂岩。红砾岩之上又有甚厚之疏松鲜红色砂岩出现，作为高峻之鬣邱。吾人今名下部产化石之砂岩为千佛岩层。

【沿革】　四川第二区测队（1970）首先在陕西省镇巴一带划出千佛岩组。此后未见变动。

【现在定义】　岩性以黄绿色细、粉砂岩、页岩为主，夹介壳灰岩凸镜体，含双壳类、植物及孢粉化石。与下伏白田坝组或香溪组含煤砂、泥岩及上覆沙溪庙组底部黄灰色岩屑砂岩均呈整合接触，界线清楚。

【层型】　正层型为“四川广元千佛岩剖面”。省内次层型为“镇巴秦家坝至长滩剖面”（107°53′，32°16′），由陕西省 185 煤田地质勘探队（1976）② 测制。

【地质特征及区域变化】　省内岩性以粉砂岩、细砂岩为主，夹泥岩和长石石英砂岩。根据颜色的不同，可明显地分为上、下两部分，下部以深灰色为主；上部以灰绿、黄绿色为主，厚 194～569 m。本组以不含紫色岩层和夹有生物介壳层为特征。与下伏白田坝组为整合或平行不整合接触。产双壳类化石 *Lamprotula*（*Eolamprotula*），*Pseudocardinia* 及植物化石 *Coniopteris*，*Nilssonia*，*Baiera*，*Ptilophyllum* 等。时代属中侏罗世。

分布于西乡县罗镇坝一带。另外在镇巴县城至简池坝一线以南也有出露。在西乡县麻柳仅有一层细砾岩和细砂岩。在西乡县堰口出现了含砾石的长石石英砂岩、砂质页岩与细、粉砂岩。

---

① 陕西省 185 煤田地质勘探队，1976，1976 年原始资料。
② 陕西省 185 煤田地质勘探队，1976，陕西镇巴煤田三叠及中、下侏罗统剖面介绍。

沙溪庙组　Js　(06－61－0924)

【创名及原始定义】　杨博泉、孙万铨（1946）创名于四川省合川县沙溪庙，当时称“沙溪庙层”或“沙溪庙紫色层”。原始定义：“岩性为紫红色泥岩夹浅灰色长石砂岩与长石石英砂岩，中部泥岩与砂岩多呈不等厚互层，厚1 220～2 000米。”

【沿革】　四川省第二区测队（1970）在陕西省镇巴一带将其称下沙溪庙组和上沙溪庙组两个组。陕西地矿局（1989）认为上述两个组的名称不符合地层规范，将其改称沙溪庙组。本次对比研究同意这一意见。

【现在定义】　岩性为黄灰、紫灰色长石石英砂岩与紫红、紫灰色泥（页）岩不等厚韵律互层。含双壳类、介形虫、叶肢介、植物及脊椎动物化石。与下伏新田组或千佛岩组杂色砂泥岩及上覆遂宁组砖红色岩屑长石砂岩均为整合接触,亦可平行不整合超覆于自流井组之上。

【层型】　正层型为重庆市北碚至合川公路沿线“合川沙溪庙剖面”。省内次层型为“镇巴简池坝沙溪庙组实测剖面”（107°33′，32°26′），由陕西省185煤田地质勘探队（1976）① 测制。

【地质特征及区域变化】　省内下部以紫、黄绿色块状泥岩为主，夹砂岩、长石石英砂岩和镜煤条带；上部以紫红色块状泥岩为主，夹细、粉砂岩、中粗粒长石石英砂岩及薄煤层。本组以发育大量紫色岩层为特征。厚度一般在600 m以上。与下伏千佛岩组为整合接触。含少量双壳类 *Pseudocardinia* 等属及植物化石。其时代置中侏罗世为宜。

分布于镇巴县城至简池坝一线以南，岩性于省内变化不大，惟厚度有从北向南增厚之趋势，如简池坝向南至四川万源县平溪场，厚度由2 095 m增至3 501 m。

遂宁组　Js　(06－61－0925)

【创名及原始定义】　李悦言、杨博泉（1940）创名于四川省遂宁县，原称“遂宁页岩层”。原始定义：岩性以棕红、砖红色泥岩为主，夹同色砂岩及粉砂岩薄层，偶夹石膏薄层。厚度一般为300～500米。

【沿革】　四川第二区测队（1970）首先在陕西省镇巴一带划出遂宁组。此后未见变更。

【现在定义】　岩性以红、鲜紫红、砖红色泥（页）岩为主，夹同色岩屑长石砂岩、粉砂岩。含介形类、轮藻、叶肢介及双壳类化石。与下伏沙溪庙组紫红色泥岩及上覆蓬莱镇组紫灰色长石石英砂岩均为整合接触。

【层型】　正层型为“四川省蓬溪县高坪黄朝门—中江县广福凤凰寨剖面”。省内次层型为“镇巴简池坝遂宁组实测剖面”（107°33′，32°26′），由陕西省185煤田地质勘探队（1976）测制。

【地质特征及区域变化】　省内岩性以紫红、暗紫色钙质泥岩为主，夹钙质细砂岩、粉砂岩。本组以其颜色鲜艳、富含钙质为特征，分层标志明显。厚400余米。本省境内未发现化石，与下伏沙溪庙组整合接触。时代属晚侏罗世。

仅分布于镇巴县简池坝之川、陕边界附近的老硐岩，出露面积很小。岩性与厚度均较稳定。

---

① 陕西省185煤田地质勘探队，1976，镇巴煤田三叠侏罗纪地层划分对比。

东河群　KD　（06－61－1022）

【创名及原始定义】　赵亚曾、黄汲清（1931）创名于凤县双石铺南，原称“东河砾岩”。原始定义：指凤县一带所产的粗砾岩层，且有砂岩及页岩夹杂其间。砾岩大都未曾受剧烈变动，与较老地层呈明显之不整合。吾人名之为东河砾岩，其岩性与千佛岩层绝似，或亦为下白垩纪之产物。

【沿革】　叶连俊、关士聪（1944）称“东河系”。陕西区测队（1968）称东河群。此后未见变更。

【现在定义】　为不整合于前白垩纪地层之上、整合伏于鸡山组煤系地层之下的一套地层序列。下部为紫红、土红色砾岩夹砂岩；上部为紫红、灰绿色泥岩、粉砂岩、砂岩，自下而上分为田家坝组和周家湾组。

田家坝组　Kt　（06－61－1020）

【创名及原始定义】　西北地质科学研究所齐骅等（1974）创名于甘肃省康县田家坝。甘肃地层表编写组（1980）介绍。原始定义：指康县田家坝—草坝剖面第1—15层，以紫红色为主，少量蓝灰色、灰黑色粉砂岩、砾岩夹砂砾岩、砂岩的地层序列。陕西地层表编写组（1977）首先将该单位引入陕西。

【沿革】　陕西地层表编写组（1983）和陕西地矿局（1989）也在凤县、商州等地划出了田家坝组。本次对比研究，仍保留田家坝组。

【现在定义】　指位于前白垩纪地层之上、周家湾组之下的一套紫红、土红色巨厚层砾岩、夹粉砂岩条带或薄层。下以不整合面与前白垩纪地层分界，上以黄绿色巨厚层状粗—中砂岩的出现为周家湾组之底界，二者整合接触。

【层型】　正层型为甘肃省“康县田家坝—草坝剖面”（105°25′，33°37′），由西北地研所（1974）测制。次层型为“甘肃两当西坡—陕西凤县徐家沟田家坝组实测剖面”（106°26′，33°54′），由西北地研所（1974）测制。

【地质特征及区域变化】　省内本组为紫红、土红及灰绿色厚层至块状砾岩，夹砂质泥岩、粉砂岩。局部地方夹煤线。厚140～1 074 m。不含化石。根据上覆岩层的时代，确定为早白垩世。

分布于凤县双石铺以南的河口、平木一带；另见于商州凤家山；宝鸡李家楞、坪头、香泉镇；周至县西骆峪；宁陕县沙沟铁索桥北；太白县黄草滩等地。岩性变化不大。惟商州凤家山剖面出现了较多泥岩和灰绿色砾岩。

【其它】　关于宝鸡李家楞、坪头、香泉镇、周至县西骆峪、宁陕县沙沟、太白县黄草滩等地出露的砾岩和含砾粗砂岩等岩层，因研究程度较差，且未发现化石，岩性单一，层序不全（一般未见上覆岩层，或者上下均被断层切割），其准确的地层位置尚难确定，前人均划入早白垩世，根据岩性组合特征，大致可以认为相当于东河群下部的田家坝组。

周家湾组　Kz　（06－61－1021）

【创名及原始定义】　西北地质科学研究所（1974）创名于甘肃康县周家湾。甘肃省区域地层表编写组（1980）介绍。原始定义：指甘肃康县田家坝—草坝剖面第16—33层的紫红、黄绿、灰绿色及少量灰黑色泥岩、泥质粉砂岩为主，夹砂岩、砂砾岩、砾岩的碎屑岩序列。陕西地层表编写组 1977 年首先将该单位引入陕西凤县一带。

【沿革】 陕西地层表编写组（1983）和陕西地矿局（1989）均在凤县、商州等地的东河群中划出了周家湾组。本次对比研究仍称周家湾组。

【现在定义】 指位于田家坝组之上、鸡山组之下的一套以紫红、黄绿、灰绿色为主的杂色泥岩、粉砂岩地层，夹砂岩、砂砾岩、砾岩。底以黄绿色巨厚层砂岩与田家坝组紫红色砂岩为界；顶以黄绿色泥质粉砂岩与鸡山组底部灰黑色砾岩为界。本组与下伏、上覆地层均为整合接触。

【层型】 正层型为甘肃康县长坝乡“康县田家坝—草坝剖面”（105°28′，33°27′），由西北地研所（1974）测制。次层型为甘肃省两当县至陕西凤县草店徐家沟“两当西坡—凤县徐家沟周家湾组实测剖面”（106°26′，33°54′），由西北地研所（1974）测制。

【地质特征及区域变化】 省内下部为灰绿、黄绿色块状砾岩夹紫红、灰绿色粉砂岩、砂岩；上部为灰黑、蓝灰、黄绿色粉砂岩、泥质粉砂岩夹砂岩、砾岩。含双壳类 *Nakamuranaia*，*Sphaerium* 等属。化石保存完好。本组以出现大量的黄绿色岩层为特征。省内以缺少紫红色岩层而与正层型尚有差别。时代属早白垩世。

本组出露于凤县双石铺至平木一带。在商州构峪凤家山等地也有分布。岩性变化较大，在双石铺以东的石鸭子剖面，下部为砂砾岩与页岩互层；上部为灰、灰黑色砂质页岩、页岩；在商州构峪凤家山剖面，岩石粒度明显变细，主要为泥岩、砂质泥岩夹砾岩、砂岩和泥灰岩。产叶肢介、昆虫、介形虫、双壳类和植物等化石。化石保存完好。厚度在各地也有明显的变化。

鸡山组 K*j* （06－61－1023）

【创名及原始定义】 叶连俊、关士聪（1944）创名于甘肃省成县鸡山，原称“鸡山煤系”。原始定义：“在花垭里附近其下部为灰绿色粗砂岩，其上则由灰色泥灰岩及砂页岩之间互层组成之。其中并含煤两层，特名此含煤地层曰鸡山煤系。泥灰岩之分布只限于花垭里附近，在姬娅附近本层完全由灰绿色砂岩页岩及红色砾岩砂岩页岩造成，中部含煤一层。自花垭里而西亦不见泥灰岩踪迹，而所见全为灰绿色砂岩、砂质页岩，及砾状砂岩”。本文划分的鸡山组系陕西省内首次引用。

【沿革】 西北地研所（1974）创立化垭组一名，其涵义与“鸡山煤系”相同，并将化垭组归属东河群上部的一个组级地层单位。本次对比研究停用化垭组一名，恢复鸡山组的名称，并将该组从东河群中分出。

【现在定义】 以灰绿、灰黑色为主的泥岩、粉砂岩夹砂岩、砂砾岩、砾岩及煤层或煤线的煤系地层。底以灰黑色砾岩与周家湾组分界，二者为整合接触，未见顶。

【层型】 正层型为甘肃“成县镡坝—鸡山剖面”（105°45′，33°34′）第 1—14 层。由西北地研所（1974）重测。次层型为甘肃省两当县西坡至陕西省凤县草店徐家沟“两当西坡—凤县徐家沟鸡山组实测剖面”（106°26′，33°54′），由西北地研所（1974）测制。

【地质特征及区域变化】 省内下部为灰绿、黄绿色砾岩与黄绿、蓝灰色粉砂岩、粉砂质泥岩与泥岩；中部为蓝灰、灰黑色泥岩、粉砂质泥岩、粉砂岩、泥质粉砂岩夹砾岩、砂岩；上部为紫红、灰紫色与黄绿色砾岩、泥质粉砂岩。厚 410～908 m。含双壳类 *Sphaerium* 等属，腹足类 *Probaicalia* 及介形虫 *Lycopterocypris*，*Ziziphocypris* 等属，化石保存尚佳。与下伏周家湾组为整合接触，上部未见顶。时代与东河群一致，属早白垩世。

分布于凤县双石铺至河口一带；另见于商州构峪凤家山及蟒岭南侧的金盆沟等地。在商州构峪凤家山剖面，岩石粒度变细，砾岩、砂砾岩减少，砂质泥岩、泥岩增加，并且出现了泥灰岩夹层。局部地方还夹有煤线。在蟒岭南侧金盆沟剖面，还夹有中基性火山熔岩。

石泉组 Eŝ (06-61-1116)

【创名及原始定义】 B E Willis (1907) 创名于石泉县城附近，原称石泉砂岩。原始定义：石泉砂岩由砾岩和红色长石砂岩组成，也称石泉层。

【沿革】 陕西省139煤田地质勘探队 (1973)① 将安康--石泉之间出露的红色碎屑地层自下而上创名为姜家沟组、五根树组。本次对比研究认为石泉层（或石泉砂岩）岩性特征明显，与下、上地层接触界线清楚，构成独立的组级岩石地层单位。姜家沟组、五根树组由于命名依据不足，岩性特征及接触标志不明显，建议停用。

【现在定义】 以棕红色、棕灰色砂砾岩、砾岩为主，夹砖红色砂质泥岩、含灰质结核泥岩及砂岩等。不整合超覆于不同时代地层之上，与上覆杨家湾组或更新地层亦为不整合接触。

【层型】 创名时未指定正层型，本书指定安康县恒口镇恒口河左岸“恒口剖面”(108°48′20″，32°49′) 为选层型，由陕西区调队 (1977)② 测制。

上覆地层：残积砂砾岩层

~~~~~~~~~~ 不 整 合 ~~~~~~~~~~

石泉组	总厚度 1 217.00 m
四段	厚度 181.00 m
17. 顶部褐红色粘土岩；上部棕红色粉砂岩夹灰绿色砂团，含钙质结核；下部灰白色砂岩、粗砂岩夹粉砂质粘土岩及板状钙质结核层	34.50 m
16. 棕红色细砂岩，夹粉砂质粘土岩	22.50 m
15. 上部灰白、棕红色粉砂岩与粘土岩互层；下部棕红、灰白色粗砂岩	17.00 m
14. 棕红色粘土岩与粉砂岩互层，底部灰白色砂砾岩	29.00 m
13. 棕红色粘土岩与粉砂岩互层	35.00 m
12. 以棕红色粉、细砂岩为主，夹灰白色粗砂岩，富含钙质结核的粘土岩，底部砂砾岩，底界面有侵蚀波状	43.00 m
三段	厚度 682.00 m
11. 棕红色粘土岩夹细砂岩，底部有棕黄色砂砾岩	34.50 m
10. 棕红色粉砂岩夹粘土岩，富含钙质结核，底部有灰白色砂砾岩	25.50 m
9. 棕红色粘土岩与细砂岩互层	56.00 m
8. 棕红色粘土岩，含钙质结核，夹粉砂岩	100.00 m
7. 棕红色粘土岩与粉砂岩互层，底部棕红色砂砾岩及含砾粗砂岩	248.00 m
6. 棕红色粘土岩与粉砂岩互层	46.00 m
5. 棕黄灰色粗砂岩，含细砾石，夹砂砾岩凸镜体	88.00 m
4. 棕红色粉砂岩与粘土岩互层	55.00 m
3. 棕红色细砂岩与粘土岩互层，下部灰黄色砂砾岩。底界具侵蚀波状面	29.00 m
二段	厚度 140.00 m
2. 棕红色粘土岩与粉砂岩互层，底部为棕红色砾岩。底面有侵蚀波状面	140.00 m
一段	厚度 214.00 m

① 陕西省139煤田地质勘探队，1973，陕西安康地区安康—汉阴盆地找煤总结报告。
② 陕西省地质矿产局区域地质调查队，1977，1:5万恒口幅（I-49-110-D）区域地质调查报告。
~~~~~~~~~~

1. 上部棕红色粉砂岩与粘土岩互层；下部砂砾岩夹粗砂岩；底部角砾岩与棕红色粉砂质粘土岩，灰褐红色砾岩　214.00 m

~~~~~~~~~ 不 整 合 ~~~~~~~~~

下伏地层：**耀岭河组**　石英片岩与黑云片岩

【地质特征及区域变化】　典型地点岩性组合分为四段，每段下部为砾岩、砂砾岩，上部为砂岩、泥质岩、泥岩互层夹砂砾岩或砾岩。其他地区以砾岩、砂砾岩为主，夹砂岩、泥岩。一般下部砂砾岩、砾岩发育；上部泥质岩、泥岩夹砂岩发育。厚度125～1 217 m。石泉组尚未发现生物化石，本书仅据所在层位暂将时代定为早第三纪。

分布于南郑县梁山、城固县七里店、洋县郭滩、西乡县七星坝及石泉—安康、平利等地。区域上岩性以砂砾岩、砾岩为主，夹砂岩、泥质岩或泥岩，局部尚见石膏矿层。厚度各地变化较大，汉中—洋县一带厚150～200 m；石泉—安康一带厚250～1 217 m；平利厚125 m。

杨家湾组　N*y*　(06-61-1117)

【创名及原始定义】　汤英俊、雷遇鲁等（1988）创名于勉县团庄乡杨家湾王家庄。原始定义：杨家湾组为一套以湖相棕红色、黄棕色为主的杂色粘土层与砂岩互层堆积。顶部灰绿色、黄棕色杂色粘土层，产丰富的杨家湾动物群哺乳类化石。

【沿革】　陕西地矿局（1989）在《陕西省区域地质志》中，将相同地层创名陈家营组。本次对比研究认为，杨家湾组与陈家营组岩性特征基本相同，只是杨家湾的本组地表岩性与钻孔岩性接近一致，自下而上构成明显的四个旋回，而陈家营组旋回性较差，故本书采用杨家湾组为区域性命名。另外，原杨家湾组只限第四旋回的地表出露范围，本书将其扩大到1至4旋回（包括钻孔揭露部分）。停用陈家营组。

【现在定义】　以棕红色、灰色、蓝灰色粘土岩或砂质粘土岩为主，夹（或互）砂岩、砂砾岩等。未见底；顶部被松散砂砾层覆盖。钻孔剖面可分4段：第4段以棕红色为主的杂色粘土岩与砂岩、砂砾岩互层；第3段为灰色砂质粘土岩夹砂岩、砂砾岩；第2、1段为蓝灰色夹黄棕色砂质粘土岩、砂岩、砂砾岩或砾岩呈韵律产出。厚度小于190 m。

【层型】　正层型为勉县团庄乡杨家湾王家庄“王家庄剖面”（106°47′，33°12′），由汤英俊、雷遇鲁等（1988）测制。

【地质特征及区域变化】　以棕红色为主的杂色砂质粘土岩，夹（或互）含砾砂质粘土岩、砂岩、砂砾岩。粘土岩中含钙质结核，且结构不紧密，成岩性差，常呈泥土状。砂岩、砂砾岩胶结较松散。厚90 m左右。上部产三趾马动物群主要化石 *Hipparion* sp.，*H. plocodus*，*Chilotherium* sp.，*Cervavitus* cf. *demissus*，*Stegodon zdanskyi* 等。时代为上新世。

分布于汉中、安康等地。汉中地区出露于勉县杨家湾、小河和洋县邓家庙等地，厚43～90 m；安康地区出露于月河北岸的恒口至杨家岭一带，在长岭至五里铺一带亦有零星出露，厚68～130 m。

第二节　生物地层

一、侏罗纪生物地层

陕西省侏罗纪生物地层工作始于本世纪30年代，但较系统地研究是在新中国成立以后进
~~~~~~~~~

行的，而且进展也是不平衡的，主要研究工作多集中在鄂尔多斯盆地，其中有不少文章发表，并有专门性论著。主要有刘宪亭（1953、1955、1962）、周明镇（1953）、周晓和、刘宪亭（1957）、钟小春（1964）、薛祥煦（1980）、中国地质科学院地质研究所（1980）、王思恩等（1985）等等。这些公开发表的文章或材料大多数仅限于生物群的描述、时代讨论、地层划分与对比，而涉及到生物地层单位的建立等工作则为数甚少。其中，仅中国地质科学院地质研究所（1980）所著《陕甘宁盆地中生代地层古生物》及王思恩等（1985）所著《中国的侏罗系》,对陕西省境内有关地区的侏罗纪生物地层单位进行了划分,并为以后的工作奠定了基础。

陕西省侏罗纪地层中目前采集到的化石种类主要有双壳类、腹足类、叶肢介、介形虫、鱼类、植物和孢粉等。这些化石分布较广泛，构成了整个侏罗纪生物群的组合特征，是划分生物地层单位的重要资料。

现根据前人已发表的资料及本次对比研究过程搜集到的一些零星材料，对本省侏罗纪生物地层单位提出以下的划分意见。

（一）晋冀鲁豫地层区

现以延安西杏子河剖面为代表，并结合其他剖面的资料简述如下：

1. 古植物

自下而上划分为：

①*Sphenobaiera-Hausmannia* 组合

主要组成分子有：*Ginkgoites*，*Baiera*，*Czekanowskia*，*Phoenicopsis*，*Phlebopteris*，*Sphenopteris* 等。其组成特点是银杏类占优势，真蕨类次之。其涵义与黄枝高、周惠琴（1980）所建立的富县组植物群基本一致，时代属早侏罗世。该组合的地层范围大致与富县组的中、上部相当，代表了我国北方大、中型内陆盆地温暖而潮湿的气候环境。该组合带与我国北方祁连山地区的大西沟组植物组合及山西永定庄组植物组合可以对比。其性质相同，地质时代一致。

②*Coniopteris-Phoenicopsis* 组合

重要的组成分子有：*Marattiopsis*，*Todites*，*Cladophlebis*，*Ginkgoites*，*Baiera*，*Sphenobaiera*，*Czekanowskia* 等。组成特点仍然是银杏类占优势，真蕨类次之。本组合与上一组合的区别是，原来仅限于早侏罗世的一些属种在本组合带中基本未发现，而银杏类在本组合中却得到了很大的发展，不仅个体多、分布广，而且出现了不少新的类型。因此，这一组合是上一组合的继续和发展，是进入了一个新的发展阶段，其时代以中侏罗世为宜。本组合的涵义与黄枝高、周惠琴（1980）所建立的延安植物群基本一致，其上、下限范围大致与延安组枣园段的中、下部层位相当。该组合在我国北方的内陆盆地中有着广泛的分布，如山西大同的大同组植物组合、甘肃靖远窑街组植物组合和青海柴达木盆地的大煤沟组植物组合等，它们的性质和时代都是一致的，都是可以相互对比的。

2. 双壳类

自下而上划分为：

①*Margaritifera-Unio-Ferganoconcha* 组合

于菁珊、张仁杰（1980）建立，主要组成分子有 *Margaritifera*，*Unio*，*Ferganoconcha*，*Sibireconcha* 等。这个组合的特点是大个体的蚌类大大的繁盛，如 *Margaritifera*，*Unio* 等。时代属中侏罗世。该组合的上、下界线与延安组枣园段的下部层位（砂、页岩层）大致相当。

②*Ferganoconcha-Yananoconcha-Sibireconcha* 组合

于菁珊、张仁杰(1980)建立。主要有 *Ferganoconcha*, *Yananoconcha*, *Sibireconcha*, *Tutuella*, *Pseudocardinia* 等。这一组合的最大特点是蚌类达到了极大的繁盛，尤以 *Fergonoconcha* 最为突出，特别是新出现的 *Yananoconcha* 为这一组合增加了新的色彩。时代属中侏罗世。该组合带的上、下界线大致与延安组枣园段的中部层位（页岩层）相当。

③*Psilunio-Valvata* 组合

其组成分子有 *Psilunio*, *Unio*, *Valvata*, *Bithynia* 等。其涵义与于菁珊、张仁杰（1980）所建立的安定组双壳类化石组合基本一致。本组合属种单调，但数量较多、层位也较稳定，均产于安定组中部的介壳砂岩层内。时代属中侏罗世。其上、下界线所限定的范围大致与安定组的中部层位相当。该组合的主要分子 *Psilunio suni* 目前已在川、黔、滇等省有广泛的分布。如四川盆地的自流井组、千佛岩组、沙溪庙组和遂宁组，黔北的自流井组和滇西的和平乡组。它们的时代也大致是相同的。

3. 介形类

Darwinula-Timiriasevia 组合

苏德英等（1980）建立，其中以 *Darwinula sarytirmenensis* 和 *Timiriasevia shensiensis* 两属种最为繁盛，在野外几乎是成层分布。该组合的特点是属种较单调，且个体数量却极其丰富，时代属中侏罗世晚期至晚侏罗世早期。该组合带的上、下界线所限定的范围大致相当安定组的中、上部层位（砂岩、泥灰岩层）。

（二）南秦岭-大别山地层区

本区侏罗纪的生物地层工作较薄弱，所获得的资料也较零星，而且很不系统。现以凤县户家窑剖面、勉县堰河剖面为主，参考了留坝小岭子和甘肃省两当县西坡等剖面资料，对其生物地层提出以下的划分意见。

1. 双壳类

Pseudocardinia-Ferganoconcha-Tutuella 组合

其组成分子除上述三属外，尚有 *Sibireconcha* 和 *Cuneopsis* 等。本组合中以 *Pseudocardina* 最为繁盛，达 8 种之多。这个组合是以 *Pseudocardinia*, *Ferganoconcha*, *Tutuella* 和 *Sibireconcha* 的同时出现和大量繁盛为特征，时代属中侏罗世。该组合带的上、下界线所限定的范围大致与龙家沟组的中、下部层位相当。

2. 古植物

Coniopteria-Ctenis 组合

主要分子有 *Todites*, *Cladophlebis*, *Eboracia*, *Hausmannia*, *Nilssonia*, *Pterophyllum*, *Pseudoctenis*, *Sphenobaiera*, *Phoenicopsis* 等。其组合特点是以真蕨类为主，苏铁类次之，其涵义与勉县植物群和龙家沟组植物群基本一致，时代为中侏罗世。该组合带的上、下界线所限定的范围大致与勉县群龙家沟组的层位相当。

（三）扬子地层区

本区侏罗纪生物地层的研究，主要以镇巴长岭剖面为主，结合镇巴干河子至圆木子坪剖面、秦家坝至长滩剖面，现划分如下：

1. 古植物

Otozamites-Marattiopsis 组合

组成分子主要有 *Otozamites*, *Marattiopsis*, *Todites*, *Cladophlebis*, *Coniopteris*, *Nilssonia*, *Pterophyllum*, *Ptilophyllum* 等。组成的特点是苏铁类为主，真蕨类次之。其涵义与白田坝组

植物群的定义基本一致，时代总的来说属早侏罗世比较适宜。上、下界线所限定的范围大致与白田坝组的中、下部层位相当。

2. 双壳类

Pseudocardinia-Lamprotula (*Eolamprotula*) 组合

组成分子主要有 *Pseudocardinia*，*Lamprotula* (*Eolamprotula*)，*Psilunio*，*Cuneopsis*，*Tutuella* 等。这一组合以 *Pseudocardinia* 的大量繁盛，并出现大个体的 *Lamprotula* (*Eolamprotula*)，*Psilunio* 为特征。其中 *Lamprotula* (*Eolamprotula*) *cremeri* 等，这些非海相化石已被海相化石证实属于国际标准的中侏罗世巴特 (Bathonian) 期已无问题，因此时代属中侏罗世。该组合的上、下界线所限定的范围大致与千佛岩组的中、上部层位和沙溪庙组的下部层位相当。

二、白垩纪生物群特征

陕西省白垩纪的生物地层工作目前研究较差，化石的采集工作也不够全面，无论从生物群的种类或者同一种类属种的数量上看，与邻区内蒙古、宁夏、甘肃等地相比，显得比较单调、稀少，因此要建立起能够基本反映实际情况的生物地层单位是有困难的。目前只能根据各地一些零星资料，对陕西省白垩纪生物群的总体面貌做一概略性的分析，现叙述如下：

1. *Nakamuranaia-Sphaerium-Probaicalia* 动物群

组成分子主要有：*Nakamuranaia chingshanensis*，*N. elongata*，*Sphaerium jeholense*，*S. anderssoni*，*S. subplanum*，*S. selenginense*，*S. fengxianense*，*Probaicalia gerassimovi*，*P. prinadae* 等。主要分布于凤县涂家沟及商州构峪凤家山等地的东河群周家湾组的中、上部及鸡山组的下部。该动物群的时代目前尚有分歧，我们仍然将其时代归于早白垩世。

2. 以 *Cypridea* 为代表的介形虫动物群

组成分子有：*Cypridea unicostata*，*C.* cf. *koskulensis*，*C. onerusa*，*C. tera*，*C. vitimica*，*C. cavernosa*，*Rhinocypris cirrita*，*Lycopterocypris glaber*，*Darwinula* cf. *simplex*，*D. contracta* 等。主要分布于保安群的洛河组、环河组；东河群的周家湾组、鸡山组。这一动物群是以 *Cypridea* 的大量繁盛为特征。侏罗纪广泛发育的 *Darwinula* 一属在这一动物群中却大为逊色。根据大多数研究介形虫工作者的意见，*Cypridea* 一属的大量繁盛即是白垩纪的开始，因此这一动物群的时代应属早白垩世无疑。

3. 以 *Eosestheria* 为代表的叶肢介动物群

其组成分子有：*Eosestheria gouyuensis*，*E.* cf. *orbicularis*，*E. shaanxiensis*，*E. shuchengensis*，*E. filaris*，*E. jiufotangensis*，*E.* cf. *wulatensis*，*E.* cf. *elongata*，*E.* aff. *middendorfii*，*E.* cf. *ovaliformis*，*Diestheria cuneata*，另外还有昆虫化石 *Ephemeropsis trisetalis* (三尾拟蜉蝣) 等。东方叶肢介和三尾拟蜉蝣是热河动物群的重要组成部分，该动物群主要分布于商州构峪凤家山东河群的周家湾组，以东方叶肢介的大量繁盛为特征。据刘顺堂、刘子进 (1990) 研究该动物群的意见，其时代属晚侏罗世。对这一动物群的时代在国内还存在一定的分歧，有属于晚侏罗世和早白垩世之争，我们目前仍将这一叶肢介动物群置于早白垩世。

4. 以 *Lycoptera-Sinamia* 为代表的鱼群

该鱼群目前在本省境内发现有 *Lycoptera woodwardi*，*L. kansuensis*，*L. tungi* 及 *Sinamia zdanskyi* 等。产于千阳县草碧沟、吴旗县白于山等地的保安群的洛河组、环河组和泾川组。这一鱼群在我国北方的相当地层中分布广泛，层位稳定。对其生存时代目前尚有分歧，有主张属晚侏罗世的，也有主张属早白垩世的。目前在我省境内将含有该鱼群的地层均置于早白垩世。

三、第三纪生物群分布特征

燕山运动后，陕西省开始了新的地质历程，沉积了以红色陆相碎屑岩为主的地层，相应的生物群也出现了新的变化。在白垩纪占据将近2亿年主导地位的爬行动物这时被哺乳动物所取代，成为哺乳动物的主要发展兴盛时期。

由于哺乳动物在第三纪时迅速分化与发展，因此成为第三纪地层划分对比的重要依据，同时也为研究古生物地理和古气候变迁提供了重要的佐证。

陕西省第三纪生物群落的研究从60年代开始，先后有少数地质学家进行了生物化石和地层方面的调查，主要有刘东生（1960）、贾兰坡、张玉萍（1966）、汤英俊（1986、1987）、薛祥煦（1982、1987）等。以上学者的研究内容是探讨陕西省第三纪生物群分布特征的基础，现据前人资料对陕西省第三纪地层的生物群落划分提出初步意见。

（一）早第三纪生物群

1. 古新世哺乳动物群

薛祥煦（1982、1987）先后于洛南县石门盆地、山阳盆地研究早第三纪地层。两地共采获哺乳类化石 *Bemalambda* spp.，*Hukoutherium* sp.，*Linnania* sp.，*Insoctivora* 等3目2属3种。从种类上看不算丰富，但生存时代短，又是早、中古新世南雄哺乳动物群及古新世早期 *Condylarthra-Pantodonta* 组合的重要成员。其间可以直接对比。

2. 始新世哺乳动物群

始新世是早第三纪持续时间最长和比较复杂的一个地质时期，出现了欧亚、亚美各大陆动物群之间的交流，同时也造成了始新世哺乳动物的大分化、大变革的复杂局面。这一时期一些古老的属种不但继续繁衍，而且出现了现代目或科的古老分支，家族颇为昌盛，种类极其繁多，以及包含少量渐新世常见种类的早期先驱成员。

贾兰坡、张玉萍等（1965、1978）两次研究蓝田—渭南地区始新世地层，在临潼县戏水河剖面采获小型貘类 *Breviodon* sp.、洪庆沟剖面采获熊雷兽类及貘类 *Arctotitan honghoensis*，cf. *Deperetella* sp.，这些属种都是我国晚始新世内蒙古伊尔丁曼哈哺乳动物群常见的重要成员。

3. 渐新世哺乳动物群

渐新世哺乳动物又有新的发展，产生一定数量的新类群。刘东生（1960），贾兰坡、张玉萍等（1965、1978）对渐新世地层毛西白鹿原剖面、红河支家沟剖面的研究，采获哺乳类：*Lantiannius xiehuensis*，*Sianodon bahoensis*，*Sianodon* sp.，*Palaeolagnae* sp.，*Artiodactyla* sp. 等4科2属3种，都是早渐新世哺乳动物群 *Cadurcodon ardynensis-Embolotherium grangeri-Gigantamynodon* 组合的重要成员。尤以两栖犀类组合中的西安两栖犀及灞河西安两栖犀的存在，为与其他区对比提供了重要依据。

晚期的 *Baluchitherium grangeri osborn* 采获于宁夏灵武县清水营剖面。可与我国西北部的中—晚渐新世的同类动物群对比。

（二）晚第三纪生物群

1. 中新世哺乳动物群

中新世是晚第三纪的开始，哺乳动物群的特点与现代哺乳动物有密切关系，古老的哺乳动物已大量的急剧绝灭，残存者很少，现生的科则占半数以上。

①中中新世哺乳动物群

贾兰坡、张玉萍等（1956、1978）先后研究临潼县冷水沟剖面、蓝田县高坡村剖面采获 *Alloptox minor*, *Tsinolagus wangi*, *Selenolopodon spectabilis*, *Gomphotherium shensiensis*, *Hispanotherium lintungensis*, *Listriodon lishaensis*, *Palaeomeryx* sp., *Micromeryx* sp., *Palaeotragus* sp., *Oioceros lishanensis*, *Oliceros* sp., *Artiodactyla* sp., *Stephanocemas* sp. 等 9 属 11 种。其中骊山利齿猪、骊山角羊、陕西嵌齿象及新月齿象等都是中中新世山东山旺哺乳动物群的重要化石。可与我国北方中中新世的动物群对比。

②晚中新世哺乳动物群

刘东生等（1960）研究毛西寇家村剖面，采获 *Listriodon gigas*, *L. lantianensis*, *L. intermedius*，谭家寨采到 Sciuridae；贾兰坡、张玉萍等（1965、1968）在蓝田县高坡村剖面采获 *Platybelodon grangeri*, *Lagomeryx complicidens* 等 3 属 5 种，其中板齿象、复角柄杯鹿都是晚中新世内蒙古通古尔哺乳动物群的重要哺乳动物分子，可与鄂西房县的沙平组和云南省开远的小龙潭煤组动物群对比。

2. 上新世哺乳动物群

上新世哺乳动物群更进一步趋于现代化，古老类型基本绝灭，出现以三趾马为代表的哺乳动物群。随着古气候及生态环境的变化，哺乳动物群显示出森林—草原—森林的三分生态特征，我省上新世哺乳动物群与此三分的特点有相似之处。

①上新世早期哺乳动物群

陕西省蓝田地区研究较好。刘东生（1960）创建的“灞河动物群”包括毛西寇家村大庙沟剖面的 Viverridae, *Hipparion* sp., *Chleuastochoerus stehlini*, *Tragoreas* sp., *Gazella* cf. *gaudryi*, *Crocutaeximia variabilis*，蓝田县武家坡剖面的 *Gazella* sp., *Erinaceus* sp., *Crocuta* (*Percrocuta*) *macrodonta*, *Tetralophodon exoletus*, *Hipparion weihoense*, *H.* sp., *Chilotherium gracile*, *Dicerorhinus orientalis*, *Palaeotragus microdon*, *Shenxispira chowi*, *Antelope* spp。等。其中渭河三趾马、巨齿大鬣狗、陕西转角羚、灵猫类、短脚犀等都是早期哺乳动物群的重要成员。与山西的同类动物群可以对比。

②上新世晚期哺乳动物群

刘东生（1960），贾兰坡、张玉萍等（1965）先后在蓝田县九老坡剖面采获 5 种哺乳动物化石，主要有 *Hipparion plocodus*, *Chleuastochoerus* sp., *Gazella gaudryi*，属灞河哺乳动物群晚期范围。汤英俊、雷遇鲁等（1988）在汉中杨家湾剖面采获 *Mimomys hanzhongienicus*, *Sinomastodon hanjiangensis*, *Stegodon zdanskyi*, *Gaindatherium* cf. *browni*, *Hipparion* sp., *Tapirus* sp., *Paracamelus* sp., *Metacervulus* cf. *capreolinus* 等，除了少数如剑齿象、大唇犀、环齿三趾马、双齿尖河猪及似低枝祖鹿等较原始的分子外，大多数是三趾马动物群的重要成员。两者可直接对比。

第三节　鄂尔多斯地层分区侏罗纪、白垩纪地层格架

鄂尔多斯地区中生代陆相地层格架前人研究较多（孙肇才，1981；孙肇才、谢秋元、杨俊德，1990；陈庸勋，1981；孙国凡，1981；杨俊杰，1983；熊存卫，1987；何德长，1987；钱丽君，1987；李思田，1988；李思田、程守田等，1992；张抗，1989；夏文臣，1991），但

是应用层序地层学理论建立陆相地层格架者尚不多见，目前仅有李思田等（1992）编著的《鄂尔多斯盆地东北部层序地层及沉积体系分析——侏罗系富煤单元的形成、分布及预测基础》一书。该书虽然仅对盆地东北部侏罗纪的地层格架进行了系统论述和分析，但就其理论基础和思想方法而言，对全盆地乃至整个陆相地层无不具有重要的指导意义。本书即在上述理论基础上结合前人资料对鄂尔多斯盆地侏罗纪、白垩纪地层格架做一尝试性的分析。

一、侏罗纪地层格架

鄂尔多斯盆地在侏罗纪时，为一大型内陆坳陷盆地，其中河流、湖泊及滨湖三角洲沉积均较发育，是成煤的重要环境。在这种条件下进行地层格架的研究，关键在于识别和对比不同等级的古构造和沉积间断界面及其他有区域对比意义的沉积界面，同时划分不同等级的层序地层单元。这种划分必须与沉积演化的阶段性相吻合（李思田等，1992）。

（一）不整合界面（层序界面）的特征

经调查研究，鄂尔多斯盆地在侏罗纪时存在着四个区域性不整合面，由下至上为：富县组底部的不整合界面、富县组与延安组之间的不整合界面、延安组与直罗组之间的不整合界面、安定组与芬芳河组之间的不整合界面（图5-2）。现将上述不整合界面的特征列述如下：

1. 富县组底部的不整合界面

印支运动末期盆地总体抬升，致使晚三叠世地层遭受不同程度的剥蚀。区域资料表明，在盆地中部的富县、子长一带晚三叠世瓦窑堡组基本得以保存。在盆地的其他地区本组则被剥蚀较多甚至全部剥蚀，富县组以平行不整合或不整合关系覆于二叠纪不同层位之上。这一构造运动界面为一起伏不平的剥蚀面，并对富县组及延安组早期沉积（宝塔山段）有明显的控制作用。不整合界面的上、下，无论是沉积环境、沉积物的类型以及生物群的面貌均有很大的差别，区域性不整合界面是明显的。

2. 富县组与延安组之间的不整合界面

富县组与延安组之间存在着一个明显的沉积间断，当富县组缺失时，延安组可以超覆在三叠纪地层之上。延安组底部普遍发育有一套较粗粒的碎屑岩，尤其是在延安地区。而富县组顶部普遍为一套泥岩、粉砂岩或长石石英细砂岩，因此这个界面是清楚的。

3. 延安组与直罗组之间的不整合界面

延安组与直罗组之间为平行不整合接触，局部地方可能存在着不整合。直罗组以河流体系为主，其下部的河道砂体可对延安组造成数十米的侵蚀。直罗组沉积时，河道明显加大（宽、深），水动力条件也显著增强。根据地质及地球物理研究，延安组与直罗组之间为另一重要的古构造运动面（李思田等，1992）。

4. 安定组与芬芳河组之间的不整合界面

安定组以紫色、灰色和灰黑色的湖泊相沉积占优势，而芬芳河组为一套盆地边缘的粗粒碎屑沉积，厚度巨大，并在该盆地中心尖灭。说明鄂尔多斯盆地整体处于抬升阶段，而盆地西缘当时处于强烈的下降阶段，两者之间为明显的沉积间断，其界面是十分清楚的。

根据以上不整合界面的确定，可将鄂尔多斯盆地侏罗纪地层划分为四个层序，由下而上，即：

层序Ⅰ：富县组

层序Ⅱ：延安组

层序Ⅲ：直罗组、安定组

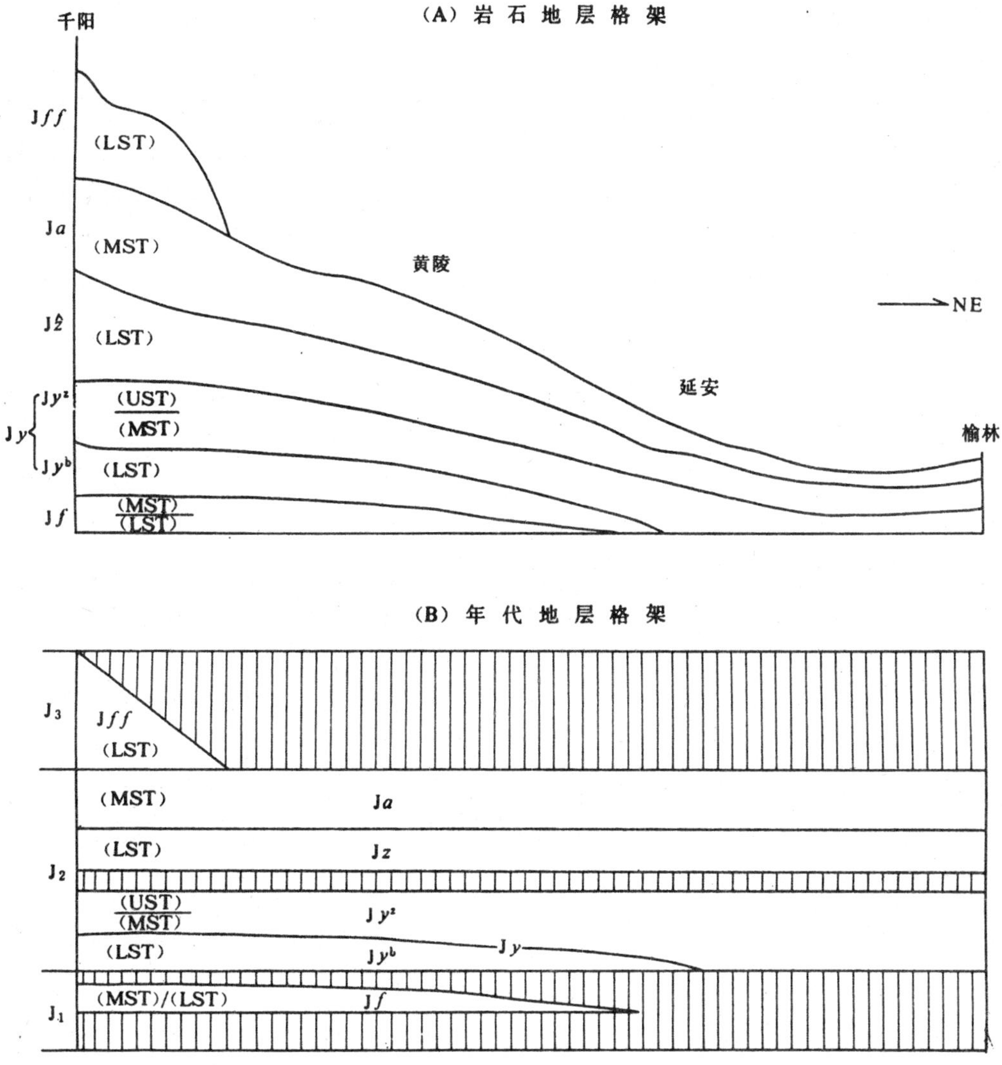

图5－2 鄂尔多斯盆地侏罗纪地层格架

Jf. 富县组：砾岩、砂岩、泥岩；Jy^b. 延安组宝塔山段：砾岩、含砾粗砂岩；Jy^z. 延安组枣园段：砂岩、页岩、泥岩夹煤层；Jz. 直罗组：砂岩、粉砂岩；Ja. 安定组：油页岩、页岩、泥岩夹泥灰岩；Jff. 芬芳河组：砾岩；LST. 下部体系域；MST. 中部体系域；UST. 上部体系域

层序Ⅳ：芬芳河组

（二）沉积体系域的划分

沉积体系域是层序单元内部的进一步划分，其时限相当于一个小旋回，对其划分的界面都可以在全盆地内进行对比，因此在层序内部识别和选择区域性的事件界面是能否对层序进一步划分的关键问题。“在鄂尔多斯盆地……主煤层的形成期具有近似的等时性；从富煤单元的面积（数百平方公里至千余平方公里）及富煤单元的密度来看，古水系、古三角洲群具有同时大范围废弃的情况。……因此主煤层的顶界面事实上是一个小间断面。每一次大面积沼泽化形成厚泥岩层之后，总是伴随着区域性水进，形成覆盖面广阔的湖相层”（李思田等

1992)。因此将①区域性水进界面，主要是指大面积发育的湖相泥岩层以及能够反映这种沉积环境的化石组合；②区域性水系和三角洲废弃事件及随后大面积的沼泽化事件，作为层序内部进一步的划分标志，显然是可行的，而且这种区域性的水进与水退事件常常是反复多次地周期性出现。

陆相盆地层序内部特征与海的或近海的盆地根本不同，但是从沉积演化上也明显地存在着体系域类型的三分性。盆地层序内的下部反映了初始充填或早期充填的特征，古地貌复杂，冲积体系发育；中部为相对稳定阶段，周期性的水进，主要是三角洲、湖泊发育期；顶部河流作用强化，分异性强，是新的构造强化期之前奏（李思田等，1992）。根据这种三分性的特征，每个层序内均可划分为下、中、上三个体系域，但有些层序内发育不全，仅有下、中体系域或下部体系域。现分别叙述于下：

1. 层序Ⅰ——富县组

三叠纪末，由于印支运动的影响，鄂尔多斯盆地普遍抬升，形成了整个盆地北高南低，西高东低起伏不平的古地貌景观。富县组就是在这种条件下沉积的。

（1）下部体系域（Lower Systemes Tract）

富县组的下部普遍有一套砾岩、含砾粗砂岩及砂岩等。在延安南泥湾的金盆湾，富县组以砾岩和粗砂岩为主，在一些剖面上还可见到一些类似泥石流的沉积物。这些都是以冲积体系占优势，起到了填平补齐之作用，对富县组沉积前古地形的夷平、充填贡献很大。

（2）中部体系域（Middle Systemes Tract）

富县组沉积的中、晚期，盆地内存在着一系列独立的洼地。其中比较有规模的像府谷的老高川、温李河一带，延安、富县一带，长武、旬邑一带，以及千阳等地。在这些地方以三角洲—湖泊沉积体系为主，发育了一套深灰色到紫色泥岩、粉砂岩和灰白色石英砂岩等，为湖泊沉积及滨岸砂沉积，局部地方含薄煤层或煤线。

2. 层序Ⅱ——延安组

经过富县组的沉积之后，填平补齐作用使原来起伏不平的古地形有很大的改观。但是根据延安组在各地的沉积厚度分析，当时盆地内仍然存在着起伏不平。因此，延安组沉积初期，仍然是以河流相的冲积体系为主。

（1）下部体系域（Lower Systemes Tract）

以河流沉积体系占优势，局部地方也可能存在着三角洲—湖泊沉积体系，其层位相当于宝塔山段。宝塔山段中有砾岩、含砾粗砂岩，具交错层理，是一种砾质的辫状河道沉积。其中发育一些灰白、灰黄色砂岩（具交错层理）夹粉砂岩和泥岩，即是一种砂质辫状河道沉积。河道间可能会有沼泽化现象，含有植物化石等。

（2）中部体系域（Middle Systemes Tract）

相当于枣园段的中、下部层位，即“真武洞砂岩”[①] 以下的层位。以三角洲沉积体系为主；在大理河以南和葫芦河以北地区以湖泊沉积体系为主。在三角洲沉积体系发育的地区，区域性水系和三角洲群具有同时大范围废弃的情况，随后即形成大面积的泥炭沼泽环境，生成了比较稳定的可采煤层。这种区域性的水进和三角洲废弃事件以及大面积沼泽化事件在垂向上可以反复几次，因而形成了厚度大而比较稳定的可采煤层（约3层），使鄂尔多斯盆地侏罗纪的煤炭资源达到了非常可观的程度。从枣园段开始，有一次较大的湖侵过程，表现为细碎屑

① 陕西煤田地质勘探部门将枣园段中部的最厚可采煤层（三号煤层）之上的灰白色块状砂岩层，称为真武洞砂岩。

岩和泥、页岩明显增加，湖湾及浅湖的比例也显著增大（陕西省185煤田地质勘探队，1989）。

(3) 上部体系域（Upper Systemes Tract）

相当于枣园段的上部层位，即“真武洞砂岩”及其以上层位。代表延安期湖盆充填的最后时期。随着河流作用的加强，湖泊不断充填淤浅，冲积平原范围扩大，最后导致湖盆的消失（李思田等，1992）。“真武洞砂岩”之上，砂岩比例增大，虽然垂向层序仍然是向上变粗，但河流加积作用明显增强，原来属三角洲—湖泊沉积体系分布的地区，水体也明显的变浅，分布也比较零星、狭小。这些特征均表明地壳抬升，湖盆缩小，气候转为干旱或半干旱，河流的冲积体系出现，成煤时期也趋于结束。

3. 层序Ⅲ——直罗组、安定组

(1) 下部体系域（Lower Systemes Tract）

相当于直罗组，以冲积体系为主。在直罗期盆地内有一规模很大的河流，大致呈NE-SW向横穿盆地，形成了宽度近40 km的冲刷区（陕西省185煤田地质勘探队，1989），造成了延安组上部地层不同程度的缺失。直罗组发育有细砾岩、粗砂岩，斜层理发育，垂向序列往往由几个向上变细的小层序叠置而成。

(2) 中部体系域（Middle Systemes Tract）

相当于安定组，以湖泊沉积体系为主，可能在湖泊的周围有三角洲沉积体系呈环带状分布。安定组为页岩、油页岩、粉砂岩、泥岩夹泥灰岩等，产双壳类、介形虫、鱼类等化石，未发现植物化石。这些都反映了静水湖泊沉积的特点。

4. 层序Ⅳ——芬芳河组

仅发育下部体系域，以冲积体系为主。是侏罗纪晚期盆地整体抬升，遭受剥蚀，仅在盆地西缘的相对坳陷地带形成冲积体系。为棕红、紫红色块状砾岩、巨砾岩夹少量棕红色砂岩及泥质粉砂岩，厚1 100余米，成楔状体向盆地中心变薄、尖灭。表明从芬芳河组沉积开始，盆地将进入一个活动阶段。

二、白垩纪地层格架

鄂尔多斯盆地在白垩纪时为一大型内陆伸展盆地，发育了一套河流、湖泊相的中、粗粒碎屑沉积及泥质沉积，进入了一个新的发展阶段。虽然与侏罗纪盆地在发展上有不少区别之处，但在层序和沉积体系域的划分上仍然有着相似之处，盆地在发展过程中所经历的阶段大体上是相似的。

（一）不整合界面（层序界面）的特征

1. 芬芳河组与宜君组之间的不整合界面

侏罗纪末，由于盆地南缘的强烈上升和西缘断裂带的活动，使白垩纪地层与下伏侏罗纪地层的接触关系为十分明显的区域性不整合。这也是侏罗纪地层与白垩纪地层的重要分界标志。白垩纪宜君组为一套杂色砾岩，与下伏芬芳河组分界清楚。

2. 环河组与罗汉洞组之间的不整合界面

环河组与罗汉洞组之间为平行不整合接触。罗汉洞组底部为砾岩、含砾粗砂岩及长石石英砂岩等，以河流沉积体系为主；环河组顶部则以粉砂岩、泥岩和页岩与罗汉洞组接触，是以湖泊沉积占优势，当缺失环河组时，罗汉洞组可超覆在侏罗纪或更老地层之上，成为一种超覆不整合界面。

3. 泾川组顶部的不整合界面

泾川组与其上的第三纪甘肃群的接触关系为十分明显的区域性不整合，也是白垩纪地层与第三纪地层之间一个重要的分界标志。甘肃群底部为灰白色砂砾岩，属山间盆地内的粗碎屑沉积；泾川组顶部为泥岩、粉砂质泥岩及粉砂岩，属湖泊沉积，上、下沉积环境有较大的变化，界面比较清楚。

根据以上对不整合界面的分析，鄂尔多斯盆地的白垩纪地层可划分为2个层序（图5-3），即：

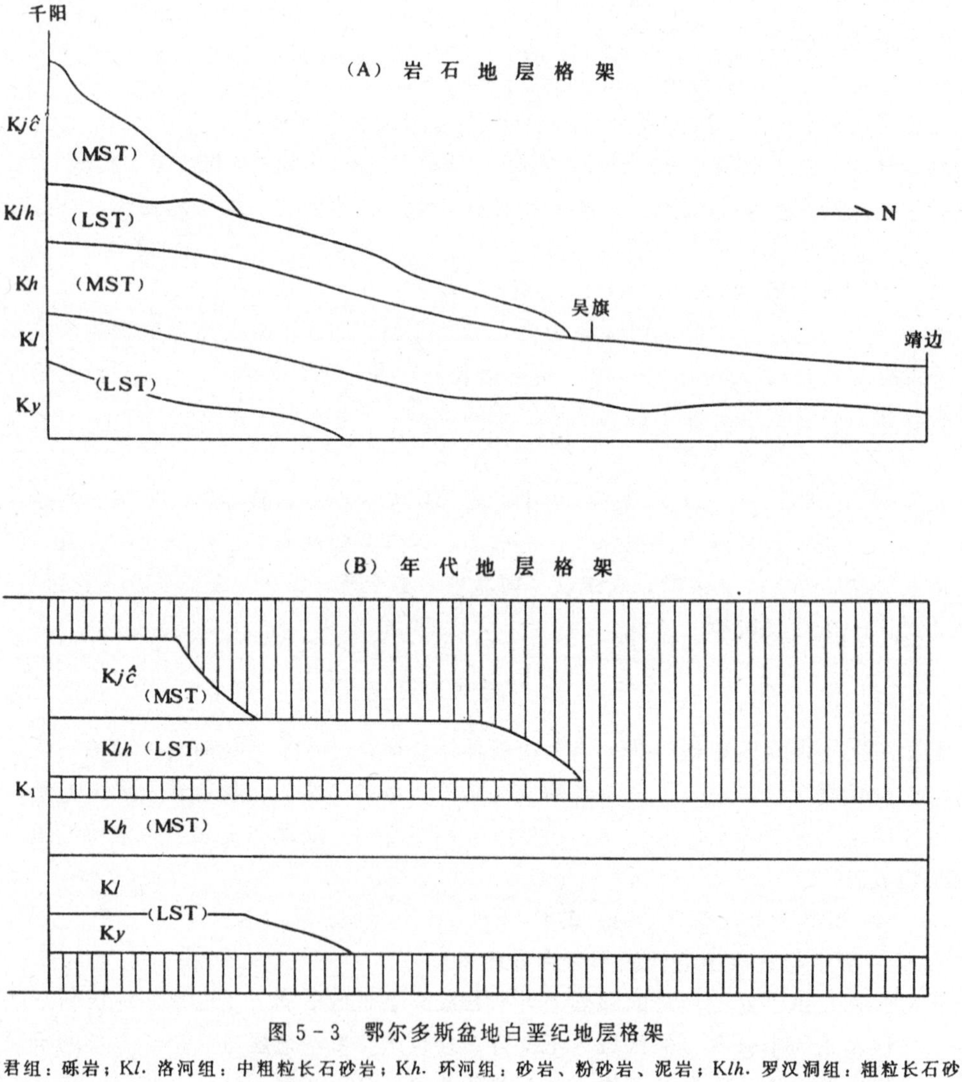

图5-3 鄂尔多斯盆地白垩纪地层格架

Ky. 宜君组：砾岩；Kl. 洛河组：中粗粒长石砂岩；Kh. 环河组：砂岩、粉砂岩、泥岩；Klh. 罗汉洞组：粗粒长石砂岩、粉砂岩、泥岩；Kjc. 泾川组：粉砂岩、泥岩夹泥灰岩；LST. 下部体系域；MST. 中部体系域

层序Ⅰ：宜君组、洛河组、环河组

层序Ⅱ：罗汉洞组、泾川组

（二）沉积体系域分析

1. 层序Ⅰ——宜君组、洛河组、环河组

（1）下部体系域

包括宜君组与洛河组，以冲积体系为主。宜君组为杂色砾岩，仅分布于盆地南缘的旬邑、宜君、彬县、千阳一带。根据砾石的大小及成分判断，多为近源的，是盆地边缘的山地经过剥蚀、短距离的搬运而形成的。

洛河组沉积时，盆地具准平原性质，河流宽阔，河漫滩比较发育，以发育斜层理为特征的粗至中粒长石砂岩为主，可能属高弯度曲流河沉积（也有怀疑为风成者）。根据沉积物粒度及厚度的南北变化，推测当时的河流流向总的是由南而北。

（2）中部体系域

相当于环河组，以湖泊沉积体系为主，另有冲积体系存在。大致在盐池、定边、靖边一线以南，以湖泊沉积体系为主；岩石粒度较细，多具微细水平层理，是一种静水湖泊沉积的特征。在此线以北，主要是长石砂岩、杂砂质长石砂岩为主，斜层理特别发育，以冲积体系为主。

2. 层序Ⅱ——罗汉洞组、泾川组

（1）下部体系域

相当于罗汉洞组，以冲积体系为主。发育有棕红色、桔红色大型交错层砂岩夹砂质泥岩。其层序特征基本上是属于向上变细的层序，应是河流相沉积。

（2）中部体系域

相当于泾川组，以湖泊沉积体系占优势。岩性主要是砂质泥岩、泥质粉砂岩和泥灰岩，含鱼类化石，是浅湖相沉积。

泾川组沉积后，由于燕山运动的影响，盆地大部分已经隆起，其北界已超过了乌兰格尔东西向隆起带进入河套盆地。早白垩世末期，这个自三叠纪以来长期发展的大型内陆盆地，在大部分地区结束了沉积历史，进入隆起、剥蚀的新阶段。

第六章
结　语

现代地层学虽然是相对于传统地层学而提出的，但是，现代地层学理论又是在传统地层学的基础上得到了发展，两者同属“均变论”范畴，因此，将现代地层学与传统地层学对立起来，或全盘否定传统地层学的成就，以致抹煞往昔所积累的地层成果的做法显然是错误的。另外现有的地层学理论、学说和概念，都是前人在一定历史条件下对自然界及其规律性的一定程度的反映和认识，因此，处于一定历史发展阶段中的认识，与不断发展着的客观世界和人类的实践相比，肯定有其相对的、不完善的、甚至与客观实际相差甚远的一面。但是，随着人们思维方法的提高，必然要暴露出原有认识的局限性和不足。因此，以现代地层学为理论基础，保留已有资料的正确部分，修正或补充以往成果的不足，澄清在传统地层学影响下所产生的某些模糊的概念，弃其不合理或不积极的因素，使地层学研究向着科学性、实用性、先进性和理论性的方向发展，显然是本项目进行研究的基本原则。依据上述原则，本项目研究大体取得了如下成果：

(1) 通过收集资料、研究资料和野外调研，基本上摸清了陕西省地层研究的历史和现状。并对以往建立或划分的地层单位从创名、名称出处、原始定义、划分标准、演变历史、地质特征、分布范围、变化情况、与相邻地层单位的关系、以及单位的类型、级别和属性等进行了全面研究。最终确立正式岩石地层单位223个，其中“群”级单位21个、“组”级单位174个、“段”级单位5个、“层”级单位2个、构造-岩石地层单位21个（包括（岩）群5个、(岩组) 11个、杂岩5个）。对于未选入正式岩石地层单位的已有命名单位，分别被归入同物异名单位，即停用单位。

(2) 在全面收集与重点核查省内现有914条地层剖面的基础上，查清了这些剖面的测制人或单位、测制的具体时间、剖面所在地点、地理概况、以及剖面上的岩石特征、生物化石门类、属种、数量和年代地层归属等。明确了单位的层型和不同地区的代表性剖面，同时指出层型的种类、鉴定标志、对比研究后的单位定义、划分与延伸标准、单位在区域上的展布等。

(3) 通过综合研究、分析对比，编绘了各类图表等。其中横剖面图和格架图的编制不但使岩石地层单位在时空两个方向上的分布更加直观，而且对于了解不同岩石地层单位的分布区域、几何形态、与其他单位的接触关系、相变特点和分析这些单位的岩相古地理等均有较好的效果。同时亦可验证地层划分、对比的可靠性和较充分地体现岩石地层单位的内涵。

（4）本次对比研究的最明显变化莫过于将全省大部分地区的地层用“组”进行了整分，从而初步改变了以往在统一地层划分理论指导下造成的“统”、“组”不分，“系”、“群”混淆，“段”、“层”乱用等现象，引导人们在地层的划分与对比方面沿着科学性的方向发展。

（5）在造山带内部的地层划分与对比方面摸索出一条新的方法和原则，特别是“（岩）群”、“（岩）组”、“杂岩”的建立，不但突出了变质地层的特点，而且也密切了地层与造山运动之间的关系，比较充分地体现了秦岭地区地层的属性和大地构造对于不同时期地层的作用特点。

（6）查清单位间的相变界线 28 处，如大隆组与吴家坪组、门里沟组与熨斗滩组、白崖垭组与陡山沟组、下楼村组与馒头组等等，这些成果除个别为原 1∶20 万区调资料之外，绝大部分是近年 1∶5 万区调和本次对比研究与核查中的最新发现，这些资料的取得无疑为我省今后的地层研究起到积极作用。

（7）查清地层单位之间的穿时界线 26 条，如灯影组与牛蹄塘组之间的界线、马家沟组的顶界、星红铺组的底界和四峡口组与羊山组的界线等，这些成果的取得使地层单位的划分更具现代地层学特点，也为进一步研究陕西地层奠定了基础。

（8）清理出具有地层多重划分观点的生物地层单位 116 个。其中绝大部分明确了名称的选择依据、命名人、命名时间、命名地点、纵横向分布和生物门类、属种、数量、共生组合情况、群落特点、保存状态及单位的性质等。初步建立起陕西各地区的生物地层系统。

（9）对已有的年代地层单位或单位界线进行了初步的研究，并且探讨了这些单位或单位界线的划分依据和区域对比等。初步指出了建立正式年代地层单位的可能和今后进一步研究的具体内容。

（10）依据板块构造理论和近年区调成果，重新对全省地层进行了区域划分，划分出地层大区 2 个、地层区 4 个、地层分区 10 个、地层小区 20 个，并且分级明确了区划界线、单元特点和各单元之间的关系等。其突出特点是体现了地体概念、地体间的水平运动和生物群分布特征、变质、变形情况等，为进一步了解和研究各地区地层提供方便。

（11）编制正式岩石地层单位卡片 223 套，停用地层单位卡片 277 套。并且全部按最新程序录入微机，形成省内第一个地层数据库，为地层资料的保存和生产、科研、教学单位的使用提供了方便。

（12）建立了省内地层文献数据库，为了解省内地层研究历史和查找地层资料创造了有利条件。

总之本次项目研究不但建立了省内各地层区、分区或小区的地层系统，而且还建立了地层数据库，特别是对于现代地层学的应用、研究和今后应注意的问题提供了一整套行之有效的经验，为我省地层研究的科学化、现代化和理论化奠定了初步基础。

但是，本项目的研究虽然取得了较大进展，然而由于时间短、任务重、人员有限等因素，仍有一定数量的地层问题有待今后解决：

（1）秦岭地区处于我国各大构造单元的交接部位，断裂、岩浆活动、变质变形极为复杂，这些因素不但破坏了地层的连续性，而且也极大地妨碍了对地层单位的全面认识和侧向追索，使地层划分与对比不免带有一定的人为因素和牵强附会的现象。因此，如何加强造山带内地层的研究仍是今后重要课题。

（2）在造山带内，有些地层的时代尚属推测，如陶湾组、三岔口组、碧口（岩）群等，给地层的划分与对比带来一定困难。

(3) 有关(岩)群、杂岩的内部划分，因资料陈旧，尚难从理论上做深入的探讨。

(4) 部分地层单位的剖面测制尚欠深入，特别是生物地层、年代地层的研究明显落后于我国东部地区，因此，所立层型尚难达到《中国地层指南及中国地层指南说明书》的要求。

回顾本次地层对比研究的全过程，使人们不难发现，我省的地层研究虽然已经取得了较大进展，但是，如何能使地层的研究满足于现代地层学的要求，赶上并超过世界先进水平仍有较多工作需要进行。

参考文献

安三元、张维吉、杨家喜、林学军，1990，陕西太白地区秦岭群的岩石组合与变质作用。见：刘国惠、张寿广主编，秦岭—大巴山地质论文集。北京：北京科学技术出版社。

安太庠、张安泰、徐建民，1985，陕西耀县、富平奥陶系牙形石及其地层意义。地质学报，59（2）：97—108。

安太庠、郑昭昌等，1990，鄂尔多斯盆地周缘的牙形石。北京：科学出版社。

曹伯勋、刘士蓉、赵不亿、关康年，1966，陕西渭南沈河地区新生界初步研究。见：中国科学院古脊椎动物与古人类研究所等，陕西蓝田新生界现场会议论文集。北京：科学出版社。

曹宣铎、张瑞林、张汉文等，1990，秦巴地区泥盆纪地层及重要含矿层位形成环境的研究。中国地质科学院西安地质矿产研究所所刊，27号，1—40。

曹宣铎、周志强、张研等，1987，西秦岭碌曲、迭部地区晚志留世与泥盆纪地层古生物（上册）。南京：南京大学出版社。

车福鑫，1963，陕西陇县上奥陶统的发现。科学通报，3月号，63—65。

陈晋镳等，1991，武当群地质特征。天津：科技翻译出版公司。

陈均远、周志毅、林尧坤、杨子长、邹西平、王志浩、罗坤泉、姚宝琦、沈后，1984，鄂尔多斯地台西缘奥陶纪生物地层研究的报告。中国科学院南京地质古生物研究所集刊，20号，1—32。

陈瑞保，1993，豫西峡河岩群层序及变形特征。河南地质，11（2）：104—111。

陈润业，1989，大巴山西段寒武纪的三叶虫分带。地层学杂志，13（1）：59—63。

陈润业、张福有，1987，陕西南郑、西乡一带的寒武纪地层。西北大学学报，17（2）：63—75。

陈祥荣、成汉钧、汪明洲，1988，陕西宁强二郎坝志留系的研究。西安地质学院院报，10（4）：12—20。

陈旭，1984，陕南及川北志留纪笔石并论单笔石的分类。中国古生物志，总号第166册，新乙种，第20号。

陈旭、戎嘉余、伍鸿基、邓占球，1991，川陕边境广元宁强间的志留系。地层学杂志，15（1）：1—25。

陈庸勋、戴东林、杨昌贵等，1981，岩相古地理研究方法——鄂尔多斯盆地为例。北京：地质出版社。

成汉钧，1988，大巴山奥陶系的研究。西安地质学院院报，10（1）：1—13。

成汉钧等，1980，陕西西乡的寒武纪地层层序并论地层单位“组”、“阶”的关系。地层学杂志，4（3）：214—220。

成汉钧、许安东、陈淑娥、王玉忠，1993，陕西西乡地区志留纪地层的研究。西安地质学院院报，15（3）：40—51。

程裕淇，1990，1：500万中国地质图说明书。北京：地质出版社。

程政武、曲立范等，1983，陕西岐山产 *Eumorphotis* 的“石千峰组”地层问题。地层学杂志，7（3）：161—168。

德日进、杨钟健，1930，山西西部陕西北部蓬蒂纪后黄土期前之地层观察。地质专报，甲种，第8号，1—19。

邓宝，1978，陕南山阳早石炭世植物群之发现及其地层意义。地质学报，52（1）：15—21。

邓宝，1979，陕南紫阳弓笔石的出现。古生物学报，18（3）：308—311。

地质部地质科学院三室，1963，秦岭化石手册。北京：中国工业出版社。

丁培榛、金同安、孙秀芳，1983，东秦岭陕西镇安西口二叠系。中国地质科学院西安地质矿产研究所所刊，第6号，99—103。

丁培榛、金同安、孙秀芳，1987，陕西镇安西口二叠纪地质旅行指南。中国地质科学院西安地质矿产研究所所刊，第15号，113—130。

丁培榛、金同安、孙秀芳，1989，东秦岭陕西镇安西口地区二叠纪地层及动物群。中国地质科学院西安地质矿产研究所所刊，第25号，1—68。

丁蕴杰、夏国英、李莉、俞子光，1991，东秦岭陕西镇安西口地区石炭系-二叠系界线及生物群。中国地质科学院天津地质矿产研究所所刊，第24号，1—76。

丁蕴杰、夏国英、许寿永、赵松银，1992，中国石炭-二叠系界线。北京：地质出版社。

丁文江、王曰伦（尹赞勋整理），1937，云南马龙曲靖之寒武纪及志留纪地层。中国地质学会志，16：1—28。

杜定汉、郭洪祥，1985，论述一个新的地层单位——早石炭世杜内期熊家山组。陕西地质，3（2）：47—52。

杜定汉、王武原、周之军，1986，陕西省凤县—旬阳及下高川地区的泥盆纪地层。陕西地质，4（2）：21—36。

杜定汉等，1987，陕西秦巴地区泥盆系研究。西安：西安交通大学出版社。

杜恒俭，1948，陕南梁山二叠纪地层之初步观察。地质论评，13（3—4）：223—230。

傅力浦，1977，西北地区的上奥陶统。见：地层古生物论文集，第三辑。北京：地质出版社。

傅力浦，1980，秦岭地区早和中志留世的笔石分带。地质论评，26（2）：106—111。

傅力浦，1981，陕西耀县桃曲坡中、上奥陶统及其对比。中国地质科学院西安地质矿产研究所所刊，2（1）：105—112。
傅力浦，1983，陕西紫阳芭蕉口志留纪地层。中国地质科学院西安地质矿产研究所所刊，第6号，1—18。
傅力浦，1984，中国紫阳地区晚奥陶世至中志留世的笔石分带。见：地质部书刊编辑室编，国际交流地质学术论文集（1）。北京：地质出版社。
傅力浦、宋礼生，1986，陕西紫阳地区（过渡带）志留纪地层及古生物。中国地质科学院西安地质矿产研究所所刊，第14号，1—198。
甘肃省地质矿产局区调队，1986，甘肃的志留系。甘肃地质，(3)。
甘肃省地质矿产局区调队，1986，西秦岭南坡的志留系。甘肃地质，(5)。
甘肃省地层表编写组，1980，西北地区区域地层表·甘肃省分册。北京：地质出版社。
甘肃省地质矿产局，1989，甘肃省区域地质志。北京：地质出版社。
葛利普（A W Grabau），1922，中国北方奥陶纪之动物化石。中国古生物志，乙种，第1号，第一册，1—127。
葛梅钰、李崇楼，1984，陕西紫阳瓦房店志留纪地层。中国科学院南京地质古生物研究所丛刊，第九号，145—169。
顾知微，1962，中国的侏罗系和白垩系，全国地层会议学术报告汇编。北京：科学出版社。
关保德、耿午辰、戈治权，1988，河南东秦岭北坡中—上元古界。郑州：河南科学技术出版社。
关保德、潘泽成、耿午辰、戈治权、杜慧英，1980，东秦岭北坡震旦亚界。见：中国地质科学院天津地质矿产研究所，中国震旦亚界。天津：天津科学技术出版社。
郝诒纯、苏德英、李友桂、余静贤、张望平、李佩贤、齐骅、关绍曾、郭福祥，1982，论中国非海相白垩系的划分及侏罗-白垩系的分界。地质学报，56（3）：187—199。
河南省地质矿产局，1989，河南省区域地质志。北京：地质出版社。
赫德伯格，H D（编），1976，国际地层指南，张守信译，1979。北京：科学出版社。
洪友祟，1958，湖北宜昌三峡区中志留纪罗惹坪世地层和古生态初步研究。古生物学报，6（4）。
侯德封、王现衍，1939，广元南江间地质矿产。前四川地质调查所，地质丛刊，第2号，1—46。
侯鸿飞等，1982，中国的泥盆系。见：中国地质科学院，中国地层概论。北京：地质出版社。
侯鸿飞等，1985，贵州睦化泥盆-石炭系界线。北京：地质出版社。
侯鸿飞、季强、鲜思远等，1986，广西象州马鞍山中上泥盆统界线。北京：地质出版社。
湖北省地质矿产局三峡地层研究组，1978，峡东地区震旦至二叠纪地层古生物。北京：地质出版社。
湖北省地质矿产局，1990，湖北省区域地质志。北京：地质出版社。
黄汲清，1932，中国南部二叠纪地层。前中央地质调查所地质专报，甲种10号，1—20。
霍世诚，1957，汉中梁山志留纪的细网笔石。古生物学报，5（4）：513—522。
霍世诚，1959，汉中梁山的几个地层问题。古生物学报，7（6）：477—483。
霍世诚，1960，陕南梁山地层概要兼论该地区的地质史。地质学报，40（1）：55—69。
贾兰坡、张玉萍、黄万波、汤英俊、计宏祥、尤玉柱、丁素因、黄学诗，1966，陕西蓝田新生界。见：中国科学院古脊椎动物与古人类研究所编，陕西蓝田新生界现场会议论文集。北京：科学出版社。
蹇万筹、邱树玉、刘洪福、王学仁、尹凤娟，1987，华北地台西南缘及其邻区上前寒武系研究进展。见：西北大学，西北大学成立45周年学术报告论文集（上集）。西安：陕西科学技术出版社。
蹇万筹、邱树玉，1990a，华北地台南缘的上前寒武系。西安：西北大学出版社。
蹇万筹、邱树玉，1990b，华北地台西南缘的上前寒武系划分和对比。西安：西北大学出版社。
姜春发，1984，东秦岭冒地槽的三叠系及其地质意义。中国地质科学院地质研究所所刊，第9号，99—110。
姜春发、朱志直、孔繁宗，1979，留凤关复理石。地质学报，35（3）：203—218。
姜春发、张庆贵、张玉岫、朱志直，1963，东秦岭地槽型印支运动的存在。地质论评，2（3）：116—120。
金若谷，1987，陕西西乡晚二叠世大隆组及其沉积环境。地层学杂志，11（4）：278—285。
赖才根，1979，中国奥陶系顶、底界线研究的新进展。地质学报，53（4）：280—292。
赖才根等，1982，中国地层（5）·中国的奥陶系。北京：地质出版社。
李春昱，1982，亚洲大地构造图。北京：地质出版社。
李积金、成汉钧，1988，汉中梁山南郑组的岩性及生物特征。陕西地质，6（1）：31—44。
李晋僧、曹宣铎、杨家騄等，1994，秦岭显生宙古海盆沉积和演化史。北京：地质出版社。
李捷、朱森，1930，秦岭中段南部地质之研究。前国立中央研究院地质研究所集刊，甲种九号，1—103。

李佩贤等，1994，狼鳍鱼（*Lycoptera*）岩层的时代归属。地质学报，68（1）：87—100。
李钦仲、杨应章、贾金昌，1983，陕西礼泉唐王岭震旦纪晚期冰碛岩。地层学杂志，5（1）：10—15。
李钦仲、杨应章、贾金昌，1985，华北地台南缘（陕西部分）晚前寒武纪地层研究。西安：西安交通大学出版社。
李四光，1924，长江峡东地质及三峡之历史。中国地质学会志，3（4）：351—391。
李四光、赵金科、张文佑，1941，广西地层表（未刊）。
李思田、程守田、杨士恭、黄其胜、解习农、焦养泉、卢宗盛、赵根榕，1992，鄂尔多斯盆地东北部层序地层及沉积体系分析——侏罗系富煤单元的形成、分布及预测基础。北京：地质出版社。
李思田等，1992a，论沉积盆地分析领域的追踪与创新。沉积学报，10（3）：10—15。
李思田等，1992b，论沉积盆地的等时地层格架和基本建造单元。沉积学报，10（4）：11—22。
李荣社，1990，陕西紫阳—岚皋地区志留纪岩石地层单位穿时性讨论。陕西地质，8（2）：53—64。
李星学，1963a，中国晚古生代陆相地层，全国地层会议学术报告汇编。北京：科学出版社。
李星学，1963b，华北月门沟群植物化石。中国古生物志，（总号 148 册），新甲种 6 号，1—185。
李耀西，1980，陕甘宁地区的壳相和混合相下志留统。地质论评，26（6）：479—485。
李耀西、宋礼生、周志强，1975，大巴山西段早古生代地层志。北京：地质出版社。
李勇、曾允孚，1994，陆相岩石地层结构及其构成单元。中国区域地质，（3）：225—226。
李育敬，1989，陕西岚皋下志留统滔河口组的建立及其与陡山沟组、白崖垭组关系的探讨。陕西地质，7（2）：7—14。
李云通等，1984，中国地层（13）·中国的第三系。北京：地质出版社。
李智民，1992，鄂尔多斯盆地侏罗纪坳陷湖泊的淤浅机制和聚煤作用——以陕西榆横区为例。北京：地质出版社。
林宝玉，1963，陕西省山阳县晚奥陶世 *Agetolites* 属之新种。古生物学报，11（1）：119—121。
林宝玉，1979，中国的志留系。地质学报，53（3）：173—191。
林宝玉，1983，华北西缘的上奥陶统。中国地质科学院院报，（7）：65—76
林宝玉等，1984，中国地层（6）·中国的志留系。北京：地质出版社。
林德超、王世炎、杜建山、刘振宏、黄戴环，1990，河南省宽坪群及其边界特征。见：刘国惠，张寿广主编，秦岭—大巴山地质论文集。北京：北京科学技术出版社。
林尧坤、陈均远等，1982，内蒙清水河、山西中北部奥陶纪地层及寒武-奥陶系分界。地层学杂志，6（4）：258—270。
刘本培、周正国、肖劲东、陈北岳，1992，秦岭泥盆纪沉积相带分异及其大地构造意义——并论大陆地块对接的漫长、复杂过程。见：古大陆边缘沉积地质文集。武汉：中国地质大学出版社。
刘长安、白云彬，1959，在秦岭东段洛南孤山元古代地层（Pt_2）中发现寒武纪化石。地质论评，19（11）：528。
刘第墉、陈旭、张太荣，1964，四川北部南江早古生代地层。中国科学院南京地质古生物研究所集刊，地质文集，第一号，161—170。
刘东生、丁梦麟、高福清，1960，西安—蓝田间新生界地层剖面。地质科学，（4）：199—208。
刘国惠、张寿广、游振东、索书田、张国伟等，1993，秦岭造山带主要变质岩群及变质演化。北京：地质出版社。
刘鸿允，1963，长江峡东区震旦系新见。地质科学，4：177—187。
刘鸿允、刘宪亭，1984，山西的陆相三叠系石千峰群和二马营群。中国地质科学院院报，第 9 号，137—155。
刘鸿允、董榕生、李建林，1980，论震旦系划分与对比问题。地质科学，（4）：307—321。
刘鸿允等，1991，中国的震旦系。北京：科学出版社。
刘路，1964，陕南秦岭东段地区的几种海相早三叠世瓣鳃类化石。古生物学报，12（2）：312—323。
刘绍龙，1956，陕北瓦窑堡煤系时代问题的讨论。地质学报，36（4）：545—554。
刘淑梅、李晋僧、郝树声、吴顺宝等，1959，湖北三峡新滩中志留纪罗惹坪世动物群的发现及其意义。北京地质学院院报，（5）。
刘顺堂、刘子进，1990，陕南商州盆地晚期中生代叶肢介。古生物学报，29（3）。
刘之远，1942，遵义桐梓两县地质纲要。前国立浙江大学文科研究所史地学部丛刊，第一号，11—27。
刘印环、王建平、张海清、杜凤军，1991，河南的寒武系和奥陶系。北京：地质出版社。
卢衍豪，1943，陕西南郑奥陶纪及志留纪地层。地质论评，8（1—6）：149。
卢衍豪，1956，汉中梁山区二叠纪并论中国南部二叠纪的分层和对比。地质学报，36（2）：159—196。
卢衍豪，1959，中国南部奥陶纪地层的分类和对比。见：中国地质学基本资料专题总结论文集，第 2 号。北京：地质出版社。

卢衍豪，1964，中国的寒武系。北京：科学出版社。
卢衍豪，1975，华中及西南奥陶纪三叶虫动物群。中国古生物志，新乙种，第11号（总号152册），1—463。
卢衍豪、董南庭，1953，山东寒武纪标准剖面新观察。地质学报，32（2）：164—201。
卢衍豪、穆恩之，1980，中国奥陶系底界及顶界。见：地质部书刊编辑室，国际交流地质学术论文集（4），地层古生物。北京：地质出版社。
陆岩，1985，洛南地区东秦岭北坡变质岩系的时代问题。西北地质，（4）。
雒昆利，1992，五峡河组、白崖垭组和安坪梁组的再认识。地层学杂志，16（4）：316—319。
煤炭科学研究院地质分院山西省煤炭地质勘探公司，1987，太原西山含煤地层沉积环境。北京：煤炭工业出版社。
梅志超、李文厚，1986，陕西富平中—上奥陶统深水碳酸盐重力流沉积模式。沉积学报，4（1）：34—42。
孟庆任、张国伟、于在平，1993，秦岭俯冲板块前缘石炭纪构造-沉积环境。西安地质学院院报，15（4）：11—14。
穆恩之，1954，论五峰页岩。古生物学报，2（2）：153—168。
穆恩之，1962，中国的志留系。北京：科学出版社。
穆恩之，1983，中国奥陶系与志留系的分界。见：中国科学院南京地质古生物研究所，中国各纪地层界线研究。北京：科学出版社。
穆恩之等，1979，西南地区下奥陶统的笔石。中国古生物志，新乙种11号，第156册。
穆恩之、戎嘉余，1983，论国际奥陶-志留系的分界。地层学杂志，7（2）：81—91。
宁夏自治区区域地层表编写组，1980，西北地区区域地层表·宁夏回族自治区分册。北京：地质出版社。
潘钟祥，1934，陕北油页岩地质。前中央地质调查所，地质汇报，24号：33—48。
裴文中等，1963，中国的新生界，全国地层会议学术报告汇编。北京：科学出版社。
裴先治，1993，商南地区秦岭群中的韧性伸展构造。西安地质学院院报，15（增刊）：46—53。
秦峰、甘一研，1976，西秦岭古生代地层。地质学报，50（1）：74—96。
秦克令、邹湘华、何世平，1990，陕、甘、川交界处摩天岭区碧口群层序及时代划分。西安地质矿产研究所所刊，30：1—60。
邱树玉、刘洪福，1982，小秦岭地区（陕西境内）晚前寒武纪叠层石及其生物地层意义。西北大学学报（前寒武纪地质专辑）：127—159。
全国地层委员会，1962，中国的前寒武系，全国地层会议学术报告汇编。北京：科学出版社。
全国地层委员会，1981，中国地层指南及中国地层指南说明书。北京：科学出版社。
戎嘉余，1979，中国的赫南特贝动物群（*Hirnantia* Fauna）并论奥陶系与志留系的分界。地层学杂志，3（1）：1—29。
戎嘉余，1985，论我国志留系的建阶问题。地层学杂志，9（2）：96—107。
戎嘉余，1986，国际志留系研究的新进展。地层学杂志，10（3）：238—242。
芮琳，1979，贵州西部晚二叠世的䗴类。古生物学报，18（3）：271—300。
芮琳，1981，扬子区的二叠系。地层学杂志，5（4）：267—275。
芮琳、赵嘉明、穆西南、王克良，1984，陕西汉中梁山吴家坪灰岩的再研究。地层学杂志，8（3）：179—193。
芮琳，张遴信，1986，论石炭系与二叠系的分界。地层学杂志，10（4）：249—261。
芮琳、王义刚、陈楚震、何锦文、王志浩，1989，四川广元上寺剖面二叠-三叠界线位置在哪里。地层学杂志，13（2）：152—156。
桑宝梁，1962，陕西西乡—镇巴东部泥盆纪地层。地质学报，42（1）：57—61。
山西省地质矿产局，1989，山西省区域地质志。北京：地质出版社。
陕西省区域地层表编写组，1983，西北地区区域地层表·陕西省分册。北京：地质出版社。
陕西省煤田地质勘探公司185队，1989，陕北早、中侏罗世含煤岩系沉积环境。西安：陕西科学技术出版社。
尚瑞钧等，1992，扬子地块北缘中上元古界变质作用（陕西部分）。西安：西北大学出版社。
盛金章，1962，中国的二叠系，全国地层会议学术报告汇编。北京：科学出版社。
盛金章、李星学，1965，中国石炭系和二叠系的分界。见：孙云铸等中国石炭系论文集。北京：科学出版社。
盛金章、李星学，1974，近年来中国二叠纪生物地层学的进展。中国科学院南京地质古生物研究所集刊，第5号：117—122。
盛金章、芮琳，1980，*Gallowaiinella* 的时代——兼论长兴阶与吴家坪阶的分界。地层学杂志，4（3）：233—235。
四川省地质矿产局，1991，四川省区域地质志。北京：地质出版社。
四川省区域地层表编写组，1978，西南地区区域地层表·四川省分册。北京：地质出版社。

宋子季、张维吉，1987，陕西眉县—蓝田间下古生界斜峪关群的建立。陕西地质，5（1）：12—24。
陕西省地质矿产局，1989，陕西省区域地质志。北京：地质出版社。
宋志高、张治洮、张莓、贾群子，1991，陕甘边界“牛头河群”的分解及其构造意义。西安地质矿产研究所所刊，31：1—14。
孙大中等，1993，中条山前寒武纪年代构造格架和年代地壳结构。北京：地质出版社。
汤英俊、刘子琪等，1986，陕西彬县晚中新统及其动物群。地层学杂志，10（4）：270—276。
汤英俊、雷遇鲁等，1988，汉中盆地晚新生代地层及其哺乳类化石。北京：北京科学技术出版社。
陶洪祥等，1986，略论扬子古陆中晚元古代岛弧构造及其演化。西安地质学院院报，3（3）。
陶洪祥、何恢亚、王全庆、裴先治，1993，扬子板块北缘构造演化史。西安：西北大学出版社。
田在艺，1948，陇东震旦纪、奥陶纪地层之初步观察及第三纪红色地层之研究。石油地质汇报，第1号：1—9。
汪明洲、周义，1988，论大巴山西段晚二叠世地层发育规律。西安地质学院院报，10（2）。
汪啸风，1983，长江三峡东部地区奥陶纪晚期与志留纪初期的化石群并论奥陶系与志留系界线问题。中国地质科学院宜昌地质矿产研究所所刊，第6号：95—182。
汪啸风、倪世钊、曾庆銮等，1987，长江三峡地区生物地层学（早古生代），（2）。北京：地质出版社。
王成源，1987，论 *Cystophrentis* 带的时代。地层学杂志，11（2）：120—125。
王鸿祯、徐成彦、周正国，1982，东秦岭古海域两侧大陆边缘区的构造发展。地质学报，56（3）：270—280。
王鸿祯、杨森楠、刘本培等，1990，中国及邻区构造古地理和生物古地理。武汉：中国地质大学出版社。
王国莲、孙秀芳，1973，秦岭石炭二叠纪有孔虫及其地质意义。地质学报，47（2）：137—151。
王铭生、武新强、宋峰，1991，关于北秦岭古生代断陷带的地层层序、构造演化及控矿构造讨论。豫西地质，（1）：1—26。
王思恩等，1985，中国地层（11）·中国的侏罗系。北京：地质出版社。
王全庆、李旭、何恢亚，1985，扬子地台北缘裂谷系构造初析。中国区域地质，第13辑。
王义刚、陈楚震、芮琳、王志洁、何锦文，1989，论二叠系-三叠系界线定义。地层学杂志，13（3）：205—212。
王钰，1938，湖北峡东“宜昌石灰岩”的时代问题。地质论评，3（2）：131—142。
王钰，1945，三峡式下部古生代地层之分层。地质论评，10（1—2）：9—14。
王钰、俞昌民，1964，中国的泥盆系，全国地层学术会议报告汇编。北京：科学出版社。
王曰伦，1960，全国震旦系对比线索。地质论评，20（5）：203—205。
王曰伦，1963，中国北部震旦系和寒武系分界问题。地质学报，43（2）：116—135。
王曰伦、刘长安、梁玉左、王泽九、林蔚兴，1963，北秦岭东段前寒武纪地层初步观察。见：地质部书刊编辑室，地质丛刊甲种，前寒武纪地质专号（1）。北京：中国工业出版社。
王增吉，1990，中国地层（8）·中国的石炭系。北京：地质出版社。
王志浩，1978，陕西汉中梁山地区二叠纪—早三叠世牙形刺。古生物学报，17（2）：213—229。
王竹泉，1937，陕西韩城煤田地质。前中央地质调查所，地质汇报，30号。
王竹泉、潘钟祥，1933，陕北油田地质。前中央地质调查所，地质汇报，20号。
王振东，1989，陕西陶湾群早寒武世化石的发现及地质意义。中国区域地质，（2）：113—122。
王宗起，1990，陕西陶湾群内寒武系岩块的地层学研究。见：刘国惠、张寿广主编，秦岭—大巴山地质论文集。北京：北京科学技术出版社。
王作勋等，1982，东秦岭北坡陶湾群与下伏地层角度不整合的发现及其意义。地质论评，28（3）：247—249。
王作勋、姜春发、任纪舜、曲国强、陈富，1990，小秦岭推覆构造与陶湾群变形。见：刘国惠、张寿广主编，秦岭—大巴山地质论文集。北京：北京科学技术出版社。
魏家庸、卢重明、徐怀艾等，1991，沉积岩1：5万区域地质填图方法指南。武汉：中国地质大学出版社。
吴秀元、邓宝，1983，陕西凤县草凉驿组植物化石。古生物学报，83（2）：183—192。
西安地质矿产研究所，1982，西北地区古生物图册（陕甘宁分册）（一）。北京：地质出版社。
西安地质矿产研究所，1983，西北地区古生物图册（陕甘宁分册）（二）。北京：地质出版社。
西北大学地质系，1992，梁山地质。西安：西北大学出版社。
项礼文等，1981，中国地层（4）·中国的寒武系。北京：地质出版社。
肖思云、张维吉、宋子季，1988，北秦岭变质地层。西安：西安交通大学出版社。
肖伟民、王洪弟、张遴信，1986，贵州南部早二叠世地层及其生物群。贵阳：贵州人民出版社。

谢家荣，1921，甘肃北部地形地质简说（2）。科学 9（10）。
谢家荣，1924，湖北东南部地层。中国地质学会志，3（2）：91—97。
谢家荣，1932，江苏铜山县贾汪煤田地质。地质汇报，18。
谢家荣、黄汲清，1925，湖北西部罗惹坪志留系的研究。中国地质学会志，4（1）：39—44。
徐嘉炜，1958，华北南部寒武系下限问题。地质论评，18（1）：41—55。
许德佑，1939，中国南部海相三叠纪之新研究。地质论评，4（5）：295—314。
许志琴等，1988，东秦岭复合山链的形成。北京：中国环境科学出版社。
薛祥煦、赵聚发，1982，陕西洛南石门古新统的发现及该地区新生界的划分。西北大学学报（自然科学版），3。
薛祥煦、张云翔、王海宁，1987，陕西山阳盆地红色地层的划分与对比。西北大学学报（自然科学版），17（3）：58—63。
阎国顺，1981，河南省东秦岭南坡早志留世地层。河南地质，1：31—38。
阎廉泉，1959，秦岭区域地质测量及普查工作的基本成就。地质月刊，（11）：32—39。
阎竹斌，1985，小秦岭地区早前寒武纪地层划分与对比。地质论评，（2）：101—110。
杨家騄等，1991，东秦岭—大巴山寒武纪地层岩相古地理及三叶虫动物群。武汉：中国地质大学出版社。
杨敬之，1944，四川东北部大巴山区之寒武奥陶纪剖面。中国地质学会志，24（3—4）：173—178。
杨敬之、谷德振，1943，四川南江旺苍间火成岩体之侵入时代。地质论评，（10）：37—42。
杨敬之、谷德振，1945，南江旺苍间地质。四川地质调查所地质丛刊，第 8 号。
杨敬之、王成源，1983，中国石炭系和二叠系的分界。见：中国科学院南京地质古生物研究所，中国各纪地层界线研究。北京：科学出版社。
杨敬之、盛金章、吴望始、陆麟黄，1962，中国的石炭系，全国地层会议学术报告汇编。北京：科学出版社。
杨文智，1981，黄连垛组、火石山组、马库庄组、杨寺庄组及豫西台型上元古界的对比。河南地质，1：55—56。
杨应章，1990，陕西山阳寒武系研究的新进展。中国区域地质，4：330—343。
杨志超、刘剑、金勤海，1984，陕西凤县红花铺杨家岭火山岩系中腕足类等动物化石的发现及其意义。陕西地质，2（5）增刊：20—24。
杨志华等，1991，边缘转换盆地的构造岩相与成矿。北京：科学出版社。
杨志坚，1958，豫西下古生界地层及其对比问题。地质学报，38（4）：473—510。
杨钟健、卞美年，1937，甘肃中部皋兰永登区新生代地层。地质论评，2（4）：412。
杨钟健、周明镇，1956，甘肃灵武渐新世哺乳类动物化石。古生物学报，4（4）：447—454。
杨遵仪、李子舜、曲立范、卢重明、周惠琴、周统顺、刘桂芳、刘本培、吴瑞棠，1982，中国的三叠系。地质学报，56（1）：1—20。
姚建新、李子舜，1988，论两种二叠-三叠系界线。地层学杂志，12（3）：226—229。
叶连俊、关士聪，1944，甘肃中南部地质志。前中央地质调查所专报，甲种 19 号：1—71。
殷鸿福、林和茂，1979，陕西渭北地区三叠纪海相化石层并论石千峰群的时代。地层学杂志，3（4）：233—241。
殷鸿福、杨逢清、黄其胜、杨恒书、赖旭龙等，1992，秦岭及邻区三叠系。武汉：中国地质大学出版社。
尹凤娟等，1984，对陕晋豫交界地区蓟县纪早期地层的新认识。见：西北大学，西北大学地质系成立四十五周年学术报告会论文集。西安：陕西科学技术出版社。
尹赞勋、谌义睿、秦鼐，1945，湄潭县之寒武纪地层。地质论评，10（5—6）：205—220。
尹赞勋、陈锦石、张守信、骆金锭、谢翠华，1966，中国地层（七）石炭系。北京：科学出版社。
游振东、索书田、韩郁菁、钟增球、陈能松，1990，秦岭杂岩的变质变形史。见：刘国惠、张寿广主编，秦岭—大巴山地质论文集。北京：北京科学技术出版社。
俞昌民、林尧坤、章森桂、陈挺恩，1988，宁强组时代的再认识。地层学杂志，12（3）：210—215。
俞剑华、方一亭、张大良，1986，陕西西乡三郎铺奥陶系与志留系界线剖面。南京大学学报，22（3）：475—488。
袁复礼，1925a，甘肃平凉奥陶纪笔石化石层。中国地质学会志，4（1）：19—20。
袁复礼，1925b，甘肃东部地质记略。中国地质学会志，4（1）。
乐森璕，1929，广西北部之地质矿产。前两广地质调查所年报，二册（下册）：71—78。
张尔道，1954，河南嵩山前寒武纪地层。地质学报，34（2）：197—208。
张尔道，1957，秦岭宝鸡略阳段几个地质问题。地质论评，17（4）：423—429。
张国伟，1991，秦岭造山带岩石圈组成、结构与演化特征。见：叶连俊、钱祥麟、张国伟主编，秦岭造山带学术讨论会论文选集。西安：西北大学出版社。
张国伟、周鼎武，1990，秦岭杂岩和秦岭造山带。见：刘国惠、张寿广主编，秦岭—大巴山地质论文集。北京：北京科学技术出版社。
张吉森、费安琦等，1981，陕西礼泉唐王岭震旦纪晚期冰碛岩。地层学杂志，5（1）：10—15。
张抗，1991，孙家沟组穿时性的讨论。中国区域地质，（3）：221—223。
张秋生，1980，中国东秦岭变质地质。长春：吉林人民出版社。
张守信，1992，理论地层学——现代地层学概论。北京：科学出版社。
张维吉、胡建民，1990，陶湾群的层序划分与时代归属。见：刘国惠、张寿广主编，秦岭—大巴山地质论文集。北京：北京科学技术出版社。
张伟，1983，鄂尔多斯盆地东南缘的寒武系。石油与天然气地质，4（3）：353—364。
张文堂，1962，中国的奥陶系，全国地层会议学术报告汇编。北京：科学出版社。
张文堂、李积金，1957，湖北峡东寒武纪及奥陶纪地层。科学通报，5：145—146。
张文堂等，1979，华北南部、西南部寒武系及上前寒武系的分界。地层学杂志，3（1）：51—56。
张文堂、朱兆玲、伍鸿基、袁金良、沈后、姚宝琦、罗坤泉、王旭萍，1980，鄂尔多斯西缘及南缘的寒武纪地层。地层学杂志，4（2）：106—119。
张玉萍、黄万波、汤英俊、计宏祥、尤玉柱、董示生、丁素因、黄学诗、郑家坚，1978，陕西蓝田地区新生界。北京：中国科学院古脊椎动物与古人类研究所，甲种专刊十四号。
张宗清，1991，秦岭、宽坪、陶湾群的时代——同位素年代学研究进展及其构造意义。见：叶连俊、钱祥麟、张国伟主编，秦岭造山带学术讨论会论文选集。西安：西北大学出版社。
赵国宾，1931，陕西泾洛两河下游间之地质。前国立中央研究院地质研究所丛刊，第二号：61—113。
赵嘉明，1981，四川北川江油及陕西汉中二叠纪珊瑚化石。中国科学院南京地质古生物研究所集刊，15号：233—274。
赵金科、张文佑，1959，广西地质（一）地层概要。北京：科学出版社。
赵金科、梁希洛、郑灼官，1978，华南晚二叠世头足类。中国古生物志，新乙种，第12号。北京：科学出版社。
赵祥生、马少龙、邹湘华、修泽雷等，1990，秦巴地区碧口群时代、层序、火山作用及含矿性研究。西安地质矿产研究所所刊，第29号：1—121。
赵亚曾、黄汲清，1931，秦岭山及四川之地质研究。地质专报，甲种第九号。
赵自强等，1985，长江三峡地区生物地层学（震旦纪分册）。北京：地质出版社。
中国地质科学院区域地质调查处，1994，1993年区域地质调查总结。中国区域地质，（2）：97—105。
中国地质科学院地质研究所，1980，陕甘宁盆地中生代地层古生物（上册）。北京：地质出版社。
中国地质学编辑委员会、中国科学院地质研究所，1956，中国区域地层表（草案）。北京：科学出版社。
中国地质学编辑委员会、中国科学院地质研究所，1958，中国区域地层表（草案）补编。北京：科学出版社。
中国科学院南京地质古生物研究所，1974，西南地区地层古生物手册。北京：科学出版社。
中国科学院南京地质古生物研究所，1979，西南地区碳酸盐生物地层。北京：科学出版社。
周鼎武，1991，“秦岭群”的再解体和秦岭造山带中的晋宁运动。见：叶连俊、钱祥麟、张国伟主编，秦岭造山带学术讨论会论文选集。西安：西北大学出版社。
周茂成，1984，陕西南秦岭假直角石的发现及其意义。陕西地质，2（1）：79—81。
周志毅、陈均远、林尧坤、王志浩、徐均涛、张进林，1983，唐山地区奥陶系的新观察。地层学杂志，7（1）：19—32。
朱国林、鄢永良，1980，宽坪群及陶湾群。见：张秋生主编，中国东秦岭变质地质。长春：吉林人民出版社。
朱洪源，1981，湖北竹山县得胜一带变质岩的时代。地层学杂志，5（3）：171—173。
朱永正，1986，西秦岭南坡的奥陶系。甘肃地质，（5）：63—76。
朱占祥，1991，四川前震旦纪岩石地层单位清理后的实践与应用。中国区域地质，3：198—208。
朱兆玲、林尧坤、陈挺恩、章森桂，1986，“南郑页岩”时代的再认识。地层学杂志，10（2）：98—107。
Brongniart. Ad. 1875. Notes sur les plantes de Tinkiako, Shensi meridionale envoyees en 1873 par M L'abbe A David. Bull. Soc Geol. France, 3e Ser., 3.
Clapp F G. 1927. Geology of the North Shensi basin, China. Bull. Geol. Soc. Amer. 38.
Fuller M L and Clapp F G. 1926. Formation of the North Shensi basin, China. Journ. Geol., 34, No. 5.
Fuller M L. 1927. Geology of the North Shensi basin, China. Bull. Geol. Soc. Amer., 38.

Louderback G D and Morse R R. 1924. Stratigraphy of the Tsinlingshan, China. Bull. Geol. Soc. Amer. 35, 1.
Martelli A. 1901. Fossili del Siluriano inferiore dello Schensi, China. Bull. Soc. Geol. Italiana, 20, Fasc. 2.
Martelli A: 1902. Devoniano superiore dello Schensi, China. Bull. Soc. Geol. Italiana, 21, Fasc. 2.
Martelli A. 1913. Fossili del siluriana inferiore dello Schensi, Revista Italiana Palaeont. 19.
Norin E. 1922. The Late Palaeozoic and Early Mesozoic sediments of central Shansi. Bull. Geol. Surv. China, Vol. 4.
Obrutschew V A. 1894. Orographisch und geologischen Umrisz der Central Mongolei, Ordes, Oest Kansu und Nord Shensi. Izv. Imp. Russ. Geogr. Ges. 30.
Pellizari G. 1913. Palaeozoic autichi dello Schensi (China). Revista Italiana Palaeont. 19, Fasc. 3.
Ringstrom T. 1924. Nashormer der Hipparion-Fauna Nord-Chinas Palaeont. Sinica, Ser. C. 1, Fasc. 4.
Wang C C (王竹泉). 1925. On the stratigraphy of N. Shensi. Bull. Geol. Soc. China, 4.
Walcott C D. 1905. Cambrian Faunas of China. Carnegie Inst. Proc. U. S. National Museum.
Wilis B, Blackwelder, E. 1913. Research in China. Carnegie Inst. Washington.
Yamanass. 1924. An outline of stratigraphy of North China. Japanese Jour of Geology and Geography, Vol. Ⅱ, 43.
Zdansky O. 1923. Fundorte der *Hipparion*-fauna um Pao-Te-Hsien in NW-Shansi. Bull. Geol. Surv. China, No. 5, Part 1.

地质图说明书及区测（调）报告

贵州省地质局108队，1976，1:20万遵义幅区域地质调查报告（地质部分）。
贵州省地质局108队，1978，1:20万桐梓幅区域地质调查报告（地质部分）。
河北省地质局第二区域地质调查队，1974，1:20万山海关、秦皇岛幅区域地质调查报告。
河北省地质局第一区域地质调查队，1974，1:20万邯郸市幅区域地质调查报告。
河南省地质局，1965，1:20万临汝幅（1-49-[XⅦ]）地质图说明书。
河南省地质矿产局地质科学研究所，1978，1:50万河南省基岩地质图说明书。
河南省地质矿产局区域地质调查队，1981，1:50万河南省地质图及其说明书。
湖北省地质矿产局区域地质测量队，1976，1:20万蕲春幅区域地质调查报告。
计委地质局、四川省地质局，1970，1:20万镇巴幅（1-48-[XXXⅥ]）区域地质测量报告（上册）。
山西省区域地质调查队，1972，1:20万运城幅（1-49-[Ⅸ]）地质图说明书。
山西省区域地质调查队，1976，1:20万榆次幅（Ⅰ-49-[23]）区域地质调查报告。
陕西省地质局秦岭区域地质测量队，1961，1:20万商南幅（1-49-[XⅪ]）地质图及矿产图说明书。
陕西省地质局秦岭区域地质测量队，1961，1:20万略阳幅（Ⅰ-49-[XXⅨ]）地质图及矿产图说明书。
陕西省地质局区域地质测量队，1964，1:20万石泉幅（1-49-[XXV]）地质图说明书。
陕西省地质局区域地质测量队，1965，1:20万佛坪幅（1-48-[XXⅣ]）地质图说明书。
陕西省地质局区域地质测量队，1965，1:20万平利幅（1-49-[XXXⅡ]）地质图说明书。
陕西省地质局区域地质测量队，1965，1:20万洛宁幅（Ⅰ-49-[Ⅵ]）地质图及说明书
陕西省地质局区域地质测量队，1966，1:20万渭南幅（1-49-[XⅣ]）地质图说明书。
陕西省地质局区域地质测量队，1966，1:20万商州幅（1-49-[XX]）地质图说明书。
陕西省地质局区域地质测量队，1966，1:20万宝鸡幅（1-48-[XVⅢ]）地质图说明书。
陕西省地质局区域地质测量队，1966，1:20万东江口幅（1-49-[XⅨ]）地质图说明书。
陕西省地质局区域地质测量队，1966，1:20万安康幅（1-49-[XXⅥ]）地质图说明书。
陕西省地质局区域地质测量队，1966，1:20万郧县幅（1-49-[XXVⅡ]）地质图说明书。
陕西省地质局区域地质测量队，1966，1:20万紫阳幅（1-49-[XXⅪ]）地质图说明书。
陕西省地质局区域地质测量队，1967，1:20万香泉幅（1-48-[XⅦ]）地质图说明书。
陕西省地质局区域地质测量队，1967，1:20万陇县幅（1-48-[Ⅺ]）地质矿产图说明书。
陕西省地质局区域地质测量队，1967，1:20万成县幅（1-48-[XXⅡ]）地质图说明书。
陕西省地质局区域地质测量队，1967，1:20万碧口幅（1-48-[XXVⅢ]）地质图说明书。
陕西省地质局区域地质测量队，1968，1:20万凤县幅（1-48-[XXⅢ]）地质图说明书。

陕西省地质局区域地质测量队，1970，1:20万文县幅（1-48-［XXV］）地质矿产图说明书。

陕西省地质局十三地质队，1970，1:20万西安幅（1-49-［XⅢ］）地质矿产图说明书。

陕西省地质矿产局区域地质调查队，1989，1:20万洛南幅（1-49-［15］）地质图说明书。

陕西省地质矿产局区域地质调查队，1989，1:20万商州幅（1-49-［20］）地质图说明书。

陕西省地质矿产局区域地质调查队，1989，1:20万商南幅（1-49-［21］）地质图说明书。

陕西省地质矿产局区域地质调查队，1989，1:20万安康幅（1-49-［26］）地质图说明书。

陕西省地质矿产局区域地质调查队，1990，1:20万紫阳幅（1-49-［31］）地质图说明书。

四川省地质局航调队，1980，1:20万重庆等五幅区调报告。

四川省地质局航调队，1980，1:20万自贡等五幅区调报告。

西北地质局宁夏综合地质大队，1965，1:20万同心幅（J-48-［XXVⅢ］）区域地质测量报告。

西北地质局区域地质测量队，1965，1:20万汉中幅（1-48-［XXX］）地质图说明书。

西北地质局区域地质测量队，1965，1:20万洛南幅（1-49-［XV］）地质图说明书。

西北地质局区域地质测量队，1965，1:20万洛宁幅（1-49-［XⅥ］）地质图说明书。

西北地质局区域地质测量队，1965，1:20万栾川幅（1-49-［XXⅡ］）地质图说明书。

附录Ⅰ　陕西省地层数据库的建立及其功能简介

一、地层数据库的建立

陕西省地层数据库由陕西区调队负责建立，所使用的计算机为386微型计算机兼容机（内存4M、硬盘120M、主频33M、双高软、高速缓冲64K、VGA 显示器）、EPSON LQ-1600K 打印机。陕西省地层数据库的建立，坚持按断代谁填卡谁初审，最后由项目负责人终审的原则，其工作流程为：收集分析资料→填卡→初审修改→终审修改→计算机录入与处理→计算机一次输出→审查修改→计算机修改处理→计算机二次输出→审查修改→计算机三次修改→正式磁盘数据及卡片输出。进行数据填卡、卡片审查核对的人员为：马润华（主审震旦纪、寒武纪地层）、姚恒兴（第三纪和三叠纪地层）、伊鹍英（石炭纪和二叠纪及部分志留纪地层）、王振东（前寒武纪和部分志留纪地层）、史秉德（侏罗纪和白垩纪地层）、杨应章（奥陶纪和部分中、晚元古代地层）、郭洪祥（泥盆纪地层）；数据录入人员为：温军会（主录）、郭云、张林。截至1994年底，已录入数据库中的岩石地层单位223个，停用地层单位272个。

地层数据库系统是一个较大的信息处理系统，它集文字、表格、图形处理为一体，为一个较好的软件系统，今后将由陕西区调队负责管理维护，并随时为使用者提供服务。

二、数据库系统功能

根据 DCSS 软件系统设计，进行信息输出主要有两大功能：卡片输出，信息检索。根据操作者的目的和要求，进行地层信息输出应遵守以下原则：①如果想得到较为详细的地层信息，操作者应选择“卡片输出”功能模块。该功能模块可获得卡片Ⅰ-Ⅴ的全部文字和图件描述资料等。②如果想得到时空条件约束的一组（或一个）地层单位的一般信息，操作者应选择“地层检索”功能模块。该功能模块根据时间、空间约束条件的松紧程度可获得一组（或一个）地层单位或地层剖面的有限数据项。包括它们的个数统计数等。

1. 地层卡片输出

岩石地层单位卡片封面、卡片Ⅰ（岩石地层单位一般信息）、卡片Ⅱ（沿革表）、卡片Ⅲ（剖面分布图及柱状对比图）、卡片Ⅳ（剖面文字描述及柱状图）、卡片Ⅴ（参考文献）输出、打印，全省岩石地层单位总表，打印机输出图形（绘图文件已形成）。

地层数据库系统提供外部接口程序——屏幕图形和打印机图形输出程序，以便用户采用绘图图形文件记录方式，通过外部接口的数据转换，直接在多种图形卡或打印机、绘图仪上输出图形。屏幕显示的图形与打印机、绘图仪输出的图形完全相同，二程序允许将图形放大、缩小或平移。其中，屏幕显示图形时可实现部分放大及跟踪视图；打印机打印图形时可实现旋转输出及采用分块——拼接实现大幅面图形输出。

2. 地层信息检索

（1）控制参数：可选择省份、大区、经纬度、断代、输出方式、输出栏目等约束条件分量，以检索用户所需的信息。

（2）地层单位信息检索：可选择所有正式、停用地层单位，可按地层单位名称、名称拼音、编号、代号、创名人、同物异名/同名异物等方式进行检索。

（3）地层剖面信息检索：可选择所有剖面、正层型、副层型、选层型、新层型、次层型地层剖面，可按剖面名称、编号、化石名称（中文）及其他信息等方式进行检索。

（4）参考文献：可按作者、时间、书名、断代等检索文献目录。

附录Ⅱ　陕西省采用的岩石地层单位

附录Ⅱ－1

序号	岩石地层单位名称		编号	代号	地质时代	创名人①	创建时间	所在省	在本书页数
	英文	汉文							
1	Anding Fm	*安定组	61－0914	Ja	J_2	F G Clapp,M L Fuller	1926	陕西	226
2	Anping Fm	*安坪组	61－0323	Oa	O	陕西省地质局区测队503分队 (宋子季、张维吉)	1974 (1987)	河南	66
3	Baguamiao Fm	*八卦庙组	61－0212	$\in b$	$\in_2$	秦岭区测队 卢衍豪	1959 (1964)	陕西	80
4	Bahe Fm	*灞河组	61－1110	Nbh	N_2	刘东生等	1960	陕西	238
5	Bailongdong Fm	*白龙洞组	61－0317	Obl	O_{1-2}	秦岭区测队	1961	陕西	89
6	Bailongjiang Gr	**白龙江群	61－0412	SB	S	叶连俊、关士聪	1944	甘肃	101
7	Bailuyuan Fm	*白鹿塬组	61－1106	Eb	E_3	刘东生等	1960	陕西	234
8	Baishugou Fm	白术沟组	61－0056	Qnb	Qn	河南省地质局地质三队	1977	河南	23
9	Baitianba Fm	白田坝组	61－0922	Jb	J_1	包茨、王国宁	1954	四川	243
10	Baiyaya Fm	*白崖垭组	61－0408	Sb	S_1	地质科学院三室 (地质科学院三室)	1961 (1963)	陕西	107
11	Banjiuguan Fm	*斑鸠关组	61－0405	OSb	O_3-S_2	地质科学院三室 (地质科学研究院三室)	1961 (1963)	陕西	104
12	Baoan Gr	保安群	61－1016	KB	K_1	潘钟祥	1934	陕西	227
13	Baode Fm	保德组	61－1103	Nb	N_2	O Zdansky	1923	山西	236
14	Baota Fm	宝塔组	61－0349	Ob	O_{2-3}	李四光	1924	湖北	97
15	Baotashan Mb	宝塔山段	61－0916	Jy^b	J_2	陕西省地质局石油普查队 (地科院地质研究所)	1974 (1980)	陕西	225
16	Beiguoshan Fm	*背锅山组	61－0310	Obg	O_3	车福鑫	1963	陕西	62
17	Bikou Gr.	**碧口(岩)群	61－0023	PtB	Pt_{2-3}	叶连俊、关士聪	1944	甘肃	34
18	Biegaizi Fm	*鳖盖子组	61－0048	Chb	Ch	陕西省地质局第六地质队 (邱树玉、刘洪福)	1978 (1982)	陕西	19
19	Canglangpu Fm	沧浪铺组	61－0204	$\in c$	$\in_1$	丁文江、王曰伦 (尹赞勋)	1911 (1937)	云南	85
20	Caoliangyi Fm	*草凉驿组	61－0602	Cc	C_2	赵亚曾、黄汲清	1931	陕西	153
21	Caotangou Gr	*草滩沟群	61－0319	OC	O	陕西地层表编写组 (陕西地层表编写组)	1977 (1983)	陕西	64
22	Chayepo Fm	茶叶坡组	61－0615	Ccy	C_1	陕西省地矿局区调队	1989	陕西	182
23	Chenjiaba Fm	陈家坝组	61－0326	Oc	O	四川省地质局第二区测队 (四川省地质局第二区测队)	1963 (1966)	四川	92
24	Chenjiajian Fm	*陈家涧组	61－0050	Chc	Ch	陕西省地质局第六地质队 (邱树玉、刘洪福)	1978 (1982)	陕西	20
25	Chigou Fm	池沟组	61－0512	Dc	D_2	陕西省地质局区测队 (杜定汉等)	1969 (1987)	陕西	148
26	Dabao Fm	大堡组	61－0351	Odb	O_3	甘肃省地矿局区调队朱永正	1986	甘肃	91
27	Dafenggou Fm	*大枫沟组	61－0524	Dd	D_2	陕西省地质局第一地质队 (杜定汉等)	1963 (1987)	陕西	167

注：①*为陕西省内创名的岩石地层单位，并已查阅了原始文献。

②**为外省(区)创名的岩石地层单位，并经本书作者查阅了原始文献。

③未标*或**号者为地层单位创名地所在省(区)提供的原始定义、现在定义和正层型名称、地点。

④(　)内为岩石地层单位的介绍人、介绍时间。

序号	岩石地层单位名称		编号	代号	地质时代	创名人	创建时间	所在省	在本书页数
	英文	汉文							
28	Dalong Fm	大隆组	61-0713	P*d*	P_2	张文佑、陈家天	1938	广西	192
29	Dapu Fm	大埔组	61-0613	C*d*	C_2	张文佑	1941	广西	184
30	Dawan Fm	大湾组	61-0347	O*d*	O_{1-2}	张文堂	1957	湖北	100
31	Daye Fm	大冶组	61-0812	T*d*	T_1	谢家荣	1924	湖北	197
32	Danfeng Gr	·丹凤群	61-0325	Pz*D*	Pz_1	陕西省地矿局区调队 (肖思云、张维吉、宋子季)	1985 (1988)	陕西	67
33	Dengying Fm	灯影组	61-0037	Z∈*d*	Z_2—∈$_1$	李四光	1924	湖北	73
34	Diebu Fm	··迭部组	61-0413	S*db*	S_1	甘肃地层表编写组 (翟玉沛)	1976 (1977)	甘肃	101
35	Donghe Fm	·洞河组	61-0214	O*dh*	O	陕西省地质局区测队	1966	陕西	92
36	Donghe Gr	·东河群	61-1022	K*D*	K_1	赵亚曾、黄汲清	1931	陕西	245
37	Dongpo Fm	··东坡组	61-0039	Z*dp*	Z_2	关保德等	1980	河南	51
38	Douling Complex	··陡岭杂岩	61-0033	Pt*D*	Pt_1	河南省地质局区调队	1976	河南	32
39	Doushangou Fm	·陡山沟组	61-0406	S*d*	S_{1-2}	地质科学院三室	1963	陕西	105
40	Doushantou Fm	陡山沱组	61-0036	Z*d*	Z_2	李四光	1924	湖北	71
41	Duguan Fm	··杜关组	61-0053	Jx*d*	Jx	阎廉泉	1959	河南	22
42	Duanjiaxia Fm	·段家峡组	61-0312	O*dj*	O_{2-3}	孙肇才、胡显穆 (陕西地层表编写组)	1975 (1983)	陕西	63
43	Erdaohe Fm	·二道河组	61-0049	Ch*e*	Ch	陕西地质局第六地质队 (邱树玉、刘洪福)	1978 (1982)	陕西	20
44	Erlangping Gr	二郎坪群	61-0322	Pz*E*	Pz_1	金守文 (河南地质局区调队)	1976 (1981)	河南	65
45	Ermaying Fm	二马营组	61-0805	T*e*	T_2	中科院山西地层队 (全国地层委员会)	1959 (1963)	山西	160
46	Eryuhe Fm	·二峪河组	61-0604	C*e*	C_1	陕西省地质局区测队	1966	陕西	154
47	Fenfanghe Fm	·芬芳河组	61-0915	J*ff*	J_3	陕西省186煤田地质勘探大队 (陕西地层表编写组)	1973 (1983)	陕西	227
48	Fenbigou Fm	·粉笔沟组	61-0329	Pz*f*	Pz_2	陕西省地矿局区调队 (肖思云、张维吉、宋子季)	1979 (1988)	陕西	152
49	Fengjiawan Fm	·冯家湾组	61-0054	Jx*f*	Jx	阎廉泉	1959	河南	23
50	Fuxian Fm	·富县组	61-0911	J*f*	J_1	李德生(中国地质学编辑委员会、中科院地质研究所)	1952 (1956)	陕西	222
51	Ganjianghe Fm	·干江河组	61-0324	O*g*	O	陕西省地矿局区测队503分队 (宋子季、张维吉)	1974 (1987)	陕西	67
52	Gansu Gr	··甘肃群	61-1102	N*G*	N	杨钟健、卞美年	1937	甘肃	235
53	Gaoqiao Fm	·高桥组	61-0327	O*gq*	O_1	徐宝政 (陕西地层表编写组)	1977 (1983)	陕西	94
54	Gaoshanhe Gr	·高山河群	61-0047	Ch*G*	Ch	秦岭区测队 (陕西地质局区测队)	1958 (1965)	陕西	18
55	Gongguan Fm	·公馆组	61-0522	D*gg*	D_1	陕西省地质局陕西一队 (陕西地质局区测队)	1963 (1966)	陕西	165

序号	岩石地层单位名称		编号	代号	地质时代	创名人	创建时间	所在省	在本书页数
	英文	汉文							
56	Goushenmiao Fm	·垢神庙组	61-0032	QnZg	Qn—Z	陕西省地矿局区调队 （肖思云等）	1982 (1988)	陕西	27
57	Guanling Fm	关岭组	61-0814	Tg	T_2	许德佑	1939	贵州	198
58	Guandaokou Gr	··官道口群	61-0055	JxG	Jx	河南省地矿局区调队	1981	河南	20
59	Guanyinqiao Bed	观音桥层	61-0402	OSl^g	O_3—S_1	卢衍豪	1959	四川	110
60	Guangdongping Fm.	·广东坪(岩)组	61-0010	Ptg	Pt_2	陕西省地矿局区调队 （张秋生）	1979 (1980)	陕西	28
61	Gudaoling Fm	·古道岭组	61-0525	Dg	D_{2-3}	赵亚曾、黄汲清	1931	陕西	168
62	Guojiaya Fm	·郭家垭组	61-0714	Pg	P_{1-2}	陕西省185煤田地质勘探队 （陕西省地矿局）	1979 (1989)	陕西	193
63	Guozhuang Fm.	··郭庄(岩)组	61-0006	Ptgz	Pt_1	河南省地矿局区调队	1981	河南	15
64	Haitangshan Mb	·海棠山段	61-0616	Cs^h	C_1	赵亚曾、黄汲清	1931	陕西	178
65	Heshanggou Fm	和尚沟组	61-0804	Th	T_1	中科院山西地层队 （全国地层委员会）	1959 (1963)	山西	159
66	Heshangpu Fm	··和尚铺组	61-1018	Khs	K_1	银川石油勘探局125队 （宁夏地层表编写组）	1959 (1980)	宁夏	232
67	Heishuihe Fm	·黑水河组	61-0213	∈hs	$∈_3$	中国地质科学研究院三室	1963	陕西	81
68	Honghe Fm	·红河组	61-1105	Eh	E_2	贾兰坡、张玉萍等	1966	陕西	234
69	Honghuapu Fm	·红花铺组	61-0320	Oh	O_{1-2}	陕西地质局第三地质队 （杨志超、刘剑、金勤海）	1978 (1984)	陕西	64
70	Hongyansi Fm	·红岩寺组	61-0603	Ch	C_1	陕西省地矿局区调队 （陕西省地矿局区调队）	1984 (1989)	陕西	153
71	Hongshuigou Fm	·洪水沟组	61-0918	Jh	J_1	陕西186煤田地质勘探队 （陕西地层表编写组）	1971 (1983)	陕西	241
72	Houhe Complex	·后河杂岩	61-0004	ArPtH	Ar—Pt_1	陕西地矿局第二地质队 （陕西地矿局区调队）	1979 (1989)	陕西	31
73	Hulunshan Fm	·囫囵山组	61-1114	Nh	N_1	地质部第三石油普查勘探大队苗永旺等 （陕西地质矿产局）	1974 (1989)	陕西	239
74	Hutian Mb	湖田段(本溪组)	61-0611	Cb^h	C_2	关士聪、李星学、张文堂 （丁培榛、范嘉松、郝树声、沙庆安）	1952 (1961)	山东	150
75	Huanhe Fm	··环河组	61-1013	Kh	K_1	F G Clapp，M L Fuller	1926	甘肃	229
76	Huodiya Gr	··火地垭群	61-0016	PtH	Pt_2	侯德封、王现衍	1939	四川	37
77	Huoshan Fm	霍山组	61-0224	∈h	$∈_1$	山根新次	1924	山西	53
78	Jialingjiang Fm	··嘉陵江组	61-0813	Tj	T_{1-2}	赵亚曾、黄汲清	1931	四川	198
79	Jiashangou Fm	·夹山沟组	61-0609	Cj	C_1	陕西省地矿局区调队 （曹宣铎、张瑞林、张汉文等）	1985 (1990)	陕西	180
80	Jiawang Fm	贾汪组	61-0305	Oj	O_1	李四光 （谢家荣）	1931 (1932)	江苏	58
81	Jiancaogou Bed	涧草沟层	61-0350	Ob^j	O_3	王钰、陈梦熊	1945	贵州	99
82	Jianzhuba Fm	··箭竹坝组	61-0210	∈j	$∈_1$	秦岭区测队 （陕西省地质局区测队）	1959 (1966)	四川	78
83	Jiepai Fm.	··界牌（岩）组	61-0022	Ptj	Pt_{2-3}	阎廉泉	1959	河南	30

序号	岩石地层单位名称		编号	代号	地质时代	创名人	创建时间	所在省	在本书页数
	英文	汉文							
84	Jinjiling Fm	·金鸡岭组	61-0810	T*jj*	T_1	姜春发 (刘路)	1963 (1964)	陕西	195
85	Jingchuan Fm	··泾川组	61-1015	K*jc*	K_1	张更、田在艺 (甘肃地层表编写组)	1952 (1980)	甘肃	230
86	Jingle Fm	静乐组	61-1104	N*j*	N_2	德日进、杨钟健	1930	山西	236
87	Jishan Fm	··鸡山组	61-1023	K*j*	K_1	叶连俊、关士聪	1944	甘肃	246
88	Jiuliping Fm	·九里坪组	61-0527	DC*j*	D_3—C_1	陕西省地质局区测队	1966	陕西	169
89	Koujiacun Fm	·寇家村组	61-1109	N*k*	N_1	刘东生等	1960	陕西	237
90	Kuanping Gr.	·宽坪(岩)群	61-0009	Pt*K*	Pt_{1-2}	阎廉泉	1959	陕西	27
91	Lantian Fm	·蓝田组	61-1111	N*l*	N_2	刘东生等	1960	陕西	238
92	Lengshuigou Fm	·冷水沟组	61-1108	N*ls*	N_1	贾兰坡、张玉萍等	1966	陕西	237
93	Lijiamiao Fm	·李家庙组	61-1115	N*lj*	N_2	地质部第三石油普查勘探大队苗永旺等 (陕西地质矿产局)	1974 (1989)	陕西	240
94	Liwaxia Fm	··李洼峡组	61-1019	K*lw*	K_1	银川石油勘探局125队 (宁夏地层表编写组)	1959 (1980)	宁夏	232
95	Liantuo Fm	莲沱组	61-0035	Z*lt*	Z_1	刘鸿允	1963	湖北	69
96	Liangshan Fm	·梁山组	61-0709	P*l*	P_1	赵亚曾、黄汲清	1931	陕西	189
97	Liangchakou Fm	·两岔口组	61-0318	O*l*	O_{2-3}	徐宝政 (陕西地层表编写组)	1977 (1983)	陕西	90
98	Linggou Fm	·岭沟组	61-0811	T*lg*	T_2	陕西省地质局区测队	1966	陕西	196
99	Liujiagou Fm	刘家沟组	61-0803	T*lj*	T_1	中科院山西地层队 (全国地层委员会)	1959 (1963)	山西	158
100	Liuling Gr	·刘岭群	61-0515	D*L*	D_{2-3}	秦岭区测队	1961	陕西	145
101	Liufengguan Fm	·留凤关组	61-0809	T*lf*	T_1	秦岭区测队 (陕西省地质局区测队)	1960 (1968)	陕西	195
102	Liupanshan Gr	六盘山群	61-1024	K*L*	K_1	袁复礼	1925	宁夏	231
103	Longdongchuan Fm	·龙洞川组	61-0708	P*ld*	P_2	地质科学院三室 (地质科学院三室)	1961 (1963)	陕西	188
104	Longjiagou Fm	··龙家沟组	61-0919	J*l*	J_2	叶连俊、关士聪	1944	甘肃	241
105	Longjiayuan Fm	·龙家园组	61-0051	Jx*l*	Jx	阎廉泉	1959	陕西	21
106	Longmaxi Fm	龙马溪组	61-0401	OS*l*	O_3—S_1	李四光、赵亚曾	1924	湖北	109
107	Loushanguan Fm	娄山关组	61-0208	∈O*l*	$∈_3$—O_1	丁文江 (刘之远)	1930 (1942)	贵州	89
108	Lujiaping Fm	·鲁家坪组	61-0209	Z∈*l*	Z_2—$∈_1$	秦岭区测队 (陕西省地质局区测队)	1959 (1966)	陕西	77
109	Luanchuan Gr	栾川群	61-0059	Qn*L*	Qn	河南省地质局地质研究所 (本书)	1962 (1998)	河南	23
110	Lüeyang Fm	·略阳组	61-0608	DC*l*	D_2—C_1	赵亚曾、黄汲清	1931	陕西	181
111	Luohandong Fm	··罗汉洞组	61-1014	K*lh*	K_1	张更、田在艺 (甘肃地层表编写组)	1952 (1980)	甘肃	230
112	Luoquan Fm	··罗圈组	61-0038	Z*l*	Z_2	刘长安、林蔚兴 (王曰伦)	1960 (1963)	河南	48

序号	岩石地层单位名称		编号	代号	地质时代	创名人	创建时间	所在省	在本书页数
	英文	汉文							
113	Luoreping Fm	罗惹坪组	61-0404	Sl	S_1	谢家荣、赵亚曾	1925	湖北	111
114	Luohe Fm	*洛河组	61-1012	Kl	K_1	F G Clapp，M L Fuller	1926	陕西	228
115	Mawozi Fm	**麻窝子组	61-0017	Ptm	Pt_2	四川省地质局第三区测队（四川省地质局第二区测队）	1961（1965）	四川	37
116	Majiagou Fm	马家沟组	61-0306	Om	O_{1-2}	葛利普（A W Grabau）	1922	河北	58
117	Maping Fm	马平组	61-0612	Cm	C_2	丁文江（乐森玥）	1928（1929）	广西	184
118	Mantou Fm	馒头组	61-0221	$\in m$	$\in_{1-2}$	B Willis，E Blackwelder	1907	山东	54
119	Maobaguan Fm	*毛坝关组	61-0211	$\in mb$	$\in_2$	陕西省地质局区测队	1966	陕西	79
120	Maoxian Gr	茂县群	61-0409	SM	S_{1-2}	谭希畴、李春昱	1935	四川	108
121	Meiziya Fm	**梅子垭组	61-0411	Sm	S_{1-2}	陕西省地质局区测队	1965	湖北	107
122	Menligou Fm	*门里沟组	61-0707	Pm	P_2	陕西省地矿局区调队（本书）	1992（1998）	陕西	187
123	Mianxian Gr	*勉县群	61-0921	JM	J_{1-2}	赵亚曾、黄汲清	1931	陕西	241
124	Nantuo Fm	南沱组	61-0034	Zn	Z_1	B Willis，E Blackwelder	1907	湖北	70
125	Niuerchuan Fm	*牛耳川组	61-0511	Dn	D_2	陕西省地质局区测队（杜定汉等）	1969（1987）	陕西	145
126	Niutitang Fm	牛蹄塘组	61-0201	$\in n$	$\in_1$	刘之远	1942	贵州	82
127	Panlongshan Fm	*蟠龙山组	61-0537	Dp	D_3	陕西省地质局区测队	1966	陕西	175
128	Pingliang Fm	**平凉组	61-0311	Op	O_2	袁复礼	1925	甘肃	62
129	Qianfoyan Fm	**千佛岩组	61-0923	Jq	J_2	赵亚曾、黄汲清	1931	四川	243
130	Qinling Gr.	*秦岭（岩）群	61-0005	PtQ	Pt_1	赵亚曾、黄汲清	1931	陕西	14
131	Qingshiya Fm	*青石垭组	61-0513	Dq	D_{2-3}	陕西省地质局区测队	1969	陕西	149
132	Qingshuiying Fm	清水营组	61-1101	Eq	E_3	杨钟健、周明镇	1956	宁夏	233
133	Qingxudong Fm	**清虚洞组	61-0205	$\in q$	$\in_1$	尹赞勋、谌义睿、秦鼐	1945	贵州	86
134	Quanhekou Fm	*权河口组	61-0328	Oq	O_{1-3}	徐宝政（陕西地层表编写组）	1977（1983）	陕西	94
135	Sanchakou Fm	三岔口组	61-0029	$QnZs$	Qn—Z	河南省地质局第三地质队	1977	河南	24
136	Sanhekou Gr	*三河口群	61-0532	DS	D_{1-2}	甘肃综合地质大队西秦岭地质队（陕西省地质局区测队）	1964（1967）	甘肃	172
137	Sanhuashi Gr	*三花石群	61-0019	PtS	Pt_2	秦岭区测队（陕西地层表编写组）	1960（1983）	陕西	39
138	Sanqiao Fm	*三桥组	61-1017	Ks	K_1	银川石油勘探局125队（陕西地质局区测队）	1959（1967）	陕西	231
139	Sanshanzi Fm	三山子组	61-0223	$\in Oss$	$\in_3$—O_1	谢家荣	1932	江苏	57
140	Shaximiao Fm	沙溪庙组	61-0924	Js	J_2	杨博泉、孙万铨	1946	四川	244
141	Shanxi Fm	山西组	61-0701	Ps	P_1	E Blackwelder	1907	山西	155
142	Shanyang Fm	*山阳组	61-1112	KEs	K—E	薛祥煦等	1987	陕西	233

序号	岩石地层单位名称		编号	代号	地质时代	创名人	创建时间	所在省	在本书页数
	英文	汉文							
143	Shangdianfang Fm.	·上店坊(岩)组	61-0008	Ptsd	Pt_1	陕西省地矿局第三地质队 (本书)	1978 (1998)	陕西	16
144	Shangliang Fm	··上两组	61-0018	Pts	Pt_2	四川省地质局达县地质队 (四川省地质局第二区测队)	1960 (1965)	四川	38
145	Shibanhe Fm	·石板河组	61-0031	QnZsb	Qn—Z	陕西省地矿局区调队 (肖思云等)	1982 (1988)	陕西	26
146	Shihezi Fm	石盒子组	61-0702	Psh	P_{1-2}	E Norin(诺林)	1922	山西	156
147	Shijiagou Fm	·石家沟组	61-0523	Ds	D_2	陕西省地质局第一地质队 (西安地质矿产研究所)	1963 (1983)	陕西	167
148	Shilongdong Fm	石龙洞组	61-0206	∈sl	$∈_{1-2}$	王钰	1938	湖北	87
149	Shipai Fm	石牌组	61-0203	∈s	$∈_1$	李四光	1924	湖北	83
150	Shiqianfeng Gr	石千峰群	61-0801	PTS	P_2—T_1	E Norin(诺林)	1922	山西	157
151	Shiquan Fm	·石泉组	61-1116	Es	E	B E Willis	1907	陕西	247
152	Shiwengzi Fm	·石瓮子组	61-0217	∈Os	$∈_1$—O_2	赵亚曾、黄汲清	1931	陕西	76
153	Shuidonggou Fm	·水洞沟组	61-0417	Ss	S_2—S_3	西北地质科学研究所 (陕西地层表编写组)	1970 (1983)	陕西	103
154	Shuigoukou Fm	·水沟口组	61-0215	∈sg	$∈_1$	秦岭区测队 (卢衍豪)	1958 (1964)	陕西	75
155	Shuixiakou Fm	·水峡口组	61-0704	Psx	P_1	地质科学院三室 (地质科学院三室)	1961 (1963)	陕西	185
156	Sichakou Fm.	·四岔口(岩)组	61-0011	Ptsc	Pt_2	陕西省地矿局区调队 (朱国林、鄢永良)	1979 (1980)	陕西	28
157	Sixiakou Fm	··四峡口组	61-0606	Cs	C	陕西省地质局区测队	1966	湖北	177
158	Sushui Complex	··涑水杂岩	61-0002	ArS	Ar	白瑾等 (全国地层委员会)	1959 (1962)	山西	13
159	Suining Fm	遂宁组	61-0925	Js	J_3	李悦言、杨博泉	1940	四川	244
160	Sunjiagou Fm	孙家沟组	61-0703	PTs	P_2—T_1	中国科学院山西地层队 (全国地层委员会)	1959 (1963)	山西	158
161	Tapo Fm	·踏坡组	61-0534	Dt	D_1—D_2	秦岭区测队	1961	陕西	173
162	Taihua Complex	·太华杂岩	61-0001	ArT	Ar	阎廉泉	1959	陕西	13
163	Taiyuan Fm	太原组	61-0601	Ct	C_2	翁文灏,A W Grabau	1922	山西	151
164	Tangling Fm	·唐陵组	61-0309	Ot	O_{2-3}	地质部第三石油普查勘探大队 (李钦仲、杨应章、贾金昌)	1975 (1985)	陕西	63
165	Taoqupo Fm	·桃曲坡组	61-0307	Otq	O_{2-3}	林宝玉、赖才根、郭振明 (林宝玉)	1975 (1983)	陕西	59
166	Taowan Fm	··陶湾组	61-0030	QnZt	Qn-Z	阎廉泉	1959	河南	25
167	Tianjiaba Fm	··田家坝组	61-1020	Kt	K_1	西北地质科学研究所齐骅等 (甘肃地层表编写组)	1974 (1980)	甘肃	245
168	Tiechuanshan Fm	··铁船山组	61-0027	Qnt	Qn	四川省地质局第三区测队 (四川省地质局第二区测队)	1961 (1965)	四川	41
169	Tiekuangliang Fm	·铁矿梁组	61-0536	Dtk	D_3	陕西省地矿局区调队 (陕西省地矿局区调队)	1988 (1989)	陕西	173

序号	岩石地层单位名称		编号	代号	地质时代	创名人	创建时间	所在省	在本书页数
	英文	汉文							
170	Tieshan Fm	··铁山组	61－0528	DC*t*	D_3—C_1	叶连俊、关士聪	1944	甘肃	171
171	Tietonggou Fm	·铁铜沟组	61－0046	Pt*t*	Pt_1	秦岭区测队 （陕西地质局区测队）	1958 (1966)	陕西	14
172	Tongyusi Fm	·桐峪寺组	61－0514	D*ty*	D_3	陕西省地矿局区调队 （杜定汉等）	1980 (1987)	陕西	149
173	Wayaobao Fm	·瓦窑堡组	61－0807	T*w*	T_3	王竹泉、潘钟祥	1933	陕西	162
174	Wangguagou Fm	王冠沟组	61－0531	D*w*	D_3	北京地质学院豫南区测队	1961	河南	172
175	Wangpo Mb	·王坡段	61－0712	Pw^w	P_2	卢衍豪	1956	陕西	192
176	Wujiaping Fm	·吴家坪组	61－0711	P*w*	P_2	卢衍豪	1956	陕西	190
177	Wudang Gr.	··武当（岩）群	61－0014	Pt*W*	Pt_2	李捷、朱森	1930	湖北	32
178	Wulichuan Fm	五里川组	61－0808	T*wl*	T_3	河南省地质研究所	1962	河南	164
179	Wuxiahe Fm	·五峡河组	61－0407	S*w*	S_{1-2}	地质科学院三室	1963	陕西	106
180	Xichahe Fm	·西岔河组	61－0521	D*xc*	D_1	陕西省地矿局区调队 （西安地质矿产研究所）	1979 (1983)	陕西	164
181	Xikou Fm	·西口组	61－0705	P*x*	P_2	地质科学院三室	1963	陕西	186
182	Xiliangsi Fm	·西梁寺组	61－0346	O*x*	O_{1-2}	卢衍豪	1959	陕西	96
183	Xiwangmiao Fm	西王庙组	61－0207	∈*x*	$\in_2$	张云湘	1958	四川	88
184	Xixiang Gr	·西乡群	61－0028	Qn*X*	Qn	秦岭区测队 （秦岭区测队）	1960 (1965)	陕西	39
185	Xiahe Gr.	··峡河（岩）群	61－0020	Pt*X*	Pt_{2-3}	河南省地矿局区调队	1993	河南	29
186	Xialoucun Fm	·下楼村组	61－0220	∈*xl*	$\in_{1-2}$	陕西省地质局区测队	1965	陕西	55
187	Xiannüdong Fm	··仙女洞组	61－0202	∈*xn*	$\in_1$	叶少华 （刘第墉等）	1960 (1964)	四川	84
188	Xiewan Fm.	·谢湾（岩）组	61－0012	Pt*x*	Pt_2	张维吉等 （肖思云等）	1980 (1988)	陕西	29
189	Xinji Fm	辛集组	61－0218	∈*xj*	$\in_1$	河南地质研究所 （河南地质局区测队）	1962 (1964)	河南	51
190	Xintan Fm	新滩组	61－0403	S*x*	S_1	E Blackwelder	1907	湖北	110
191	Xinghongpu Fm	·星红铺组	61－0526	D*x*	D_3	秦岭区测队 （陕西省地质局区测队）	1960 (1965)	陕西	169
192	Xionger Gr	··熊耳群	61－0045	Ch*X*	Ch	秦岭区测队 （陕西省地质局区测队）	1958 (1965)	河南	17
193	Xujiahe Fm	须家河组	61－0815	T*x*	T_3	赵亚曾、黄汲清	1931	四川	199
194	Xunjiansi Fm	·巡检司组	61－0052	Jx*x*	Jx	阎廉泉	1959	陕西	21
195	Yanan Fm	·延安组	61－0912	J*y*	J_2	F G Clapp，M L Fuller	1927	陕西	224
196	Yanchang Fm	·延长组	61－0806	T*y*	T_{2-3}	F G Clapp，M L Fuller	1927	陕西	160

序号	岩石地层单位名称		编号	代号	地质时代	创名人	创建时间	所在省	在本书页数
	英文	汉文							
197	Yanhe Fm	·堰河组	61-0920	J*yh*	J_2	陕西省煤田勘探公司汉中勘探队（陕西地层表编写组）	1959（1983）	陕西	242
198	Yanlinggou Fm.	··雁岭沟（岩）组	61-0007	Pt*y*	Pt_1	阎廉泉	1959	河南	16
199	Yangtianba Fm.	··秧田坝（岩）组	61-0025	Pt*yt*	Pt_{2-3}	甘肃综合地质大队西秦岭地质队（甘肃省地层表编写组）	1964（1980）	甘肃	35
200	Yangshan Fm	·羊山组	61-0607	CP*y*	$C_2—P_1$	陕西地质局区测队	1966	陕西	178
201	Yangba Fm.	··阳坝（岩）组	61-0024	Pt*yb*	Pt_{2-3}	甘肃综合地质大队西秦岭地质队（甘肃地层表编写组）	1964（1980）	甘肃	34
202	Yangxin Fm	阳新组	61-0710	P*y*	P_1	谢家荣	1924	湖北	189
203	Yangjiawan Fm	·杨家湾组	61-1117	N*y*	N	汤英俊、雷遇鲁等	1988	陕西	248
204	Yangping Fm.	··杨坪（岩）组	61-0015	Pt*yp*	Pt_2	北京地质学院	1962	湖北	33
205	Yaolinghe Fm	·耀岭河组	61-0026	Qn*y*	Qn	阎廉泉	1959	陕西	35
206	Yijun Fm	·宜君组	61-1011	K*y*	K_1	F G Clapp，M L Fuller	1926	陕西	228
207	Yudongzi Complex	·鱼洞子杂岩	61-0003	ArPtY	Ar—Pt_1	秦克令等（秦克令等）	1988（1990）	陕西	31
208	Yuanjiagou Fm	·袁家沟组	61-0605	C*y*	C_1	陕西省地质局区测队	1966	陕西	176
209	Yuejiaping Fm	·岳家坪组	61-0216	∈*y*	$∈_2$	陕西省地质局区测队	1966	陕西	76
210	Yuemengou Gr	月门沟群	61-0610	CPY	C_2-P_1	E Norin	1922	山西	150
211	Yundoutan Fm	·熨斗滩组	61-0706	P*yd*	P_2	地质科学院三室（地质科学院三室）	1961（1963）	陕西	187
212	Zaoyuan Mb	·枣园段	61-0917	J*y*^{z}	J_2	王尚文（地质科学院地质研究所）	1950（1980）	陕西	225
213	Zhaigen Fm.	··寨根（岩）组	61-0021	Pt*z*	Pt_{2-3}	河南省地矿局区调队	1993	河南	30
214	Zhanpo Fm	·展坡组	61-0614	C*z*	C_1	陕西省地矿局区调队	1989	陕西	183
215	Zhangjiazhuang Fm	··张家庄组	61-0321	O*zj*	O_3	陕西省地矿局第三地质队（杨志超、刘剑、金勤海）	1978（1984）	甘肃	65
216	Zhangxia Fm	张夏组	61-0222	∈*z*	$∈_2$	B Willis，E Blackwelder	1907	山东	56
217	Zhaojiaba Fm	·赵家坝组	61-0345	O*zj*	O_1	卢衍豪	1959	陕西	95
218	Zhaolaoyu Fm	·赵老峪组	61-0308	O*zl*	O_3	陈景维、梅志超等（梅志超、李文厚）	1983（1986）	陕西	60
219	Zhiluo Fm	·直罗组	61-0913	J*z*	J_2	石油局陕北地质大队（中国地质学编辑委员会，中科院地质研究所）	1952（1956）	陕西	226
220	Zhouqu Fm	··舟曲组	61-0414	S*z*	S_2	甘肃地层表编写组（翟玉沛）	1976（1977）	甘肃	102
221	Zhoujiawan Fm	··周家湾组	61-1021	K*z*	K_1	西北地质科学研究所（甘肃地层表编写组）	1974（1980）	甘肃	245
222	Zhushadong Fm	朱砂洞组	61-0219	∈*zs*	$∈_1$	冯景兰、张伯声（张尔道）	1950（1954）	河南	52
223	Zhuowukuo Fm	卓乌阔组	61-0415	S*zw*	$S_2—S_3$	四川省地矿局川西北地质大队闵永明	1992	四川	102

附录Ⅲ　陕西省不采用的地层名称

附录Ⅲ-1

序号	地层单位名称		编号	地质时代	创名人	创建时间	所在省	不采用的理由
	英文	汉文						
1	Anpingliang Fm	安坪梁组	61-1369	S_2	葛梅钰、李崇楼	1984	陕西	依据年代划分的地层单位，相当五峡河组的一部分
2	Bashangou Fm	八善沟组	61-1360	C_1	陕西区调队	1989	陕西	地层位置尚不清楚，可能属于四峡口组的一部分
3	Bajiaokou Fm	芭蕉口组	61-1429	S	傅力浦	1983	陕西	依据年代划分的地层单位，相当斑鸠关组的底部
4	Baimianxia Fm	白勉峡组	61-1445	Pt	陶洪祥	1982	陕西	涵义不清，相当三花石群的一部分
5	Baiyugou Gr	白玉沟群	61-1419	Pt_2	陕西区测队	1965	河南	命名后无人使用，相当官道口群的一部分
6	Banshishan Fm	板石山组	61-1397	Ar-Pt_1	阎竹斌	1985	陕西	层序不清，相当太华杂岩的一部分
7	Beiyangshan Fm	北羊山组	61-1362	C_3	丁蕴杰、夏国英等	1991	陕西	依年代划分的地层单位，相当羊山组的中、下部
8	Changxing Limestone	长兴灰岩	61-1433	P_2	葛利普	1931	浙江	省内无可对比地层，现置吴家坪组
9	Chefanggou Fm	车房沟组	61-1353	D_2	杨志华等	1991	陕西	区域上不易划分，现划青石垭组下部
10	Chenjiaying Fm	陈家营组	61-1466	N	陕西省地矿局	1989	陕西	与杨家湾组同物异名
11	Chengjiachuan Fm	程家川组	61-1313	T_1	殷鸿福、杨逢清	1992	陕西	依生物为据划分的地层单位，相当金鸡岭组的一部分
12	Cuijiagou Fm	崔家沟组	61-1375	S_1	南京地质古生物研究所	1974	陕西	属按年代划分的地层单位，现归新滩组
13	Daguiping Fm	大贵坪组	61-1430	S_1	陕西区测队	1965	陕西	与斑鸠关组同物异名
14	Dahedian System	大河店系	61-1455	S	叶连俊、关士聪	1944	甘肃	涵义不清，现归袁家沟组的一部分
15	Dahongyan Fm	大红岩组	61-1348	D	杨志华等	1991	陕西	区域上不易划分，相当两岔河组
16	Danigou Fm	大泥沟组	61-1427	S	陕西区调队	1988	湖北	层序不清，现划梅子垭组
17	Dashigou Fm	大石沟组	61-1469	Z	陶洪祥	1982	陕西	层序不清，相当西乡群的一部分
18	Datang "Gr"	大塘"群"	61-1474	C_1	丁文江	1931	贵州	按年代划分的地层单位，现置展坡组上部
19	Datianba Fm	大田坝组	61-1477	O_1	南京地质古生物研究所	1974	四川	按生物划分的地层单位，现置宝塔组下部
20	Daxigou Fm	大西沟组	61-1354	D_2	杨志华等（介绍）	1991	陕西	定义含糊，划分较笼统，相当青石垭组上部
21	Dayueping Fm	大月坪组	61-1396	Ar-Pt_1	阎竹斌（介绍）	1985	陕西	层序不清，相当太华杂岩的一部分
22	Dazhaigou Fm	大寨沟组	61-1380	$\in$	陕西区测队	1966	四川	已分解为娄山关组和西王庙组
23	Dazhengou Fm	大镇沟组	61-1412	Pt	陕西八队	1983	陕西	与四岔口（岩）组同物异名
24	Dazhuang Fm	大庄组	61-1463	Qn	西北大学地质系	1975	陕西	与白术沟组同物异名
25	Dangzehe Fm	荡泽河组	61-1402	Pt_1	阎廉泉	1959	陕西	分界标志不清，相当郭庄（岩）组的一部分
26	Diaochuanggou Fm	吊床沟组	61-1305	O_2	陕西区测队	1961	陕西	以年代划分的地层单位，相当石瓮子组的一部分
27	Dongcha Fm	东岔组	1345	D_2	杨志华等	1991	陕西	与大枫沟组同物异名
28	Dongfanggou Fm	东房沟组	61-1368	Pt	秦岭区测队	1961	陕西	现已分解为映田坝（岩）组和陈家坝组

序号	地层单位名称		编号	地质时代	创名人	创建时间	所在省	不采用的理由
	英文	汉文						
29	Dongliushui Fm	东流水组	61-1408	Pt_1	张秋生、朱永正（介绍）	1980	陕西	与雁岭沟（岩）组同物异名
30	Donggou Fm	洞沟组	61-1398	$Ar-Pt_1$	阎竹斌	1985	陕西	层序不清，相当太华杂岩的一部分
31	Duantouya Fm	断头崖组	61-1392	Pt_2	陕西区测队	1964	陕西	层序不清，相当灯影组和略阳组的一部分
32	Ergou Fm	二沟组	61-1486	S	陕西区测队	1968	陕西	与舟曲组同物异名
33	Erdaoqiao Fm	二道桥组	61-1489	O	陕西区测队	1987	陕西	相当洞河组的一部分
34	Ertaizi Fm	二台子组	61-1434	D_3	杨志华等	1991	陕西	与古道岭组同物异名
35	Ertaizi Slate	二台子板岩	61-1342	D_3	陕西区调队	1990	陕西	与星红铺组同物异名
36	Fangou Fm	樊沟组	61-1444	N	薛祥煦	1982	陕西	与山阳组同物异名
37	Fanjiaying Fm	范家营组	61-1423	Pt	陶洪祥	1993	陕西	缺少划分标志，相当映田坝（岩）组的一部分
38	Fangjiaya Fm	方家垭组	61-1366	$\dot{S}$	地科院三室	1963	陕西	与洞河组同物异名
39	Feixianguan Shale	飞仙关页岩	61-1511	T_1	赵亚曾、黄汲清	1931	四川	与创名地不易对比，现归大冶组
40	Fengshan Bed	凤山层	61-1505	$\in_3$	孙云铸	1983	河北	按年代划分的地层单位，相当三山子组的一部分
41	Fengzhen Fm	凤镇组	61-1352	D_2	杨志华等	1991	陕西	区域上不易划分，现划牛耳川组和池沟组
42	Fengmaimiao Fm	风脉庙组		Pt_3	河南三队	1977	河南	界线不清，仅为陶湾组的一部分
43	Ganchagou Fm	干岔沟组	61-1508	Pt	陕西八队	1983	陕西	与四岔口组同物异名
44	Gangou Fm	干沟组	61-1338	D_3	陕西区调队	1990	陕西	区域上不易划分，相当桐峪寺组底部
45	Ganhe Fm	干河组	61-1492	E	第三石油普查勘探大队	1977	陕西	依据井下资料建立的地层单位，相当白鹿塬组上部
46	Ganyuwan Fm	甘峪湾组	61-1499	Pt	陕西八队	1983	陕西	与广东坪组同物异名
47	Gaojiashan Fm	高家山组	61-1496	Z_2	陈梦莪	1975	陕西	分布范围有限，相当灯影组的一部分
48	Gaoling Gr	高陵群	61-1501	N	第三石油普查勘探大队	1977	陕西	据井下资料建立的地层单位，相当寇家村组和冷水沟组
49	Gaopo Gr	高坡群	61-1318	N	张玉萍	1978	陕西	区域上不易划分，相当寇家村组和冷水沟组
50	Gedamiao Fm	疙瘩庙组	61-1518	N	薛祥煦	1982	陕西	与李家庙组同物异名
51	Gedasi Slate	疙瘩寺板岩	61-1537	D—C	赵亚曾、黄汲清	1931	陕西	层序不清，现已分解，现划星红铺组、九里坪组
52	Gongjiagou Fm	龚家沟组	61-1515	N	第三石油普查勘探大队	1977	陕西	与寇家村组同物异名
53	Goupiwan Fm	苟皮湾组	61-1385	$\in_1$	陕西区调队	1987	陕西	按年代划分的地层单位，相当鲁家坪组的一部分
54	Guniutan Limestone	牯牛潭灰岩	61-1530	O_1	张文堂	1952	湖北	与创名地不易对比，相当大湾组一部分
55	Gushan Shale	崮山页岩	61-1533	$\in$	维里士、白维德	1907	山东	按年代划分的地层单位，相当三山子组的一部分
56	Guanshan Fm	官山组	61-1405	Pt	安三元	1990	陕西	与郭庄（岩）组同物异名

序号	地层单位名称		编号	地质时代	创名人	创建时间	所在省	不采用的理由
	英文	汉文						
57	Guanxia Fm	关峡组	61-1379	$\in_1$	李耀西（介绍）	1975	陕西	含义不清，大体相当沧浪铺组
58	Guojiaba System	郭家坝系	61-1520	$\in_1$	侯德封	1939	四川	按年代划分的地层单位，相当牛蹄塘组和石牌组
59	Guoling Fm	郭岭组	61-1418	Pt	王宗起	1990	陕西	建于构造推覆带，相当三岔口组
60	Guokou Fm	过口组	61-1407	Pt_1	安三元	1990	陕西	顶、底界线不易划分，属于郭庄(岩)组的一部分
61	Hanchenggou Fm	韩城沟组	61-1323	S—D	秦岭区测队	1961	陕西	含义不清，包括现划西岔河组、公馆组、石家沟组、大枫沟组
62	Hanjiaping Fm	韩家坪组	61-1404	Ar-Pt_1	阎竹斌	1985	陕西	层序不清，相当太华杂岩的一部分
63	Heyeba Fm	荷叶坝组	61-1541	D	杜定汉等	1985	陕西	按年代界线划分的，相当略阳组下部
64	Hengdan Gr	横丹群	61-1525	Pt	陶洪祥	1993	甘肃	与秧田坝(岩)组同物异名
65	Hongyagou Fm	红崖沟组	61-1523	Pt_1	河南地质三队	1977	河南	与四岔口(岩)组同物异名
66	Hujiaba System	胡家坝系	61-1395	Z	张俊逸	1948	陕西	现已分解为陡山沱组、南沱组和莲沱组
67	Huxian Gr	户县群	61-1565	E	第三石油普查勘探大队	1977	陕西	据井下资料创建的地层单位，相当红河组、白鹿塬组
68	Hujiayuan Fm	沪家园组	61-1549	Pt	安三元	1990	陕西	层序不清，相当雁岭沟(岩)组
69	Huatianpo Fm	滑天坡组	61-1562	S	陕西区测队	1967	陕西	与茂县群同物异名
70	Huaya Fm	化垭组	61-1568	K_1	西北地质科学研究所	1974	甘肃	属鸡山组的同物异名
71	Huachi Sandstone	华池砂岩	61-1577	K_1	M L Fuller	1927	甘肃	与环河组相当，已归入环河组
72	Huashan Complex	华山杂岩	61-1554	Ar	王曰伦	1963	陕西	与太华杂岩同物异名
73	Huangjiadeng Bed	黄家磴层	61-1579	D_3	杨敬之、穆恩之	1953	湖北	与正层型不易对比，相当蟠龙山组一部分
74	Huangping Fm	黄坪组	61-1559	S	陕西区测队	1967	陕西	与茂县群同物异名
75	Huangsigou Fm	黄泗沟组	61-1339	D_3	陕西区调队	1990	陕西	划分标志不明显，相当桐峪寺组的一部分
76	Huangyangba Fm	黄羊坝组	61-1410	Pt_1	张秋生等	1980	陕西	与郭庄(岩)组同物异名
77	Huangping Fm	皇坪组	61-1557	O	蒯万筹、邱树玉	1990	陕西	层序不清，相当马家沟组的一部分
78	Huoshaodian Fm	火烧店组	61-1391	$\in_1$	西安地院	1985	陕西	按年代划分的地层单位，相当牛蹄塘组的一部分
79	Huoshiwan Fm	火石湾组	61-1575	$\in_1$	杨家騄等	1991	陕西	按年代划分的地层单位，相当鲁家坪组的一部分
80	Huoxinggou Fm	火星沟组	61-1334	D_3	陕西区调队	1989	陕西	顶、底界线不清，属九里坪组的一部分
81	Huoyanxi Fm	火焰溪组	61-1331	D_3	杜定汉等	1986	陕西	以生物界线划分的地层单位，相当铁矿梁组
82	Jiangjiagou Fm	姜家沟组	61-1347	D_3	杨志华等	1991	陕西	底界不易划分，属于九里坪组的一部分
83	Jiangjiagou Fm	姜家沟组	61-1315	E_1	陕西139煤田地质队	1973	陕西	顶、底界线不清、相当石泉组上部

序号	地层单位名称		编号	地质时代	创名人	创建时间	所在省	不采用的理由
	英文	汉文						
84	Jiaochang Fm	教场组	61-1550	Pt	陕西八队	1983	陕西	层序不清，相当谢湾(岩)组
85	Jiaohe Fm	叫河组		Pt	河南三队	1977	河南	与谢湾(岩)组同物异名
86	Jiehejie Fm	界河街组	61-1572	C	陕西区测队	1966	陕西	与袁家沟组同物异名
87	Jinjiwan Fm	金鸡湾组	61-1308	O	陕西地矿局	1989	陕西	分布不稳定，属大湾组的一部分
88	Jinjiahe Fm	金家河组	61-1480	Z	陕西二队	1973	陕西	层序不清，现归陡山沱组和灯影组
89	Jinghe Fm	泾河组	61-1301	O_2	傅力浦	1981	陕西	划分界线不易延展，属马家沟组的一部分
90	Jiudaoguai Fm	九道拐组	61-1393	Pt_2	陕西区测队	1964	陕西	含义不清，属陡山沱组的一部分
91	Juanling Fm	鹃岭组	61-1320	E	薛祥煦	1987	陕西	顶底界线不易识别，相当山阳组的一部分
92	Kangjiadong Fm	康家洞组	61-1388	$\in_1$	四川石油管理局	1970	陕西	已再分为牛蹄塘组和石牌组
93	Kuanchuanpu Fm	宽川铺组	61-1442	$\in_1$	陕西磷矿队	1959	陕西	按年代划分的地层单位，现划归灯影组
94	Laozhuang Fm	老庄组	61-1470	N	第三石油普查勘探大队	1974	陕西	与囫囵山组同物异名
95	Lengshuihe Fm	冷水河组	61-1327	D_3	王六合	1978	陕西	顶、底界线不易延展，属于铁山组的一部分
96	Liangheguan Fm	两河关组	61-1350	D_2	杨志华等	1981	陕西	顶底划分界线不清，现划大枫沟组
97	Liangshuijing Fm	凉水井组	61-1483	$\in_1$	朱兆玲等	1977	四川	已分解为牛蹄塘组、石牌组
98	Liangjiashan Limestone	亮甲山灰岩	61-1476	O_1	叶良辅、刘季辰	1919	河北	与创名地岩石不同，现划三山子组
99	Liaojiafen Fm	廖家坟组	61-1384	$\in_1$	陕西区调队	1987	陕西	按年代划分的地层单位，相当鲁家坪组的一部分
100	Linxiang Limestone	临湘石灰岩	61-1494	O_3	穆恩之、盛金章	1948	湖南	与典型地区岩性有别，已归入宝塔组
101	Lingyansi Fm	灵岩寺组	61-1452	D	杜定汉等	1985	陕西	按年代划分的地层单位，相当略阳组的一部分
102	Liujiaping Gr	刘家坪群	61-1462	Pt	陕西区测队	1961	陕西	与铁船山组同物异名
103	Longchi Fm	龙池组	61-1359	P	陕西185煤田地质队	1979	陕西	以生物划分的地层单位，相当郭家垭组的一部分
104	Longdonggou Fm	龙洞沟组	61-1341	D_2	陕西区调队	1990	陕西	与大枫沟组同物异名
105	Longjiahe Fm	龙家河组	61-1326	D	西安地矿所	1983	陕西	按生物划分的地层单位，相当现划石家沟组的一部分
106	Longmendong Fm	龙门洞组	61-1303	O_2	陈均远等	1987	陕西	与平凉组同物异名
107	Longwanggou Fm	龙王沟组	61-1485	$\in_1$	李耀西	1975	陕西	以年代划分的地层单位，相当西王庙组
108	Luyuangou Fm	芦院沟组	61-1321	Pt	秦岭区测队	1961	陕西	涵义不清，相当耀岭河组等
109	Luonan Gr	洛南群	61-1468	Jx	武铁山命名，邱树玉（介绍）	1982	陕西	与官道口群同物异名
110	Luojiahe Fm	落驾河组	61-1526	D	陕西区调队	1989	陕西	与星红铺组同物异名
111	Majie Fm	麻街组	61-1413	Pt	张秋生、朱国林	1980	陕西	与四岔口(岩)组同物异名
112	Maliushuwan Fm	麻柳树湾组	61-1372	S_1	傅力浦	1984	陕西	按年代划分的地层单位，相当斑鸠关组的一部分

序号	地层单位名称		编号	地质时代	创名人	创建时间	所在省	不采用的理由
	英文	汉文						
113	Mantoushan Limestone	馒头山灰岩	61-1332	D	陕西第十三地质队	1989	陕西	划分界线不明确，属于古道岭组的一部分
114	Maoerchuan Bed	猫儿川层	61-1582	D	葛利普	1931	甘肃	与星红铺组同物异名
115	Maozhuang Series	毛庄统	61-1539	$\in_2$	卢衍豪、董南庭	1953	山东	按年代划分的地层单位，相当馒头组的一部分
116	Maokou Limestone	茅口灰岩	61-1583	P	乐森珥	1929	贵州	与下伏地层不易划分，相当阳新组的上部
117	Moba Fm	磨坝组	61-1428	S	陕西区测队	1968	陕西	界线不清，相当迭部组的一部分
118	Mogou Fm	磨沟组	61-1540	S	陕西区调队	1968	陕西	层序不清，相当迭部组的一部分
119	Meihuagou Fm	梅花沟组	61-1580	D	陕西区调队	1991	陕西	区域上不易延展，属略阳组的一部分
120	Miaowan Fm	庙湾组	61-1417	Pt	陕西区调队	1982	陕西	建于构造推覆带，相当三岔口组
121	Miaoziba Gr	庙子坝群	61-1527	$\in$	地科院三室	1961	陕西	按年代划分的地层单位，包括现划鲁家坪组和箭竹坝组
122	Minhe Gr	岷河群	61-1543	C	黄振辉	1959	甘肃	所在省内已停用，相当羊山组下部
123	Mingyue Fm	明月组	61-1548	Z	四川二区调队	1973	四川	已再划分为莲沱组和南沱组
124	Muzhuba Mb	木竹坝段	61-1521	C	陕西185煤田地质队	1979	陕西	非岩石地层单位，属展坡组的一部分
125	Mugou Fm	穆沟组	61-1340	D_3	陕西区调队	1990	陕西	划分标志不明显，相当桐峪寺组上部
126	Nangouhe Fm	南沟河组	61-1361	P_1	陕西区测队	1966	陕西	按年代划分的地层单位，相当羊山组上部
127	Nanyangshan Fm	南羊山组	61-1328	D—C	王六合	1978	陕西	非岩石地层单位，属铁山组的一部分
128	Nanzheng Shale	南郑页岩	61-1367	S_1	卢衍豪	1959	陕西	层序不清，相当龙马溪组、宝塔组的各一部分
129	Naozizhai Fm	脑子寨组	61-1514	$\in_1$	刘印环等	1991	河南	不足以作为填图单位，相当水沟口组的一部分
130	Niangniangmiao Fm	娘娘庙组	61-1441	D	陕西区调队	1989	陕西	与池沟组同物异名
131	Ningqiang Fm	宁强组	61-1376	S_2	南京地质古生物研究所	1974	陕西	与罗惹坪组同物异名
132	Pujiaba Gr	蒲家坝群	61-1451	$\in$	地科院三室	1963	四川	非岩石地层单位，相当毛坝关组和八卦庙组
133	Qixia Limestone	栖霞灰岩	61-1459	P_1	李希霍芬	1912	江苏	省内不易与上覆地层分开，相当阳新组的下部
134	Qishan Fm	岐山组	61-1310	P—T	杨遵仪	1982	陕西	分布范围小、顶底界线不清，相当二马营组的一部分
135	Qiaozhen Fm	桥镇组	61-1306	O_1	赖才根	1982	陕西	与高桥组同物异名
136	Qincanggou Fm	秦仓沟组	61-1400	Ar—Pt_1	阎竹斌	1985	陕西	层序不清，相当太华杂岩的一部分
137	Qinjiamiao Gr	覃家庙群	61-1534	$\in$	王钰	1938	湖北	省内无此地层
138	Qiongzhusi Series	筇竹寺统	61-1546	$\in$	卢衍豪	1941	云南	与牛蹄塘组同物异名
139	Qiucha Gr	秋岔群	61-1403	Pt	阎竹斌	1985	陕西	层序不清，相当太华杂岩和铁铜沟组的一部分